A History of Data Visualization & Graphic Communication

データ視覚化の 人類史

グラフの発明から時間と空間の可視化まで

マイケル・フレンドリー
ハワード・ウェイナー
飯嶋貴子 訳

JN090504

Michael Friendly
Howard Wainer
translated by Takako Iijima

青土社

データ視覚化の人類史

目次

データ視覚化の人類史

グラフの発明から時間と空間の可視化まで

マーシャ、
アビゲイル&グスタヴォ、イーサン、
ルカ&オリバーへ

リンダ、
サム、
ローレン、リン、コア&ソフィーへ

はじめに

世界で唯一新しいと言えることは、知らなかった歴史を知ることだ。
——ハリー・S・トルーマンの言葉、デヴィッド・マカルーによる引用

私たちはデータの海に囲まれた島に住んでいる。この海を「ビッグデータ」と呼ぶ人もいる。そこは、さまざまな種の観測可能な現象の住みかだ。アイデア、仮説、説明、グラフィックスといった種族が、このデータの海のなかを泳ぎ回りながら、海水を透明にしたり、支援されていない種を滅ぼすことを許容している。これらの生き物は、視覚的な説明や科学的な証拠から栄養分を得てすくすくと成長する。長い年月の果てに、データの海に暮らす漁夫たちが抱える新たな問題や内的ビジョンに刺激され、さまざまな種類の新しいグラフ種族が現れる。

意識していようがいまいが、データは私たちの生活のほぼすべての領域に存在する。活動量計や血糖値測定器は、一個人としての私たちに自分の健康状態を監視させる。インターネット銀行のダッシュボードは、みずからの消費パターンを確認させ、財務目標を追跡させる。私たちは社会の一員として、カリフォルニアで起きた山火事や異常気象の記事を読み、こうしたことが単なる例外的な事象なのか、それとも気候変動を確証するものなのかと考える。二〇一八年のある研究は、一日一杯のアルコールでも健康へのリスクが増すと主張し、[*1] コレステロール値を下げる緑茶や風邪の症状を和らげるビタミンC、

慢性的な痛みに効くマリファナ、そして（悲しむべきことに）幼少期のワクチン接種に至るまで、その健康上の利点とリスクについて多くの議論がなされている。しかしこうした例はすべて、いったい何を意味するのだろうか？　ある有名なTシャツのロゴが謳っているように、「われわれはデータに溺れながらも知識に飢えている」のだ。[*2]

これらの例証は、実は何か体系的なもの、または結論に導くためのエビデンスの強さを理解することと関係している。朝のジョギングをさぼったり、〈クリスピークリーム〉のドーナツを食べたりしたら、血糖値はどれくらい上がるのか？　ここ数年の間、カリフォルニアではほんとうに山火事が増え、異常気象現象が増加しているのか？　昔から誰かが推奨しているようにワインを一日にグラス二、三杯飲むと、完全に禁酒するより、正確にはどれくらい健康上のリスクが高まるのか？

こうした問題については、言葉や数字、または図像でエビデンスを提示することができ、私たちはこれらを利用して主張や論拠の強さを評価しようと思えばできる。科学的調査の目的は、あるトピックに関する情報を集め、それを標準的な形式に変えてエビデンスを検討し、結論や説明への理由付けをすることだ。グラフがしばしば最も説得力があると言われるのは、提示されている事実に視覚的な枠組みを与えるからである。それは、重要でありながらも多くは内在的な疑問、すなわち「何と比較して？」に答えることができる。また、ある主張の正当性を立証するエビデンスの不透明感を伝えることもできる。一方で、グラフを見れば、提起された問題についてより深く掘り下げたり、その結論に反論したりすることができる。ダイアグラム（図表）は問題に視覚的な解答を与え、グラフィックディスプレイ（図や画像を使った表示）はコミュニケーションと説得を可能にする。

本書で明らかにするように、グラフや図表はしばしば、複雑な現象を理解したり、法則を発見または説明したりする上で重要な役割を果たしてきた。視覚的枠組みが及ぼす影響を真に理解するには、同時代の事例を見るだけでなく、それがいかに科学や社会を変えたかを学ばなければならない。つまり歴史を学ぶ必要があるのだ。

長い歴史

本書は、今となってはあまりに一般的となったデータ視覚化《ビジュアライゼーション》という方法がどのように、どこで、なぜ考案されたか、そしてそれがどのように発展していったかに関する長い歴史と大まかな概要を順に説明していく。本書を、社会的・科学的問題に焦点を当てつつ、発見とコミュニケーションの両方に洞察を与えたグラフィック言語の発展にも着目しながらこの歴史を巡る、ガイド付きのツアーと捉えても良いだろう。

本書は個人的な歴史も長い。始まりは、著者である私たちがレンセラー工科大学の学部生のときに出会った一九六二年まで遡る。ふたりとも数学を専攻し、ルームメイトになり、そして友達になった。その後、同じ大学院（プリンストン）に進み、ふたりとも教育試験サービス（ETS）の精神測定学フェローシップの支援を受けた。ここで私たちは、プリンストン大学では誰もが知る博識家のジョン・テューキーと知り合った。彼は、データ解析の目的は単なる数字ではなく洞察であり、[*3] その洞察——予期せぬことを見ること——は、たいていの場合、定理を与えたり方程式を引き出したりすることよりも、作画によってもたらされるという考えのもと、統計学の分野に大変革を起こそうとしていた。

テューキーの助言は重要であり、予言的であることが証明された。というのも、どんな本質的な問題に取り組んでも、そこで集めたエビデンスを理解し、それを伝える能力は、ほとんどつねに、なんらかのグラフィックなかたちでデータを見ることと関係していることがわかったからだ。研究を重ねていくうちに、私たちはデータ視覚化という方法の利用と開発の側面に導かれた。この関心は科学的な探究、説明、伝達および理由付けへの応用だけでなく、問題を明らかにするための新しい方法を構築し、それらをより良く理解することへと拡大していった。

驚いたことに、グラフによる方法を研究するにつれ、私たちはより深く、より完全な理解を求めて、絶え間なく過去へと立ち返っていったのだ。

さらにここには、本書を特徴付け、その価値を引き出した研究や共同作業、文献の長い歴史もある。その最初の試みのひとつが、著者のひとりであるウェイナーが一九七六年に指揮した、アメリカ国立科学財団の「グラフで示す社会報告プロジェクト」だった。

このプロジェクトの任務のひとつに、グラフを使って定量的現象を伝える研究に従事する、各国の学者からなる一致団結したグループを招集し、ソーシャルネットワークを開設して情報の共有を円滑に進めるというものがあった。これが一部の会議や多数の学術論文へとつながった（たとえばベニガーとロビンが一九七八年に発表したグラフィックスの歴史や[*4]、一九七三年のベルタンの名著『図の記号学』の英訳など[*5]）。ベルタンの考察は、英語で再出版されるや否やさらに幅広く拡大し、他の多くの学者の研究に役立った。その最も重要なものが、大変革をもたらしたエドワード・タフテの数々の書物である[*6]。データ視覚化がひとつの研究分野として動きはじめたのだ。

第二の重要な出来事は、もうひとりの著者フレンドリーの「マイルストーンプロジェクト」である。[*7]一九九〇年代中頃に始まったこのプロジェクトは大幅に修正され、現行版はhttps://www.datavis.ca/milestones/で閲覧できる。当時、近代のデータ視覚化関連の出来事やアイデア、技術に関するそれまでの歴史的説明は、多くの分野にまたがって細分化し、散在していた。[*8]「マイルストーンプロジェクト」は率直に言えば、これらの幅広い功績を、代表的な画像や原典への参照、さらなる考察へのリンクなどを含む、年代順に整理されたひとつの包括的なリストにまとめる試みとして始まった。いわばデータ視覚化の歴史に関するあらゆる情報を一ヶ所で入手できる「ワンストップショップ」とも言える。これは現在、著者らのGoogle mapや、この歴史における誕生、死、重要な出来事のマイルストーンカレンダーとともに、およそ三〇〇の重要な画期的出来事《マイルストーンイベント》、四〇〇点に及ぶ画像、さらには原典への三五〇の参照を含む、インタラクティブで拡大縮小表示が可能な年表で構成されている。

この歴史をデータベースに整理したことから、幸運な、だが予期していなかった結果が生じた。それは、統計的かつグラフィカルな方法を使用すれば、歴史的な問題や疑問をデータ視覚化そのものの歴史のなかで検討、研究し、それを説明することができるということだった。このアプローチは「統計史学」と呼ぶことができる。[*9]マイルストーンデータベースの各項目は、日付、場所、コンテンツ属性（対象領域、発展の形態）ごとにタグ付けされているため、この歴史をデータとして取り扱うことが可能になるのだ。[*10]

たとえば図1・1は、大陸別に分類された二四五のマイルストーンイベントの頻度分布を示している。これを見ればすぐに、初期のイノベーションのほとんどがヨーロッパで起こっている一方で、一九〇〇

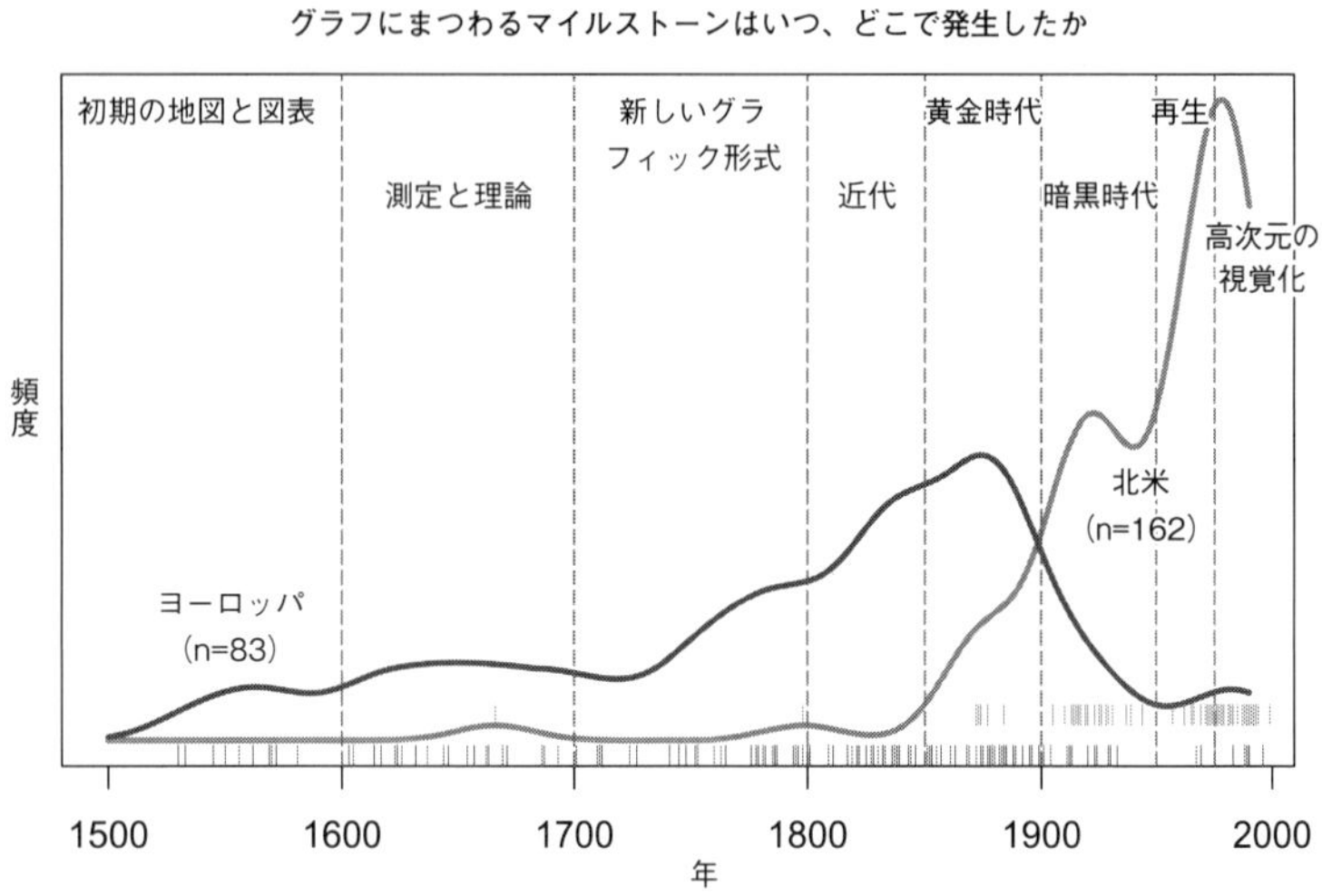

図 1.1：マイルストーンイベントの年表：発展が見られた場所ごとに分類。下の目盛りはそれぞれの出来事を示す。滑らかな曲線がヨーロッパと北米における相対頻度を描いている。出典：© The Authors。

年以降はほとんどが北米で起こっていることがわかる。曲線の隆起は、説明に値するグローバルな歴史的傾向のいくつかを反映している。ラベル付けされた期間は、データ視覚化における進歩を促進する主なテーマと考えられるものの枠組みを提供している。

概要

〈マイルストーンプロジェクト〉に記録されている最古のものは、現コンヤ〔トルコ中南部の都市〕近郊のチャタルヒュユクという町の、およそ八〇〇〇年前の地図だ。視覚化の前史はそれよりもさらに過去へ遡る。だが、図1・1からわかるように、主要なイノベーションのほとんどが、ほんの過去四〇〇年間のうちに起こっており、この一〇〇年の急速な発展を証明している。

本書が提起する中心的な問題は、「数字をグラフで表す方法はどのように出現したか?」、そしてもっと重要なことに「それはなぜか?」ということだ。今や当たり前となった、グラフや図表の主要なイノベーションのきっかけとなったものは何か? 視覚的描写を、単なる言葉や数字よりも便利なものにした状況または科学的問題とは何だったのか? そして最後に、これらのグラフにまつわる発明は、自然現象や社会現象の理解とその伝達において、どのようなちがいを生み出したのか?

「マイルストーンプロジェクト」に描かれた歴史を眺めてみると、こうした主要なイノベーションのほとんどが、科学や社会の重要な問題に関連して起こっているということが見えてきた。たとえば、船員はどのようにして海上を正確にナビゲートするのか? 私たちはいかにして、たとえば識字率など、考えられる原因要素と関連付けて、犯罪の蔓延や貧困の問題を理解することができるか? 乗客や商品は鉄道や運河を利用して、いかに首尾よく輸送されるか? どこに、より多くの能力が必要か? これらの疑問はとりわけ、図1・1の各期間に私たちが付けたラベルのそれぞれを説明する良い例となっている。

ところがデータ視覚化の進化のストーリーは、こうした興味をかき立てる疑問よりもはるかに豊かなものなのだ。

前記のような疑問は、この歴史における数多くのグラフの発明に文脈と動機を与えはするが、「なぜ」という疑問に対して完全には答えていない。過去四〇〇年の主要なイノベーションは、「視覚的思考《ビジュアルシンキング》」と呼ばれる認知革命と結びついて起こった。つまり、ある疑問とその解決策は、単なる言葉や数値を示した表よりも、視覚的に表示したほうがはるかに明確に取り組んだり、伝達したりすることができるという考えだ。言葉と方程式で物理の理論を表したことで有名なアインシュタインは、この視覚的感覚を次のように述べている。「絵で描くことができなければ理解することもできない」。

ここで私たちが語っている歴史は、科学とグラフィックコミュニケーションの歴史におけるいくつかの主要な問題のストーリーに実例として示されているが、それは、視覚的洞察が極めて重要であることをはっきりと認識した、この歴史の英雄たちの正しい評価として語られている。しかしこれは、そうした視覚的思考そのものがどのように発展したかという、より大きな疑問を投げかける。本書の最初の数章でその背景を紹介するが、根本にある考えは、これが「経験的思考」のなかで付随して起こったことに結びつけられていたということだ。すなわち、多くの科学的疑問は、最善の抽象的または理論的思考よりも、関連データを集めることによるほうがうまく対処できるという考え方である。

リビジョン（再び―見る）

本書で説明する歴史的グラフは、入手可能なデータ、方法、技術、そして当時受け入れられていた認識を利用して作成されたものである。知的疑問、科学的疑問、グラフに関する疑問をより良く理解するには、現代の視点から再解析するという試みが有効な場合がある。

またときに、悲しいくらい物足りない結果に終わることもある。というのも、現在私たちが利用しているソフトウェアツールでは、本質的な考え、または歴史的に重要なグラフやそれにまつわるストーリーの芸術的な美を再現することができないか、またはそれが非常に難しいからだ。この歴史の英雄たちの手作業によるグラフや主題図、統計図表は往々にして、「ペンはいかなるソフトウェアの剣より強し」

ということを物語っている。

私たちの誠実かつ最善の努力はときに、オリジナルの二番煎じしか生み出さない。つまり、グラフを再解析したり、草稿を書き直したりすることでは問題の理解を深めることができないということだ。その結果、私たちは、祖先たちの思慮に富む熟練した作品や、ペンとインクを使ったデザインや銅板彫刻などの試みを高く評価するようになる。もしくは近代における成功と失敗の両側面から、歴史的問題の背景と、それらの問題を提示するために作られたグラフを正しく理解することを学ぶ。

こうした試みを、ここでは「リビジョン」と呼ぼう。新しい視点から「再び（Re）見る（Vision）」ということだ。私たちは単に、現代の視点から過去を見ようとしているのではない。むしろ、データ視覚化の画期的な進化の長所と短所に光を当て、それらを歴史的文脈でより良く理解しようとしているのだ。この点をうまく説明している一例が、第4章で紹介するジョン・スノウである。ここでは、彼がどのようにして、コレラがブロードストリートを発生源とする水由来の疾病であるという議論を、より説得力のあるグラフによって展開することができたかを紹介する。

年代 vs. テーマ

本書の構成には多少の説明が必要だ。ほとんどのノンフィクションでは、年代とテーマの間にかなりの緊張関係があり、たいていは年代のほうが勝る。年代順に語られる物語は瞬間から瞬間まで直線的に移動しようとするのに対して、ある時代に散在するトピックはテーマごとにまとめて収集されることを求める。にもかかわらず、たいていは年代のほうが優勢で、少なくとも物語がパピルスの巻物に記録されるようになって以来、その体制は変わらない。

本書でも年代が優勢だが、それを牽制する努力はした。そうしなければ、読者はテーマごとに大海に取り残され、次の瞬間にはどこか遠い異国の海岸に流されてしまうだろうから。認識論、科学的発見、社会改革、技術、視覚的認識といった大きなテーマは時代とともに変化するが、同じ方向に同じ速度で進んでいるわけではない。その結果として、本書の物語の多くは、ある時代、ある個人——グラフの英雄たち——の主要な問題をめぐって構成されている。そうした英雄たちの視覚的洞察と革新が、データ視覚化と科学における進歩へとつながったのである。

次に、本書の概要を紹介しよう。

第1章「始まりは……」では、本書に文脈を与える幅広い疑問とテーマを概説する。数値データ、論拠を明らかにするエビデンス、そしてグラフ、この三者間の関係性を考察した後、数字の視覚的表現の前史、視覚化そのものの初期の進化について説明する。ストーリーは一六世紀頃の哲学と科学における経験的思考の出現、またこれに付随して起こった定量的現象を伝達するための視覚的な数字表現の発展へと続く。

ここから、一七世紀における根本的で困難な問題、すなわち海上経度の決定について探究していく。第2章「最初のグラフは正しく理解していた」では、ミヒャエル・フロレント・ファン・ラングレンが、トレドからローマまでの経度距離（経距）の歴史的測定を示すグラフをつくるという着想をどのように得たかについて、おそらくは最初の統計データグラフとされるものを使用して紹介する。

第3章「データの誕生」では、一八〇〇年代初頭、グラフを用いた方法が最初に出現した頃のデータの役割を辿り、このストーリーに関与した重要人物のひとり、アンドレ＝ミシェル・ゲリー（一八〇二―一八六六年）に焦点を当てる。ゲリーは「データの雪崩《なだれ》」とグラフ手法を用いて、それを現代の社会科学に役立てた。

その後まもなくして、類似した幅広いデータ収集がイギリスで始まったが、これは社会保障、貧困、公衆衛生といった文脈に含まれるものだった。第4章「人口統計」では、データ視覚化のふたりの新しい英雄、ウィリアム・ファーとジョン・スノウについて考察する。彼らはコレラの流行の原因と、この病気をいかに緩和することができたかについて、独自に理解しようと努めた。

第5章「ビッグバン」では、一九世紀初頭、データグラフィックスのほぼすべての近代的形式――円グラフ、時系列の線グラフ、棒グラフ――がどのように発明されたかを詳述する。これらの鍵となる進歩はすべて、奸智に長けたスコットランド人、ウィリアム・プレイフェアによるものだ。彼は当然のことながら、近代グラフ手法の父と呼ぶにふさわしい人物で、その功績をデータグラフィックスの「ビッグバン」と呼んでも差し支えないだろう。

統計グラフィックスのあらゆる近代的形式のなかでも、散布図はその全歴史において最も用途が広く、一般的に有益な発明と考えられているかもしれない。これは注目に値することでもある。というのも、散布図はウィリアム・プレイフェアが発明したものではないからだ。第6章では、なぜプレイフェアがこうしたことに考えが及ばなかったかについて考察するとともに、散布図の発明を著名な天文学者ジョン・F・W・ハーシェルまで遡る。散布図は、特性の遺伝性を説いたフランシス・ゴルトン（一八二二―一九一一年）の研究において大きな重要性が見出された。統計図表を通じて視覚化されたゴルトンの研究は、相関と回帰という統計的な考え方、言うなれば近代のほとんどの統計的手法の源となった。

一九世紀後半になると、グラフ手法への熱意が熟し、統計学、データ収集およびデータテクノロジーにおけるさまざまな進歩が結びつき、データグラフィックスの「究極の嵐《パーフェクトストーム》」を生み出した。その結果、質的に区別された期間のそれぞれにおいて、前代未聞の美と領域をもつ作品が生まれた。今の時代にはとても複製できないような作品だ。第7章では、この期間が「統計グラフィックスの黄金時代」として認識されるに値するということを論じる。

第8章「フラットランドを逃れて」では、データ表示の挑戦について考える。表示は必然的に二次元の平面——紙やスクリーン——上に生成される。しかしこれらは最悪の場合、誤解を招くおそれがあり、せいぜいよくても不完全である。多次元の現象を二次元の平面に表現することは、グラフィックスの最大のチャレンジだった。そしてこれは今なお変わらない。この章では、多次元現象を既存の限界の範囲内で伝達するためのアプローチ法について論じ、解説する。

第9章「時空間を視覚化する」では、データ視覚化の近年の歴史におけるふたつの一般的なトピックについて探究する。第一に、グラフを用いた方法はしだいに動的かつインタラクティブになり、アニメーションによって経時的変化を示すことや、静止画を超えて視聴者が直接操作したり、拡大縮小したり、処理要求したりすることも可能になっているということ、第二に、これまでにない高い次元でデータを理解するための新しいさまざまなアプローチ法により、二次元空間《フラットランド》から自由になっているということだ。

グラフは当然のことながら、コンパクトな方法で現象を正確に提示すると同時に、そこに文脈を与えることができるがゆえに称賛されている。これがグラフにできるすべてだとしたら、科学史におけるその地位は確保されるだろう。ところが、適切なデータと正しい設計があれば、グラフは感情を伝えることまでできるのだ。実際グラフは、場合によっては詩のそれに喩え得るような感情的影響をもたらすことがある。第10章では、市民権運動家のW・E・デュボイスと、偶像視されているグラフィックデザイナー、C・J・ミナールのふたりのコラボレーションを想像し、ポスト南部連合の人種差別と恐怖から、産業化した北部へと逃れる六〇〇万人のアフリカ系アメリカ人からなる「大移動」を紹介する。この「思考」のコラボレーションは、私たちがいかに過去を学ぶことから恩恵を得、未来の問題解決に役立てることができるかを鮮やかに示す例である。

本書のこの紙版では、やむをえず、私たちのストーリーを豊かにするものでありながらも編集室の床に落とされる運命となった資料もある。同様に、出版上の都合により、カラー画像の数を限定する必要もあった。それを部分的にでも補うため、関連するウェブサイト（http://HistDataVis.datavis.ca）を製作した。ここにすべての画像をカラーで掲載し、この歴史に登場した人物に関するよりつっこんだ議論や経歴を含めた。幸いなことに、関連するテーマに関する論文を織り交ぜることで、このトピックをアクティブな状態に保つことができた。

このように、本書は読者の皆さんを、データ視覚化の歴史について、より幅広い視点から考えることへと誘う。それは、視覚に訴える最古の碑文に始まり、グラフや図表から理解することのできる社会的・科学的問題へと展開していく。その途上で、冒頭の引用でトルーマン元大統領が述べているように、多くのイノベーションが忘れ去られたり過小評価されたりしてきた。以下に続く各章では、視覚的思考とグラフィックコミュニケーションの歴史に欠かすことのできないさまざまな功績に焦点を当てていく。

第1章　始まりは……

何かを理解しようとするならば、その始まりと推移を観察しなさい
――アリストテレス『形而上学』

本書は読者の皆さんを、グラフィックコミュニケーションの歴史と現代のデータ視覚化についての考察へと誘う。グラフや図表をはじめとする視覚的表示《ビジュアルディスプレイ》は今、巷にあふれている。天気図をはじめ、経済や選挙に関する話を解説したり、Twitterでトレンドになっているトピックを示したりするための図表として、私たちは大衆メディアのなかで毎日のように視覚的表示を目にしている。科学の論文やプレゼンテーションでは、グラフや図表を幅広く用い、ある発見の簡潔な説明や結論、科学的議論をサポートするプロセスやアルゴリズムを視覚に訴える。応用科学の分野では、研究者は今や日常的にグラフを使用して複雑なデータを調査したり、周囲の雑音から重要な信号を選んで強調したりしている。

私たちが現在目にしているものを考えると、そうではなかった時代、つまりグラフやグラフィックによる表示が一般的なものではなく、数字で示された事実を視覚的に表現したものとしてグラフを理解することが簡単ではなかった時代を想像するのは難しい。この歴史を正しく理解するには、その起源から始めるのが有益だろう。

歴史を通じて、人々の考えや現象は三つの形態で表現されてきた。すなわち、言葉、数字、そして図

像である。元来、ものの名前や動作を表すための口頭の発話にすぎなかった言葉は、約一〇万年前の初期の人類の間で始まった。その主な特徴とは、語られた、耳で聞くことのできる音声を、他者が理解できる具体的な何かを意味するものとして認識するようになったということだ。私たちは、人間が話し言葉によって伝達していた初期の意味のなかに、「イチゴはここ」とか「ライオン、危険！」とか「私のパートナーになってください」という表現があったことを、おそらくは空想的に想像することはできる。ところが話し言葉は一時的なもの、つまり聞き手の心のなかだけに痕跡を残し、それもほんの束の間なのだ。

　対象や概念を表す言葉が碑文のなかに物質的な表現を見出したのは、ずっと後になってからのことで、もともとそれらは紀元前三一〇〇年頃のメソポタミアで、粘土板に描かれた絵文字として発見された。エジプトや中国、その他の地域でもそれぞれ同じようなものが発見されている。これらは絵による記録法だった。つまり、古代エジプトの象形文字のような絵文字の連なりが[*1]、国の征服やファラオの生涯を語ったり、収穫や負債といった日常的な事実を記録したりするのにも使われていたと考えられる。

　書き言葉も図像から始まった。後のアルファベット書記法と同様、その主な特徴は造語力があるということだった。つまり、限られた数の象徴的記号を使って、ほとんど無限とも言える思考やアイデアを表現することができたのである。ところが、現存する最古の碑文は、ライオンへの警戒を促す水飲み場の脇の看板やプロポーズの言葉として出現したのではなかった。それらは数字を記録するために使われたのだ。

　数字という概念は、実はとてつもなく古いもので、数字を書き留める古代の方法は旧石器時代のタリースティック（約三万年前のオーリニャック文化）にまで遡ることができる。この文化では、骨にV字型の刻み目を入れて家畜の数を把握するといった、何か重要なものの数を皆がわかるようなかたちで示していた。牧草地に家畜を一頭放したら刻み目をひとつ入れる。そして家畜が戻ってくるたびに、羊飼いは刻み目に当てた親指をひとつずつ下へずらしていく。最後に戻ってきた一頭でちょうど最後の刻み目までいけば、羊飼いは万事うまくいったことを確認できる。こうしたシステムは、記憶を頼りに数を数える方法に比べたらかなり進化したが、それでもまだ改善の余地はあった。家畜を一頭追加する（一回の出産）のは簡単だった。刻み目をひとつ増やせばよい。ところが減らす（近所の略奪者に盗まれたとか、昼食用に羊肉を拝借したなど）のはもっと厄介で、新しいスティックを削り直さなければならないこともあった。異なる種類の動物（山羊と羊など）を別々に数えるときは、それぞれの種にスティックを追加すればよいのだが、まもなくすると、スティックを持ち歩いたり、どちらがどちらかを覚えておいたりするのがひどく骨の折れるものになっていった。

時が経つにつれ、数え棒の方法は図1・1に示すように進化していった。紀元前三三〇〇年頃、メソポタミアのシュメール人らは、粘土板にくさび形の記号を彫り、貿易と農業に関する情報を記録するようになった（図1・1a）。コロンブス以前の南米のインカ人は、数え棒をキープ〔ケチュア語で「結び目」を意味する〕に変えた。縄に結び目をつくって数を数える方法であり、これがタリースティックの刻み目と同じ役割を果たしたのだ。しかし結び目は解くことができるため、引き算ができる（図1・1b）。また、異なる動物ごとに縄を二、三本用意して結び合わせれば、腰に巻いたり肩にかけたりして簡単に持ち歩くこともできる。

紀元前一〇〇〇年頃のマヤ文明では、おそらく当時世界最先端の方法だった、洗練された記数法を使用していた（図1・1c）。ここでは、手足の指を使って数を数えることから発展したと思われる二〇進法

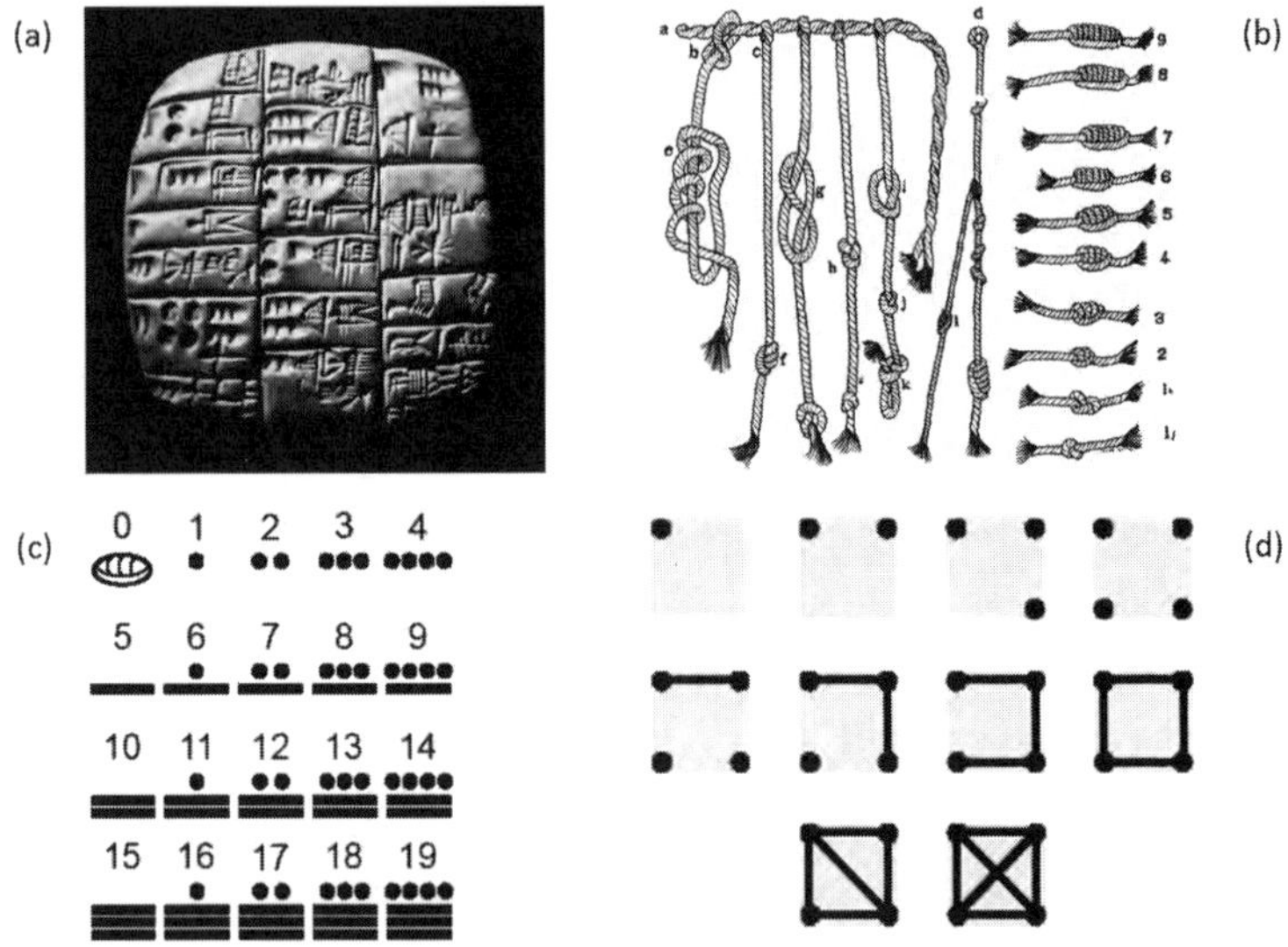

図 1.1：数を表すのに使用されたさまざまなグラフィック形式：(a) くさび形文字が描かれた粘土板、紀元前 3300 〜 3100 年。大麦の収穫量を示している。(b)「キープ」、縄に結び目をつくる方法、紀元 1000 年頃に南米のインカで使用されていた。(c) 紀元 500 年頃にマヤ文明で使用されていた記号。0 〜 19 までの数字を表している。(d) ジョン・W・テューキー (1977) が提案した、点と線を使って 10 のグループをつくり、観測数を手で集計する方法の図解。出典：(a) Britannica.com; (b) L. Leland Locke, *The Ancient Quipu*, Washington, DC: The American Museum of Natural History, 1923, fig. 1; (c) Neuromancer2K4 / Bryan Derksen / Wikimedia Commons / GNU フリードキュメンテーションライセンス；(d) Pinethicket / Wikimedia Commons / GNU フリードキュメンテーションライセンス。

が使用されていた。0〜19までの数字に三つの記号だけを使い、貝殻のかたちが0、点ひとつが1、水平の棒一本が5を表す。19以降の数字については、大きな数は20の累乗（1、20、400、8000など）を使用し、それぞれの位の値を縦割りで示すかたちで表記された。たとえば826という数字は、(2×400)+(1×20)+6の記号で表される。こうすることで、足し算と引き算の両方が比較的簡単にできるようになった。

マヤ人は極めて正確な天文の観測をおこない、高い精度で太陽年の長さを測定した。マヤ人が計算した三六五・二四二日という数値は、三六五・二四二一九八日という現代の数値とほぼ変わらない。後にそろばんへと進化した計算盤も、古代のさまざまな文化で出現した。なかには、中国の算盤（紀元前二〇〇〇年）のように、掛け算や割り算に対応できるものもあった。算盤による算術は、中国では一九八〇年代に携帯用計算機が手に入るようになるまで教えられていた。

数字を表すこれら初期の形式はいずれも、物理的表現と視覚的表現の両方を持ち合わせていた。さらに重要なことに、これらのなかには、キープやマヤの記号のように定量的事実について考えたり、それらの事実を使って計算したり、表示したりするための初歩的な方法を教えてくれるものもあった。たとえば、今年は昨年と比べて何頭の羊が増えた、または減ったか？　前回の満月から何日が経過したか？といったことだ。

ところが表に示される数には、パターンを把握する妨げとなるような視覚的形式がある。たとえば、826、765、919という数字は、読んでからでないと真ん中の数字がいちばん小さいということがわからない。ロベルト・バチ[*2]は「合理的なグラフィックパターン」と呼ばれる表記法を発展させた。数字を点と四角形で表し、その視覚的な重みが数字そのものを反映するという仕組みだ。同様に、手計算による集計法として、ジョン・テューキー[*3]は、五ずつのグループで数える通常の数え方ではなく、点と線を使って一〇のグループで数える方式を提案した（図1・1d）。

これはあまりに単純明快なので、たとえば5を表すのにと書いてしまうような間違いを犯すこと

はない。

図像の進化

おそらく人類がおこなった視覚化の最古の例として最もよく知られているのは、フランスのドルゴーニュ地方のモンティニャックという村の近郊にあるラスコー洞窟に見られる。この洞窟の壁には、動物や人間のようなかたちをしたものや、抽象的で幾何学的な記号から成る二〇〇〇点にも及ぶ注目すべき絵画が描かれており、放射性炭素年代測定法によれば、およそ一万七三〇〇年前のものと推定されている。これらの洞窟には、クロマニョン人と呼ばれる世界最古として知られる現生人類（ホモ＝サピエンス）の仲間が住んでいた。

現在では『雄牛の大広間』と呼ばれている部分をカラー図版1に示す。この一枚の絵からその荘厳な雰囲気を感じ取るのは難しいが、それにしてもこの作品には目を見張るものがある。この洞窟を精査した最初の考古学専門家アンリ・E・P・ブルイユ[*4]（一八七七—一九六一年）は、洞窟の「アキシャルギャラリー」にあったこの絵を、「先史時代の人間のシスティナ礼拝堂」と呼んだ。これらを公共の施設ラスコーII〔ラスコー洞窟のレプリカ〕で見た現代の観客は、これらを描いた祖先の人々が原始人であるとはとても思えないだろう。

視覚化の歴史を辿る本書のツアーを、これほど古代の時代から始め、しかも芸術的にすばらしいとはいえ、あまりにも現代とかけ離れているような画像を使って説明しているのは意外に思えるかもしれない。だが、ここにはもっと深い教訓があるのだ。この歴史から画像を眺めたとき、たいていはこんな疑問が浮かぶ。彼らは何を考えていたのだろう？　なぜこれを描いたのだろう？　今の私たちは彼らから何を学ぶことができるだろう？　まさしくこうした疑問こそが、本書の主要なテーマとなるのだ。

　私たちはこれら初期の洞窟画について思いを巡らすことしかできない。素朴な見方をすれば、これは過去の狩猟の成功を祝福するようすを描いたものと思えるかもしれない。しかしそうではないのだ――ヴェゼール渓谷に住んでいた初期の人々は、主にトナカイを狩っていたことが他のエビデンスからもわかっているが、洞窟の壁画にはトナカイを描いた絵が一枚も存在しない。

　はっきりしているのは、こうした壁画には何かシンボリックな意味があったということだ。これら初期の芸術家は書き言葉も記数法もなく、視覚的言語を使って自分たちの文化の物語や神話を、見る側に伝えていた。その他の特徴として、彼らは遠近感、動作、そして活気までをも一連のイメージに組み入れることができた。これは、フランス南西部の洞窟の住人だった古代クロマニョン人の遺産に求めるものとしてはじゅうぶんすぎるだろう。この古代の芸術家たちは、自分の心の眼に浮かんだイメージで絵を描いていた。つまり彼らは、現代と同じ内的ビジョン、数千年後に現代のデータ視覚化を生み出すことになる微かな煌めきを持ち合わせていたということだ。より一般的に言えば、これは認知革命[*5]、すなわち内的な想像の精神世界、新しい考え方と伝達のしかた、約四万年前に始まったこれら初期ホモ＝サピエンスの時代に起こった、現代人の精神の現れのエビデンスとなる。

　時代をさらに進めると、視覚化の次の発展期は、今では図表《ダイアグラム》とか初期の地図と呼ばれているもの――絵で表現されていながらも抽象的な情報を表している――で起こった。ドイツの研究者マイケル・ラッペングレッグは、ラスコー洞窟の壁画にある点のパターンは夜空の星図を表したもので、夏の大三角をかたちづくるベガ、デネブ、アルタイルの三つの輝く星とプレアデス星団を示していると主張した[*6]。はっきりしているのは、それらのイメージがなんらかの種類の地図であるとすれば、それは天空の地図であって地上の地図ではなかったということだ。これら古代の人間の祖先は夜空を見ることはできたが、丘と渓谷を超えた向こうにある地上はほとんど見えなかったのである。

認識できる最古の地勢図のひとつに、遡ること紀元前六二〇〇年、現トルコのコンヤ近郊にあるチャタルヒュユクの驚くほど現代的に見える都市計画図——世界最古と信じられている——がある。これは神殿か、さもなければ神聖な部屋のような空間の壁に刻まれており、その目的は道案内とか地理的知識の表明というよりも、もっとシンボリックなものだった。

地図や図表は後に、より幅広く、より崇高な目的、たとえば知識の状態を視覚的に示したり、何かをするための方法を指示したり、既知の世界を具体的に示したり、現在地から目的地までの道のりを伝えたりといった目的をもつようになった。図1・2に紀元前二〇〇〇年に遡る初期の図表を示す。これは現在のエジプト、ミニヤー近郊にある古代エジプトの共同墓地、ベニハッサン村のバケトという人物の墓の壁に描かれたレスリングの競技法である。敵を地面に投げ倒す多くの方法を図式的に描いたもので、現代の視覚化やグラフィックノベルに引けをとらないほど生き生きとしている。バケトは若い頃はレスラーで、後にコーチとなり、その墓にあるこの図は彼の最後のレッスンだったと想像することもできるだろう。

便利で有用な情報を伝達する図像の誕生の次なるステップの例として、既知の世界の領域を示すことを目的とした古代ギリシャの地図がある。ホメロスの叙事詩『イーリアス』と『オデュッセイア』は、西洋文学において現存する最古の作品である。これらの叙事詩は、紀元前一六〇〇年から一一〇〇年頃

図 1.2：レスリングの競技法。2 人で行うレスリングの連続した場面。ベニハッサン村のバケトの墓の東壁に描かれた絵（紀元前 2000 年頃）。出典：Wikimedia Commons.

に隆盛を極めたギリシャのミケーネ人を描いている。トロイの包囲と、イサカの王であるギリシャの英雄オデュッセウス[*7]、そしてトロイ陥落後の彼の帰路の旅の物語だ。しかしこれらは古代ギリシャ人が知る、エーゲ海とイオニア海に囲まれた世界の地形、場所、そしてそれらの特徴に関する新たな知識を――言葉だけで表現した――物語でもあった。

こうした世界の知識はしだいに、探検、貿易、征服または防衛において重視されるようになった。このことは、現トルコのイオニアの都市国家ミレトスに住んでいた哲学者、アナクシマンドロス（紀元前六一〇―五四六年頃）による最古の世界地図（図1・3）によって表現されている。彼の地図はまもなくして、同じくミレトスのヘカタイオスによって詳細が加えられ、改良された。彼らは人が居住する世界（「エクメーネ」）を、海洋に囲まれたエーゲ海を中心とする三つの部分から成る円で示している。この構図は、実際の地理を映し出しているのと同じくらい、調和と均衡というギリシャの思想をも反映していると言えるが、相対的な位置の大枠は正しく描かれている。

ここで注目すべきは、こうした初期の地図が既知の世界の領域を具体的かつ視覚的に表現している点だった。商人はこれらを使って他の地域にイチジクを売ったり、その地域からオリーブを買ったりする計画を立てることができた。国王はこれらを利用して勢力を広げたり、保有している領土を守ったりしていた。場所の名は都市を表し、図示記号は川や山、オアシスといった特徴を示していた。地図上で大まかに距離を測ったり、A地点からB地点へ行くのにどれくらい時間がかかるかを予測したりすることもできた。地図が思考と計画のツールとなったのだ。

緯度と経度で表す地理座標系という発想は、数世紀後のエラトステネス（紀元前二七六―一九五年頃）の登場まで待たなければならなかった。しかし、地図をより正確なものにするためにはより良いデータが必要だった。ニカイアのヒッパルコス（紀元前一九〇―一二〇年頃）がこれを一歩前進させた。おそらく古代の最も偉大な天文学者であり地理学者であるヒッパルコスは、天球から緯度と経度を決定することによって、ある体系を立てた。すなわち、太陽高度ではなく恒星の測定値で緯度を決め、月食のタイミングで経度を決定するという方法だ。紀元前一五〇年頃、クラウディオス・プトレマイオスは『地理学』を発表した。これは大西洋にある現カナリア諸島から中国中央部までの経度一八〇度の範囲に及ぶ既知のすべての場所と、スコットランド北部からアフリカ中央部までの緯度約八〇度に及ぶすべての場所の経緯度を編纂したものである。*8

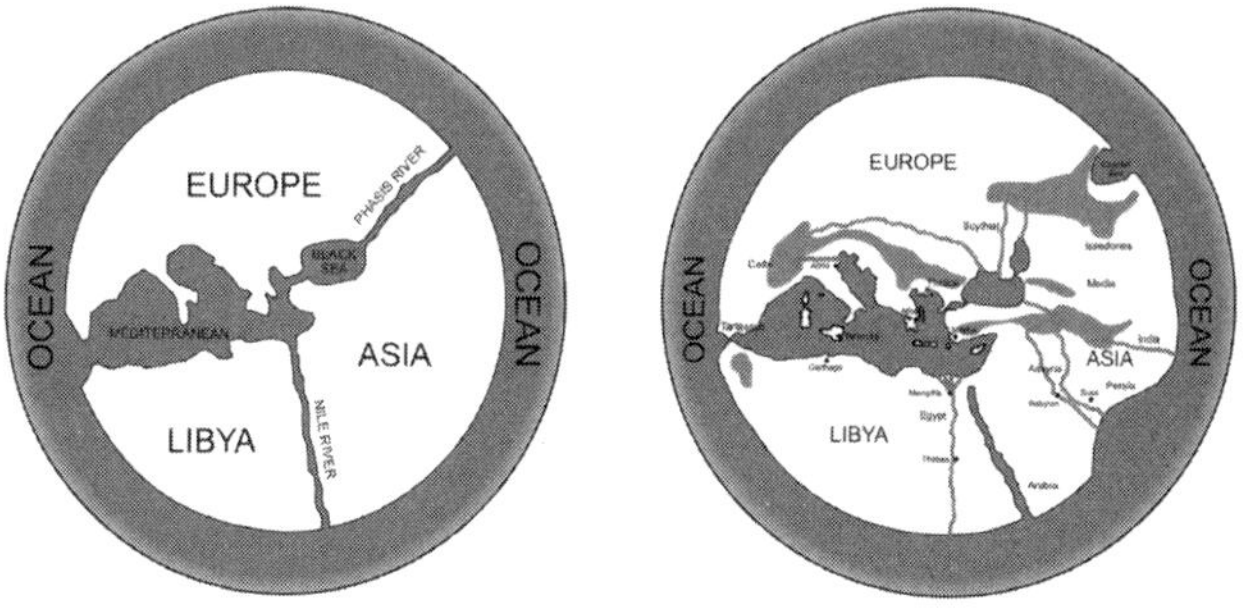

図1.3：古代ギリシャの世界地図。左：ミレトスのアナクシマンドロスによる世界地図の再現 。右：ヘカタイオスによるより詳細な世界地図。出典：Bibi Saint-Paul /Wikimedia.

座標系という発想は、ルネ・デカルト（一五九六―一六五〇年）が現れる一七世紀まで、地理学と地図にしっかりと結びつけられていた。デカルトは点、線、幾何学図形を方程式で表し、図表内に視覚化して問題を解くことにより、ユークリッド幾何学と代数学をリンクするものとしての数学に大変革をもたらした。デカルトの解析幾何学では、線は $ax + by = c$ という方程式で表すことができ、これは (x, y) 座標軸上にグラフ化することができる。円は $x^2 + y^2 = c^2$ という方程式で示され、これも図表内に表現することができる。これらは交差しているか？ もし交差しているなら、どこで交差しているか？ この問題の回答は代数学にあったが、図表を見れば結果は一目瞭然だ。二点間の距離はどれくらいか？ ピタゴラスはそのはるか以前に、すでに直角三角形の斜辺の長さから数学的解答を導き出していた。それがこんどは、計測器を使って図表から測定できるようになったのだ。この抽象座標系という発想は、視覚的思考の発展における、もうひとつの極めて重要な一歩だった。

データを図像に結びつける

これまで見てきたように、初期の視覚化は世界の具体的かつ特定の何かを示すものだった。たとえば悠々と歩くオーロックス〔ウシの一種、家畜牛の祖先〕、レスリングの動作の図解、または単に都市や既知の世界全体を示した地図などだ。ところが、視覚化のもうひとつの支流もまた、発展の一途を辿っていた。それは、抽象的で理論的な世界を描写するものだった。デカルトが、その名の由来となった座標を定式化した一世紀前、パドアのニコル・オレームは著書『形状の緯度について』で、運動について考えられる法則のいくつかを解説した（図2・2）。後にガリレオとニュートンが運動の研究をより精密なものにしたが、いくつかの選択肢を考えて、それをグラフで示すという考えを最初に示したのはオレームだった。

そこに欠けていたのは経験的観測——数——と、それを目に直接伝える図像との間のつながりだった。世界をいかに学ぶかを問う自然哲学には、長い間、合理主義と経験主義というふたつの区別された見方があり、その起源はプラトンやアリストテレスの時代まで遡る。この哲学的議論には多くの分派があるが、重要なコントラストを成しているのは知覚経験の役割だった。つまり、観測とデータを用いて知識を引き出し、決定を下し、自然の法則を練り上げるという役割だ。

合理主義者は、生得観念と直感的観念（点や線、または言語という観念）があると主張した。つまり、より大きな観念（三角形や四角形、ものを表す言葉vs.動作を表す言葉）は人間の知性によって導き出され得るということだ。一七世紀の合理主義の創始者のひとりであるデカルトにとって、この議論は有名な「我思う、ゆえに我あり」という言葉のなかで捉えられた。解析幾何学は幾何学に応用された数学的推論の結果だったが、デカルトはこのアプローチをさらに心身の問題（物質で構成される肉体をもつ自己と無形の精神および心とを区別する）にも適用した。宇宙の法則は決まっていて、それは理性によって発見できる。観測とデータは有益ではあったが、補助的役割しか果たすことはなかったのである。

経験主義者は、知識と自然の法則は根本的に権威や抽象的推論ではなく、経験的証拠に基づくものでなければならないと主張した。観測をベースにした科学的方法という発想は、ロジャー・ベーコン（一二一四―一二九二年）から派生したものである。彼は次のように述べている。「推論は結論を引き出すが、心が経験を通じてこれを発見しない限り、この結論を確かなものにすることはない」（Bacon, Opus Majus c. 1267; Robert Burke (2002) The Opus Majus of Roger Bacon Part 2, p. 583 より翻訳）。

次の数世紀にわたり、科学の世界では印象的で世界を揺るがすような発見がいくつかあり、そのほとんどが経験的観測に基づいていた。なかには図像で説明されているものや、数学によって裏付けられているものもあったが、それらは主として個別の功績であり、一般的な経験哲学の例として理解されることはなかった。最もはっきりした事例は天文学の分野で起こった。観測をベースにした大変革は、一五〇〇年以上の間、権勢を振るっていた地球を中心とする天動説の代わりに、太陽をその中心に据えた太陽系の理論を打ち立てたニコラウス・コペルニクス（一四七三―一五四三年）によって始まった。ティコ・ブラーエ（一五四六―一六〇一年）は細心の注意を払って、天文と惑星の観測を、それまでに利用できたあらゆるものをはるかに超えるほど正確に分類した。ヨハネス・ケプラー（一五七一―一六三〇年）は後に、ブラーエのデータを利用して、惑星の動きに関する自身の法則を、既知のすべての観測を説明する楕円軌道として公式化した。その後、ガリレオ・ガリレイ（一五六四―一六四二年）は一六〇九年、世界初の望遠鏡をつくり、ほんの数ヶ月の間に月面クレーターや木星の衛星、土星の環、太陽の表面の黒い点（黒点）を発見した。一六一〇年の著書『星界の報告』［一九七六年、岩波書店、山田慶児・

谷泰訳〕に収められた彼のスケッチは、現在も視覚的説明《ビジュアルエクスプラネーション》の傑作とされている。

　ところがエビデンスの正式な使用を再び活性化させたのはフランシス・ベーコン（一五六一―一六二六年）だった。この考えはその後、イギリスの経験論者ジョン・ロック（一六三二―一七〇四年）、ジョージ・バークリー（一六八五―一七五三年）、そして特にデイヴィッド・ヒューム（一七一一―七六年）によって広まり、さらに拡大していった。ヒュームの一七三八年の著書『人間本性論』〔一九九五年、岩波書店、大槻春彦訳〕は、一七四一年の『試論、道徳および政治』と並んで、他の思想家に多大な影響を与えた。

　一八世紀中頃になると、イギリスの経験論者らによって蒔かれた認識論の種が実を結びはじめた。この世紀の、まさに魅惑の時代とも言えるスコットランドの啓蒙運動が、数学、科学、医学の分野で、実用面での革新を次々と巻き起こした。ジェームズ・ワットは製造分野に革命を起こした。アダム・スミスの『国富論』〔講談社、二〇二〇年、高哲男訳〕は近代経済学の始まりとなった。また、数学者であり地質学者でもあるジョン・プレイフェアは、エビデンスに基づいたハットンの理論を擁護し、大胆にも地球の年齢を概算することを試みた。これは六〇〇〇年の歴史をもつ聖書による概算からは大きく外れていた。しかし、ここで紹介するストーリーの主人公は、最もふさわしいとされるジョン・プレイフェア（一七四八―一八一九年）ではなく、むしろ、どこかずれたところのある弟、ウィリアム（一七五九―一八二三年）のほうなのである。

　職に就きはじめた頃、ウィリアム・プレイフェアはジェームズ・ワットの製図工を担当していた。後にパンフレット作成者となり、鮮やかなオリジナリティあふれるグラフ形式で伝えられた経済データに基づいて、主に政治的議論に焦点を当てたパンフレットをつくっていた。こうして、徐々に発展しつつあった経験主義と視覚化との結びつきは、はるか昔、ギリシャの「黄金時代」に始まり、一八世紀後半に完成したのである。

予想外のものを見る

ウィリアム・プレイフェア（第5章を参照）の時代である一八〇〇年より前から存在していたグラフは、主にデカルトの座標幾何学――ア・プリオリな数学表現に基づく曲線のプロット（例えば図2・2に示すオレームの「パイプ」）――を生んだ、同じく合理主義の伝統から発生した。

実データをプロットすることには、莫大な、また多くが思いがけない利点があった。それはしばしば、見る者に予想もしていなかったものを見させた。こうしたことが頻繁に起こり、科学に対する近代の経験的アプローチが生まれた。すなわち、観測によって得たデータ値をグラフに表し、そこに暗示されるパターンを見つけ出すという方法だ。

これは特に、そのほとんどが他国との貿易収支や国債など、長期にわたる日常的な経済データを表現したプレイフェアのグラフに言えることだった。ところがこれらのグラフはそれまで、パターンや傾向、説明を示唆する方法として見られたことはなかった。エビデンスに基づく議論をサポートする数字のグラフという発想が誕生したのは、まさにこの頃なのだ。

エビデンスと説明との関連からグラフの価値を考えた場合の、この極めて重要な変化には、ここで語ることができるよりもっとさまざまなニュアンスを含む歴史がある。とはいえ、この大変革は、測定器具を使って紙の上にペンを走らせる気圧計や図式記録装置の発明とともに、一六六五年にはすでに始まっていたと思われる。[9] この器具から読み取られた数値が、その名の由来となったロバート・プロットにインスピレーションを与えた。彼は一六八四年の一年間、毎日オックスフォードで気圧を記録し、そこで得た発見を驚くほど近代的なグラフにまとめ、これを「天気の歴史」と名付けた（図1・4）。このグラフはデータプロットを見事に具現化したものではない。どちらかと言えば、昔のうそ発見器か心電図のECGモニターのように見える。暗い灰色の背景に、いくつもの波線があり、しかも目盛り線で余計にデータが見づらくなっている。しかし、彼がこのグラフから得た視覚的洞察と、天気のプロットが最終的により幅広い用途に利用されるようになったことは重要だった。天気の歴史を記録するというその発想は、気圧の現象を外観検査や科学思想の対象に変えたのである。[10]

同年、彼は、王立学会の会員であり自然学者のマーチン・リスター（一六三九―一七一二年）にこのグラフのコピーを送り、この天気の歴史を天気の科学へと変える次のような予言的説明と、さらなるデータの要請を付け加えた。[11]

海外や多くの遠隔地域に、風が同時にどのように起こるかについて同じ観測をすることができる適切な人員を割り当てれば、なんらかの根拠に基づいて、風そのものの惰性、広がり、境界だけでなく、風がもたらす天気についても調査することができるようになるだろう。そしておそらくやがては、前もって確実に警告を得ることにより、潜水夫たちが被る、われわれだったら説明できなくもないようなさまざまな有事（暑さ、寒さ、食糧不足、疫病、その他の伝染病）について知ることができるようになるだろう。さらには、それらの原因を知ることで予防策や救済策が得られ、何世紀も

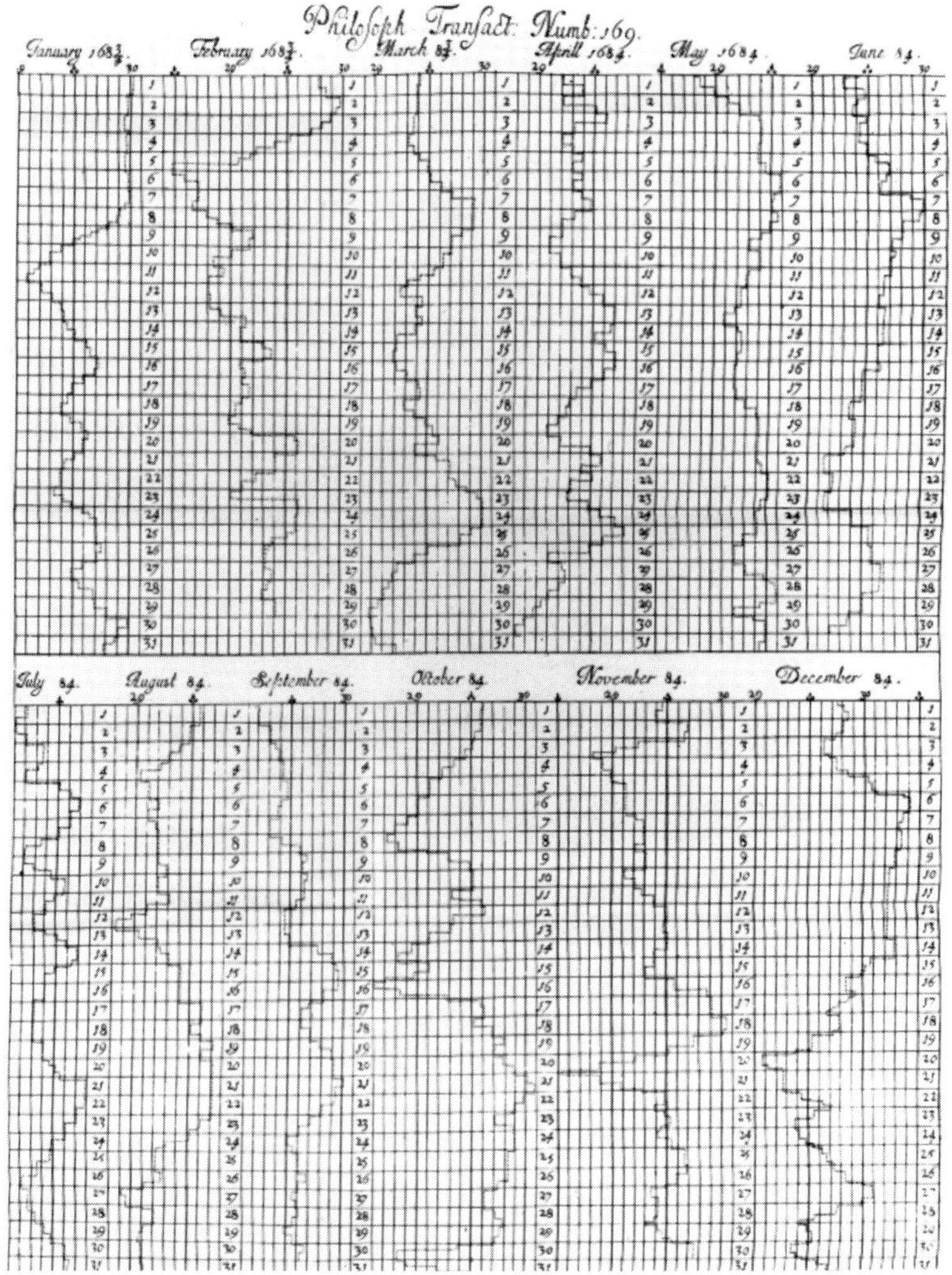

図 1.4：ロバート・プロットの「天気の歴史」：1684 年の 1 年間、オックスフォードで毎日気圧を測定し、記録したグラフ。出典：Robert Plot, "Observations of the Wind, Weather, and Height of the Mercury in the Barometer, throughout the Year 1684; Taken in the Museum Ashmolean at Oxford," *Philosophical Transactions*, Vol. 15, 930-943.

の間、到達することのできなかったさまざまな問題に対する、より現実的で有益な知識を……数年のうちに必ずや手に入れることになるだろう。

プロットは危険を伝え、警告し、救済策を見出すことのできるグラフの威力をはっきりと認識していた。こうしたグラフの利用法は、もっとシンプルなものではあるが、オランダの博識家クリスティアーン・ホイヘンス（一六二九―九三年）によってすでに予想されていた。一六六二年、ジョン・グラントは『死亡表に関する自然的および政治的諸観察』〔一九六八年、第一出版、久留間鮫造訳〕に、平均寿命に関する初のデータを発表した。一六六九年一〇月三〇日、クリスティアーンの兄ルドウィックは、これらのデータから求めたいくつかの補間〔既知の数値や観測から得られた数値を使って、まだわからない部分の数値を求めること〕を記した手紙を彼に送った。グラントの数値表にはない年齢別の平均寿命を計算したものだ。クリスティアーンは、一六六九年一一月二一日と二八日、これらの補間をグラフにして返信した。

図1・5はこうしたグラフのひとつで、水平軸に年齢を、垂直軸にもともとの出生コーホート〔ある一定地域で、ある一定期間内に生まれた全出生児の一群〕の生存者数を示している。実際のデータポイントは曲線上にラベル付けされている。描かれた曲線は、彼の兄の補間に合わせてフィッティングされているが、これらはより一般的な見方を示している。つまり、この図の線に入れられた文字が示しているように、ある年齢に垂直線を引くことで生存者数を推測することができるということだ。クリスティアーンは、これは科学者の目から見て非常に興味深いことだと考えた。実際、単純に補間を使って滑らかな

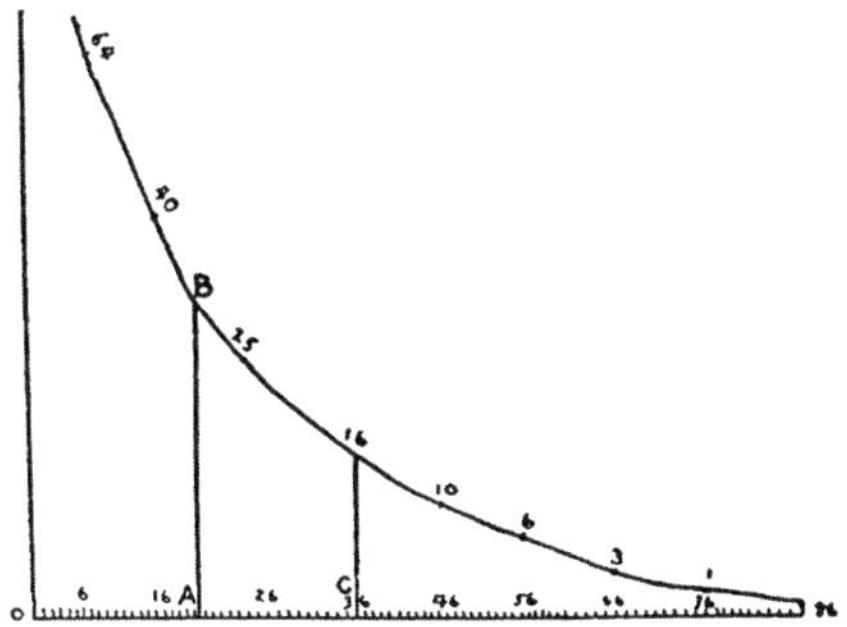

図 1.5：ホイヘンスの生存者グラフ：クリスティアーン・ホイヘンスの 1669 年の曲線で、100 人中何人が乳児から 86 歳まで生きたかを示している。データはジョン・グラントの『死亡表に関する自然的および政治的諸観察』（1662 年）より。出典：Christiaan Huygens, *Oeuvres Completes*, Volume 6. La Haye: M. Nijhoff, 1895.

曲線を追加したことは、データとグラフ、科学的使用と実用性の間の新たなつながりという点で注目すべき進歩だった。平均寿命の滑らかな曲線をグラフに示すという考えは、まもなくして、生命保険や年金の金額を設定する方法として使用されるようになった。[*12]

経験に基づくグラフのその他の例は、わずかではあるが、ホイヘンスの手紙と一七八六年に出版されたプレイフェアの『商業および政治のアトラス』との間の世紀に出現したが、これらは一般的なものにはならなかった。アルバード・ビダーマン[*13]は、その理由を懐疑主義と科学的アプローチとしての経験的グラフに対する反発とも言えるものにあると論じた。一九世紀初頭、データグラフィックスの使用において爆発的な成長が見られたが、これは少なからず、データの有用性、とりわけ社会科学における急速な成長によるものだったという点については第3章で述べる。問題解決への経験的アプローチ、すなわちデータ収集にとって不可欠となる推進力は、始動までに時間がかかった。しかしこれが、問題の理解と解決という点で前例のない成功を示しはじめたのだ。伝達方法の改善により、これらの成功のニュースが、そして関連するグラフィックツールの人気が、にわかに広まりはじめたのである。

私たちは、自然科学や物理科学から起こることを社会科学へと知的に拡散することに慣れている。もちろんそれは、微積分学と科学的方法の両方が取る方向性である。ところが統計グラフィックスは特に、そして統計学は一般的に、逆のルートを辿った。これまで見てきたように、データに基づくグラフィックスを自然科学に適用することはあったが、その人気が加速しはじめたのは、プレイフェアがこれらを経済データに適用してからのことだった。プレイフェアは社会統計学の初のチャートブックを生み出した人物とみなされてしかるべきである。たった一枚の地図も含まない『アトラス』を出版したことは、彼がこの方法論（および自身の大胆さ）を信じていたことのひとつの現れだ。プレイフェアの仕事はたちまち称賛を浴びたが、少なくともイギリスにおいては、模倣者が現れるまでには少し時間がかかった（ヨーロッパ大陸ではその少し前にグラフの使用が始まっていた）。[*14]

グラフ手法は自然科学には比較的ゆっくりと拡散していったため、この分野における経験主義への抵抗をさらに促進することになった。こうした伝統をもたない、より新しい社会科学が、解決すべき問題と関連データの両方を前に、プレイフェアの方法にいち早く可能性を見出したのだ。

グラフ手法と視覚的思考の台頭

プレイフェアのグラフの発明——折れ線グラフ、棒グラフ、円グラフ——は、現在最も一般的に使用されているグラフ形式である。棒グラフはある種特異な存在だ。スコットランドとの貿易を示す年表を描くのに必要な時系列のデータがなかったため、プレイフェアはバー（棒）を使って、実際に所持して

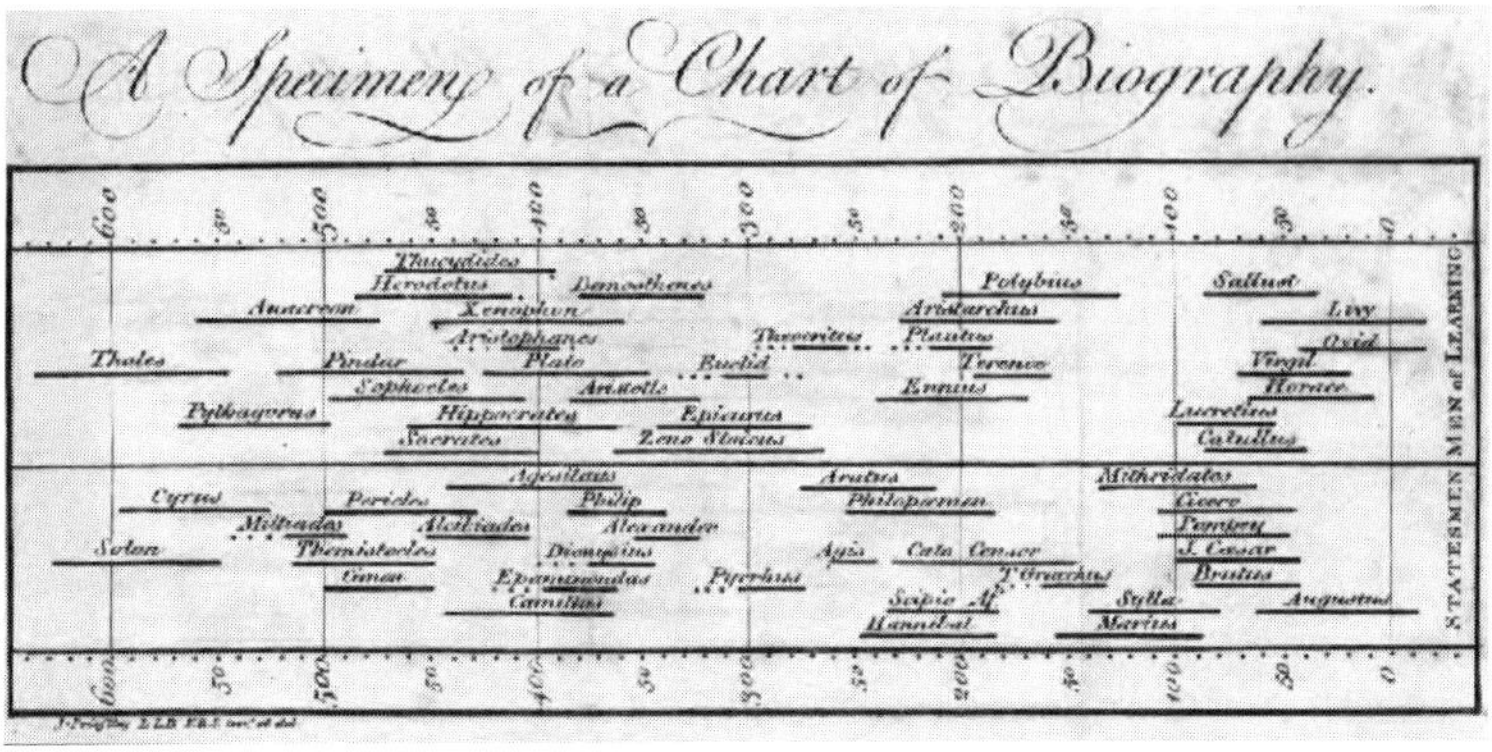

図 1.6：伝記図表：紀元前 6 世紀の 59 人の著名人の生存期間。出典：Joseph Priestley, *A Chart of Biography*, London, 1765.

いたデータの横断的性質を表した。この形式においては、彼は、細い水平の棒によって歴史的人物の生存期間を年表内に記号化したプリーストリー（1765, 1769）のほうが優位であると認めていた（図1・6）。プレイフェアが関心を寄せたのは、長期にわたる歴史を視覚化し、ある分類（政治家vs.学者）をすべてひとつの図のなかで示すという可能性だった。

　プレイフェアの役割が不可欠だったことにはいくつかの理由がある。データをグラフ上に記録したという彼の新技術がその理由ではない。それなら、彼よりも先にやっていた人が他にもいた。実際、彼は一八〇五年、幼い頃に兄のジョンから気温をグラフに記録させられたことを指摘している。しかしプレイフェアは注目すべき立場にいた。というのも、兄との近しい関係やワットとのつながりにより、周囲に科学が溢れていたからである。彼は、グラフ手法の価値を知るのにじゅうぶん近いところにいながら、そこからじゅうぶん距離をおき、それらをまったく異なる分野――経済や金融など――に応用したのだ。こうした経済や金融などの分野は、現在も同様、科学的なことよりも多くの聴衆を惹きつける傾向があり、しかもプレイフェアは自己宣伝に長けていた。[*15]

『ポリティカルヘラルド』に掲載された一七八六年の『アトラス』の書評のなかで、スコットランドの歴史学者ギルバート・スチュアート博士は次のように述べている。

本研究で述べられているこの新しい方式は、極めて一般的な注目を浴びている。この国になんらかの関心を抱き、一般的な概要に精通するすべての人間と、わが国の商業に関する多くの事実の妥当性と適切性については、疑う余地がない。そしてこれは、これまで考えられてきたもののなかで、目的を達成する上で最も正確な方法であるばかりか、最も便利な方法でもある。……プレイフェアの図表のそれぞれに対して、筆者は……全般的に正しく的確な、ときに深淵な所見を加えた。……これほどの称賛が得られたのは、間違いなく彼の発明のおかげである。これこそ新しい、他と異なる、平易なやり方で、政治家や商人に情報を伝える方法である。

スチュアートは、言葉による語りを用いて経済データの歴史をグラフで表すことの有用性を正しく理解していた。その視覚的形式は、見る者の目に訴えるものがあった。テキストは説明と結論を提供し、それを図表内のエビデンスと照らし合わせて評価することができた。そうした心からの称賛が、科学的発展に向けられることはめったにない。政治家と商人両者にとっての一般的な関心事にグラフ手法を適用したプレイフェアの手法は、統計グラフィックスの人気を大きく後押しした。

一八〇〇年代半ばまでには、科学的な発見や説明における視覚化の役割に関する新しい見方が植えつ

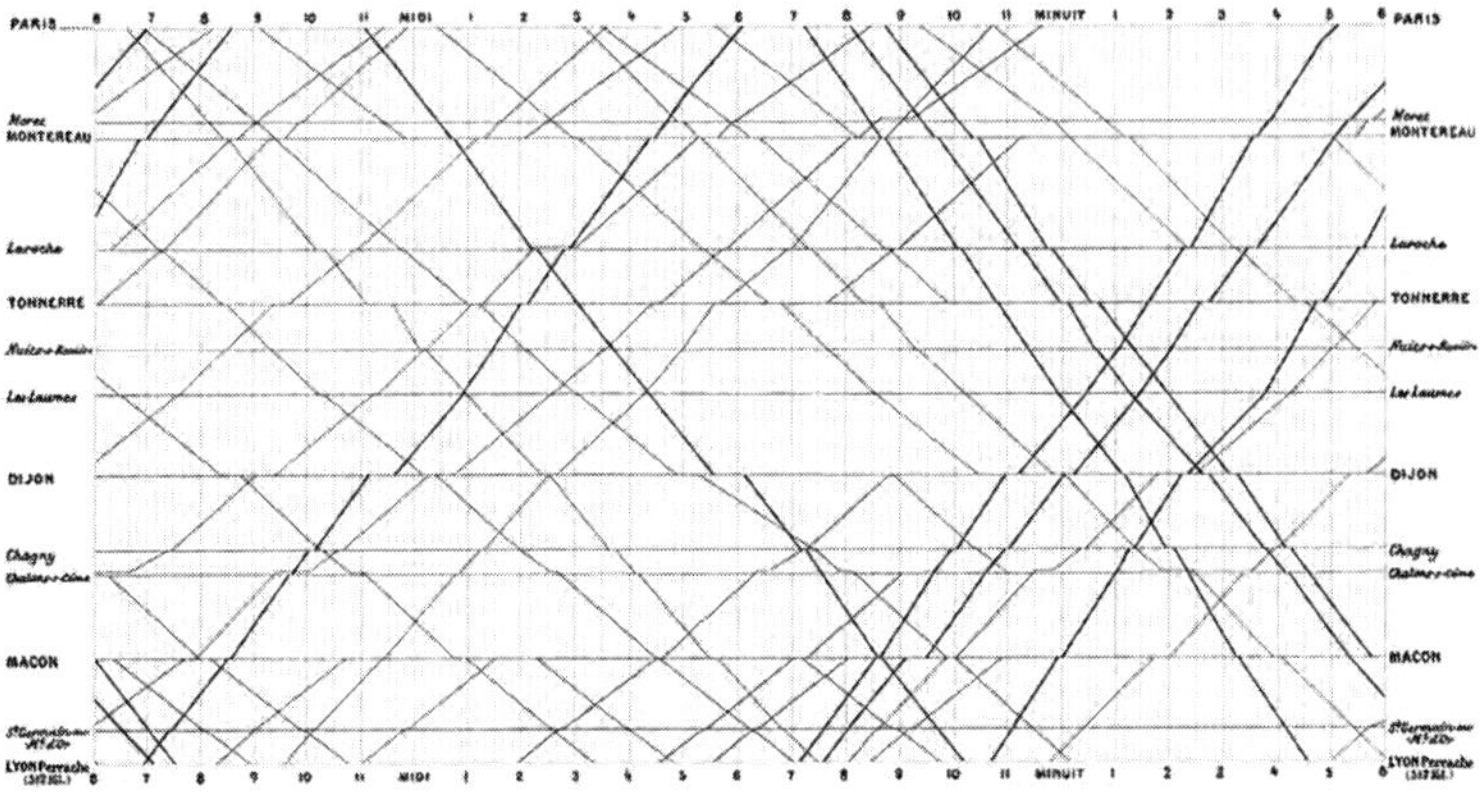

図 1.7：列車運行表：E. J. マレー（1878）が作成した、グラフで示す列車の運行。パリ―リヨン間の毎日の列車がすべて示されている。出典：Étienne-Jules Marey, *La methode graphique dans les sciences experimentales et principalement en physiologie et en medicine*. Paris: G. Masson, 1878.

けられていた。そこには、本書の大半を割いてその功績を紹介する数多くの参加者がいた。そのうちのひとり、一八七八年、『グラフィックメソッド』を著したフランスの生理学者エティエンヌ＝ジュール・マレー（一八三〇―一九〇四年）は主要なツールとしてのグラフを直接用いることにより、科学的問題への新しいアプローチを築いた（第9章を参照）。その簡単な例を図1・7に示す。これは同じく一八七八年からの、パリ―リヨン間のすべての列車の運行スケジュールをグラフにしたものである。トピックこそ単純だが、このグラフは視覚的思考の新たな側面を映し出している。

　グラフのそれぞれの線は、出発地から目的地までを一本の線でつないだそれぞれの列車を表している。駅はその距離に応じた間隔が取られており、線が急であるほど列車の速度が速いことを意味する。これが実際に旅行者の役に立ったかどうかは定かではないが、グラフ手法はほぼすべての問題に適用できるというマレーの強い確信を反映していることは間違いない。彼は次のような思い切った発言をしている。

グラフによる表現はいずれ、世界中のあらゆる現象において、なんらかの動きや状態変化が身近にあれば必ず、他のすべての方法に置き換わるものになるであろうことは疑いようもない。科学より先に生まれた言語は、正確な測定や明確な関係を表現するには適さないことが多いのだ。(Marey, 1878, p. iii)

科学的現象をグラフで表現することにはふたつの目的があった。第一の機能は、それまで目に見えなかった現象をグラフ表示のなかで直接的な考査の対象にすることだった。マレーが著した『グラフィックメソッド』は、この見解を示した初の、または唯一の表現ではなかったものの、それが網羅する範囲とビジョンにおいては画期的だった。この本や他の研究のなかで、彼は創意に富んだ極めて重要な考えを打ち出し、血圧や心拍数、鳥や虫の羽のはばたき、短距離走者の運動量などを記録し、経験的観測をグラフで記録したものを科学的研究の対象に変えた。プレイフェアと同じくマレーも、グラフで表示することの内的ビジョンに突き動かされたのだ。

グラフ手法には、科学関連のコミュニティや教養ある読者に伝達するためのもうひとつの機能があった。グラフによる表示は、複雑な現象をわかりやすく具体的なものにする。それらは正しい場所で、正しい時間に、正しい道具を使ってみずからの目で見ることのできる身近なものだけでなく、一時的で儚いものをも保持し、それをマレーの本を読むすべての人に提供した。それらは記憶を誘発する役割を果たした。なぜなら画像《イメージ》は言葉よりも鮮明で、いつまでも消えないからである。図像は単なる便利なツール以上のものとなった。マレーにとってそれは、すべての人が見ることができるように記録された自然の言葉そのものだったのだ。

黄金時代

さらに注目すべきことが一九世紀後半に起こった。多くの力が結集して、データグラフィックスの完璧な嵐を巻き起こしたこの時代を、私たちは「グラフィックスの黄金時代」と呼んでいる（第7章）。一八〇〇年代半ばには、重要な社会問題（商業、病気、読み書き、犯罪）に関する大量のデータがヨーロッパやアメリカで手に入るようになり、その数の多さから、歴史家はこれを「数の雪崩《なだれ》」と名付けた。[*16]一九世紀後半、いくつかの統計理論が発展し、これらのデータの重要な部分を要約して実際的な比較をすることが可能になった。印刷や複製の技術が進歩したことにより、カラーやそれまでにないグラフィックスタイルで、グラフィック作品が幅広く普及し、グラフィックスへの興奮と情熱が高まっていった。[*17]その観衆は世界中に及んだが、彼らは共通の視覚的言語と視覚的思考をもち合わせていた。

グラフィックビジョンの主要な開発者としてもうひとり、フランスの土木技師シャルル・ジョゼフ・ミナール（一七八一―一八七〇年）が挙げられる。あらゆる時代で最も偉大な、データに基づくグラフィックスとして今なお称賛されているもの――一八一二年のナポレオンによる悲惨なロシア遠征を物語るフローマップ――を生み出した人物だ（図10・3を参照）。ミナールはグラフ手法を用いて美しい主題図や図表を設計し、貿易、商業、輸送に国家全体が関心を寄せはじめた頃、関連するトピックのすべての方法を近代フランス政府に提示した。たとえば、鉄道をどこに敷設するか？　アメリカ南北戦争はイギリスの紡績工場の綿の輸入にどのような影響を与えたか？　といった問題である。これらや他のグラフのなかで、彼は視覚に直接訴えるグラフィックストーリーを語り、そのメッセージは見る者の目に強い印象を残した。ミナールもまた、内的ビジョンに突き動かされたのだ。

一九世紀の終わりまでには、アメリカ（国勢調査事務所のフランシス・ウォーカー）、フランス（公共事業省のエミール・シェイソン）、ドイツ（ヘルマン・シュワーベ、アウグスト・F・W・クローム）、スウェーデンなどの科学者が、各国の業績や野望を辿り、それらを称賛した凝りに凝った詳細な統計アルバムを製作し、広く普及させはじめた。これにはそれまでに、いやこんにちまでにつくられたもののなかで最も精巧なグラフがいくつか含まれている。それは創意に富んだグラフィックデザインのカラー、スタイル、ビジョンを纏《まと》い、誰もが真似したくなる模範としての役割を果たし、現在のグラフィックス言語の一部となっている。ラスコーの洞窟画と同じように、それらもまた畏敬の念を起こさせる。

本章では、とうの昔に絶滅したオーロックスの雄牛を描いたラスコー洞窟の壁画から、ナポレオン戦争の恐怖を描いた、同じく非常に精巧なミナールの描写に至るまで、一万七〇〇〇年以上にわたる視覚化の歴史を辿ってきた。その双方のケースで、また多くがその中間の時代に、視覚化は見る者に対し、記憶に残る理解を造作なく提供してきた。これらの世紀にわたって、徐々に増大する視覚的思考が図表や地図、グラフで表現されてきた。視覚化という世界共通言語を使って量的・質的情報を伝達し、複雑な現象を解き明かし、科学的主張を支持または拒絶してきた。本書の残りの章では、ビジュアルコミュニケーションの驚異について詳しく述べ、説明していく。読者の皆さんにもぜひお付き合いいただきたい。

第2章　最初のグラフは正しく理解していた

データをグラフ化するという概念を発明したのは誰か？　この問題は物議をかもし、議論を呼ぶだろう。なぜ物議をかもすかと言えば、「データをグラフ化するという概念」が実際には何を意味するかということに、皆が首を傾げたり論陣を張ったりする可能性があるからだ。何が「データ」とみなされるのか？　何が「グラフ化する」とみなされるのか？　ということだ。そしてなぜこれが議論を呼ぶかと言えば、他の多くの科学的発見や発明と同様、どれが「最初のもの」かを突き止めるのが難しいからである。多くの重要な発展の前には、もっとゆるく、もっとざっくばらんな定義で最初のものとみなすことができる、他のさまざまな功績があった。逆に言えば、後に続く者は多くの場合、より幅広く、より一般的な方法でその考えを発展させていくということだ。[*1]

一例を挙げると、地理的な位置を緯度と経度によって地図上に記録するという発想は、その大部分が紀元一五〇年頃にクラウディオス・プトレマイオスが著した『ゲオグラフィア』に起因する。地理座標系に関するそれ以前の描写は、紀元前三世紀のキレンのエラトステネスまで遡る。また、最古の世界地図のなかでもミレトスのアナクシマンドロス（紀元前六一一―五四六年頃）は、水域で分断され、（未知の）海洋に囲まれたヨーロッパ、アフリカ、アジアの各大陸を示す円形図に、既知の世界をスケッチした（図1・3）。それ以前の、バビロニア人に知られていた世界の描写は紀元前五世紀まで遡り、南イラクのシッパルの粘土版上に発見された。

プトレマイオスの時代からさらに進むと、地図情報はしだいに、長い年月をかけてより繊細かつ精密なものとなり、地図作成者は三次元の地球を平面地図に映し出す新しい方法を開発した。したがって「世界を地図で描くという概念を発明したのは誰か?」という疑問に明解な答えはないかもしれないが、このトピックについて議論することからさまざまな情報が得られる可能性はある。

同じような軌跡を統計グラフの台頭にも見て取ることができるため、まずは統計グラフが最初に出現した知的・科学的文脈がわかる具体例から始めよう。データをグラフ化するという概念は、一六二八年から一六四四年までの期間における、オランダの地図作成者ミヒャエル・フローレント・ファン・ラングレンの功績によると考えられている。

ミヒャエル・ファン・ラングレン(一五九八—一六七五年)は、一五〇〇年代半ばから一六〇〇年代末までの間、オランダで名を馳せた地図作成者、地球儀製作者、天文学者、そして数学者から成る一族の三代目だった。祖父のジェイコブ・フロリス・ファン・ラングレン(一五二五—一六一〇年頃)は、一五八六年頃から開始した初の世界地球儀の製作者だった。これらの地球儀はオランダの海上貿易の発展において重要な役割を果たした。ミヒャエルの父アーノルド・ファン・ラングレン(一五七一—一六四四年)は、銅板彫刻と地球儀製作の技術を学んだ。アーノルドの彫刻の腕前は誰の目から見てもすばらしかったが、彼自身はどこかずれているところがあった。一六〇七年の終わりから一六〇八年の初めにかけて、借金がかさんだ彼は、アムステルダムからスペインの支配下にあった南部の州へ逃れることを余儀なくされた。あまりに大慌てで土地管理人から逃げ出したため、家財と彫刻道具一式を置き

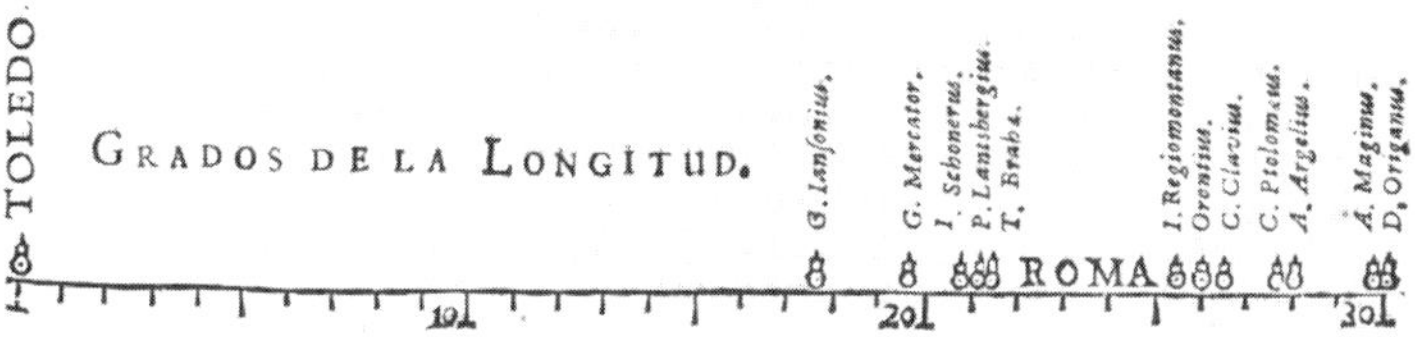

図 2.1：最初の統計グラフ：トレド―ローマ間の経度距離の 12 の測定を示したファン・ラングレンの 1644 年のグラフ。正確な経度距離は 16.5° である。出典：M. F. van Langren, *La Verdadera Longitud por Mar y Tierra*, Antwerp, 1644. ブリュッセル王室図書館の承諾を得て転載。

忘れてしまったという。

とはいえ、ビジネスセンスには欠けていたものの、その社交術は有力な支持者を魅了するものがあった。一六〇九年九月、アーノルドはオーストリア公アルブレヒトと、その妻でスペイン領ネーデルランドの統治者だったイサベル＝クララ・エウヘニア王女（フェリペ二世の娘）の公認地球儀製作者に任命された。海上で水夫が必要とする地球儀や天空儀関連のアーノルドの製作物、またそれに付随するマニュアルのいくつかは、当時すでに有力なパトロンをつけるまでになっていたアーノルドの息子、ミヒャエル・フローレント・ファン・ラングレンが持ち出していた。

ファン・ラングレンの功績のひとつに、経度を決定したことが挙げられる。問題の範囲を視覚的に示そうとした彼の努力は、統計データの初のグラフとして実を結んだ。図2・1に示す最もよく知られたバージョンは単純な一次元のドットプロットで、トレド―ローマ間の経度距離を測定した一二の概算値を示している。一六四四年出版の『海と陸の真の経度』まで遡ると慣例的に考えられているこのグラフは、データ視覚化の歴史における重要な指標であり、単なる言葉や数字以上にすぐれた伝達能力をもつ画像である。

ファン・ラングレンのストーリーがここで興味深いのは、それが（a）当時の極めて重要な問題を解決する試み（経度の正確な決定）、（b）初期の科学的発見におけるパトロンが果たした役割、そして（c）図像がいかに、単なる言葉や数字よりもはるかに伝達能力にすぐれているかに関する鋭い気づきを明らかにしているからである。

「グラフ」と呼ばれた初期のもの

ファン・ラングレンのグラフがなぜ重要なのかを知るため、これに先立つものについて考えてみたい。「グラフ」と呼ぶことのできる類のもので知られる最初の画像は、ファンクハウザー（1936）が記し、タフテ（1983, p. 28）が再録した、黄道十二宮を通る最も傑出した七つの天体の周期的運動に関する、作者不詳の一〇世紀の概念描写である。これがグラフと呼べるのは（x, y）座標で曲線を示しているからであるが、いかなるデータにも基づいていないため、スケッチとか概略図と考えた方が適切かもしれない。

次のステップは一三六〇年頃に起こり、当時の博識ある哲学者ニコル・オレーム（一三二三―八二年）が、なんらかのふたつの物理的数量（時間、速度、移動距離など）が正当な関数関係においてどのように変化する可能性があるかを視覚化してみるという着想を得た。ずっと後になってから出版された『形状の緯度について』（Oresme, 1482）のなかで、オレームは「緯度」と「経度」という言葉を、現在私たちが縦軸と横軸として使用しているものと同じ方法で用いている。この点においてはデカルト（1637）を二五〇年以上も先取りしている。図2・2に示すオレームの図表は、私たちが知る最古の抽象グラフである。

あるページから切り取ったこの図表のなかで、オレームは二次関数、漸近線に近づく関数、線的に減

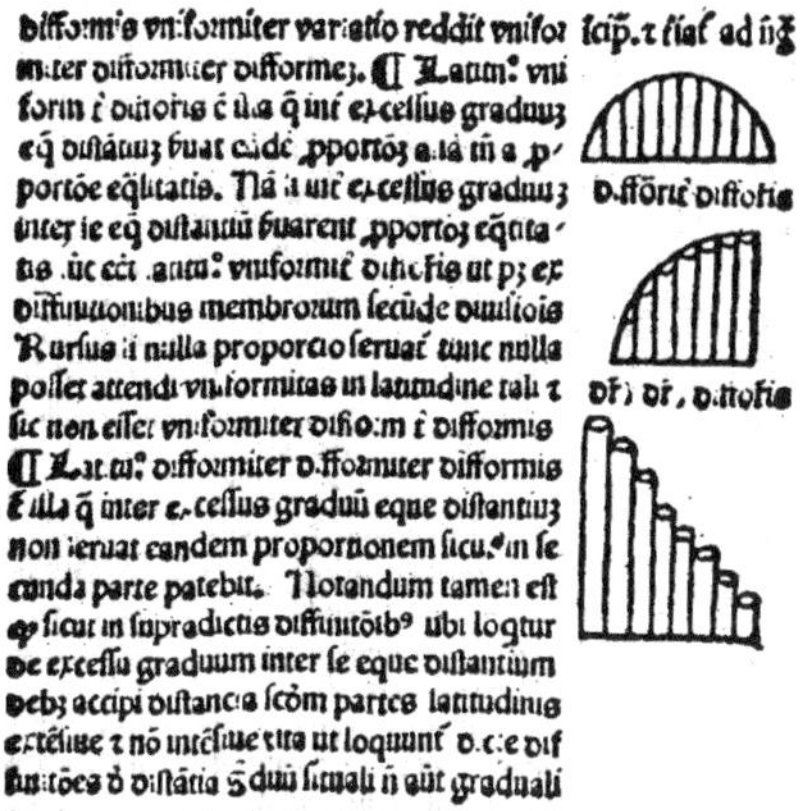

図2.2：さまざまな関数形式のグラフ：オレームの『形状の緯度について』からのページの一部。物理的変数間の関数関係から得られる3つのグラフ形式を示している。出典：Nicole Oresme, *Tractatus de latitudinibus formarum*. Padua: Matthaeus Cerdonis, 1482.

少する関数について明らかにしている。彼は、Microsoft Excelやその他の図表作成ソフトウェアで利用できる、今ではあまり使われなくなった三次元バージョンの棒グラフでさえも先取りしている。難点はただひとつ、これらのグラフもデータに基づいていないということ、したがってデータグラフとはみなされないということだ。これについてファンクハウザーは次のように述べている。「もしも先駆的な同時代人がオレームに、実際の数字を提示して研究に取り組ませていたら、われわれはプレイフェアが現れる四〇〇年も前に統計グラフを手にしていたことだろう」。[*2] しかし、グラフのかたちで表示されていたかもしれない経験的データは、ファン・ラングレンが登場する一六〇〇年頃になるまで、一般的に知られることはなかった。

歴史的文脈におけるファン・ラングレンの功績を正しく理解するため、図2・3に、一六〇〇年から一八五〇年までの期間にわたるデータグラフの基本的形式の主な発明年表を示す。よく知られている現代のグラフ手法のほとんどが、この年表の最後の一〇〇年間でのみ発明されている。それより二〇〇年以上も遡るファン・ラングレンのグラフは、初期の外れ値として際立っている。

経度問題

ファン・ラングレンの時代、一六世紀から一七世紀にかけて最も重要だった科学の問題は、物理的測定——時間、距離、および空間的位置——に関するものだった。これらは天文学、測量術、地図作成の分野で起こり、海上での航海、探検、ヨーロッパの国家間の領土拡大や貿易拡大への希求といった実用的な問題に関係していた。

最も厄介な——そして最も重大な——問題のひとつが、陸上と海上で経度を正確に決定することだった。航海中にエラーが発生すれば、少なくとも移動時間が大幅に増し、食糧が不足し、水夫が飢餓に見舞われることは避けられない。最悪の場合、船が難破し、海難が多数発生する。このストーリーは現象の視覚化と、良設定問題の説明や解決との関連性という本書のテーマを例示している。

赤道を挟んだ南北の位置を示す緯度には、地球の球体に物理的な零位点（赤道）が存在し、北極・南極へそれぞれ九〇度までの範囲がある。これは、何世紀もの間、当然とされてきた太陽、月、またはある特定の星の位置を示した表から、それらの角度（偏角）を測定する六分儀やその他の装置を使用して簡単に求めることができる。東西の位置を示す経度には、もともと零位点も参照点もない。唯一の物理的事実は、いずれかの緯度線の周囲〇〜三六〇度の緯度のスケールが、二四時間の地球の自転、すなわち一時間あたり一五度に相当するということだけである。

統計グラフの基本的形式の発明年表

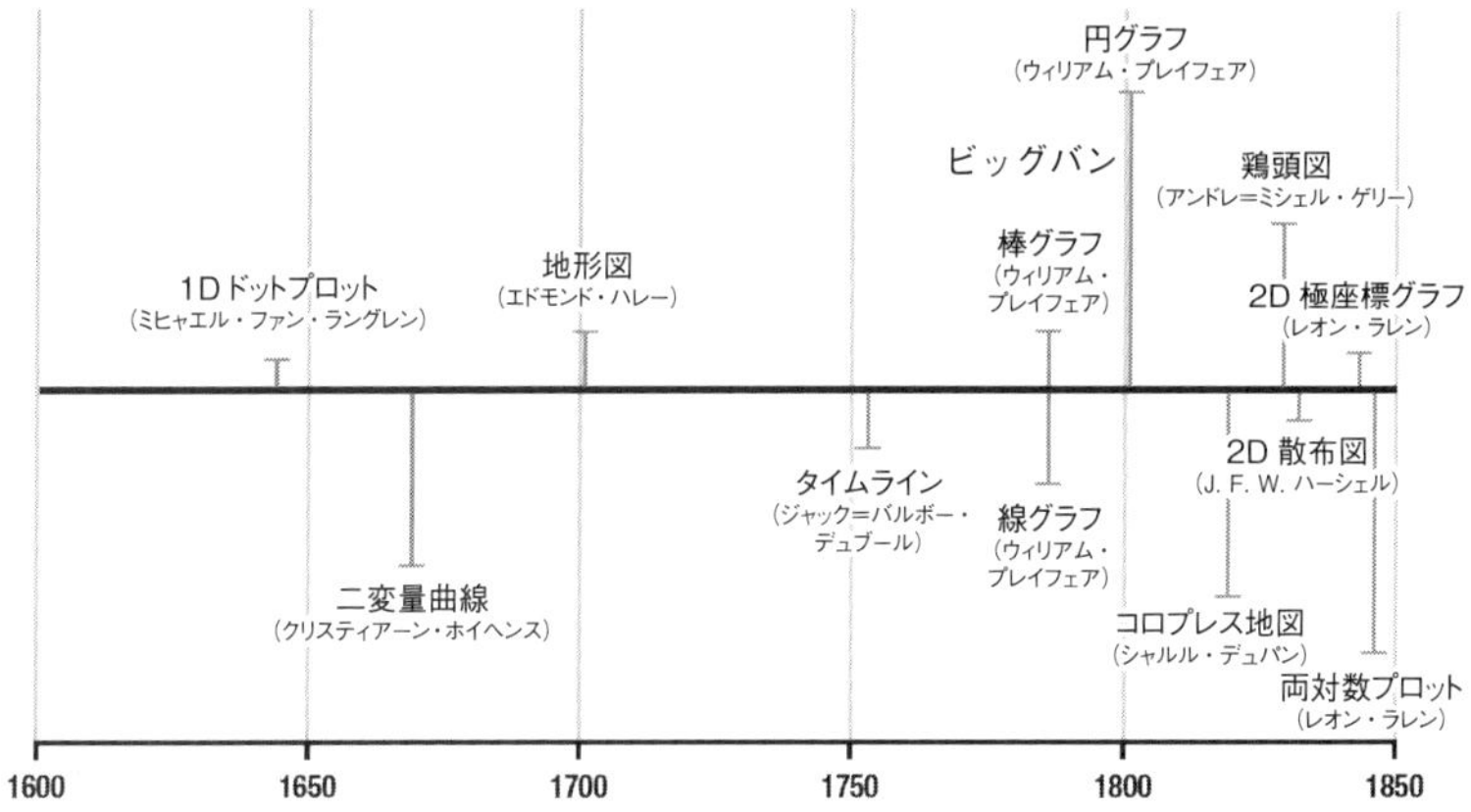

図 2.3：グラフの発明：1600-1850 年における統計グラフの基本的形式の発明年表。出典：© The Authors。

経度に必要なのは、自分の居場所から、ある固定された参照点までの時差を決定する正確な手段だった。たとえば太陽がその天頂に到達（現地正午）したのと同じ瞬間に、トレドの時刻が午後三時であることを船の操縦士が知っていた場合、現地正午とトレド時間との三時間の時差は、トレドの西四五度の経度差ということになる。しかしどうすれば、操縦士は大海原の真ん中からトレドの時刻を知ることができるのか？　これには、時計と天体観測の記録簿をベースとした二種類の解決法があった。

結局、最終的な解決法は、一ヶ月以上に及ぶ船旅で数秒単位まで正確に時間を測定できるマリンクロノメーターにあることがわかった。一五三〇年には早くも、レイニア・ヘンマ・フリシウス（一五〇八―一五五五年）が、ふたつの時計の読みの差異から経度を決定する理論的説明をおこなった。ところがこの方法は、独学で学んだイギリスの時計職人ジョン・ハリソン（一六九三―一七七六年）が最初の「海時計」（H1、ハリソン第一号）を製作するまで精度が不十分だった。この海時計は一七三六年、大西洋を横断する海上試験に合格した。

論より証拠

経度問題は非常に重要であったため、ヨーロッパのさまざまな国が「経度発見者」にそれなりの懸賞金を授与した。最初の懸賞金は一五六七年、スペインのフェリペ二世から与えられた。一五九八年にフェリペ三世がスペインの王座に就いてからは、六〇〇〇ダカット[*3]の懸賞金に二〇〇〇ダカットの生涯年金をプラスした額が授与された。その他にもオランダとフランスから報酬が与えられ、一七一四年にイギリス議会によって始められた「経度賞」は、最終的に総額一〇万ポンドを超える賞金にまで膨れ上がった（O' Connor and Robertson, 1997）。（この懸賞金への直接的な要因となったのは、一七〇七年一〇月二二日に発生した史上最悪の海難であり、この事故でクラウズリー・ショヴェル海軍将官が指揮する五隻の船がシリー島に衝突し、二〇〇〇人の水夫の命が奪われた。）これにファン・ラングレンが加わり、膨大な懸賞金が賭けられた。

ファン・ラングレンの時代、経度問題の第二の解決法は天体観察――太陽、月、星または恒星の位置と、一定の地点におけるそれらの位置の時刻を与える天文学的な「天体暦」表――に依存していた。一五一四年には早くも、ヨハネス・ヴェルナー（一四六八―一五二二年）が月距法として知られるようになったものを提案した。これは、月と任意の星または太陽との間の角度を測定し、ある日時の決められた場所でこれらの位置を記録する天測暦を使用して経度を決定するものである。たとえば一六二八年四月二七日、ファン・ラングレンの三〇歳の誕生日に、ある水夫が月と北の空の星ポラリスとの間の角度を、夜中の〇時の時点で三〇・〇度と測定したとする。その後、彼が「アルフォンソ表」で調べたところ、トレドではこれが午後九時三〇分に起こることがわかった。果たして大当たり！　彼が求めた経度はトレドの西二・五時間×一五＝三七・五度だ。

経度問題に対するこの解決法は陸上でもじゅうぶん難しかったが、海上ではさらに困難を極めた。海上での天体観測は絶え間なく変化する動きに晒されているため、現地時間や悪天候、または雲がかかる時間帯を決定するのが困難であったことは言うまでもない。したがって、しばしば深刻なエラーにつながる傾向があった。天体観測と参照表から経度問題を解くという試みによって生じた問題は、その後二〇〇年以上もの間、当時最も優秀だった天文学者や数学者の関心の的となった。たとえばガリレオは一六一二年、木星の衛星の軌道を表に示し、エドモンド・ハレーは一六八三年、さまざまな星を横切る月の運行を記録した。一七五〇年にはトビアス・マイヤーが、観測された月の動きの微小摂動（「秤動」）を考慮に入れる必要があると提案し、その五〇年後、フランスのアドリアン＝マリ・ルジャンドルとドイツのカール・フリードリヒ・ガウスが、ほぼ同じ時期に、近代の統計的手法の起源である最小二乗法で、誤差が生じやすい観測の組み合わせの問題を定式化した。マイヤーとガウスは両者ともにその功績が讃えられ、イギリス経度委員会からささやかな賞が授与された。

ファン・ラングレンのグラフ

経度問題を念頭に置きつつ、こんどは図2・1に示すファン・ラングレンの一六四四年のグラフにつ

表2.1：ファン・ラングレンが使用したと思われるふたつの表

経度で分類

経度	名前	年	場所
17.7	G. Iansonius	1605	Flanders
19.6	G. Mercator	1567	Flanders
20.8	I. Schonerus	1536	Germany
21.1	P. Lantsbergius	1530	Belgium
21.5	T. Brahe	1578	Denmark
25.4	I. Regiomontanus	1463	Germany
26.0	Orontius	1542	France
26.5	C. Clavius	1567	Germany
27.7	C. Ptolomeus	150	Egypt
28.0	A. Argelius	1610	Italy
29.8	A. Maginus	1582	Italy
30.1	D. Organus	1601	Germany

優先順位で分類

年	名前	経度	場所
150	Ptolomeus, C.	27.7	Egypt
1463	Regiomontanus, I.	25.4	Germany
1530	Lantsbergius, P.	21.1	Belgium
1536	Schonerus, I.	20.8	Germany
1542	Ortonius	26.0	France
1567	Mercator, G.	19.6	Flanders
1567	Clavius, C.	26.5	Germany
1578	Brahe, T.	21.5	Denmark
1582	Maginus, A.	29.8	Italy
1601	Organus, D.	30.1	Germany
1605	Iansonius, G.	17.7	Flanders
1610	Argelius, A.	28.0	Italy

いて考えてみたい。このグラフの最も古いバージョンは、一六二八年三月頃、（すでに少し触れた）イサベラ王女宛ての手紙のなかにあった。

グラフを一目見て、何がわかるだろうか？　ファン・ラングレンは、水平軸上に〇〜三〇度の目盛りでトレド―ローマ間の一二の経度距離の予測を示し、そのそれぞれに対して、決定を下した人物の名前を（縦に）ラベル付けしている。クラウディオス・プトレマイオス、ゲラルドゥス・メルカトル、ティコ・ブラーエなどの名前があるが、彼らは当時、天文学と測地学の分野で最も著名なスターの代表格である。実際の距離は一六・五度だが、この値は一〇〇年以上にわたって不正確なまま知られていた。このグラフはいくつかの理由で、データ視覚化の歴史において注目に値するものと言える。

第一の理由として、表2・1に示すように、この情報を（名前、年、経度距離、場所を示す）表の形式でスペイン王室に提示することは、ファン・ラングレンにとって最も簡単な方法だったことが挙げられる。実際、表は当時、観測データを記録する一般的な形式だった。しかも表は、権限（名前で分類）、優先順位（年で分類）、または値域（経度値で分類）のどれを強調するかによって並べ替えることもできた。

ほぼ同じ頃（一六三四年）、イギリスの天文学者ヘンリー・ゲリブラ

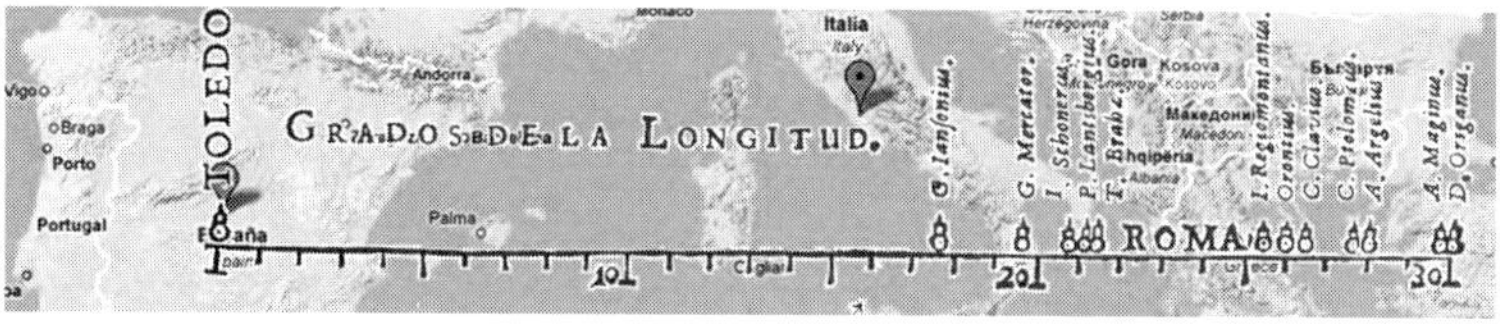

図 2.4：オーバーレイ：縮尺を変えて、現代のヨーロッパ地図の上に重ね合わせたファン・ラングレンの 1644 年のグラフ。トレドとローマの位置が地図上にマークで示されている。出典：地図：Google Maps に重ね合わせたもの：M. F. van Langren, *La Verdadera Longitud por Mar y Tierra*, Antwerp, 1644. ブリュッセル王室図書館の承諾を得て転載。

ンドが、同量の複数の測定の平均をとるという考えを取り入れた。[*4] ファン・ラングレンがこのことを知り、考慮に入れていれば、一二の個々の概算をひとつの「最良の」値に統合するような測定値（中間値や平均値）を計算し、それで万事問題なしとしていたとも考えられる。ところが、それが彼の目的ではなかった。

目に直接訴え、さまざまな概算を示すことができるのはグラフだけである。ファン・ラングレンのグラフの最も顕著な特徴は、値域が目盛りの長さのほぼ半分を占めていることだ。このグラフからはさらに、彼が（ゲリブランドに先んじて）この値域の中央を全体の要約としたことがわかる。好都合にも、そこにはたまたま「ROMA」と記すことができるくらい、じゅうぶんなスペースがあった。

第二の理由として、ファン・ラングレンのグラフは統計的推定における偏りと呼ばれる、現代で言うところの定誤差の概念を示す注目すべき視覚的事例となっていることが挙げられる。図2・1では、実際の経度距離は一六・五度で、偏りはその地点から「ROMA」と記されてある二三・五度までの距離、すなわち七度である。この偏りの大きさは、図2・4に示すようにファン・ラングレンのグラフを現代の地図に重ね合わせ《オーバーレイ》てみれば、より正しく認識することができる――以前の経度距離のほぼすべての概算が正確な値からは程遠い。どれもみな、アドリア海からギリシャまたはトルコまでのいずれかの場所にローマを位置付けている。

最後の理由として、ファン・ラングレンのグラフは、データディスプレイの順序効果の原則を示す、最も古くから知られている典型として画期的であることも挙げられる（Friendly and Kwan, 2003）。グラフと表は、着目すべき主な特徴を強調するように情報が並べられているときに最も効果を発揮する。この場合、ファン・ラングレンの提示方法の主な目的は、最もよく知られていた偉大な天文学者や地理学者の間の膨大な範囲の差異を示すことだった。グラフはこのように、観測の不確実性や変動性に重きを置いている点で、なおいっそう注目すべきものなのである。このトピックはおよそ一〇〇年後まで、まともな関心を得ることはなかった。[*5] 最初のグラフはまさにこのことを「正しく捉えていた」と言えるだろう。

しかしながら、ファン・ラングレンはおそらく自分の画像を、現在私たちが「グラフ」と呼んでいるような、新種の図解としては考えていなかったかもしれないとも言える。地図作成者という家系から、図2・1は本質的に一次元の地図であり、水平寸法が緯度線を表し、点はトレドに対するローマの考えられる経度位置を示している。実際、ジョン・ディレイニー（2012）は『最初はX、次はY、こんどはZ』というすばらしい本のなかで、主題図の発展を、たとえば海岸沿いを移動する水夫にとって航海の手助けとなったポルトラノ海図において、場所の名前が複雑になった（「Xが目的の場所」）ことが原因だと説明している。

パトロンと助成金獲得術

残すところは、表2・1に示すような表形式ではなく、ラベル付けしたドットチャートのかたちでこの情報をまとめることへとファン・ラングレンを導いたものは何かを説明するだけだ。支援を受ける個人的な手段があるわけでもなく、大学教育も受けていなかったファン・ラングレンが、みずからの研究を継続し、生計を立てるには、パトロンに頼るしかなかった。父親がスペイン領ネーデルランドの統治者となったイサベラとつながりがあったことから、彼は一六二六年頃、いくつかの地図作成の依頼を受け、これをイサベラに献上した。どうやら彼は父親の魅力を受けついでいたのだろう。イサベラはほどなくして彼のパトロンとなり、一六二八年には甥にあたる国王フェリペ四世の王室宇宙地理学者兼数学者に彼を任命した。これにより彼は一二〇〇エキュ（ダカット金貨で、およそ金四・三キロ）の年間依頼料を得ることになる。言うまでもなく相当な金額である。ミヒャエル・ファン・ラングレンはこうして名声を博した。財政的にも、そしてスペイン王室でも。

まもなくして彼は月距法を改善し、経度をより正確に決定できるようにしようと考えた。そしてその後の人生のすべてをこれに捧げた。しかしいったいどのようにして、この功績への信用と、それに伴う金銭的報酬を確保することができたのだろうか？　最初の試みとして、彼は一六二八年三月頃、イサベラ宛てに手紙を書き、後に『海と陸の真の経度』に掲載されたグラフの初版（図2・1）を添付した。美辞麗句を連ねて、彼は次のように主張している。

・「実績」：私は国王陛下付きの数学者であり、祖父と父は航海を目的に世界で初めて地球儀を発明しました。
・「問題」：私は最も重要な問題、すなわち経度の決定について研究をおこなってきました。
・「論証」：私の図表から、トレド―ローマ間の経度でさえ大きな誤差が生じやすいことが明確におわかりになるでしょう。「トレド―ローマ間の経度が確実にわからないのであれば、殿下、西インド諸島と東インド諸島で比較すると、前者の距離がほぼゼロに等しくなるということがどういうことかをお考えください。」
・「嘆願」：それゆえ、私にこの問題を解決するための「専売特許権」をお与えください。「私に専売特許が与えられることによって、この技術に関心のあるすべての者が私の下すアドバイスに注目することが義務となりましょう。そして航海に多くの利益がもたらされ、この技術の一般的な対応を命じた国王陛下ならびに殿下が永遠に人々の記憶に残ることが約束され、殿下は特別にこの恩恵を享受なさることでしょう」。

このように彼は、グラフを描く目的は、比較的よく知られたふたつの地点間の経度距離を決定する際の「無数の誤差」を示すためだということを明確にしている。統計用語で言えば、彼の提示法の目的は不確実性や変動性を示すことであって、データポイントをプールすることから得られる最良の概算を示すことではなかったということだ。

この手紙はその意図からして、パロトンを要請する三段論法の古典的な例として読み取ることができる。現代の助成金申請として見た場合、この手紙に明らかに欠けているのは、彼がどのように経度問題を解決しようとしているかを示す「方法」の項目がないことだ。おそらく誰かが彼を出し抜いたり、その方法の優先権を主張したりすることを恐れて、意図的に詳細を明かさずにいたのだろう。

賞金目当て

ファン・ラングレンは最初の「助成金申請」には成功しなかったが、次の一〇年間はフェリペ四世の枢機会議のさまざまな大臣に支援を求める手紙を書きつづけた。そのそれぞれの手紙に、自分のグラフの別バージョンを添付し、それが経度の「無数の誤差」を明らかにしていることを記し、国王陛下付きの数学者である自分が、陸上と海上での経度計算に関する「極めて重要な秘密」を解明したと主張した。一六三三年の手紙は「無理な注文」とともに次のように締めくくっている。

そしてこれに関して、国王陛下はこうした解決策の発明者にすばらしい報酬を与え、特にルイス・フォンセカには毎年六〇〇〇ダカット、ファン・アリアスには毎年二〇〇〇ダカットを生涯にわたって授与しました。そこで、もし国王陛下がこの嘆願者（である私）に、陛下が適切と判断する懸賞金を確約してくだされば、この嘆願者（である私）は前述の秘密を国王陛下にお教えいたします。というのも、この発明を発見していながら何の報酬もいただけないというのは不名誉なことだからです。

ファン・ラングレンは、今回は控えめながらも成功した。というのも彼は、自分の「秘密」を開示することさえせずに、詳細は不明だがかなりの額の報酬を受け取ったからである。

ファン・ラングレンはみずからの方法の優先権の主張を懸念するあまり、一六三三年の手紙に次のように記している。「(私は)さらに、この発明は新しいものではなく、すでに周知のものであると皆に伝えることで、国王陛下が、誰かが唱えるかもしれない異議から私を守ってくださることも嘆願します」。一六四四年、彼はこの発明を公表する決意をした。その結果が『海と陸の真の経度』である。この書物はのちに、グラフィックスの歴史家の間で注目を浴びることになる。[*6] しかし彼は、みずからの方法の詳細を完全には明かさずに、どのように優先権を確立することができたのだろうか?

当時は、科学者が暗号文を公表することで、なんらかの発見の優先権を主張することはめずらしくはなかった。これにより、詳細を明かさずに「公にする」ことができたのだ。たとえば一六一〇年、ガリレオは自身が初めて発明した望遠鏡の助けを借りて、論文を書くよりも先に、月、木星、土星を発見しようとしていた。七月二五日、彼はケプラー(およびその他の人々)に、自分の最新の発見を暗号化した文章を添えた手紙を一気に書き上げ、送付した。以下がその暗号文だ。[*7]

smaismrmilmepoetaleumibunenugttauiras

ケプラーはこの単純なアナグラムの暗号文を解読することはついにできなかったが、ガリレオは後にこれを次のように解き明かした。

Altissimum planetam tergeminum observavi

つまり、「私は最も遠い惑星［土星］が三重星であることを発見した」という意味だ。これは彼が発見した土星特有の形状を指しており、後にクリスティアーン・ホイヘンスがそれを土星の環として正確に言い表している。

ファン・ラングレンも同様の戦略を使ってみずからの考えを発表したが、このことは秘密にしていた。『海と陸の真の経度』（p. 6）のなかで、彼は次のように述べている。

ファン・ラングレンは一六二一年、月を利用した海と陸の経度に関する研究を始めた。一六二五年、ラングレンはイサベル王女に、経度を計算するこの方法と、すでに発見していた第二の方法（後にダークレターで書かれる）について知らせた。これは、イサベル王女が同年の一六二五年に国王陛下に宛てて書いた手紙から知ることができる。

「ダークレター」とは図2・5に示すように、彼がそこに含めた暗号文のことである。二〇〇九年、このテキストはアマチュアやプロのさまざまな暗号解読者に挑戦状として送られた。しかしそれでもまだ誰もこの暗号を解読できていない。その理由のひとつは、これが中世スペイン語で書かれており、文字とアラビア数字の両方が使われていること、もうひとつは、暗号文の一般的な形式（置換、転置、アナ

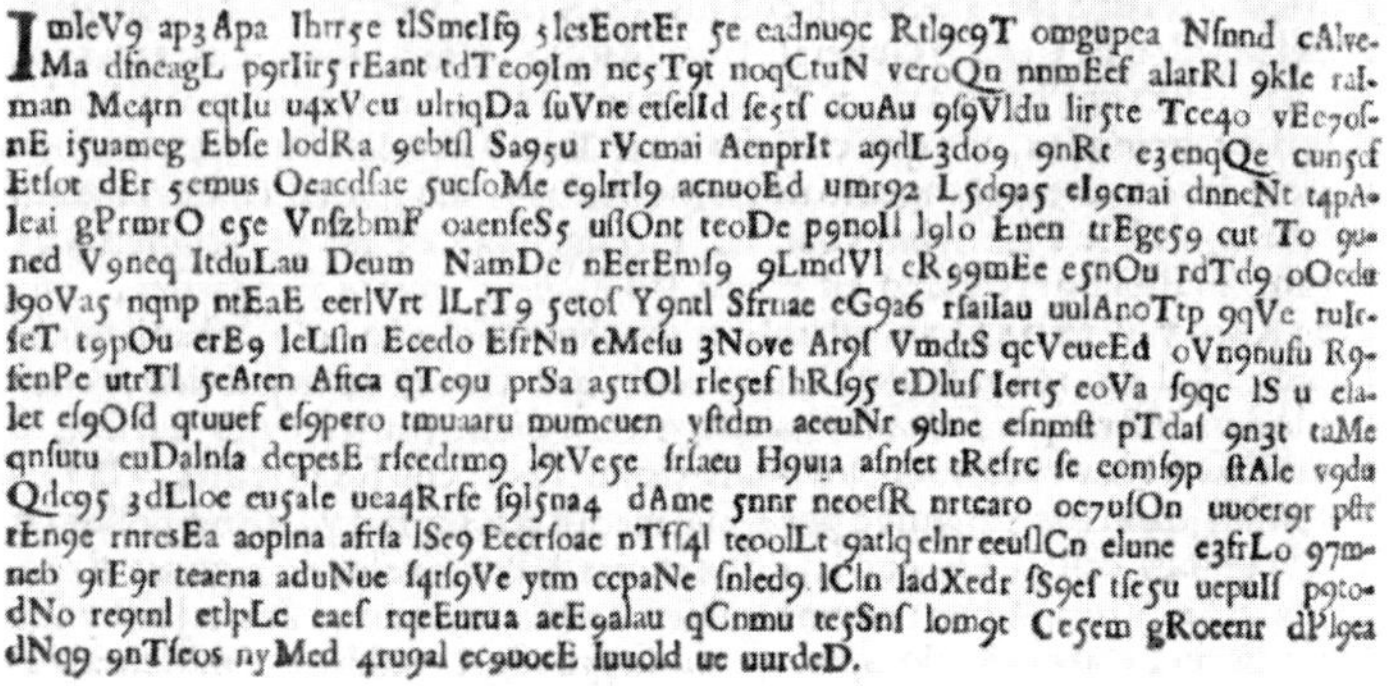
Imle V9 ap3Apa Ihrr5e tlSmelſ9 5lesEortEr 5e eadnu9c Rtl9c9T omgupea Nſnnd cAlve-
Ma dſneagL p9rlir5 rEant tdTeo9lm nc5T9t noqCtuN veroQn nnmEef alatRl 9kle ral-
man Mc4rn eqtlu u4xVeu ulriqDa ſuVne etſelld ſe5tſ couAu 9ſ9Vldu lir5te Tce4o vEc7oſ-
nE i5uameg Ebſe lodRa 9cbtſl Sa95u rVcmai Aenprlt a9dL3do9 9nRt e3enqQe cun5cf
Etſot dEr 5emus Oeacdſac 5ucſoMe e9lrtl9 acnuoEd umr92 L5d9a5 el9cnai dnneNt t4pA-
leai gPrmrO e5e VnſzbmF oaenſeS5 uſlOnt teoDe p9noll l9lo Enen trEge59 cut To 9u-
ned V9neq ItduLau Deum NamDe nEerEmſ9 9LmdVl cR99mEe e5nOu rdTd9 oOcdu
l9oVa5 nqnp ntEaE eerlVrt lLrT9 5etoſ Y9ntl Sfruae cG9a6 rſailau uulAnoTtp 9qVe rulc-
ſeT t9pOu erE9 leLſln Ecedo EſrNn eMeſu 3Nove Ar9ſ VmdtS qcVeueEd oVn9nuſu R9-
ſenPe utrTl 5eAten Afica qTe9u prSa a5trOl rle5ef hRſ95 eDluſ lert5 eoVa ſ9qc lS u ela-
let eſ9Oſd qtuuef eſ9pero tmuaaru mumeuen yſtdm aeeuNr 9tlne eſnmſt pTdaſ 9n3t taMe
qnſutu euDalnſa depesE rſeedtm9 l9tVe5e ſrſaeu H9uia aſnſet tRefre ſe comſ9p ſtAle v9du
Qdc95 3dLloe eu5ale uea4Rrſe ſ9l5na4 dAme 5nnr neoeſR nrtearo oe7uſOn uuoer9r pſtr
tEn9e rnresEa aoplna afrſa lSe9 Eecrſoae nTſſ4l teoolLt 9atlq elnr eeuſlCn elune e3frLo 97m-
neb 9tE9r teaena aduNue ſ4tſ9Ve ytm eepaNe ſnled9 lCln ladXedr ſS9eſ tſe5u uepullſ p9to-
dNo re9tnl etlpLe eaeſ rqeEurua aeE9alau qCnmu te5Snſ lom9t Ce5em gRoeenr dPl9ea
dN99 9nTſeos nyMed 4ru9al ee9uoeE luuold ue uurdeD.

図 2.5：暗号文：経度問題の解答を説明したファン・ラングレンの暗号文。この暗号はいまだ解読されていない。出典：M. F. van Langren, *La Verdadera Longitud por Mar y Tierra*, Antwerp, 1644.

グラム）はこんにちに至るまで、攻撃に対して耐えてきたからである。

経度の「秘密」

ファン・ラングレンの暗号文は解読されないままではあるが、彼が手紙や『海と陸の真の経度』でそれとなくほのめかした「秘密」は、彼の他の研究から推測することができる。その極めて重要な考えは、認識できる月の特徴——天空における単なる位置ではなく——を利用して、より正確な天文時計を提供することだった。識別可能な月面の山頂やクレーターで日の出や日の入りのタイミングを測ることにより、現地時間を正確に決定することができるような、一連の基準となる動きがほぼ連続して起きる。

海上の経度を決定するためにこの発想を実用的なものにするには、ふたつのものが必要だった。第一に、簡単に認識できるように、山頂やクレーター、その他の月の特徴に名前を付けた正確な月球儀や地図が必要だった。第二に、月周期のそれぞれの日に起こる日の出（明るくなる）と日の入り（暗くなる）の標準時間の開始を記録した一連の位置推算表が必要だった。

スペイン王室での俸給と地位を確実なものにしたファン・ラングレンは、一連の月の地図と図表および「ユーザーガイド」の準備にとりかかる計画を立てた。このガイドには、彼が目録を作成しようとしていた、月の特徴を観測することから経度を計算する方法が解説されていた。月の特徴を包括的に図面化した最初の人物になろうとしていた彼は、「月球儀の明るく輝く山々や島々に、著名人らの名前をつけてみてはどうか」と提案した。最終的にフェリペ国王を喜ばせることになると見込んでのことだ。というのも、国王と彼の最初のパトロンであるイサベラ王女は、彼の命名法に何度も登場することになるからである。一六四五年に発表された『オーストリア公フェリペ王の光、満月の地図』と題されたファン・ラングレンの最初の月の地図は、フェリペ国王に献上され、彼が月の特徴に割り当てた三二五の地形の名称が紹介されている。

ファン・ラングレンは、自身の月面図の使用法を説明したマニュアルや表を完成することはなかった。さらに、詳細な月面図をもとに経度を決定するという彼の計略は、確かにそれまでの月による方法よりはるかにすぐれた精度で測定できるチャンスを与えはしたが、月の山頂が輝いたり見えなくなったりする速度が比較的遅いため、この方法が達成できる精度は厳しく制限されていた。もちろんこれは、一日に一回や二回の観測をするよりははるかに良いものだったが、後に信頼できるマリンクロノメーターが達成することになる精度には及ばなかった。にもかかわらず、彼は包括的な月面図を作成した最初の人物であり、その名にちなんでつけられた、彼の名前の半分を冠するクレーター、「ラングレヌス」は、こんにちに至るまで存在しつづけている。

ファン・ラングレンの遺産

現在、ミヒャエル・フローレント・ファン・ラングレンは、彼の時代の経度問題の解決やデータグラフィックスの発展に貢献したというよりも、月面地理学——月の特徴を図面化すること——に貢献したことで知られている。

とはいえ、彼が発明した一次元のドットプロットは、観測の不確かさや、経験的データ値を軸に沿って表示するという発想が検討されていた時代よりもはるか以前から、現在に至るまで、明解なビジュアルプレゼンテーションの星版（または月版？）の例と言えることに読者の皆さんも賛同していただけると思う。

ファン・ラングレンの私生活も、これまでずっと謎に包まれていた。肖像画は一枚も存在せず、家族のことも、どこに埋葬されているかもわからなかった。最近の研究により、[*8] 新たな詳細がかなり明るみに出てきている。ミヒャエルはジャンヌ・ド・カンテーレと結婚し、一六二六年から一六三五年までの間に、わかっているだけで四人の子をもうけている。二九歳のとき、ジャネット・ファン・ダインゼとの間に非嫡出子である娘をもうけた。後にこの娘を正式に認知し、一六五七年嫡出子とした。現在ではウォーターズの文献（1891, 1892）より、ミヒャエルは一六七五年五月一日にこの世を去り、五月九日にブリュッセルのノートルダム・ド・ラ・シャペル教会の墓地に埋葬されたことがわかっている。しかし一八九〇年までは、彼がそこに埋葬されたという痕跡はまったくなかった。

第3章　データの誕生

一八六〇年頃に世界で初めて出版された料理本で、イザベラ・ビートン夫人はラビットシチューのレシピをこんなふうに始めている――「まずウサギを捕まえます」。先見の明のある初期のデータグラフィックスのレシピも、同じくこんな書き出しだったかもしれない――「まずデータを集めます」。そしてこのレシピの第二のステップはこうなる――「次にその意味を理解します!」

それからまもなくして（一八九一年）、アーサー・コナン・ドイルは『ボヘミアの醜聞』（二〇一四年、河出書房新社、小林司・東山あかね訳）でシャーロック・ホームズにこう宣言させた。「データを手にする前に理論を立てることは大きな失策である。人は気づかぬうちに、事実に合わせて理論を曲げるのではなく、理論に合わせて事実を歪めようとしはじめる」。このよく知られた考え方が本章のテーマを設定する。つまり観測と結果の関係性ということだ。前者は「データ」として定量化されるもの、後者は観測が導き出すエビデンスに基づくもので、グラフ化することで発見と伝達が容易になる。

観測と経験から知識を引き出すという考えは、内的思考とは逆に、西洋の伝統においては、すべての知識は感覚的経験を通じてもたらされるというアリストテレスの見解に始まる。つまり「リンゴ」や「木」といった概念は、長期にわたる、さまざまな事例との数えきれない出会いを通じて得られるものであり、そこから私たちは本質的な特徴を学ぶのである。アリストテレスは、人間の心は何も書かれていない白紙の状態（タブラ・ラサ）で、その白紙の上に経験が印を記録していくとして、この考えを具体化した。

ところがこうした考え方は、イギリスの経験主義（ジョン・ロック、ジョージ・バークリー、デイヴィッド・ヒュームなど）が台頭し、「理性の時代」が到来する一七世紀まで、それほど多くの支持を得ることはなかった。ひとつには、それ以前に経験に基づくデータが不足していたことにより、一七世紀初頭のファン・ラングレンと、図2・3で見た一七八〇年から一八四〇年にかけてのグラフの使用の爆発的増加との間で、グラフ手法のイノベーションにギャップが生じたためである。

系統的かつ広範囲にわたるデータの収集は、この時期、天文学（地球の「形状」、惑星の軌道）、政治経済（新市場、貿易収支）、および社会的要因（識字率、犯罪）における重要な課題に対応して徐々に発展していった。これらをはじめとするさまざまな分野が、グラフづくりにおけるビートン夫人のレシピに不可欠の材料を与えた。ウサギを手に入れることに加え、料理法や空腹感といった要素がラビットシチューのレシピを彩っていったのと同じように、重要な科学的疑問が経験に基づくデータの収集を促進したことで、概念から不純物を取り除いたり、互いに相反する見方を試したりすることができたのである。

明確に定義された疑問、注意深い観測、さらには仮説を立てたり、それらを支持または否定するエビデンスの強さを評価したりすることの一般原則は、「科学的手法」として知られるようになった。本章では「データの時代」とも呼べるこの時代の「ビッグデータ」を提供した一八〇〇年代初頭、グラフによる手法が最初に登場した頃のデータの役割を辿っていく。データのキッチンには、多くの料理長《コック》と副料理長《スーシェフ》がいたことは確かであり、本章では彼らの功績についても紹介していく。特に、このストーリーの重要な登場人物のひとりであるアンドレ＝ミシェル・ゲリー（一八〇二―六六年）に焦点を当てる。彼は「データの雪崩《なだれ》」とグラフ手法を用いて、近代社会科学の発明を後押しした人物である。

広く普及したデータ収集がグラフ手法の発展に適した環境をつくり上げたこの時期、何が新しかったのかを正しく理解するには、たとえば一連の数を使用してアイデアや目標、仮説をなんらかの結論や議論、予測に結びつけるような場合、単なる数の記録と、「エビデンス」と呼べるものとの区別を明確にすることが有益だろう。

初期の数値記録

（ゆるい定義で）「データ」と呼ぶことのできる数字の記録は古代まで遡る。アスワン・ハイ・ダムが建設されるまでの七〇〇〇年の間、人々はナイル川沿いに居住し、土地を耕していた。じゅうぶんに裏付けされた初期の資料には、ナイル川の洪水が起こった時期と洪水の波の高さが記録されており、八月一五日から始まる二週間を"Wafaa El-Nil"と名付けられた祭日として今もエジプトで祝われている。ヘロドトスがエジプトとナイル川についての記述を始めた頃（紀元前四五〇年頃）、自分たちの繁栄はこの川で毎年起こる洪水に左右されることを知っていたエジプト人は、ナイル川の洪水の高さを三〇〇〇年間記録しつづけてきた。一九五一年、ポッパーは一三世紀にわたる期間（紀元六二二年から一九二二年まで）のナイル川の氾濫レベルを時系列で提示した。これはおそらく、史上最長の時系列記録と言えるだろう。

しかし、これをなんらかの種類のエビデンスとして考えるべきではない。というのも、過去何年かの間に起こったことは、一般により有益なものが得られる「集合的な」数の集まりとして考えることができるとしたところで、何の意味もなさなかったからである。ナイル川流域の農夫であれば、前年あたりに起こった洪水の日時とその規模をおそらく知っていただろう。しかしこれがわかったからといって、種を植える時期や、五年後に雄牛をもう一頭買う余裕があるかどうかを決めるのにせいぜい役立つだけだった。歴史的記録は、それがどれほど詳細なものであっても、直近の過去のクローズアップレンズを通して見た個々の数字の集まりにすぎなかった。言うまでもなく、長期にわたる洪水の高さのグラフを作ろうとか、過去一〇年間の平均水位を次の一〇年に起こり得る水位と比較しようなどと考える人は誰ひとりいなかったのだ。

もうひとつの古い、そして極めて詳細な数値記録の資料は、いわゆるエフェメリステーブル（ラテン語とギリシア語から派生した語で、日記またはカレンダーの意味）と呼ばれるもので、この資料から、ある地理的位置の天空における、一定日時の天体（月、恒星、惑星）の位置がわかる。一二五二年一月の戴冠式後、カスティーリャ王国の国王アルフォンソ一〇世は、新しい、より正確で詳細な表を作るよう依頼した。「アルフォンソ表」と呼ばれるこの表は、恒星に対する太陽、月、惑星の位置を計算するためのデータを提供するものだった（図3・1）。最初に印刷されたバージョンは、一四八三年になってようやく世に出た。

これらはその他の資料とともに、ニコラウス・コペルニクスが一五四三年に太陽系の地動説を生み出すのに利用したデータだった。まもなくして、エラスムス・ラインホルトは一五五一年に「プロイセン表」を発表し、自身のパトロンであったプロイセン公アルブレヒト一世に献上した。その数十年後

図 3.1：アルフォンソ表：アルフォンソ表からの 1 ページで、天文現象の観測時間が示されている。出典：稀少本および写本のためのキスラックセンター、ペンシルベニア大学。LJS 174.

（一六二七年）、ヨハネス・ケプラーは「ルドルフ表」（神聖ローマ皇帝ルドルフ二世に捧げられた）を発表した。これは、ケプラーが惑星運動の法則を発見する際の資料となった。ファン・ラングレンはこれらさまざまな資料を利用して、グラフにプロットするためのデータを編纂した（図2・1）。彼が「経度の秘密」で目指したのも、月の山頂やクレーターでの日の出と日の入りの観測結果を示す同じような表を作成することだった。

とはいえ、こうしたすべての活動にもかかわらず、これらの数字の集合を、ここで意図されているような強い意味でのエビデンスと呼ぶにはやはり躊躇がある。というのも、ナイル川の洪水に関するデータと同じく、歴史的記録を調べたり、孤立数から局所計算をしたりする以外の目的でこれらのデータを利用しようと思う人はほとんどいなかったからだ。トレドの月の出の時刻や、ティコ・ブラーエをはじめとする天文学者が記録した、さまざまな日時の北極星やベテルギウスの高度を個別に観測することは、航海や惑星運動の理論の構築にはもちろん有益ではあったが、現代の感覚からすれば、やはり完全にエビデンスに基づくデータとは言えなかった。

一六〇一年、ケプラーは、ティコ・ブラーエがデンマークのヴェーン島にある天文台で記録した、惑星と恒星の天体位置に関する極めて精巧なカタログを入手した。ブラーエの観測は非常に精密だったため、ケプラーは惑星の火星の軌道を正確に計算することはもちろん、円、放物線、楕円を区別することまでできた。一六〇九年には、三つの運動の法則のうちの第一の法則を主張するまでとなった。すなわち、「あらゆる惑星は太陽を焦点とする楕円軌道を描く」というものだ。これらの観測は、現代の感覚で言うデータに非常に近いものだった。

政治算術

データがより広く一般的に利用されるようになったことを初めて真に自覚し、その幅広い普及を認識するようになったのは、一六六二年、ロンドンの紳士服小売商を生業としていたジョン・グラント（一六二〇―七四年）が『死亡表に関する自然的および政治的諸観察』〔一九六八年、第一出版、久留間鮫造訳〕を出版した頃のことだった。この書で彼は、出生と死亡の公式記録に基づいてロンドンの人口の統計的推測を明らかにし、生命表に各年齢の生存者数を表した。友人のウィリアム・ペティとともに、人口数（のちに人口統計と呼ばれるようになる）は、徴税や軍隊の召集方法など国のさまざまな目的だけでなく、終身年金の査定方法や保険証券の価格付けといった経済的な目的にも役立つという考えを展開した。『死亡表』は死因の大まかな分類も提供していたため、グラントは持病による死者数が、当時人々に重大な恐怖を与えていた疫病やその他の伝染病による死者数を上回っていることを証明することもできた。

私たちはこの「データ」の誕生という事象を、現代の感覚で言うところの経験的証拠として考える。つまり、数値的事実が（調査し、比較し、計算までするとのできる）個々の要素としてではなく、むしろより大きな目的で主張を支持したり、それに反論したりするために整理された、似たような数の集合の構成要素、アンサンブルとして見られはじめたということだ。この事象は、全体としてみなされていた人間社会における個々人の数値特性である「社会保障番号」の研究の発端ともなった。

ところが、こうしたデータの利用方法をじゅうぶんに理解していたのはウィリアム・ペティ

（一六二三―八七年）だった。彼はロンドンの服地屋一家の慎ましい生活から一転し、一六五〇年にオックスフォード大学の解剖学教授となり、一六五二年にはアイルランドのオリバー・クロムウェル軍の物理学責任者となった。そして一六六〇年には、王立学会の創立メンバーに指名され、翌年、チャールズ二世よりナイトの爵位を授かった。

グラントがエビデンスとしての「データ」の概念を発明したと言えるなら、ペティはデータ解析を発明した人物だと言うことができるだろう。彼はこれを、一六八五年から一六九〇年にかけて、みずから「政治算術」と呼ぶテーマについて書いたさまざまな論文で取り上げている。それは小売店主にはおなじみの、関連する合計と「三の法則」（$a:b=c:?$）により、生の数値データを標準化して比例比較するという単純な考え方に基づいていた。ここから、どんな数も他の数から計算することができる。たとえば、今年売れたスーツの数（a）と去年の数（b）、そして去年売れた帽子の数（c）がわかれば、今年帽子が何個売れる可能性があるか（?）を計算することができる。また、この計算を長期間継続すれば、一年ごとに売上がどれくらい上昇するかがわかる。

こうして政治算術家は初めて、時、年齢、地理的地域、その他のカテゴリーの比較に、合理的な基盤を与えることができるようになったのだ。ペティは『政治算術』（一六七六年頃、一六九〇年出版〔一九五五年、岩波書店、大内兵衛、松川七郎訳〕）のなかで、これらの考えを製造、農業、経済などの分野や、公共生活のその他の側面など、数字が入手できる分野であればどんな研究にも応用した。こうした発展はしばしば、私たちが現在、統計学と呼んでいるものの誕生と考えられているが、この用語（"statistik" ＝「状態の数」の意味）がゴットフリート・アッヘンヴァルによって初めて紹介されたのは

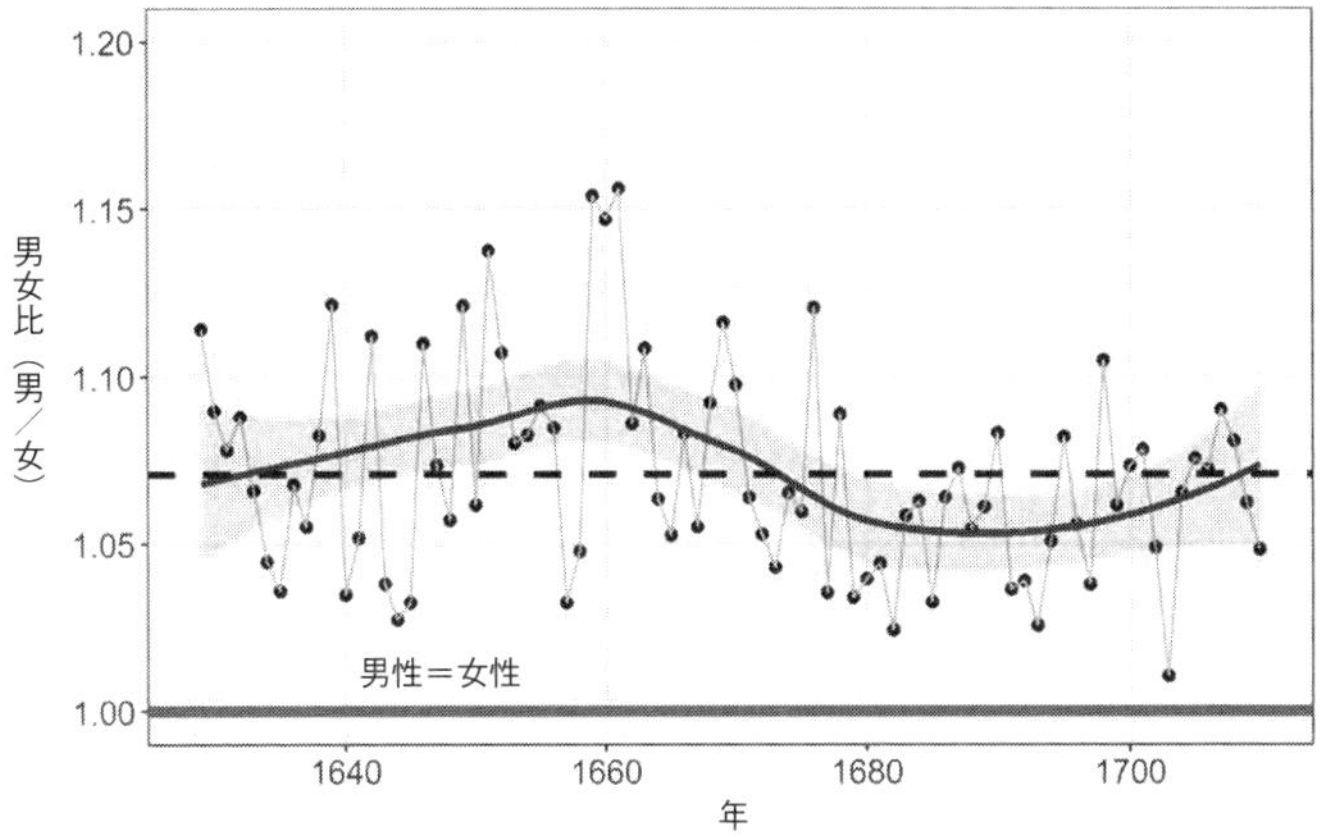

図 3.2：男女比：男女の出生比に関するアーバスノットのデータ。平均比率である 1.07 は、1.0 を表す実線との比較として上側に破線で示されている。曲線はそれぞれの点を通る平滑化曲線を、信頼区間に影を付けたかたちで示している。出典：© The Authors。

一七四九年になってからのことだった。こうした発展に、現代の感覚で言うところの「データ」という概念の誕生を見ることができる。

人間の男女比

『死亡表』の出現により、ある命題に関するエビデンスとしての数の歴史において、より大規模かつ一般的なものへと導かれた人々がいた。グラントのデータは、ほぼ週に一度、少なくともささやかな均一性をもって記録された洗礼と死亡に関する教区記録に基づいていた。一七一〇年、スコットランドの牧師であり、アン王女に仕える物理学者であったジョン・アーバスノット（一六六七―一七三五年）は、一六二九年から一七一〇年にかけてのこれらの記録から男女の出生比を計算した。彼は、観測された比率が、どれほどわずかではあれ、「つねに」一より大きくなることを知って驚いた（図3・2）。男女の出生率が同程度に確からしいとすれば、この結果は八二個のコインを投げてすべてが表になる確率と同じであり、おそらく$(1/2)^{82} = 2 \times 10^{-25}$という非常に小さな数値となる。
アーバスノットはこの一見したところ正当な規則性を利用して、偶然ではなく「神の摂理」が人間の男女比を決定していると主張した。[*1] この主張はおそらく、確率を社会統計学に応用した最初の例だろう。すなわち、統計的仮説の初の正式な有意差検定と考えられる。

彼の結論が間違いだと言えるのは、男性のほうが多いということは、現在では少なくとも、出生と洗礼の間に介入する可能性のある要素に加えて、女性のほうが胎児の出生前死亡率が高いことに起因しているからである。[*2] とはいえ、一連の数が最終的にはある主張を立証するエビデンスに変換されていることからも、アーバスノットがエビデンスの強さを測る方法に関する最初の考えを提示したことは確かだろう。

グラントのデータは後に、ピエール＝シモン・ラプラス（一七四九―一八二七年）による「逆確率」（現在は「ベイズの定理」と呼ばれている）の発展に貢献した。これにより、仮説の事後確率を一連の観測から計算することができ、既知の事象の最も確からしい原因がわかる。それなりの規模のデータベースを求めていたラプラスは、ロンドンにはグラントのデータを、パリにはパリ用に収集した同様のデータを使って男女比問題に取りかかった。彼は一七七四年から一七八六年にかけて発表された複数の論文で、男性の出生率はほぼ確実に二分の一より大きいという結論の論理的根拠を打ち立て、パリでは今後一七九年の間に、ロンドンでは今後八六〇五年の間に、男児が女児の数を上回るという賭けをすることで、みずからの確信の度合いを示した。数と理論の力がなせる業である。

男性の出生に一票を投じる、小さいながらも系統的な偏りを立証するエビデンスがあまりに強固なものであったため、アーバスノットもラプラスも、図3・2のようなグラフをつくる必要性を感じなかったのだろうし、長期にわたってデータをプロットするという考えも、その後さらに一五〇年の間、起こることはなかった。とはいえ、こうしたグラフの圧倒的な視覚的エビデンスこそが、数値計算に基づく証明を不要なものにしたのかもしれない。

データのストーリーの次のステップは、理論や仮説を支持または否定するエビデンスに関する推論を補うものとして、数字を視覚的表示に結びつけることだった。これはまもなく実現することになるが、それには重要な社会問題に関するより多くのデータが必要だった。

数の雪崩《なだれ》

一七〇〇年代半ばには、人口分布の測定と分析の重要性が認識され、倫理政策と国の政策は人口の増加によって富を促進することができるという見解が確立された。その最も顕著な例が、一七四一年のヨハン・ペーター・ジュースミルヒ（一七〇七―七一年）によるものである。彼は政府による人口統計の収集拡大を提唱し、男女比ではほぼ一定して男性のほうが多いことを、公式データに見られる規則性の実例として指摘した。ジュースミルヒは人口統計学の創立者のひとりであり、人口統計の歴史における先駆的存在とみなされている。しかし、人間集団の社会的特性に関するデータは、それでもまだ不足していた。

まもなくしてこの状況に変化が訪れる。ソーシャルデータの広範囲にわたる体系的な収集に火がついたのは、フランス革命から一八一四年のナポレオンの失脚後、一八三〇年七月まで続いたブルボン復古王政までの時期のフランスでのことだった。この期間に広い範囲でインフレーションや失業、社会的大混乱が見られた。パリの人口は爆発的に増加し、食糧と住居の不足に見舞われ、その上新たに出現した危険な軽犯罪者層による大幅な犯罪の増加としてパリのマスコミが報じたものがこれに加わった（Chevalier, 1958）。

犯罪が唯一の社会問題というわけではなかった。イングランドの「救貧法」は貧しい人々を救貧院に住まわせ、負債者を矯正院や債務者監獄へ送った。この経済的に厳しい状況は（救済の必要な）「貧窮状態」と呼ばれた。極貧を病気や慢性疾患に喩えた独特の英語表現である。ジョージ・バロウズが一八一三年、自殺者はパリでは一四一人だがイギリスではたった三五人であり、またテムズ川の溺死が一〇一件であるのに対し、セーヌ川のそれは二四三件にのぼる（そのほとんどが「自発的な死」であったと彼は考えている）ことを指摘して以来、自殺は英仏両国間の争点となった。*3

大衆紙や専門誌、学会では、受刑者の扱いについて数多くの議論がなされた。当時は現在と同じように、刑事司法政策に関してふたつの基本的な学派があった。リベラルな博愛派は、教育の推進、宗教指導、食事の改善（パンと、そしてスープまで！）、そして刑務所をより良い状態にすることを、犯罪や再犯を軽減する手段として推奨した。一方で、保守強硬派は刑務所改革の試みをためらい、公教育運動の効果に疑問を抱き、受刑者への厳しい懲罰を中止する提案を、警告とは言わないまでも大いなる疑念をもって眺めていた。ところが、そうした机上の空論的な勧告を支持するようなエビデンスは、断片的で限定的であり、たとえばロンドンやパリで衝撃的な殺人事件が起こったことがきっかけで、その問題に対する新たな注意喚起がなされるといったように、往々にして個々の状況に固有のものだった。

こうした問題に関するデータが不足しているという状況に変化が訪れたのは、一八二一年のパリで、数学者のジャン・バティスト・ジョゼフ・フーリエ（一七六八―一八三〇年）が晩年に携わった、『パリ市およびセーヌ県の統計に関する研究』が毎年発行されるようになってからのことだった。この刊行物には、出生、結婚、死亡の詳細が記載されていたばかりでなく、パリの精神病棟に入院する患者や、自殺の動機と原因に関する広範囲にわたる作表と分析も含まれていた。

フーリエの作表をモデルにして、フランス法務省は一八二五年、各県から四半期ごとに犯罪記録を収集して、初の中央集権化的な全国犯罪報告システムを開始した。これには、フランスの裁判所に提出された、すべての刑事責任の詳細記録が必要だった。たとえば被告人の年齢、性別、職業、刑事責任の性質、そして法廷での結果などの情報である。『フランスにおける刑事司法行政の一般会計書』として知られる、年に一度発行されるこのデータの統計刊行物は、法務省の刑事事件責任者ジャック・ゲリー・ド・シャンヌフのイニシアチブのもと、一八二七年に始まった。

同じ頃、道徳などの社会変数に関するその他の大量データが、別の筋から手に入るようになった。たとえば、パリの年齢分布や移民に関するデータは一八一七年の国勢調査から始まった。アレクサンドル・パラン゠デュシャトレ（1836）は、パリの売春婦に関する包括的なデータを、年ごと、出生地ごとに提示した。陸軍省は読み書きのできる徴集兵に関するデータを記録しはじめた。フランスの各県では、一八二〇年から一八三〇年までの期間、財産（税金ごとに表示）、産業（申請された特許ごとに表示）、そして王立宝くじの賭け金に関する情報に至るまで、財務省のさまざまな公報内で見ることができるようになった。

こうしてビートン夫人のレシピの最初のステップは、イアン・ハッキング[*4]がいみじくも「数の雪崩《なだれ》」と呼んだものによって達成されたのである。残すところは、この包括的なデータと詳細な分析から、犯罪の原因と道徳的変数との関係に対する相反する主張を理解することだけだった。

最初のいくつかのステップでは、一八二五年から一八二七年までの『一般会計書』の犯罪関連データを国勢調査のデータと結びつけ、フランスの八一の県に関する犯罪一件あたりの人口の標準測定値（有罪判決を受けた人ひとりに対する居住者の数）が提供された。識字率のもうひとつの測定基準である学校教育に関するデータは、フランスの二六の教育区における小学校の男子児童数をベースにしたもので、これも生徒ひとりあたりの居住者数のかたちで提供された。長期にわたる、地理的空間全体の社会的数値を比較する、信頼のおける基準は確立された。しかし、そうしたデータと確かな結論の根拠を視覚化するという作業が残されていた。

ソーシャルデータをマッピングする

定量データを地図上に表示するという発想——現在は主題図の作成と呼ばれている——には長い歴史がある。[*5] 一般に経済データの初の主題図と考えられている初期の一例は、[*6]ドイツの経済学者アウグスト・フリードリヒ・ヴィルヘルム・クローム（一七五三―一八三三年）による『新ヨーロッパ地図』(1782)[*7]である。クロームはさまざまな象徴的シンボルを使用して、金、銀、牛、魚、タバコなど、五六の物資や製品を表示した。ところが、これは地図ベースのデータ表示では重要なランドマークとなったが、「見る者の目に語りかける」ものではなかった。換言すれば、ワインがどこで製造されるかはわかっても、なんらかのパターンを発見したり、点と点をつなげて地形や気候との関係性を理解したりすることはできなかったのである。

地図ベースのデータを視覚化し、理解するための重要なステップとして、バロン・シャルル・デュパン（一七八四―一八七三年）は教育レベル（県別に示した小学校男子児童の比例定数）を、フランスの地図の影をつけた部分の割合として表示することを考えた。彼の一八二六年の地図は、黒から白へのグラデーションで陰影を付け、影の色が濃いほど読み書きができない、または無学の程度が増すことを表している。これは現在、コロプレス地図と呼ばれており、その最初に知られた例である。

ブルターニュからジュネーヴまでの斜めの線が、教育レベルの低いフランス南部を教育レベルの高い北部と分離していることはすぐに明らかになった。これは愚昧なフランス対聡明なフランスとして、何年もの間、議論されている区別である。この発明――初の近代統計地図――は真のグラフィック革命の出発点であり、まもなくして社会問題の比較分析とともに、より一般的な社会地図作成へと拡大していくことになる。

こうして大量のデータを駆使することで、犯罪と他の変数との関係性についての机上の空論的な哲学的説明に直接取り組むことができるようになったのである。一八二九年、法務省に勤務していた若き弁護士アンドレ＝ミシェル・ゲリーは、ヴェネツィアの地理学者アントニオ・バルビと協力し、犯罪データの初の統計地図を作成した（図3・3）。

相関という概念が（フランシス・ゴルトンによって）発見されるまでには、その後六〇年の年月を要したため、ゲリーとバルビは統計グラフィックスにおけるもうひとつの初の試みという次善の策をとった。

彼らは教育、対人犯罪、窃盗犯罪の地図を、一枚の大きな用紙に示した。タフテ[*8]はこのアイデアを「スモールマルチプル」〔ひとつの画面に複数のグラフ表現を盛り込む方法〕と名付けた。通常、同じ画面に隣合わせで示される、関連する一連の下位集合データを、目で見て直接比較することができるからである。これは「変化、対象物間の相違、選択肢の範囲といったものの比較を視覚的に引き起こす」という目的に適っている。[*9]

図3・3に示す地図は、リベラル派と保守派の双方を驚かせた。というのも、合理主義者の机上の空論的哲学の知識と、それぞれの見解の相反する部分の範囲をはるかに超えていたからである。この比較地図は以下のことを示していた。(a) 対人犯罪と窃盗犯罪は全体的に逆相関の関係にあるように見えるが、どちらの犯罪率も都会に近づくにつれて高くなる傾向がある。(b) 教育に関するフランスの北部と南部の明確な境界は、デュパンの地図より顕著である。(c) フランス北部は教育レベルが最も高いが、窃盗犯罪の割合も高くなっている。少なくともこの研究は、「犯罪」を単独の構成概念として考えることはできないことを示し、犯罪と教育の関連性についての議論を伝えるには、詳細なデータを理にかなった方法で提示することが重要であることを立証した。

このグラフ手法を社会的領域に応用したその他の例は、まもなくして「道徳統計」の一般的な研究が具体化し、より幅広い範囲が想定されるようになるにつれて、フランス、オランダ、イギリス、そしてヨーロッパの他の地域にも現れた。これらの影付きの地図は、教育、犯罪、乞食、売春、貧困(「貧窮状態」)、自殺、その他の社会問題を取り扱ったものである。たとえば、アレクサンドル・パラン＝デュシャトレ(1836)は、パリの一万二二〇〇人にのぼる売春婦の出生地分布を、フランスの県およびパリ

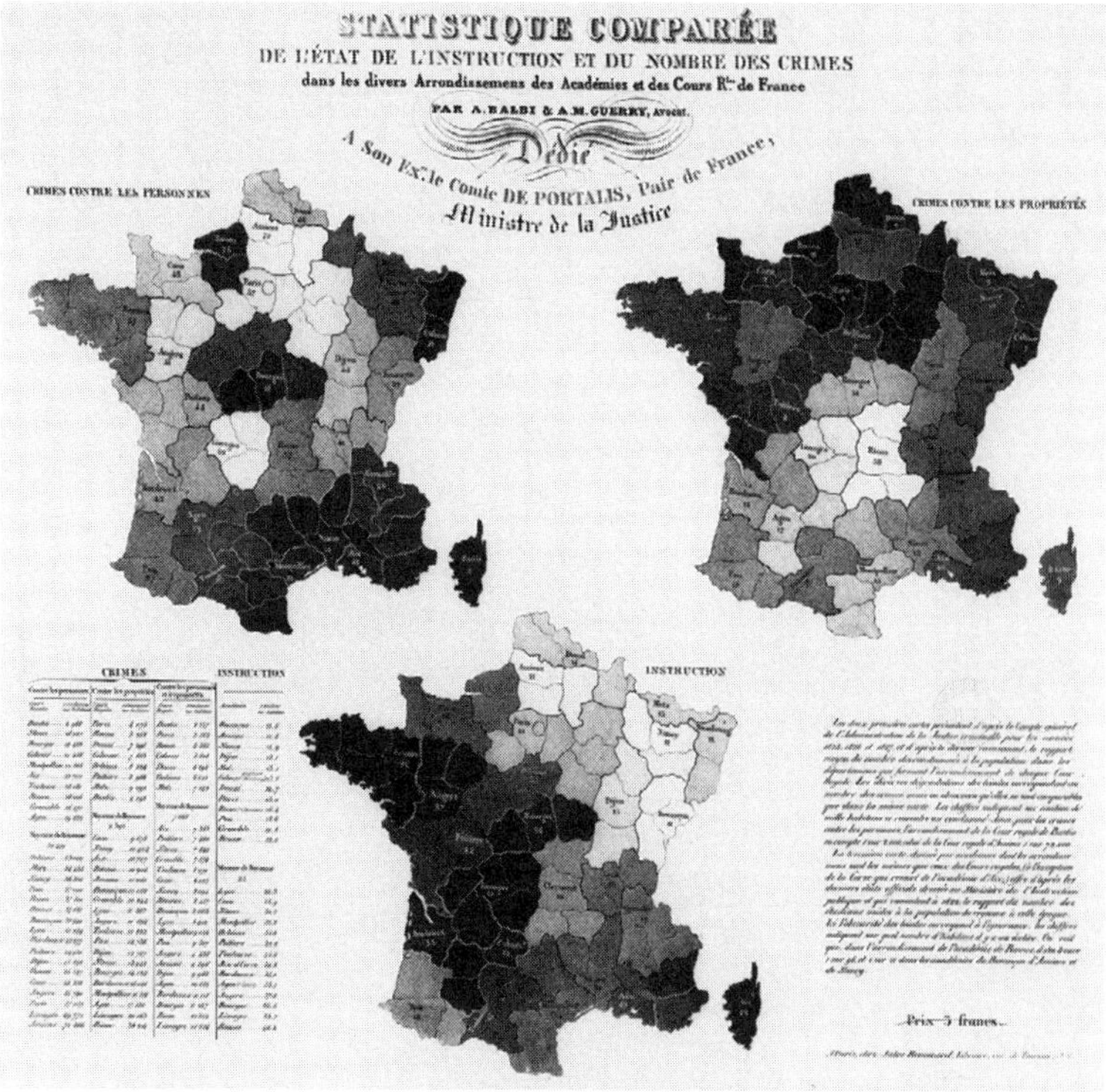

図 3.3：最初の影付き比較地図：ゲリーおよびバルビの 1829 年の著書、『教育状況と犯罪数の比較統計』より。左上：対人犯罪数、右上：窃盗犯罪数、下：教育。それぞれの地図で県ごとに陰影が付けられており、色が濃いほど状況が悪い（犯罪数が多い、または教育レベルが低い）ことを示している。出典：フランス国立図書館の承諾を得て転載。

の行政区ごとに示した。オランダでは、ハルトフ・ゾマーハウゼン（1829）がデュパンの手法をオランダの教育に応用した。こうしてビートン夫人のグラフづくりレシピの材料が、ついに鍋に入れられたのである。

グラフの細部の問題

しかしながら、料理と同じく細部が重要である。スパイスを間違えるとシチューが台無しになるということだ。データをグラフ化する際は、手法やグラフの特徴によって、関係性や類時点を同じデータから認識したり理解したりすることが、容易にもなれば難しくもなることがある。

デュパンからまもなくして、アルマン・フレール・ド・モンティソン（1830）が、ドット記号を使用した、もうひとつの地図作成方法を発明した。フランスの人口を、居住者数に比例したドットの数、すなわち一万人あたり一ドットで県ごとに示すという方法だ。モンティソンはこれを「哲学的地図」と呼んだ。というのも、人口を「この国の物理的、知的、道徳的状態」に関連付けたいと考えたからだ。とはいえ、彼の地図には視覚的効果はなかった。画像が比較的均一に見えるのは、非常に小さなドットと（県ごとの）観測スケールが空間的変化を目立たなくしているからだった。

ドットマップはその後、大きなスケールで、しばしば都会的な文脈で、伝染病関連の病気の死亡事例を示したことで注目を浴びるようになった。[*10] 最も有名な例がジョン・スノウ博士の一八五五年の地図で、これはロンドン近郊におけるコレラの影響、および感染源と考えられるブロード・ストリートの公共ポンプと死亡事例との関係性を示したものである。スノウの地図は疫学の歴史において傑出している。と

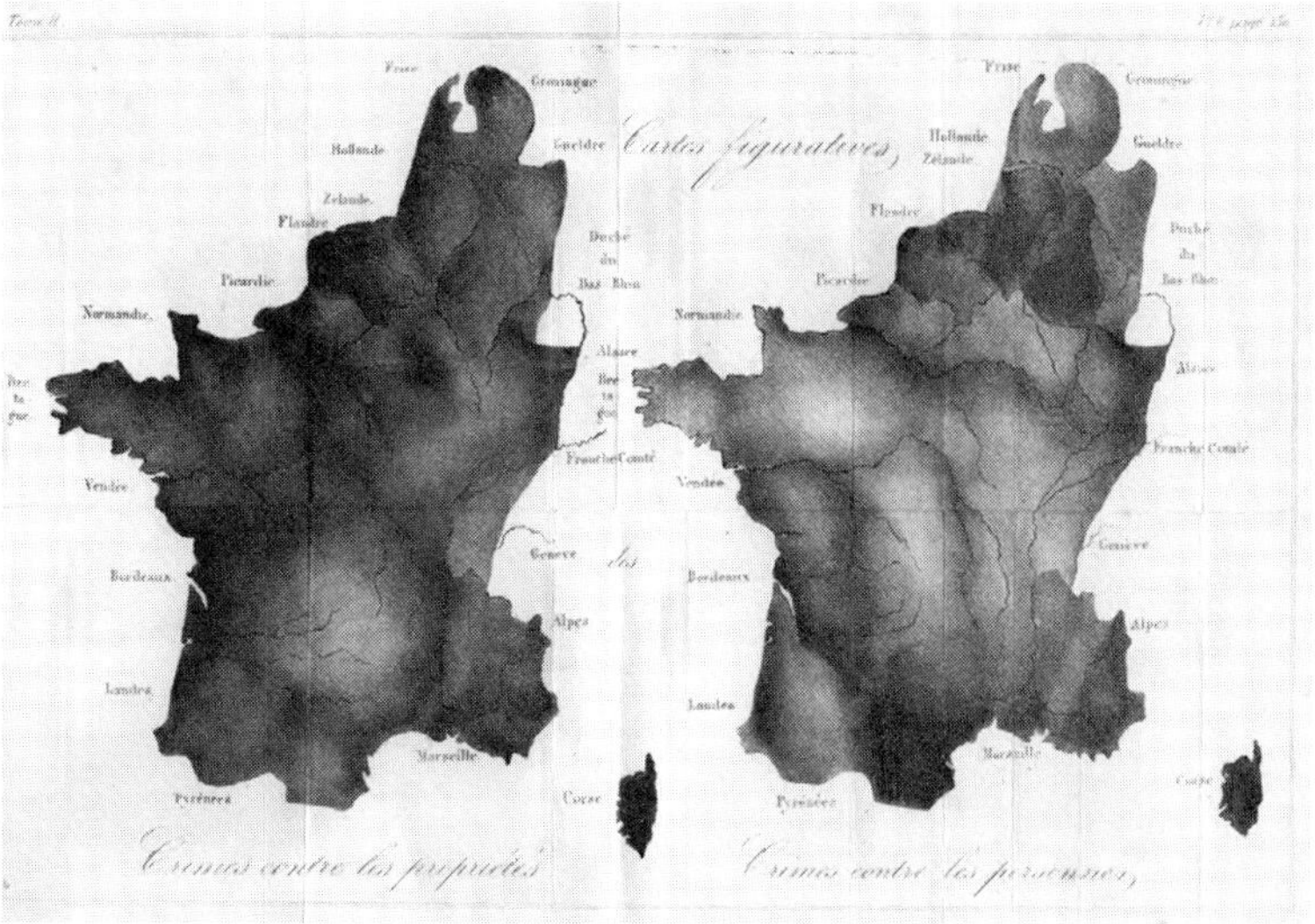

図 3.4：ケトレー（1836）の犯罪マップ：窃盗犯罪（左）と対人犯罪（右）。出典：プリンストン大学図書館、歴史地図コレクションの承諾を得て転載。

いうのも、病気の発生を、考えられる原因と初めて視覚的に結びつけたからだ。このトピックについては第4章で詳しく述べる。

しばらくすると、アドルフ・ケトレー（1836）が、フランスにおける対人犯罪と窃盗犯罪に関するふたつの比較地図を一枚の用紙に表した。ケトレーはさらに別の手法を使って、道徳的変数の地理的変異も紹介した。各県内で均一の濃さの影を用いるのではなく、内部境界に連続的な影付けを施したのである。彼の地図は結果的に、図3・4に示すように、視覚に訴えるものにはなったかもしれないが、ゲリーがコロプレス地図を使用したときのように、比較と結論に容易に到達できるかどうかはわからない。

こうした主題図のグラフバリエーションは、（現在に至るまで）議論と洗練を重ねてきた。その歴史的文脈における重要性は、データ、画像（地図）、および科学的疑問の間に、ひとつのつながりが確立されたことである。こうして、差し迫る社会問題をグラフ表示によって推論するという試みが可能になった。グラフに示されるデータがエビデンスとなったのだ。

不変と変化

「データの時代」の次なる重大発見は、バルビとゲリーによる初期の比較地図のわずか三年後に起こった。一八三二年七月二日、ゲリーは『フランスの道徳統計に関する試論』と題された薄い原稿をフランス科学アカデミーに提出した。この論文で彼は、一八二五年から一八三〇年までの犯罪、自殺、識字率、その他の道徳的変数に関する入手可能なデータを集め、比例表と地図を使用してこれらの社会問題を分析した。

その手法はシンプルだった。犯罪と自殺の相対度数（パーセンテージ）を、入手可能なデータの各年の地理的地域、年齢、性別、犯罪の種類または自殺の方法、何月またはどの季節に起こったかによって分解し、それを表で示したのだ。そのサンプルとなる結果を表3・1と3・2に示す。

ゲリーのデータ視覚化は、表の形式で提示されたものだったが、ほどなくして注目を集めることになった。犯罪（および自殺）の割合は、どのように分解したかにかかわらず長期的に驚くほど安定していたが、地域、被告人の性別、犯罪の種類、そして一年のどの季節に発生したかによって体系的に異なっていた。フランスのどの県または地域でも、窃盗、強制わいせつ、非嫡出子などの割合はほぼ同じだった。

不変のもの（年など、影響力のない要素）と変化するもの（犯罪の種類など、影響力をもつ変数）のこの組み合わせは、社会的事実の法的作用という概念を生み出した。これらの結果からゲリーは、犯罪その

表 3.1：Guerry (1833, p. 11) から引用した表。いくつかの特徴ごとに分類した犯罪のパーセンテージを示している。このパーセンテージは長期的に驚くほど安定している。

年	1826	1827	1828	1829	1830	平均
性別	**全告発件数(%)**					
男性	79	79	78	77	78	78
女性	21	21	22	23	22	22
年齢	**窃盗で告発(%)**					
16–25	37	35	38	37	37	37
25–35	31	32	30	31	32	31
犯罪	**夏に発生(%)**					
強制わいせつ	.	36	36	35	38	36
窃盗および脅迫	.	28	27	27	27	28

表 3.2：Guerry (1833, p. 10) から引用した表。年およびフランスの地域ごとに分類した窃盗犯罪のパーセンテージを示している。

年	1825	1826	1827	1828	1829	1830	平均
地域	**窃盗犯罪(%)**						
北部	41	42	42	43	44	44	42
西部	17	19	19	17	17	17	18
東部	18	16	17	16	14	15	16
中央部	12	12	11	12	13	13	13
南部	12	11	11	12	12	11	12
合計	100	100	100	100	100	100	100

他の道徳的変数は、単に個々の行動を指示するだけのものなのか、また社会生活における人間の行動は、無生物が物理的世界の法則に支配されているように、社会的法則によって支配されているのかという疑問を抱くようになった。これは革命的な考えだった。彼は次のように述べている。「毎年、同じ地域で同じ程度に発生する同じ数の犯罪が見られる。……われわれは、道徳的秩序の事実が、物理的秩序の事実と同様に、不変の法則に左右されると認識せざるを得ない」(Guerry, 1833, p. 10, 14)。

ちなみにアドルフ・ケトレー（一七九六―一八七四年）が一八三一年に、犯罪傾向の発展に関する論文を発表していたことにも触れておきたい。この論文で彼は似たような分析をおこない、犯罪をさまざまな社会的要因と関連付けている。これが、社会データにおける合法性の発見をめぐる優先権争いの引き金となった。[*11] ここでは、あまり知られてはいないものの、データ解析、グラフ表示、視覚的説明といった概念を新たなレベルに引き上げたゲリーの役割に焦点を当てる。

説明、原因、関係性を求めて

ゲリーが一八三三年に著した『試論』には、対人犯罪および窃盗犯罪を被告人の性格ごとに分解したものや、犯罪のさまざまなサブタイプの頻度を、女性と男性それぞれのランク順で示したもの(男性で最も一般的な対人犯罪は窃盗と脅迫であり、女性については多くの場合、望まない妊娠を理由とする幼児殺害である)、また年齢別の犯罪頻度などを示した数多くの表も含まれていた。ゲリーは単純な説明にとどまらず、毒殺、故殺、殺人、放火といった犯罪を、裁判所記録に記された明白な動機にしたがって分類した。たとえば毒殺の場合、その最も頻度の高い動機は不倫であり、殺人の場合は怨恨または復讐だった。これは犯罪行為を理解したり説明したりする上で極めて重要なステップであり、新しい方法で道徳的変数間の関係性を研究する必要性に注意を向けることになった。

動機や原因をめぐるこの探究は、ゲリーの自殺分析において最も明白かつ印象的である。医学界(自殺を狂気その他の深刻な弊害と関連付けて考えていた)と法曹界(自殺を犯罪とするか、または少なくとも法務省の管轄内にとどめるかについて考えていた)の双方で、自殺は激しい議論を巻き起こしていた。「知っておいて損はないと思われるのは、その他すべての原因と比較した場合の、これらそれぞれの原因の頻度と重要性であろう。これに加え、その影響が……年齢、性別、教育、貧富差、社会的地位によって変

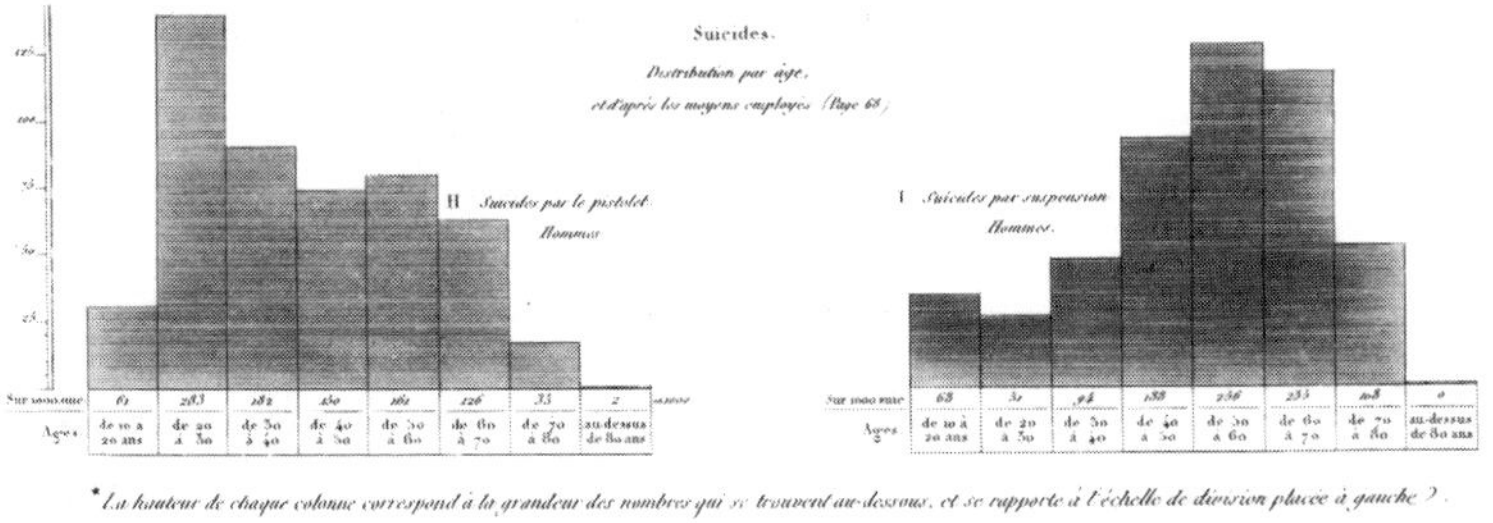

図 3.5：自殺の方法と年齢：ピストルまたは縊死による男性の自殺の年齢分布を示したヒストグラム。出典：André-Michel Guerry, *Essai sur la statistique morale de la France*. Paris : Crochard, 1833, Plate VII.

化するかどうかを見極めることも必要となる」。

このため、ゲリーは自殺の動機または命を断つにあたって当人が示した感情に照らして、パリで発見された遺書を分類し、社会科学の分野ではおそらく初となる内容分析をおこなった。[*12] しかし、犯罪がフランス全土で日常的に詳しく記録されるようにはなったものの、パリ以外の地域では自殺の総数しか記録されておらず、それ以上の詳細がわからないことに彼は苛立ちを覚えた。一八三六年、ゲリーは地方警察に対して、自殺のあらゆる詳細（特定の人口集団：年齢、性別、婚姻状態……、社会的階級または職業、識字率、道徳的性格など）を記録することを義務付ける法務省のシステムを構築しはじめた。そしてその余生のすべてをかけて、一八三六年から一八六〇年までに収集した八万五〇〇〇件以上の自殺の記録を個人的に調べ、[*13] さまざまな潜在的原因や自殺を引き起こした動機にしたがってこれらを表にまとめた。

『試論』にはさらに、いくつかの比較を強調した棒グラフも含まれていた。たとえば、対人犯罪は夏の数ヶ月間に最も頻繁に起こる一方で、窃盗犯罪は冬に最も多い。若い男性はピストル自殺が最も多いが、年配の男性は縊死を好む傾向にある（図3・5）。これらの単純なグラフは、犯罪と自殺がそれまで考えられていたよりも微妙な意味合いを

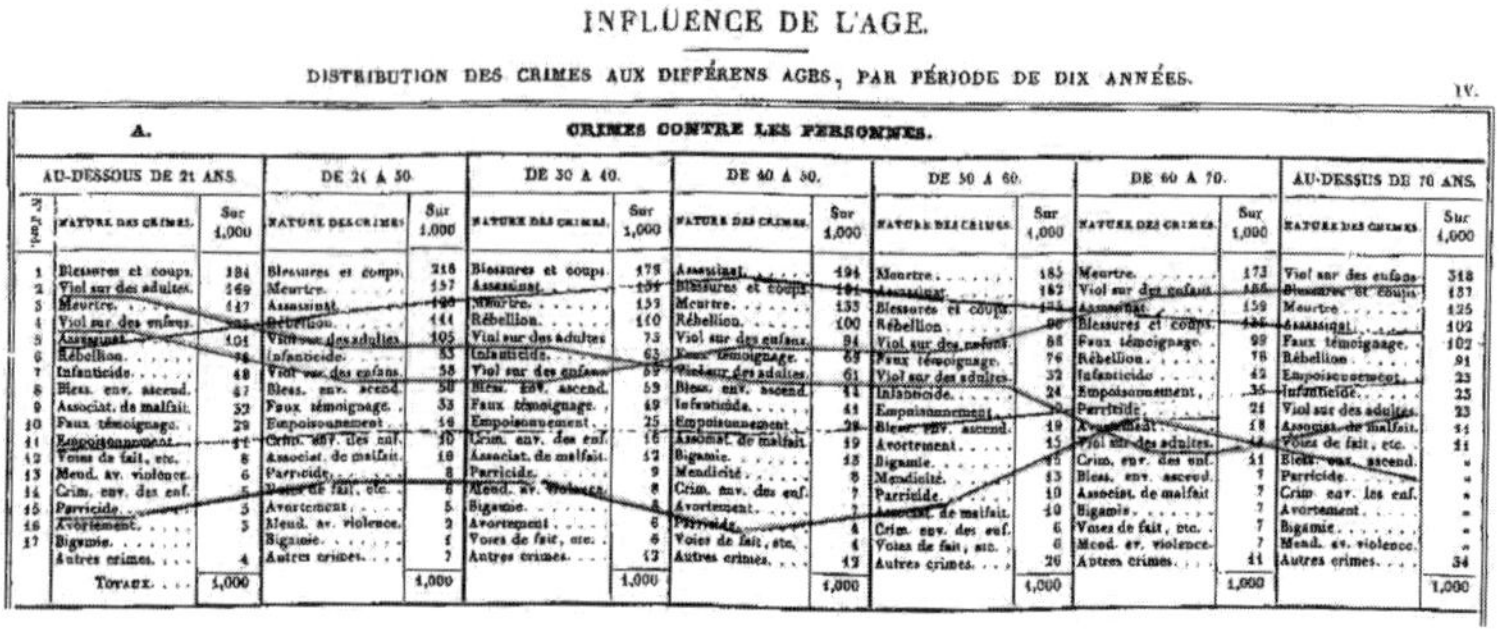

図3.6：ランク付けリスト：7つの年齢層における対人犯罪のランキング。項目を結んだ線は顕著な傾向を示している。出典：André-Michel Guerry, *Essai sur la statistique morale de la France*. Paris: Crochard, 1833, Plate IV.

もつことを示していた。こうしたことを理解するには、いくつかの潜在的な原因をまとめて考慮に入れる必要があるだろう。関連性や考えられる原因といった問題に対する、もうひとつの新しいグラフによるアプローチのなかで、ゲリーは一八三三年の『試論』で、犯罪の種類が被告人の年齢によってどのように変化するかを調べようとした。そのため、図3・6に示すような、各年齢層について高い順に分類した対人犯罪のランキングリストを作成した。窃盗犯罪についても同様に、年齢層ごとにランキングで表示した。犯罪傾向が目で見てすぐにわかるように、選択した犯罪同士を線で結んで示した。これはセミグラフィックディスプレイの始まりと言える。つまり表（実際の数字を示すもの）を、平行座標プロットの最初の例と結びつけたのである。オリジナルでは、トレースラインがそれぞれ異なる明るい色合いで、手で彩色されており、見た目にも区別しやすい。これはおそらく、データ値を線で結んでその傾向を示す、このようなランク付けリストの組み合わせの最初の使用例と言えるだろう。

　この表示から、ゲリーはさまざまな傾向について議論してい

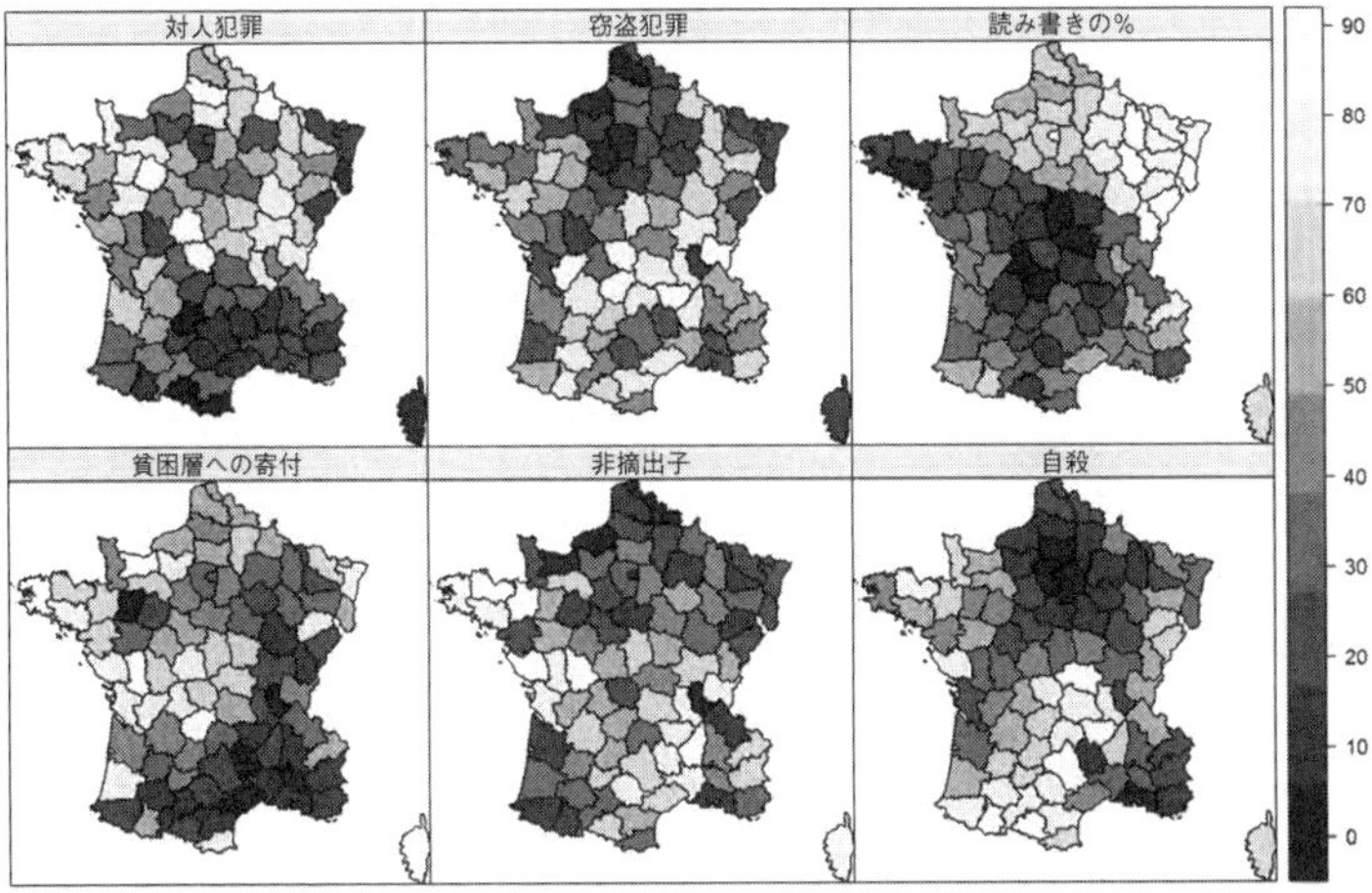

図3.7：ゲリーの6つの地図の複製：オリジナルの地図と同様、暗い影の部分は、各道徳的変数に関してより悪いことを示している。数字は各変数に関する各県のランクを示している。出典：André-Michel Guerry, *Statistique morale de l'Angleterre comparée avec la statistique morale de la France, d'après les comptes de l'administration de la justice criminelle en Angleterre et en France, etc*. Paris: J.-B. Baillière et fils, 1864.

る。たとえば、年齢とともに成人への強制わいせつ罪が減少する、児童に対する強制わいせつ罪は七〇歳以上がトップである、年齢とともに親殺しが増える（驚くべきことに、六〇歳から七〇歳の「子ども」による親殺しが最大値に達している）などである。

さらに、地理的な相違について考察したり、これらの道徳的変数を互いに関連付けたりするため、ゲリーはフランスの六つの主題図を作成し（図3・7）、非嫡出子、貧困層への寄付（贈答品と遺贈の数）、および自殺を、前述の対人犯罪、窃盗犯罪、教育に追加したが、これらはより完全なデータと、より良い指標に基づいていた。

ゲリーはここで、データとグラフのもうひとつの新しい手法を思い描いていた。スケールを使い、視覚的に表現することで、トピックに関する変数を標準化するという方法だ。第一に

「多いほどよい」ことがわかるように、みずからのデータを、整合性をもって順序付けられた数字に変換した。そのために彼は、読み書きのできるパーセンテージで教育レベルを示したが、その際、人口あたりの犯罪数ではなく、犯罪数あたりの人口という逆スケールを利用した。第二に、地図を作成するにあたり、これらの変数をランクに変換し、ランクごとに県に陰影を付け、ある一定の尺度（犯罪が多く、教育レベルが低い）に基づいて、状況が悪いとされる県にはより濃い色を施した。こうした変化をつけることには、これらの異なるトピックに関する地図を比較し、ふたつ以上の変数に関して、状況の悪い暗い色のエリアまたは状況のよい明るい色のエリアが、どこで一致するかを見分けることができるという長所がある。たとえば、フランス北部の県は一般に、窃盗犯罪や非摘出子、自殺に関して好ましくない状況であることがわかる。

ゲリーの『試論』はヨーロッパ、特にフランスとイングランドの統計学会でかなり熱狂的に受け入れられた。フランスでは一八三三年、フランス科学アカデミーからモニントン賞に選ばれた。ゲリーはさらに、倫理・政治学アカデミーに選出され、その後レジオンドヌール勲章の十字架を授与された(Diard, 1867)。またヨーロッパのいくつかの展覧会に招待されて地図を展示し、一八五一年にはイギリスでふたつの展覧会を開いた。ひとつはロンドン万国博覧会のクリスタルパレスでの名誉ある公開展示会、もうひとつはバースにあるイギリス科学振興協会でおこなわれた展示会である。ゲリーは社会統計学に関する知的な議論を、文字通り地図上にのせたのだ。

ゲリーの最も野心的な研究であり、そのキャリアの頂点とも言えるものは、さらに三〇年後の一八六四年になってようやく世に現れた。『フランスの道徳統計と比較したイギリスの道徳統計』は、大判（56×39 cm、大型のコーヒーテーブルほどの大きさ）で出版され、六〇ページにも及ぶ序文と一七枚の非常に精巧なカラー図版が含まれている。

序文では、統計学の道徳科学への応用の歴史に対するゲリーの見解が述べられている。そのなかで彼は「道徳統計学」、またはシンプルに「文書統計学」という用語を、「分析統計学」に置き換えることを提案している。前者はほぼきまって表のなかに示されるもので、事実の数値的説明に関係している。後者は、これらの事実の継続的変化を計算や密集度によって表し、さらにそれらを少数の一般的な抽象的結果に還元したものを示すものである。この序文では、ゲリーの時代の文脈から見た道徳的、社会的データにグラフ手法を応用することに関する徹底した説明がなされている。

フランスとイギリスの犯罪や、その他の道徳的変数のさまざまな側面に関して、ゲリーは膨大な量のデータをグラフィックマップに要約した。これには誰もが感銘を受けるにちがいない。こうしたなかには、二五年以上にわたる両国の二二万六〇〇〇件を超える対人犯罪と、動機別に分類した八万五〇〇〇件以上の自殺の記録が含まれている。ゲリーは、これらのデータの数字をすべて一列に並べたら一一七〇メートル（！）を超えるだろうと見積もった。ハッキング（1990, p. 80）はこの観測を、「数の雪崩《なだれ》」というゲリーのフレーズのもとになったものと信じている。

リビジョン（再び―見る）：ゲリーのコンサルティング

本章を閉じるにあたり、その後の発展がいかにゲリーの仕事を容易にしたかを考えるのは価値のあることだろう。彼の関心は主に、犯罪その他の道徳的結果が、考えられる説明といかに関連しているかを理解することだったが、そうした疑問に利用することのできる統計的ツールやグラフツールは存在しなかった。第6章で見るように、ゲリーの『試論』とほぼ同じ頃、イギリスの天文学者ジョン・F・W・ハーシェルは、今では散布図と呼ばれている、ある変数をもうひとつの変数に対してプロットするという着想を得た。その六〇年後、フランシス・ゴルトンが変数間の関係性を数量で表す線形回帰という概念を打ち立てた。これにより、ゲリーがみずからの計画を完了し、道徳的変数間の関係性を見出すために必要とした基礎の構築が完成することになる。

それでは、若きゲリーがクライアントとして私たちの家の戸口に現れ、フランスの道徳統計学に関するデータを理解する手助けをしてほしいと相談をもちかけてきたら、現代の私たちにはいったい何ができるだろうか？　まず提案できるのは、こういうことだろう。提示された結果を解釈しやすいように拡張した散布図を作成すること。図3・8は対人犯罪と識字率の関係を表した、こうしたプロットの例である。点で示した基本的なプロットに（a）回帰直線（黒）、（b）平滑化曲線、（c）両変数の平均値に最も近い点の六八％を含むデータ楕円を追加した。類似する九〇％のデータ楕円の外側にある点は、県ごとにラベル付けされている。

こうして、ゲリーとその読者は、対人犯罪と識字率の間には全体として、線形関係も、非線形関係の

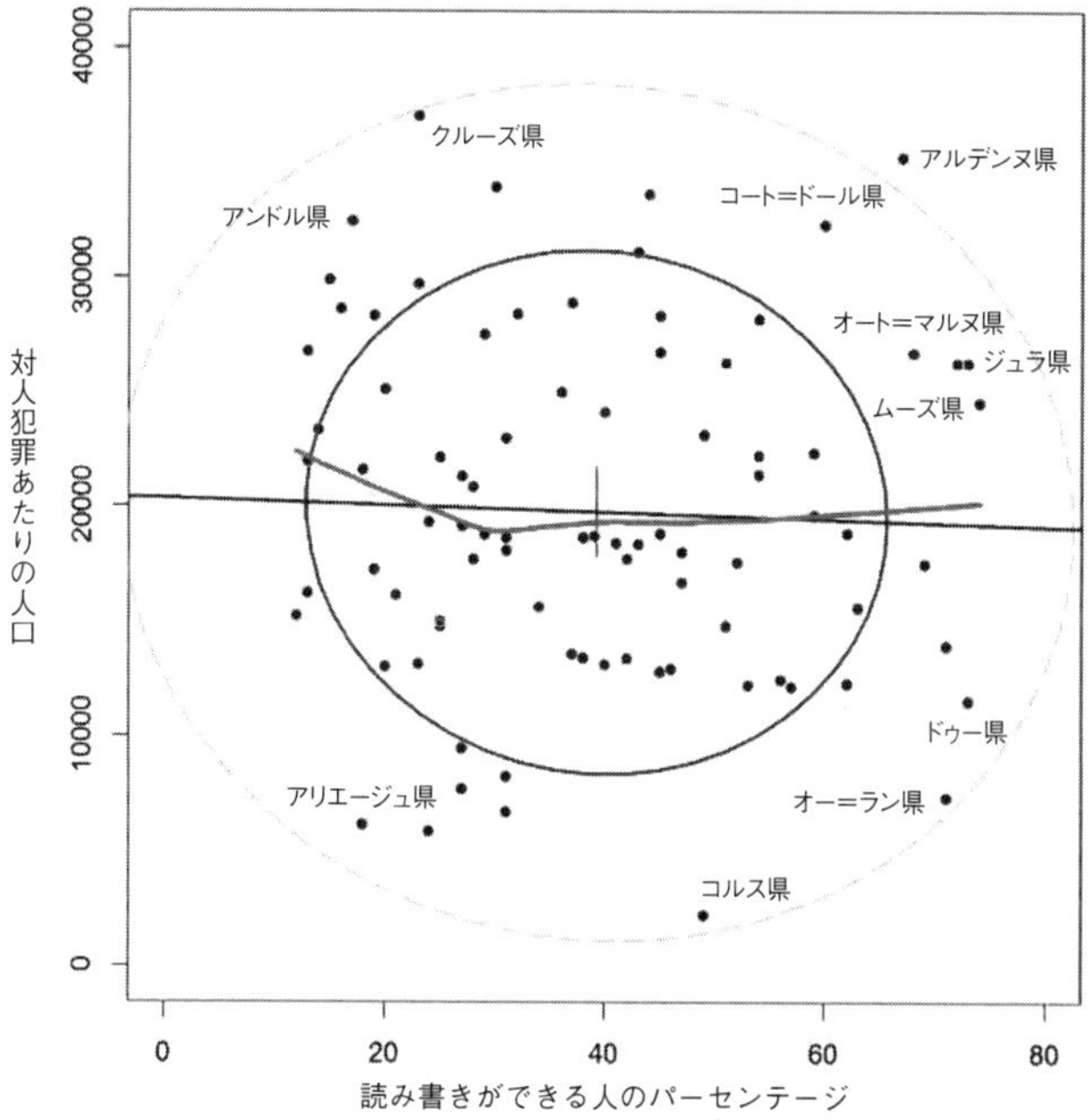

図3.8：拡張されたプロット：ゲリーのデータから引用した対人犯罪 vs. 識字率の散布図。各点はそれぞれの県を示す。黒線は線形回帰関係を示す。灰色のわずかにカーブした曲線はノンパラメトリック平滑化〔与えられた母集団についてなんらかの分布にしたがっているような前提がない場合の平滑化のこと〕を示す。90%のデータ楕円の外側にある点は、県ごとに識別される。出典：©The Authors。

兆候すらもないことを直接知ることができるようになる。ラベル付けされた県は、ゲリーが選択したテーマに沿った議論を強調する役割を果たすものとなっている（たとえばアリエージュ県は犯罪に関しても識字率に関しても下位周辺にあり、アンドル県は識字率に関してはほぼ同じ位置にあるが、対人犯罪については上位付近に位置しているといったように）。

第4章　人口統計——ウィリアム・ファー、ジョン・スノウ、そしてコレラ

前章では、フランスにおける犯罪への関心が、いかにソーシャルデータの体系的な収集につながったかについて説明した。重要な社会問題と入手可能なデータというこの組み合わせは、グラフ、地図、表によるデータ表示の新たな展開へとゲリーを導いた。

まもなくすると、イギリスでも社会福祉や貧困、人々の健康や公衆衛生などの文脈で、似たような取り組みが始まった。こうした取り組みは、度重なるコレラの流行の原因を解明し、この病気をいかに軽減できるかを理解する試みのなかで、データ視覚化のふたりの新しい英雄、ウィリアム・ファーとジョン・スノウを生み出した。

イギリスでは、「データの時代」は一八三六年の議会制定法による一般登記所（GRO）の設立とともに始まっていたと言えるだろう。[*1] 当初意図されていたのは単に、地主階級の世代間で所有権を合法的に移転する目的で、イングランドとウェールズにおける出生数と死亡数を追跡することだった。

ところが一八三六年の制定法ではそれ以上のことがおこなわれた。イギリス人を親にもつ子はすべて、たとえ海上で生まれた場合であっても、一五日以内に標準的な形式で、地域の登記所に詳細情報を報告することが求められた。さらに、すべての結婚と死亡も報告義務があり、登記証明書がなければ遺体を埋めることもできず、この報告義務を怠ると相当の罰金（一〇～五〇ポンド）〔一九世紀前半のポンドの価

値を一ポンド二万円で計算すると、約二〇万円~一〇〇万円〕が課せられた。これがきっかけで、イングランドの全人口の完全なデータベースが作成され、これはこんにちに至るまでGROによって保持されている。

その翌年、当時三〇歳の物理学者だったウィリアム・ファー(一八〇七—八三年)が起用された。それはもともとは、来る一八四一年の国勢調査の出生、死亡、結婚および離婚の人口動態登録に対処することを目的にしたものだった。「人口統計、または健康、体調不良、病気、および死亡の統計学」と題された一章を書き終えた頃[*2]、彼は「科学関連の摘要編纂者」として新たなポストを与えられ、イギリス初の公式統計学者となった。

フランス法務省でのゲリーと同様、ファーは大量のデータへのアクセス権があり、その意味を理解する必要があった。彼はこれらのデータをより大きな目的、すなわち人命を救うために役立てられることにすぐさま気づいた。平均寿命は地理的地域全体で分類・比較し、県レベルにまで分解することができた。故人の職業に関する情報も記録されていたため、ファーは経済的、社会的地位に照らして平均寿命を表にすることもできた。死因に関する情報が不足していたため、ファーはおそらく、死因をリストするための手順を標準的な形式に加えるなど、当初の任務以上のことをしていたのではないかと思われる。この単純な追加が、医療統計と公衆衛生の新しい広大な世界を切り開き、最終的に疫学と呼ばれる、ある母集団における病気の発生、原因、および制御のパターンを研究する分野へとつながっていった。

摘要編纂者の役割を担うなかで、ファーは、公衆衛生やその他のトピックに関する年間報告書を一般登記所宛に発行した。一八三九年の最初の報告書で、彼は自分の職場の統計学に役立つ重要な使用法を明らかにする手紙を添えた。

病気は治すより防ぐほうが簡単であり、予防の最初のステップは既存の原因を発見することである。登記所は数値で表された事実によってそれらの原因の作用を示し、その影響力の強さを測定し、生命力の法則と、これらの法則における各年齢層の男女の差異、さらにそれが病気を引き起こしたり死を誘発したりする場合であれ、公衆衛生を改善する場合であれ、文明、職業、地域性、季節、その他の物理的作用の影響に関する情報を収集することが望まれる。*3

この壮大な声明を作成するため、ファーは自分の職務内容を効果的に書き換えた。単なる事実の「編纂者」ではなく、国民の健康を促進するという目標に向けてデータを注意深く使用することを提唱する、影響力のある人物になろうとしていたのだ。

GROでのその後の四〇年以上の間、ファーはこれらの記録から死因を分析する上で大変革をもたらし、さまざまな潜在的原因（貧困、生活状況、環境的要因など）ごとにある一定の病気による死亡を表にすることで、病気のリスク要因を見極めるというアイデアを取り入れた。さらに、さまざまなグループ（男女、地理的地域、職業グループなど）を比較する際、年齢分布の差異に応じて調整する必要があったため、「標準化死亡比」という概念を導入し、これらの調整をおこなった。

ゲリーと同様、ファーもまた、イングランドとウェールズの登記地区における社会的、経済的状況（住宅価値、教育、貧困率など）に関する広範囲にわたる補助データを他の政府機関から入手することができた。そのため、利用できる統計データを使って、さまざまな階級の死亡率の差異に関する社会的な説明をテスト、比較し、ここで得られた発見によって、特に衛生状況における改革を強く求めることを固く決意していた。彼の知識と熱意、そしてデータを把握する力は、コレラがイングランドで大発生したときに、その最大の試練に立ち向かうことになる。

コレラ

一般にコレラとして知られている *Cholera morbus* は、ビブリオ属コレラ菌というバクテリアによって引き起こされ、主に水や人間の排泄物などの汚染物質を介して蔓延すると考えられる腸の伝染病である。症状としては猛烈な嘔吐、筋肉のけいれん、下痢、脱水症状などで、治療しなければほとんどの場合死に至る。

最初のコレラの大流行は一八二〇年代、インドのベンガル地方で始まった。何万もの人々が命を落としたインドから、一八三一年一〇月、バルト諸国から来た船に乗ってイングランドまで到達したと言われている。一八三二年には、ロンドンとイギリスの大部分に広がった。イングランド、ウェールズ、スコットランド、アイルランドで、合わせて五万五〇〇〇人以上が命を落とした。コレラはフランスをも容赦なく襲い、アイルランド移民によってアメリカやカナダに運ばれ、時を待たずしてキューバやメキシコにも達し、何千もの人が命を落とす結果となった。一八三七年、流行も終わりに近づく頃には、すでに世紀最大の世界的規模のパンデミックとなっており、この病気の急速な広がりと毒性は、公衆衛生に携わる人々の幅広い注目を集めた。

ファーと病気の瘴気理論

コレラは一八四八年、インドからヨーロッパのほぼ全土、ロシア、中東を経て、再びイングランドを襲った。二年にわたる流行がまたもや、ロンドンで一万五〇〇〇人、イギリス全土で五万人、世界中で一〇〇万人の命を奪ったのだ。

この時期、医学界と科学界は、この病気の原因と蔓延の要因について、それぞれ意見を異にしていた。フランスでは、貧困と関係があると広く信じられていた。ロシアでは接触伝染による蔓延と考えられていたが、そのメカニズムについては知られていなかった。アメリカでは、この病気はアイルランド移民によってもたらされたと信じられていた。[*4]

イングランド、特にロンドンでは、この病気はテムズ川周辺の不潔な空気を吸い込んだことによって起こったとする見方が最も一般的で、これは未処理の汚水を川へ直接流し込むという極めて一般的な慣習に端を発する。この理論には「瘴気」という名が付けられた。ギリシャ語で「汚染」を表す言葉で、腐った有機物から発生する粒子で満たされた有毒な空気や蒸気を意味するようになった。当時、ロンドンは世界一人口の多い都市で、テムズ川で鼻を突く悪臭が発生したという嗅覚的証言は否定しがたいものだった。「瘴気」はすばらしい理論ではあったが、一〇年のうちにデータとグラフの登場によって消滅させられることになる。

このときすでにGROの統計最高責任者となっていたファーは即座に、この病気の相反する理論や説明を分析、比較するために必要なデータを自分はすべてもち合わせていると考えた。一八五二年には、

『イングランドにおけるコレラ死亡率に関する報告書、一八四八―四九年』を完成した。フランスの医学雑誌『ランセット』はこれを、「あらゆる時代、あらゆる国において、最も注目すべきタイプの出版物」として称賛した。[*5]

ファーの報告書は実際、一八〇〇年代中頃の統計的思考と視覚的探究の記念碑とも言えるものである。五〇〇ページを超えるテキストに、三〇〇ページもの表やチャート、図や地図が、彼の分析と結論を説明した一〇〇ページにも及ぶ序文に続く。この序文のなかで彼は、考えられるコレラの原因について、さまざまな社会的環境的仮説を検討することを試みた。ファーがこの報告書に加えた重要性の意味と、政府の注目を浴びるための言葉の使いかたについては、以下に記す冒頭の文章から最もよく伝わるだろう。

> 仮に外国軍がイングランド沖に上陸し、すべての港を奪取し、周辺地域全体に派遣部隊を送り、夏の間じゅう住民を痛めつけ、収穫シーズン後には数日間連続して一日一〇〇〇人以上の命を奪ったとしたら、そして一年もしないうちに国を占領し、五万三二九三人の男女、子どもの命を奪うことになったとしたら――死者の登記という仕事が筆舌に尽くしがたいほど堪えられないものになるだろう。そして、この記述されるべき大惨事のさなか、破壊を司るのはこの島全体に広がる「疫病」であり、極めて多くの都市で、住民を破滅させようとする有害物質が手に届くところにあるような状況では、その苦痛が大幅に減じることはない。(p. i)

ゲリーがフランスで犯罪統計学を扱っていたのと同様、ファーもGROから得た死亡率記録と他のさまざまなデータを利用し、イングランドのコレラ分布について時空を超えて精査し、この病気の蔓延につながる関連要素に起因する差異の規則性を求めた。その努力は包括的で入念なものだった。彼は数多くの珍しい事例（一八四九年のヘレフォード郡でのある死亡例については「人々の共通の飲み物はリンゴ酒だ」とされている。p. lii）をリストする一方で、この病気の蔓延に関連すると思われる無数の要因――環境的要因（気温、雨、風）、人口動態（年齢、性別、職業）、社会的要因（貧困、資産価値、人口密度）――について、考えられる影響を調査しつづけた。

ファーの図表

図4・1は、ファーの報告書にある五つの図版（そのうち三つがカラー）のひとつである。ファーは垂直スケールを自由に変更し（今ならこれはグラフの功罪とされるだろう）、コレラと下痢による毎日の死者数の関係と、これらの日数の計測学的データとの関連性を示そうとした。最も明らかなのは、八月と九月にコレラによる死者が急増していることだ。気温も上昇しているが、おそらくその前後の月とそれほど変わらない。気候は、一八四九年におけるじゅうぶんな根拠となる要因ではなさそうに見えた。それとも実際はそうだったのか？

カラー図版2はもっと長期的なもので、一八四〇年から一八五〇年までの一一年間にわたって記録された、毎週の気温と死亡率との考えられる関係性を示したものである。これは驚くべき表で、統計グラフの言語における新しい発明と言えるだろう。このグラフ形式は、今では放射型図表（または風配図）

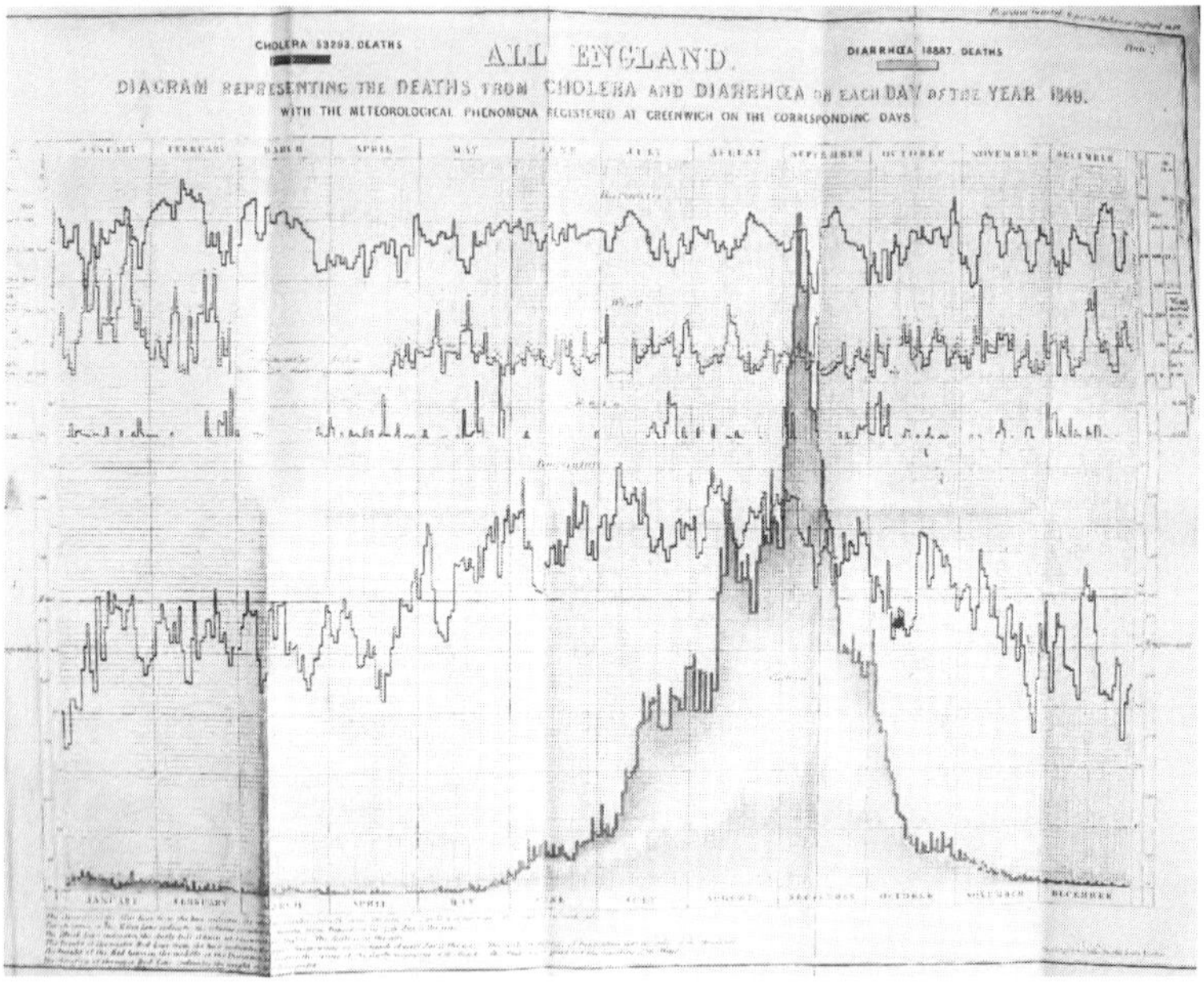

図 4.1：コレラと下痢による死亡：1849 年の 1 日ごとのコレラと下痢による死者数を示すファーの図。この時期の気象現象のチャートもあわせて示されている。上の 3 つの線グラフはそれぞれ、グリニッジで記録された気圧、風量、雨量、気温を示している。下のふたつの線グラフは、コレラ（濃い色、高いピークが見られる）と下痢（薄い色）による死者数を記録したものである。出典：General Register Office, *Report on the Mortality of Cholera in England, 1848-49*. London: Printed by W. Clowes. For HMSO, 1852, Plate 2.

と呼ばれ、周期的構造をもつ、関連する一連の事象——その年の週や月、方位磁針の方角など——を示したり、比較したりするのに適している。

カラー図版2の放射状の線は、それぞれの年の五二週分の機軸の役割を果たしている。外円はすべての年の平均死者数に対する一週間の平均死者数（人口増加を考慮して修正）を示している。これらの数値が平均を上回ると、この部分が黒い影（過剰な死亡率）となる。平均を下回ると黄色の影（健康）が付けられる。

同様に、内円は一七七一年から一八四九年までの七九年間の平均気温（摂氏約九度）の基準線に対する一週間の平均気温を示したものである。この平均を超えた週は基準線の円の外側にあり、赤色の影が付けられ、平均より低い週には青色の影が付けられたと言われている（画像では灰色に見えるが）。

このグラフですぐにわかるのは、一八四九年の夏に、何か非常によくないことがロンドンで起こり（行3、列2）、七月から九月にかけて、また一八四七年の冬の数ヶ月（行2、列4）にかけて、死者数がピークに達しているということだ。後にタフテが「スモールマルチプル」[6]と呼んだ概念を用いたこの拡大図では、一連の個別のチャートでは気づけないようなことをしている。つまりこの図は、四月（九時）から九月（三時）までの温暖な月における、死者数が平均して比較的少ない年全体の一般的なパターンを示しているのだが、劇的に上昇した山型部分が、気温では説明がつかないような何か巨大なものを指しているのだ。

この放射型図表は、クリミア戦争中の兵士の死因を示した、フローレンス・ナイチンゲールの有名な「ローズダイアグラム」または「鶏頭図」（カラー図版4）と呼ばれるものの直接的な前身となったものである。ナイチンゲールはしばしばこのグラフ形式の発明者と言われるが、彼女は明らかにファーからインスピレーションを得ており、彼の社会衛生に関する研究の熱心な支持者でもあった。このグラフの発明の功績は、実際はアンドレ＝ミシェル・ゲリー[7]に帰属するのだが、ファーはゲリーよりもはるかにうまくこのグラフを使用していた。本章の後半で見るように、ナイチンゲールは、ファーのグラフィックの知覚的欠陥の訂正をおこなった。にもかかわらず、カラー図版2に示すファーの図がデータ視覚化の歴史におけるトップ二〇に確かに属するのは、それがコレラの死亡率と気温との複雑な関係を、斬新なグラフ形式で、長期にわたり、いくつもの季節をまたいで示そうとしているからである。コレラの死亡率と気象データとのつながりが功を奏することはなかったため、ファーは瘴気理論に、より直接的に関係するものに目を向けた——すなわち、テムズ川の標高をコレラ死亡率の予測子として見たのだ。

ファーのコレラ自然法則

ファーは、時空を超えたコレラの分布研究について、非常に詳細に説明している。そしてゲリーが犯罪データの分析でおこなったのと同じように、ファーもまた、コレラの死亡率になんらかの法則性のある習性——重大ではない要因の不変性と重大な要因における変動との組み合わせ——を探し出そうとしていた。彼はこれを、ロンドンのデータ分析のなかで発見した。「ロンドンの土壌の標高は、他のどの既知の要素よりも、コレラを原因とする死亡率とより一定した関係性がある。コレラによる死亡率は標高と逆比になる」(Farr, 1852, p.lxi)。

ファーは、トリニティのテムズ川の高水標線を超えた一般的な標高順に登録地区を並べ替えた場合、コレラは標高の低い地区で最も致命的となり、テムズ川の標高に反比例して減少していくことを発見した。しかしもっと重要なことに、この関係性はある数学的関係性にかなり近いということがわかった。ここではその関係を$y \sim 1/x$の形で表そう。彼は、たとえば標高六メートルで死亡率1から始めた場合、連続する倍数での死亡率(「致死率」)は、1／2, 1／3, 1／4, 1／5, 1／6にほぼ比例していることを発見したのだ。

さらに、標高Eにおけるコレラの死亡率をCとすると、グラントの政治算術の「三の法則」により、より高い標高E'における死亡率C'を計算することができることもわかったが、その表記は逆になる。

$$E : E' = C' : C \quad \Rightarrow \quad C' = \frac{E}{E'}C$$

この記数法を有効にするため、一定のオフセットaを含めると、次のような公式が得られる。

$$C' = \left(\frac{E+a}{E'+a}\right)C$$

彼はこの数式がどのように成り立つかを（aの概算＝12.8とする）、標高0、10、30、50、70、90、100、そしてハムステッドで最も高い350までの標高で、予想される死亡率を計算することによって証明した。その結果得られた死亡率の数値は174、99、53、34、27、22、20、6であり、これらは実際の数値、177、102、65、36、27、22、17、7に非常に近かったため、彼はその法則性をついに発見したと確信した。

これはまさに彼が長年求めていた結果だった。つまり、数式で表現することのできるコレラの死亡率に関する決定的な関係性だ。ところが彼はそこで終わりにしなかった。標高との関係性を視覚的に明らかなものにするため、図4・2に示すような、これらの数字を使った図表を作成したのである。この図表を見ると、下が0′から上が350′まで、垂直軸上に標高を示すのが自然のように見える。彼はそれぞれの標高で水平線を描き、その標高の地区におけるコレラの相対死亡率を計算したものを示すと同時に、さ

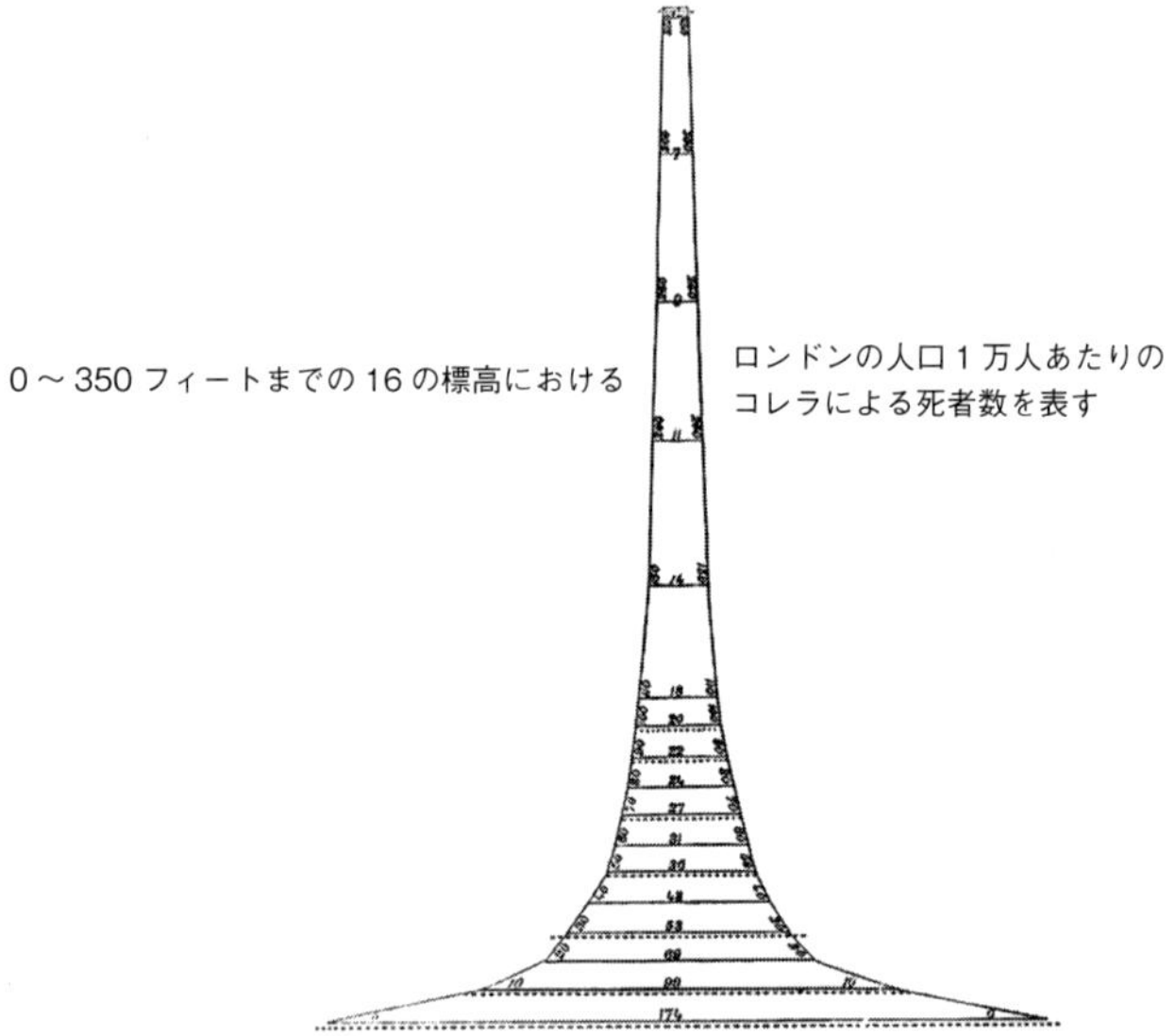
0～350フィートまでの16の標高における
ロンドンの人口1万人あたりの
コレラによる死者数を表す

図4.2：死者数と標高：コレラによる死者数（水平線の幅）と、0～350フィート〔約107メートル〕までの16の標高に対するテムズ川の標高（垂直位置）との逆相関関係を示した図。線上の数字は予測値である。点線がある場合、それは実際の死者数を示している。出典：General Register Office, *Report on the Mortality of Cholera in England, 1848–49*. London: Printed by W. Clowes. For HMSO, 1852, Plate 2. p. lxv.

らに点線によって、これらの地区における観測された平均死亡率を示した。

この図表はさらに、データと理論の一致を示すことを試みた初期のグラフとしても注目すべきである。彼はこの図の本体に、予測されるすべての数値を含めた。実際の死亡率を示す点線は、彼の理論が視覚的に適合しているかどうかをテストするものである——実際、感動的なまでに一致している。

こんにち、コレラによる死亡率が説明変数（独立変数）としての標高と体系的に関連していたかどうかを判断するには、コレラを垂直軸（y）に、標高を水平軸（x）にした散布図にするのが自然だろう。しかし、散布図という概念は一八三三年にハーシェルがすでに発明していたが（第6章の議論を

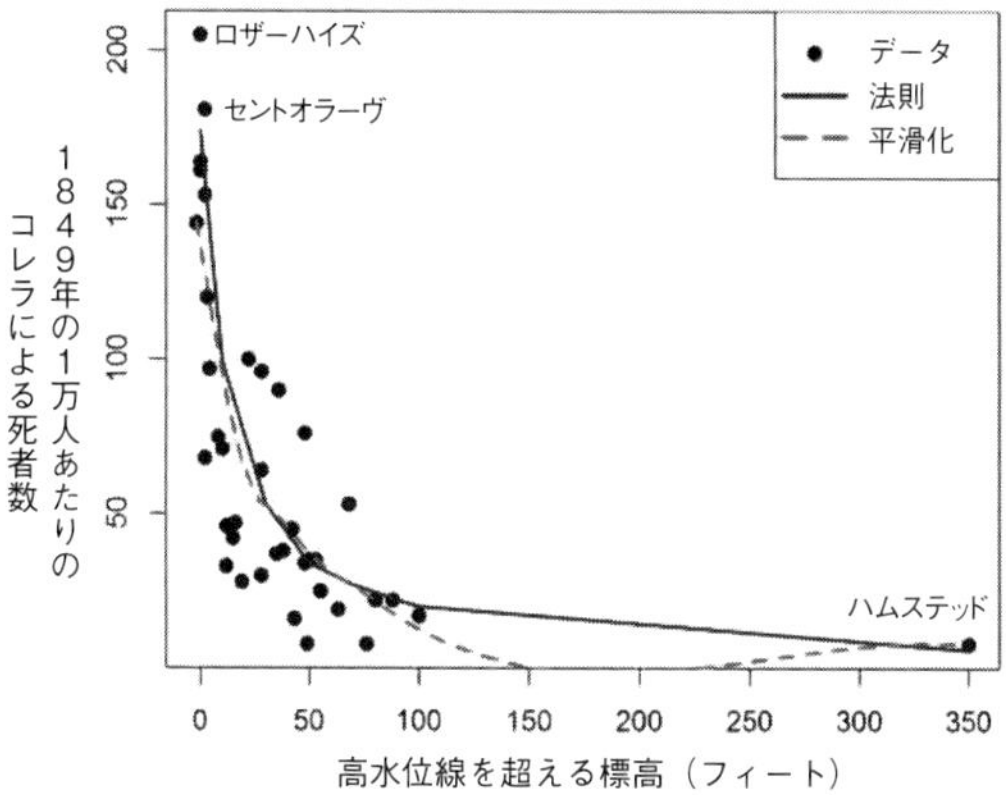

図 4.3：散布図で示したファーの標高―死亡率データ。結果としての死亡率（y）と、説明変数としての標高（x）の関係性を表している。ファーの「法則」から計算したコレラ死亡者の値は実線で示されている。データポイントへの滑らかな当てはめは、破線の曲線で示されている。出典：© The Authors。

参照）、ファーとその同時代人らはこれに気付いていなかった。この概念は、その三三年後の一八八五年にゴルトンが作成した図によって初めて頭角を現したのだ。そこでファーは垂直軸に標高を、水平軸に死亡率を置き、水平の線を左右対称にして、彼独自のコレラの自然法則を塔またはモニュメントのようなかたちで表して視覚的印象を加味した。ファーの視覚的・統計的考え方を、私たちが現在おこなっている観点から再考することが有効だろう。

三八の登録地区についてファーが収集したロンドンのデータ[*8]の現代版のグラフを、極地点にラベル付けしたかたちで図4・3に示す。ファーの死亡率の反比例の法則から計算した値が実線の曲線で示されている。x軸とy軸が入れ替わっているこの曲線は、図4・2に示すファーの図表のちょうど右半分に該当する。破線の曲線はデータポイントに合わせた平滑化曲線を示し、標高に対するコレラの死者数の平均値を追ったものである。これは、ファーの法則から計算された値とかなり一致している。このグラフはさらに、ハムステッドの標高が異常であること、そしてファーの図表がなぜこれほど高く聳え立っているかについても明確にしている。

ファーの考え方を理解するさらなる手がかりは、彼が死亡率と標高との間に見出した関係性を吟味する、もうひとつの方法から得ることができる。低い標高のCおよびEの値から、より高い標高E'の死亡率C'を計算するために、彼が「三の法則」を使用したことは、なんらかの関数fに対する$y=f(x)$のかたちで示される統計的関係性という、より一般的な概念を彼が考えていなかった、または理解していなかったことを意味している。もし理解していたら、みずからの法則を次のような、よりシンプルな逆関数で示していただろう。

コレラの死亡率＝1／標高＋a

こうすることで、コレラ死亡率と標高の逆数との間の極めてシンプルな直線関係が得られる。彼はこの関係を、テムズ川に向かって反比例する「低さ」と呼んでいたかもしれないが、これこそ彼が実際に意味していることだった。図4・4は図4・3のデータを1／(E+12.8)に標高を変換して示したものである。実線の曲線で示される、彼が計算した理論的関係が、ここでは極めて直線的になっている（相関係数は〇・八五）。

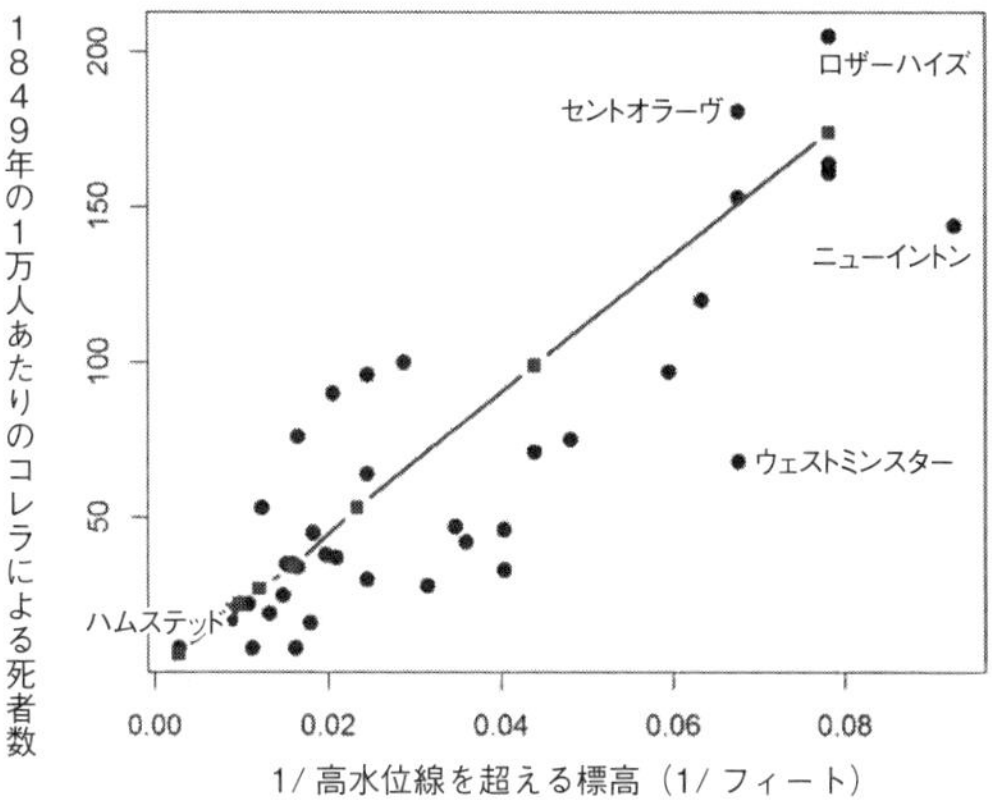

図 4.4：逆標高プロット：ファーのデータをプロットしたもので、標高を 1 / (E+α) として表現しなおしている。ここではファーの理論から予測される値が、コレラ死亡率と極めて直線的な関係を形成するかたちで実線の曲線で示されている。いくつかの異常地区にラベル付けがされている。出典：© The Authors。

水の超越効果

ファーは確かに、コレラの死亡率の潜在的原因の影響を、細心の注意を払って評価していた。ところが彼は、ひとつの潜在的原因についてさえ、それを評価するための効果的方法をもち合わせておらず、いくつかの原因を組み合わせて説明するという考えが彼を限界に追いやった。その一般的な手法は、ロンドンの各地区におけるコレラ死亡率の表を作成し、可能な説明変数の階級でそれを分割し、平均化するというものだった。

たとえば彼は三八の地区を、他の変数の最高値と最低値で一九ずつに分割し、それぞれについてコレラの死亡率の比率を計算した。すると、標高が最大比（3対1）であったのに対し、その他すべての変数はそれより小さな比（たとえば住宅価値では2・1対1）だった。コレラの主要な原因としてテムズ川の標高を思いついた彼は、人口密度、住宅や店舗の価値、貧民救済、

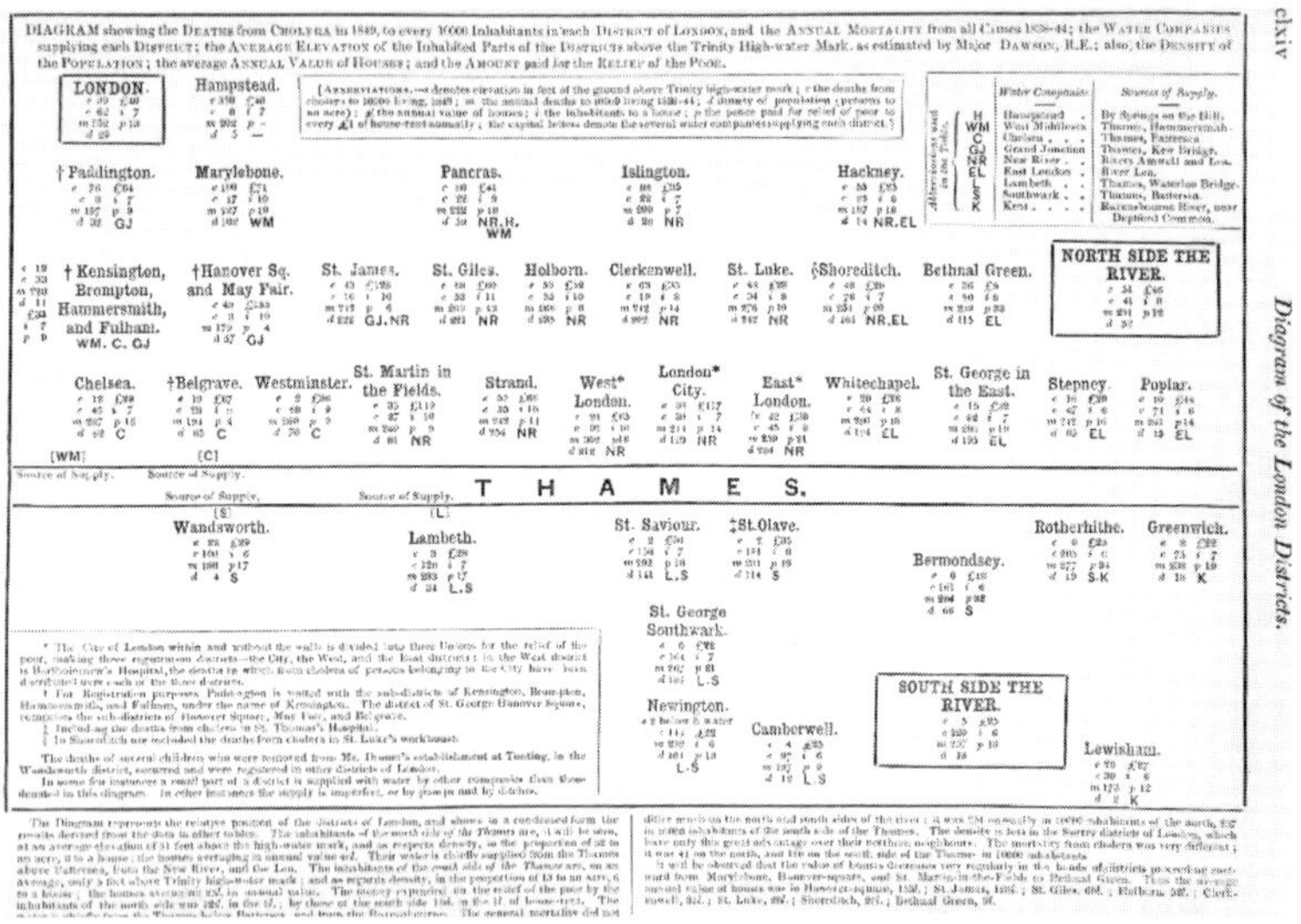

図 4.5：系統図：ロンドンの登録地区の図表。標高（e)、コレラによる死者（c)、すべての原因による死者（m)、人口密度（d)、その他の変数と、各地区に水を供給する水道会社のイニシャルを示している。出典：General Register Office, *Report on the Mortality of Cholera in England, 1848–49*. London: Printed by W. Clowes, for HMSO, 1852, p. clxv.

地理的特性とも関連する、地区ごとの死亡率を示すその他多くの表を作成した。

図4・5は、テムズ川に沿った空間的配置の系統図の上に、それぞれの地区に関する小さな表を重ねた見事なセミグラフィックの組み合わせであり、この調査の奥深さを例証している。これらの表は、標高、コレラによる死者、あらゆる原因による死者の数、および人口密度を示し、それぞれの地区に水を供給している水道会社が特定されている。残念ながら、この見事な図表は、何かを明らかにしているというよりは隠している。兆候となるものがそこにあるにもかかわらず、詳細すぎるために、むだな情報ばかりが提供されているのだ。

後に、コレラの直接的な原因は、人々が引いている水道水の汚染に行き着くと考えられることがわかってきた。図4・5に示されているように、水が九つの水道会社から供給されていたことがおそらく混乱を招いていたため、ファーはテムズ川沿いの給水地域をベースに、登録地区を三つのグループに分割した。テムズ地区のキュー橋とハマースミス橋間（西ロンドン）、バタシー橋とウォータールー橋間（中央ロンドン）、そしてテムズ川支流（ニュー川、リー川、レイヴェンズボーン川）から水が供給されている地区の三つである。

ファーがなぜみずからの分析で誤った方向へ導かれたのかを理解するため、図4・6の上側の新しいグラフに、図4・3からのデータを再プロットし、給水地区ごとに色分けしてそれぞれについて別個の回帰線を描いてみた。標高とコレラの死亡率との関係性が、三つの給水地区で劇的に異なっていることがひと目でわかる。中央ロンドン（バタシーとラベルされている）はほとんどが低標高地区で、標高がわずかに高くなるごとに死亡率が劇的に減少している。この地区の水はおそらく、テムズ川に最も近い汚染レベルだったと考えられる。西ロンドン（キューとラベルされている）は川の上流なので、水はそれほど汚染されていなかっただろう。線の傾きがそれでも下降しているのは、標高とともに死亡率が減少していることを示しているが、その傾向はわずかである。ところがこの線が映し出しているのは、むしろハムステッドの極端な位置のほうかもしれない。その他の地区（ニュー川とラベルされている）は、標高に対する死亡率が中間的な勾配を示している。

現代の言葉で言えば、標高とコレラの関係は交互作用効果と表現するのがベストだろう。つまり、標高が死亡率に及ぼす影響は三つの給水地域でかなり異なるということだ。[*9] しかし、平均的な標高も給水設備間で異なり、ファーはこのことを、標高を主原因とするみずからの図表からは知る由もなかった。その他の現代用語では、給水設備は調節変数、交絡変数、または潜在変数として作用するとも言えるだ

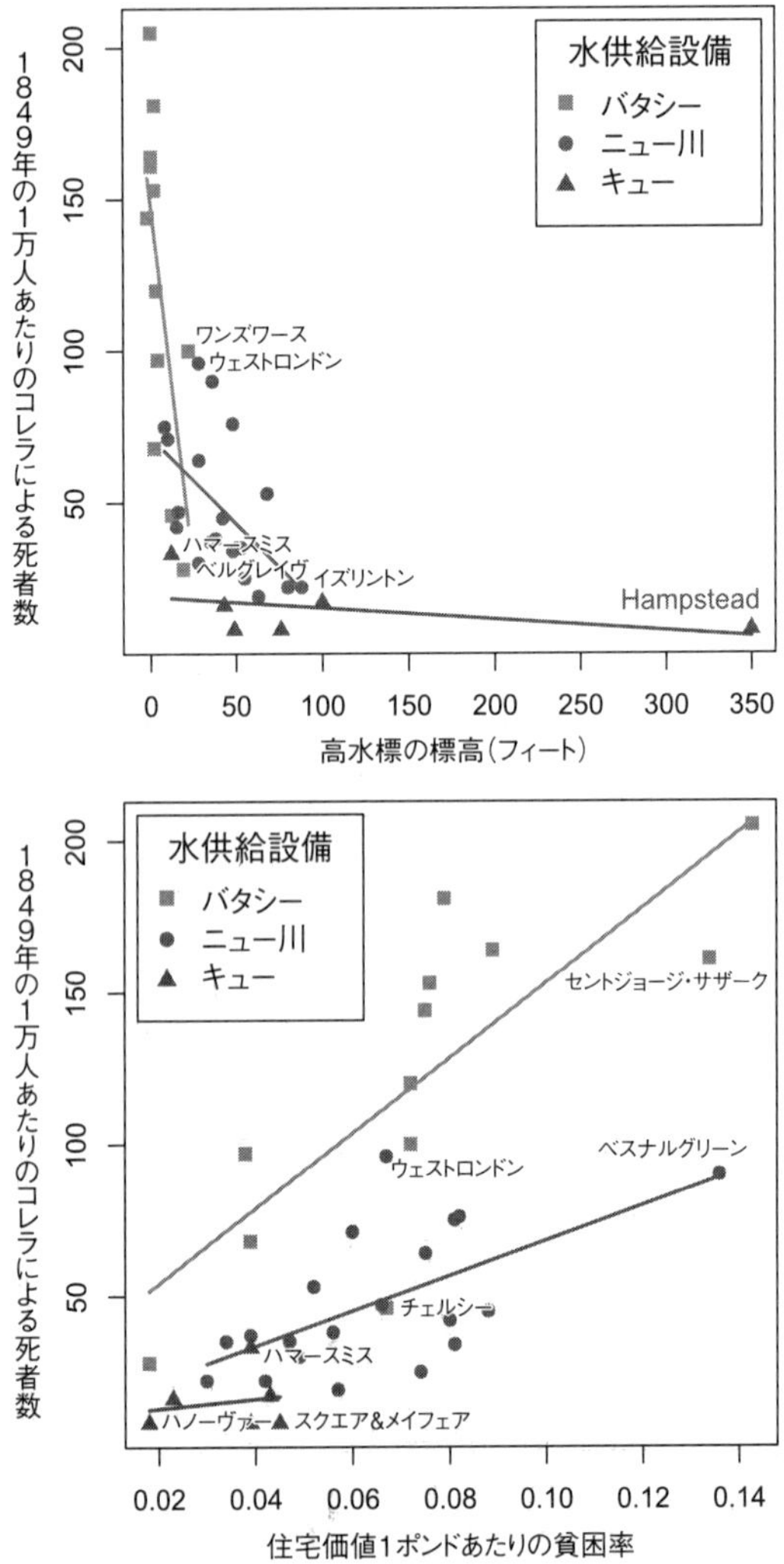

図 4.6：給水地域ごとの死者数：ファーのデータを給水地域ごとに再分析したもの。上：コレラ死亡率 vs. 標高、下：死亡率 vs. 貧困率。これらの線は、各地区のそれぞれのサブセットの線形回帰関係を示している。異常地区のいくつかが各プロットでラベル付けされている。出典：© The Authors。

ろう。

前述のように、ファーはその他のさまざまな変数についても、考えられる原因として探究していた。彼は、死亡率は人口密度と貧困（貧困率）とともに相応に増加し、ロンドン全体の住宅や店舗の価値とともに減少すると考えた。またしても彼の分析方法は、これらの変数が給水地域全体に及ぼすと考えられる、それぞれ異なる影響を隠してしまっていた。図4・6の右側のパネルは、給水設備ごとに分類した死亡率と貧困率の関係を、それぞれに対して別個の適合線で示している。線の勾配（貧困率が死亡率にもたらす影響）は、ここでも給水設備によってかなり異なっている。[*10]

ファーがコレラに関する統計データの編纂者、分析者として非常にすぐれていたことは確かである。しかし、彼と当時の他の医学の権威たちのほとんどが誤った理論、すなわち、瘴気を原因とし、その影響を説明するものとしてテムズ川の標高があるとする理論に固執していたのだ。これは、標高の高い地区の死亡率が低いのは、その地区の水の汚染レベルが低い傾向があるからだとする、相関関係を因果関係と取りちがえる古典的な例だった。

ジョン・スノウとコレラ

コレラの恐ろしい波が再びロンドンを襲ったのは、一八五四年の夏の終わりにかけてのことで、ウェストミンスターのセントジェームズ教区（現在のソーホー地区）に集中した。今回は、入念なデータ収集、発病率の地図、鋭敏な医療調査官の仕事、そして代替的な説明を除外するための論理的推論の助けを借りて、原因に関する正しい説明が最終的に見出されることになった。なぜジョン・スノウが成功し、ウィリアム・ファーが成功しなかったのかを理解することが有益だろう。

物理学者ジョン・スノウ（一八一三―五八年）は、この新たなコレラが発生したとき、ソーホー地区に住んでいた。彼は当時一八歳で、コレラが最初にこの地域を襲い、多くの死者を出した一八三一年、ニューカッスル・アポン・タインで医療助手をしていた。一八四八年から一八四九年にかけての第二の大きな流行の時期、スノウは自身が住む地区におけるこの病気の深刻度を観察していた。一八四九年、彼は『メディカル・ガゼット・アンド・タイムズ』[*11]の二部からなる論文と、比較的長い研究論文[*12]で、コレラは空気ではなく水によって伝染し、病人の腸からの排泄物を通じて人から人へ移り、直接的に感染したり、給水設備のなかに入り込んだりする、という説を提唱した。

スノウの推論は完全に、この病気の病理学の形態をベースにした臨床医のものであり、潜在的な原因となる要素との関連性を求める統計学者の推論ではなかった。コレラが空気感染する病気なら、肺のなかにその影響が見られ、その後、呼吸からの排出物によって人に移ると予測するだろう。しかしこの病気は明らかに、主に腸で作用し、嘔吐と激しい下痢、重度の脱水症状を誘発し、死に至るというものだった。どんな病原体が原因であろうと、それは吸入したものではなく摂取したものからくるにちがいなかった。

ウィリアム・ファーは一八五二年の報告書を書いたとき、スノウの理論に精通していた。[*13]彼はこのことを極めて礼儀正しく記しているが、コレラの病理学に関するスノウの理論は受け入れていなかった。ある個人が摂取した何かが、より大きな集団に移る可能性があるというメカニズムが理解できなかったのだ。当時コレラの発生と蔓延の第一人者とされていたファーにとって、たったひとつの病原体（なんらかの未知の毒性物質）と、伝染の限定的なベクター（水）というスノウの論点は、あまりに制限が多く、あまりに限定的だったからである。スノウはみずからの主張とそれをサポートするエビデンスを、まるで摂取したものが水を伝って感染することが唯一の原因だと言わんばかりに提示した。さらに彼には、自然実験またはコレラの犠牲者が飲んだ水に関する直接的知識のいずれかから得た決定的なデータがなかった。

ファーと医学界のその他の人々は、さまざまな矛盾点や、スノウの一義的な説明を疑うに足るその他の理由を報告書内に発見した。「悪質な水が即座にこの病気を誘発することがあることは間違いない。しかしそれが唯一の原因であると仮定してはならない」。[*14] ファーは、「悪質な水――スノウ博士の理論」のセクションを、見下すような表現でまとめている。

これらの問題に断固決着をつけることができるほど正確な観測はまだなされておらず、確率の原理に基づいた議論もなされていない。決め手となる事実は、人間の生命が危険にさらされる可能性のあるような実験からは調査することができない。それらは注意深い探究と、優秀な観測者による言及が不可欠である。矛盾する理論は、いくつかある目的のなかでも特に、観測者がともすると無視しかねないような重要なポイントに、直接彼らの注意を向けさせる役目を果たす。

理論が重要であることは百も承知だが、私はいかなる理論も参考にすることなく、「報告書」から事実に照らした見方を提示し、理論に頼らなくとも、コレラが命に関わるか否かの状況を見極め、重要な実践的結論を生み出すことができることを示す努力を続けてきた。

このコメントから、データの役割を、コレラの原因を追究する際のエビデンスとして見るファーの見解になんらかの洞察が得られる。つまり彼は、統計的事実の編纂者、立案者であって、データに反する相容れない説明をテストする科学者ではないということだ。理論は「重要なポイントに、直接……注意を向けさせる」役目を果たすかもしれないが、最も重要なのはデータのほうだったのだ。

この見方は、一八三四年のロンドン統計協会（ＳＳＬ）の創立メンバーだったほとんどの人々（当時の「データサイエンティスト」）を特徴付けるものでもあった。このグループは後に特許状を取得し、一八八七には王立統計学会に名称を変更した。ＳＳＬのオリジナルのロゴは、束にした麦の茎にモットーである「他者が脱穀（解釈）するために（"*ex aliis exterendum*"）」という言葉が入っている。「われわれは麦を集める。それは他者がパンをつくるためである」という意味だ。ファーと他の人々は、みずからを「統計学者」ではなく「ステイティスト」（国家の政治的事実の研究者という意味）と呼んだ。社会と関係があるのは定量的事実のみであり、解釈と意見は他の人々に任せる、ということだ。[*15] こんにち、王立統計学会のモットーはより適切な表現——「データ、エビデンス、決定」——に変更されている。

ブロード・ストリートの給水ポンプ

スノウがみずからの理論を試す機会は、一八五四年八月の終わりにかけて始まった新たなコレラの発生とともに訪れた。高い評価を得た一八五五年の報告書『コレラの伝達モードについて』[*16] は、このことをドラマチックに記している。

この王国でこれまでに起こった最も悲惨なコレラの発生は、おそらく数週間前に、ゴールデン・スクエアのブロード・ストリートとこれに隣接する通りで起こったそれだろう。ケンブリッジ・ストリートとブロード・ストリートが交差する地点の約二三〇メートル圏内で、一〇日間で五〇〇件を超える致命的な襲撃が見られた。この限定された区域の死亡率はおそらく、疫病によるものを含め、この国に引き起こされたすべての死者数に匹敵するだろう。そしてそれは、これまでよりはるかに突然のことだった。というのも、数時間のうちにとんでもない数の人々の命が奪われたからだ。(p. 38)

コレラの原因を水系感染とするスノウの発見の全容は、医学史家[*17]や地図作成者[*18]によって何度も詳細に語られ、統計学者や、エドワード・タフテによるデータ視覚化の歴史に関心のある人々の注目を集めた。[*19]短い、ともすれば出典すら疑わしい、このストーリーをかいつまんで言えば、一八五四年にソーホー地区でコレラが勃発したとき、スノウが死者の出た地域のドットマップを作成したところ、住民が水を引いている公共ポンプに程近いブロード・ストリートでクラスターが発生していることに気づいた、ということだ。このストーリーは次のように続く。スノウは、死亡事例はこのポンプからの水を飲んだことに深く関係していることを認めた。そして、セントジェームズ教区管理委員会に、ポンプのハンドルを除去するよう要請した。以来、コレラの流行はおさまったという。

タフテは、この古典的なストーリーは、すべてが見かけどおりとは限らないことを示した最初の人物だが（真偽が疑わしいとされたのは、流行はポンプのハンドルが除去されたときに終わったという部分だ）、このことによって疫学、主題図作成、データ視覚化へのスノウの功績の正しい評価が損なわれるべきではない。

コレラの伝染、死亡率、および給水との間のつながりを示そうとする取り組みのなかで、スノウはふたつの研究をおこなった。その両方を彼は自然実験と考えていた。最も称賛された第一の研究は、ウェストミンスターのセントジェームズ地区における南ロンドンのコレラ死亡率の研究だった。最も注目すべき結果が図4・7に示された、今となっては有名な地図である。

この図で彼は、住所が特定できた六一四件のなかから、八月一九日から九月三〇日までの間にコレラで死亡した五七八件の番地を示している。死者数は小さな黒い棒で示され、ある住所にひとり以上の犠牲者がいる場合は、棒グラフが積み重ねられている。左側の全図には、この地区に水を供給する一三の給水ポンプの位置も示されている。

これは、「データの時代」がいかにデータ視覚化という手法の使用と発展に貢献し、重要な問題に新しい洞察を与えたかを示す実例だが、それはまた何か新しいことを強調してもいる。すなわち、現在疫学において広く利用されている、公式な集計値統計学と個々のケーススタディのふたつの手法のちがいということだ。この頃には、ファーとGROは登録地区の報告書から記録された詳細を示すリストに、週ベースでコレラの死者数を記録しはじめていた。ところがスノウは地道な疫学でもってさらに先を行き、この区域の家々を訪問したり、自宅に引いている水の供給元について生存者に聞き取り調査をしたりした。

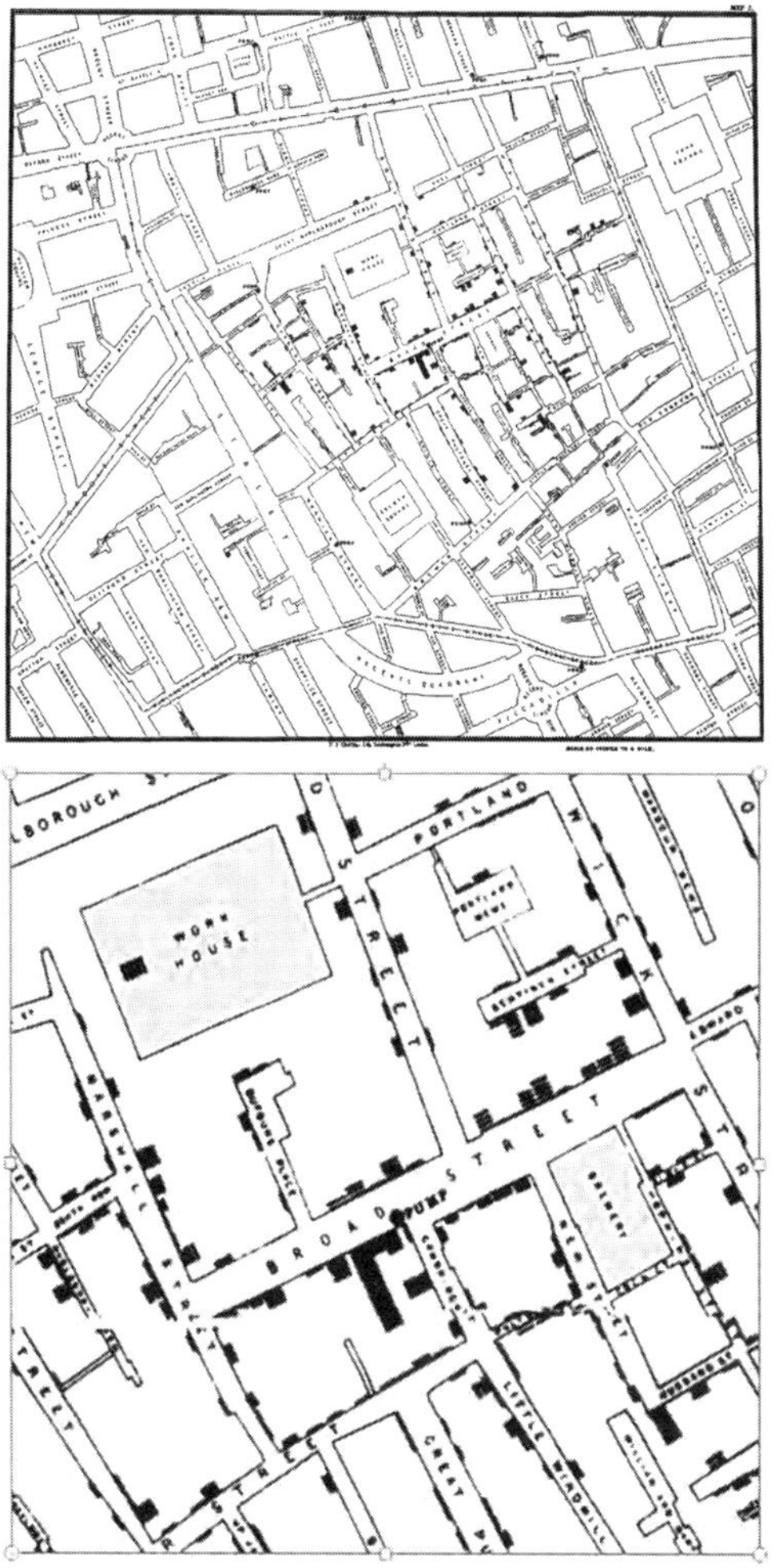

図 4.7：スノウの地図：ジョン・スノウによるソーホーのドットマップ、1854 年 8 月 19 日から 9 月 30 日までの流行におけるコレラ症例のクラスターを示している。コレラによる死者数は、住宅の住所に積み重ねられた黒い棒グラフで示されている。下：ブロード・ストリートのポンプを中心とする詳細地図。救貧院とビール醸造所の位置がハイライトされている。出典：John Snow, *On the Mode of Communication of Cholera*, 2nd ed. London: John Churchill, 1855 / Wikimedia Commons.

現地へ向かう途中、私は死亡事例のほぼすべてがこのポンプからほど近いところで起こったことに気づいた。明らかに他のストリートポンプのほうが近い家々では、死者はたった一〇名だった。これらのうちの五件で、犠牲者の遺族がこう語ってくれた。自分たちはいつもブロード・ストリートのポンプに行く。なぜなら近くのポンプよりも、そこの水のほうが好きだったからだ、と。他の三つのケースでは、犠牲者は子どもで、ブロード・ストリートのポンプの近くにある学校へ通っていた。そのうちのふたりが、この水を飲んだと言われている。そして三人目の子の両親も、おそらくその子もこの水を飲んだだろうと考えている。(p. 39)

スノウは一八五四年秋のある時期に、自身の地図づくりを始めた。ドットやその他の記号を地図上で用いて発病率を示すことは、スノウの発見ではなかった。[*20]しかし彼は新たな明晰さでもって地図を設計し、死亡率とブロード・ストリートのポンプとの関係をより視覚的にはっきりするようにした。第一に彼は、ベースになる地図として、より体系的な形式を採用し、ストリートの基本的なレイアウト以外の詳細をすべて削除した。これは、下水道局のエンジニアをしていたエドマンド・クーパーが、コレラ収束後に準備したものをベースにしたと思われる。第二に、バー記号を積み重ねて、ある場所の複数の死者数を反映させ、それらがひと目ですぐにわかるようにした。最後にアイコン(●)とPUMPのラベルを付け加え、人々が水を引いているポンプと死者との近接性を示した。スノウの地図で実際に新しかったのは、視覚的表示、この病気の病因学に関する論理的推論、そして伝染形態の科学的説明のはじまり、この三つが密接につながっていたことだった。

生存した人と死亡した人という対照的な状況は、彼の「自然実験」のもうひとつの重要な特徴だった。ある時点で、彼はポンプ付近の区域で起こったふたつの著しい変則性に気づいた（●）の右側に詳細を示して強調している）。彼は報告書にこう記している。

ポーランド・ストリートの救貧院は、その四分の三がコレラによる死者が出た家に囲まれていたが、五三五人の施設入居者のうち、たった五人しかコレラで死亡した人はおらず、その他の死者はコレラに罹患した後に入居した人々だった。この救貧院にはグランド・ジャンクション浄水場からの給水に加え、敷地内にポンプ井戸があるため、入居者が水を求めてブロード・ストリートへ行くことは一度もなかった。（p. 42）

同様に、彼は地元のビール醸造所で働いていた七〇人を超える作業員に死者がひとりもいなかったことにも気づいた。スノウがこの醸造所の所有者を訪ねたところ、彼は敷地内に自社所有の深い井戸があることを教えてくれた。スノウはさらにこう続ける。「ここで働く人々は一定量のビールを飲むことが許可されているので、ハギンズ氏は彼らが水を一滴も飲んでいないと信じている。それに彼は、作業員がストリートにある給水ポンプから水を汲むことは絶対にないと確信している」。タフテの「ビールで救われた！」というコメントには同意せざるを得ないだろう。[*21]

近隣の地図

図4・7に示したバージョンのスノウの地図は最も有名なものだが、第二のバージョンはグラフ的にも科学的にもより興味深い。セントジェームズ教会の法衣室より任命されたコレラ調査委員会は、一八五五年七月二五日に報告書を提出した。[*22]「スノウ博士の報告書」と題されたセクションには、死亡とブロード・ストリートの給水ポンプとの関連性の、より詳細で直接的な視覚的分析を試みた新しい地図が含まれていた。

図4・8に示すこの新しい地図は地理空間仮説を記し、テストしたものである。つまり、人々は歩ける距離にある最も近いポンプから水を引く傾向が最も強いという仮説だ。この地図の実線で囲まれた地域は、「注意深い測定によって、ブロード・ストリートのポンプと周辺のポンプに最も近い道から等距離であることが判明したさまざまな地点を示している」。[*23]

コレラの発生源がほんとうにブロード・ストリートの給水ポンプであるとすれば、この区域内に死者が最も集中し、それ以外のところではあまり蔓延していないと予測すべきだろう。彼は結論にこう記している。「ブロード・ストリートのポンプではない別のポンプに行くほうが明らかに近いすべての地点では、死者数は極端に減少しているか、まったく消滅していることが観測されるだろう」。[*24]

コレラの発生源に関する最終的な説明は、その少し後に、地元教会の副牧師でコレラ調査委員会のメンバーでもあったヘンリー・ホワイトヘッド司祭の研究を通じておこなわれた。ホワイトヘッドは、家族が当該ポンプのすぐとなりのブロード・ストリート四〇番地に住んでいた生後五ヶ月の乳児、フラン

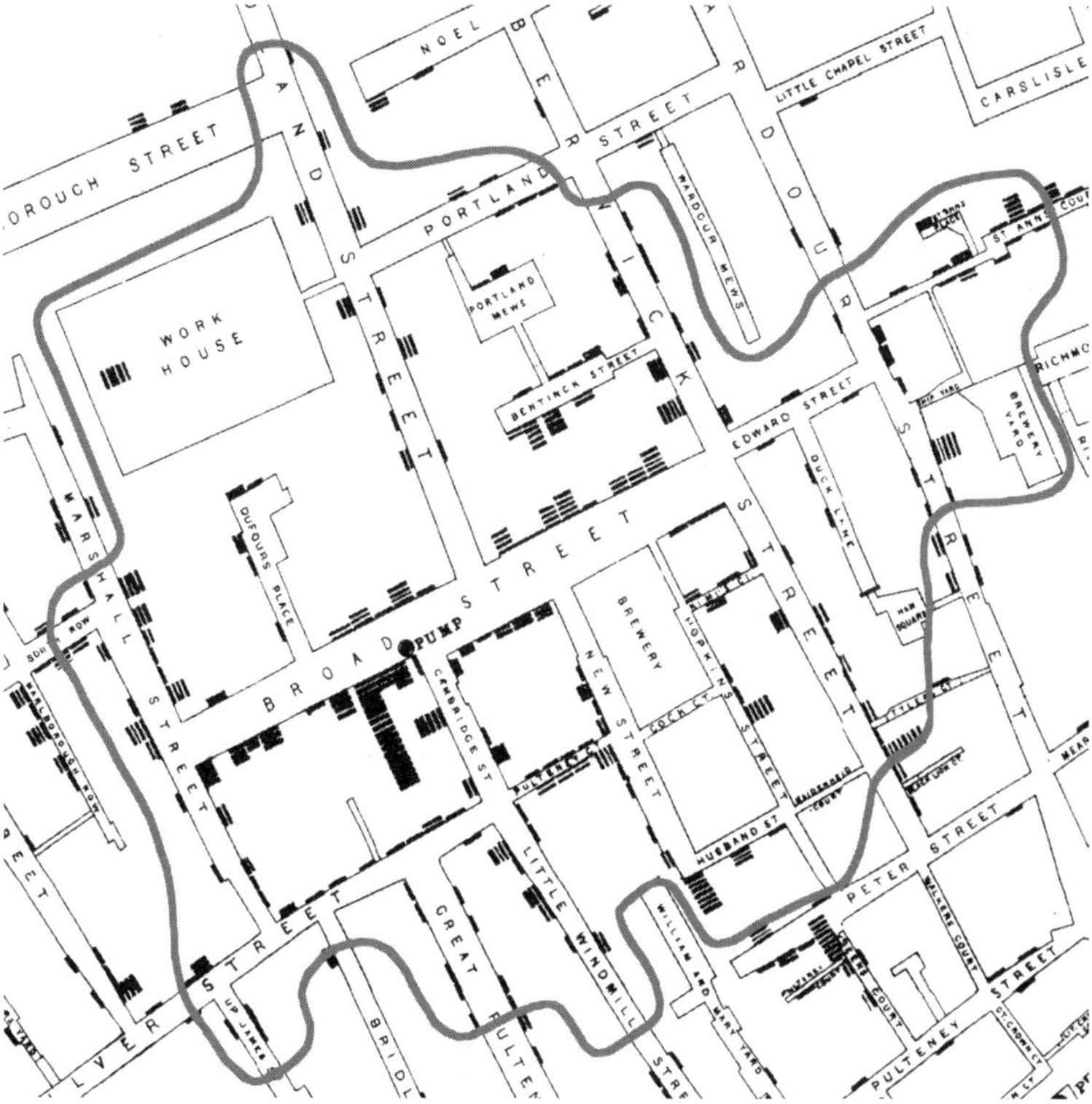

図 4.8：境界地区：コレラ発生を示したスノウの第二の地図の詳細。ブロード・ストリートの給水ポンプから水を引いていたと思われる住所を含む地域の境界を示している。出典：The John Snow Archive and Reserch Companion.

セス・ルイスの死亡を、最初の（「インデックス」）ケース〔インデックスケースとは、感染症流行の疫学調査で、ある集団内で最初に発見された症例のこと〕と特定した。乳児が激しい下痢に襲われたとき、母親のサラ・ルイスはおむつを手おけに浸し、その汚水を井戸からほんの一メートル足らずのところにある自宅前の汚水溜めに流した。この子の父親で地元の巡査だったトーマス・ルイスは、不幸にも九月八日、致命的な病気に見舞われた。まさにポンプのハンドルが取り除かれた日の出来事だった。

ジョン・スノウは一八五八年六月、その水汚染による理論が医学界で真剣に取り上げられるのを待たずにこの世を去った。一八六六年、新たなコレラの流行が東ロンドンのブロムリーを襲った。ウィリアム・ファーは、水系感染をコレラ伝染の唯一の原因とするスノウの釈明をまだ受け入れていなかったところが新たなデータから、それがGROを通じて「水道水煮沸勧告」を発令するにじゅうぶんなほどの信頼性が少なくともあるということを、彼は認識するようになる。病原体ビブリオ属コレラ菌の発見は現在、イタリアの科学者フィリッポ・パチーニ（一八一二─八三年）の功績とされている。一八五四年の大発生の際、彼はフローレンスでコレラによって死亡した患者の腸粘膜を顕微鏡で調べ、カンマのような形をした有機体を発見し、これを「ビブリオ」〔「振動する」という意味のラテン語〕と呼ぶようになった。

ブロード・ストリート給水ポンプのリビジョニング（再び─見る）

スノウのデータと地図は、疫学と主題図作成の歴史ではあまりに古典的となっているため、多くの人がさまざまな方法、さまざまな目的で、彼の地図を再現したり「改良」したりする試みを続けてきた。

図 4.9：プレゼンテーショングラフィック：マーク・モンモニアによるスノウの地図のギルバート版の修正。プレゼンテーショングラフィックとして示されている。出典：以下より抜粋。Mark Monmonier, *How to Lie with Maps*. Chicago: The University of Chicago Press, 1991, fig. 9.18.

これらは必ずしも歴史的に正確ではなかったり、前向きな成果を伴うものではなかったりする。[25] 以下にスノウの地図のふたつの修正版を示す。いずれも「スノウはどのようにして、みずからの目的に合わせて地図を視覚効果のあるものにすることができたのか？」という疑問に答えようとしているが、それぞれが念頭に置いている表示目的と対象者は異なる。

図4・9は、プレゼンテーショングラフィックの形式による、非常に簡略化された（易しく書き直された）バージョンであり、スノウはこれを、ポンプハンドルを除去するよう管理委員会に要請した嘆願書のなかで、PowerPoint によるプレゼンテーションとして使用することもできたかもしれない（ただし、スノウは間違いなくこれを拒絶しただろう）。スノウのオリジナル版からはふたつのステップが省かれている。『イングランドにおける健康および疾病のパイオニアマップ』と題された一九五八年の論文で、[26] オックスフォードの社会地理学者エドマンド・ウィリアム・ギルバートは、

主要なストリート名だけを残し、死者数を示す黒いバーをドットに置き換えて、スノウの地図を少しだけシンプルにしたバージョンの草稿を作成した。さらに、スノウの主張にとって極めて重要な救貧院とビール醸造所の異常事例のラベル付けも削除した。ギルバートは軽率にも、みずからのバージョンに「ジョン・スノウ博士の地図（一八五五年）、コレラによる死者に関する……」というキャプションをつけてしまったため、後の学者らに、これがスノウ自身の地図であるという誤った考えを植え付けることになった。

図4・9に示す修正版は、ギルバートによってというよりも、『地図は嘘つきである』〔一九九五年、晶文社、渡辺潤訳〕を著したマーク・モンモニアによってその多くが省略された。モンモニアはすべての地名を削除し、死者数のドットを少しだけ小さくし、ポンプを示す円の記号を大幅に拡大し、ブロード・ストリートの給水ポンプを指す大きな矢印を追加した。この地図に彼が手を加えなかったのは、唯一、「コレラの原因、ブロード・ストリートの給水ポンプ」というタイトルの書体に四八ポイントのボールド〔太字〕を使用することだけだった。このプレゼンテーションが、ポンプのハンドルを除去するために管理委員会の同意を得ることを目的としているのであれば、これを受け入れることはできると言う人もいたかもしれない。しかしながらこの修正版では、コレラの死亡率と水源との関係性を視覚的に示そうとしたスノウの試みが失われてしまっている。

別の見方をすれば、カラー図版3はオリジナル版を注意深くデジタル化したデータセットを使用して、スノウの地図の中央部分を現代の統計学的に修正したふたつのバージョンを示していると言える。[*27] グラフィックスが効果的に使われていることにより、何と比較されているか？　がよくわかる。スノウが人々にぜひとも見てほしいと思っていたのは、他のポンプ付近の死者数のレベルが低いのに対し、ブロード・ストリートのポンプに最も近い地域には死者がかなり集中しているということだ。この修正版は、地図をふたつのグラフ上の拡張機能と重ね合わせ〔現代のGIS〔地理情報システム〕用語では「レイヤー」と呼ぶ〕、このプレゼンテーションの目的――スノウのメッセージを見る者の目に直接伝えるようなグラフ――の達成を補っている。

カラー図版3の上のパネルにある線は、ポンプがある場所の周辺のボロノイ多角形と呼ばれるものの境界線である。各ポンプについて、地図内のどの地域が他のすべてのポンプと比べてそのポンプに一番近いか？　ということがこの線からわかる。[*28] 影の濃さは、他のポンプ地域と比較して、ブロード・ストリートのポンプ周辺に死亡者がかなり集中していることを示している。

各ポンプ地域について死者数を数えてみた。[*29] ポンプと死者数に何の関連性もなければ、死者は地図全体に均一に分布され、予測される死者数は各地域の面積に比例するだろう。この分析結果を表4・1に示す。「差異」とラベルされた列は、観測された頻度と予測頻度とのちがいを示している。カラー図版3のこのパネル内の多角形は、正の値に赤色を使用し、標準化差〔残余〕の値に比例して陰影が付けられている。ブロード・ストリートのポンプ周辺は、死者の数が予測よりはるかに多かったことは明らかである。

スノウの時代、ポンプ地域の死者数は期待値と異なるという仮説をテストする統計的方法はなかった。カール・ピアソンのカイ二乗検定〔変数の二乗の和から出てくる分布を使って、比較したい事象の頻度の検定をおこなう方法〕は、一九〇〇年になってようやく開発された。このようなテストは、コレラによる

表4.1：ポンプ近隣地域別の死亡頻度分析。予測頻度は、死亡事例がその区域に準じて、ポンプ近隣地域全体に均一に分布されていた場合に起こったと考えられる値を示している。ブロード・ストリートのポンプはコレラによる死者数で群を抜いている。

ポンプ	実際の死者数	予測される死者数	差異	標準化された剰余
ブロード・ストリート	359	49	310	44.3
サウス・ソーホー	64	34	30	5.1
クラウン・チャペル	61	72	-11	-1.3
ブリドル・ストリート	27	28	-1	-0.2
オックスフォード・ストリート#2	24	55	-31	-4.2
ワーウィック	16	40	-24	-3.8
オックスフォード・ストリート#1	12	25	-13	-2.6
グレート・マルボロ	6	48	-42	-6
ヴィーゴ・ストリート	4	84	-80	-8.7
コヴェントリ・ストリート	2	53	-51	-7
ディーン・ストリート	2	44	-42	-6.4
キャッスル・ストリート・イースト	1	11	-10	-3.1
オックスフォード・マーケット	0	35	-35	-5.9

死者がブロード・ストリートのポンプ区域に不均一に集中していたという圧倒的な数値的エビデンス（表4・1）と視覚的エビデンス（カラー図版3）を裏付ける。

第二の拡張機能として、カラー図版3の下のパネルの等高線は、地図の（x, y）位置にまたがる点の細かいグリッドで計算された、コレラによる死者数の平滑化された平均強度を示している。これは地形図の標高の等高線と類似しており、標高が高くなるごとに水平にスライスされた輪郭と捉えることができ、コレラによる死者がいる地域の起伏を示している。さらにここでは（薄い緑から濃い赤へ）陰影が付けられ、最も密度の高い地域に見る者の注意を促している。この地域はブロード・ストリートのポンプがある場所とほぼ一致する。

もし自分がジョン・スノウの現代の統計コンサルタントだとして想像してみると、彼は十中八九、もっと多くのことを望んだであろう。たとえば、詳細を拡大縮小表示するズームインやズームアウトのできる双方向の地図、そしてもちろん、ある地点をクリックすると犠牲者の状況がわかるテキストボックスを表示する機能、さらにはおそらく、他の要因による影響を要約または図示する別のレイヤーを追加する機能などだ。いずれにせよ、おそらく彼はこれらの修正に大いに満足したにちがいない。[*30]

グラフにまつわる成功と失敗

摘要編纂者としてのファーは、グラフよりも表を使って、内務大臣や議員内委員会に報告書を提示することを好んだ。とはいえ、長期にわたるコレラ大発生の規模と重要性から、彼はさまざまな不確定要素に関する数多くのデータを入手していたため、次第にチャートを使ってパターンを示したり、コレラ死亡率との関連性を探ったりするようになった。

このときにはすでに、時系列データを示したプレイフェアの線グラフ（第5章を参照）は比較的広く知られており、図4・1に示すような工夫をファーが利用したのも、死者数が長期にわたる気象現象と関係があることを確定しようとする試みのひとつだった。これは確かに、多変数の時系列グラフを病気による死亡率に適用する上で斬新であり、彼は、この考えを公衆衛生と疫学の分野に初めて紹介した人物と言えるだろう。

広く普及した瘴気または空気感染の理論は、確かにテムズ川に直接排出される廃液の悪臭という、直接的な感覚からくる証言に対応していた。ファーは、標高と死亡率の強い逆相関関係を発見したと考えた（図4・2）。これまで見てきたとおり、彼は給水設備との複雑な関係に惑わされていたため（図4・

6）、グラフの視野が限定的となり、このことが見えていなかったのだ。

プレイフェアの時系列チャートと同様、ファーのそれは本質的に、私たちが「一・五次元」（1.5D）と呼ぶところの、単変量グラフと完全な二次元二変量グラフの中間のようなものだった。彼はX（温度など）やY（死亡率）対時間をプロットすることは理解できたが、Y対Xを直接プロットするという考えは理解できず、そうした関係性の方向や強さを評価しようなどという考えには至らなかった。すべては、散布図や相関測定の発明まで待たなければならなかった。これらについては後述する（第6章）。

ファーの役割がときに過小評価されているとすれば、このデータ視覚化のストーリーにおけるジョン・スノウの役割と遺産は、ときに過大評価されているとも言えるが、いずれもそれぞれ異なる理由で重要だった。スノウは確かに、コレラの拡散を水系の作用因子によるものとした点で正しく、さらにこれを、一八五四年のソーホー地区でのコレラ大発生を示した有名なドットマップ（図4・7）で、ブロード・ストリートのポンプ周辺に集中しているとして視覚的に説明した点においても正しかった。しかし、現代の批評家トム・コックが指摘しているように、

科学は正しくあることではない。それは、だれもが信頼できるデータを使用して、すべての人が受け入れられる方法論を通じて、ある概念の正しさを他者に納得させることである。新しい概念が受け入れられるまでに時間がかかるのは、それらがすでにテストに合格した他の概念と競合するからだ。*31

スノウの問題は、コレラは汚染された水によって伝播した可能性しかないと、あまりにも確信をもっ

ていたために、誰もが納得するようなかたちで、考えられる他の説明要因――標高、土壌、住宅の密集など――を扱わなかったことだった。新しい王と同様、新しい理論が受け入れられるには、他の競争相手を断固として王座から引きずり下ろさなければならない場合がほとんどだ。ファーも、医学界の他の人々も、今では疫学の「リスク要因」と呼ばれているような複数の原因を扱うことに慣れていたため、公開討論では歯ぎしりするほどの怒りでもってスノウを批判した。[*32]

答え：バグ

結局、スノウの仮説は正しいことが証明されたが、それは一八五八年に彼がこの世を去って以来、かなりの年月が経ってからのことだった。病原体であるバクテリア、ビブリオ属コレラ菌は一八五四年、イタリアの科学者フィリッポ・パチーニによって顕微鏡を通じて発見された。ところがこの発見はどうやら、そのほとんどが気づかれないまま過ぎてしまったようだ。微視的な有機体がこの病気の原因なのではないかという考えそのものが革命的であり、ほとんど真意が読み取れないものだったからだ。

一八六六年、東ロンドンで新たなコレラの大発生が起きてからようやく、ウィリアム・ファーはこの大発生の原因は汚染された下水であるという、より抗しがたい統計的エビデンスを提示した。しかしスノウと同じく、彼にも、このメカニズムを有機体ベースで説明するという考えはなかった。純粋培養されたバチルス菌を分離し、この有機体がコレラ患者の体内では必ず発見されたが、他の原因による似たような症状（下痢など）を患う人には見られなかったことを証明するには、一八八四年のドイツの医師ロベルト・コッホ（一八四三―一九一〇年）の登場まで待たなければならなかった。

科学的、歴史的評価はしばしば、気分のむらに苛まれる。コッホは当然ながら一九〇五年、その功績が認められ、ノーベル生理学賞を受賞した。この功績には結核の主な病原体である結核菌の発見も含まれていた。しかし、命名法に関する国際委員会が *Vibrio cholerae Pacini 1854* を、コレラの原因となる有機体の正確な名称として採用したのは、一九六五年になってからのことだった。

その後かなり経ってから、世論の動きに、グラフの助けを借りて正しく理解した人物としてジョン・スノウを称賛する風潮への揺り戻しが生じた。こうしたストーリーは、多少出所が疑わしい部分があるとしても、やはり目的にかなっている。このようなストーリーのおかげで、私たちはデータの集計や要約という難しい作業間のつながりと、データを洞察に富んだグラフ表示に変える上でのその後の苦労を理解することができるからだ。しかし科学においては、みずからのアイデアを同時代人に説得力をもって納得させることがつねに必要となる。そして代替案を排除するには、因果関係の正しい説明ほど重要なものはない。

フローレンス・ナイチンゲールのグラフの成功

ウィリアム・ファーの美しい放射型図表（カラー図版2）がさほど影響力をもたなかったのは、彼が誤った不確定要素を示していたことが原因だったとすれば、フローレンス・ナイチンゲール（一八二〇—一九一〇年）によるこの時期の人口統計に関するもうひとつのグラフの功績は、健康医療政策を恒久的に変えた。さらにナイチンゲールの図は、ファーが死者数をグラフで表す際に犯した重大なミスであると今では考えられているものの訂正でもあった。

近代看護の母として知られるフローレンス・ナイチンゲールは、「ランプの貴婦人」と呼ばれている。彼女は人を納得させるグラフィックスの力を深く理解した上で社会を改革し、結果的に「情熱的な統計学者」とも呼ばれるようになった。[*33]

ナイチンゲールは裕福な大地主のイギリス人家庭に生まれた。幼い頃は、父親のウィリアムの勧めで数学への関心と才能を示した。後にアドルフ・ケトレーが一八三五年に発表した『人間とその能力の発展について』を読んで感銘を受ける。この書物には、人間の生活に統計的方法を応用した彼の着想が記されていた。[*34] ナイチンゲールはまた、人に奉仕することに強い宗教的使命を感じており、母親の懸命な反対を押し切って、看護を自分の天職にすると心に決めた。

ロシアと、フランス、イギリス、オスマン帝国の残党との間に起こったクリミア戦争は、一八五三年一〇月に始まり、一八五六年二月まで続いた。一八五四年一〇月、ナイチンゲールは友人の陸軍大臣シドニー・ハーバートに、看護団とともに自分をクリミアへ送ってほしいと懇願した。まもなくして彼女は、死者のほとんどは戦争で命を落としたのではなく、予防可能なものが原因であることを発見した。たとえば発酵病（主にコレラ）や、兵士を治療する病院の不十分な衛生対策などである。

ナイチンゲールは、クリミアで目撃したことにあまりに衝撃を受けたため、イングランドへ戻ると、野営病院の兵士の治療に、より高度な基準を設けることをイギリス政府に説得するキャンペーンを立ち上げた。[*35] 死亡率の原因の念入りな記録を保持していた彼女は、ウィリアム・ファーに、そのデータをどのように分析し、提示すればよいかの指示を仰いだ。

統計的「事実」を提示することに長けていたファーとは異なり、ナイチンゲールの動機は説得にあった。つまりイギリス政府に対し、兵士の食事から衛生条件のよい病院の設計まで、また兵士の妻の宿泊施設の配慮に至るまで、戦争中の兵士を完全に世話するための改革を採用するよう求めたのだ。[*36] 彼女はファーが放射型図表を使用していたことにいたく感銘を受け、みずからのデータにもこの形式を採用した。一八五八年、陸軍大臣用に個人的に印刷した最初のバージョンでは、原点からの距離を示した線形目盛に死者数をプロットしたファーの設計に倣った。[*37]

ところがナイチンゲールは、すぐにこれが見掛け倒しであることに気づいた。というのも、人間の目は、表示されたものの長さではなく面積を感知する傾向にあるからだ。死亡率が倍増すると四倍の大きさの知覚領域が得られる。カラー図版4に示す次のバージョンでは、各月の死者数を中心からの距離の平方根としてプロットした。すると、それぞれのくさび形の面積が死者数を反映するようになる。コレラなどの予防可能な病気による死者数（外側の青いくさび形の部分）が、全体的に戦場での負傷やその他の原因による死者数を上回っていることが容易に見て取れる。

ナイチンゲールがおこなった視覚化は、クリミア戦争の最初の七ヶ月間の死者のうち病気を単独の原因とする死者数は年率六〇％という割合になることを示していた。[*38] これは、一六六五年から一六六六年のロンドンの大疫病（ペスト）と、一八四八年から一八五四年のイギリスのコレラ流行を超える割合である。ナイチンゲールによる戦争省への粘り強い要請により、衛生委員会が一八五五年四月に設立され、クリミアでのイギリス軍の高い死亡率の原因を探る調査が始まった。一連の改革が制定され、カラー図版4の左側のパネルに見られるとおり、予防可能な原因による死者数は急速に減少し、一八五六年三月には一〇〇〇人あたりわずか四人にまで下落した。

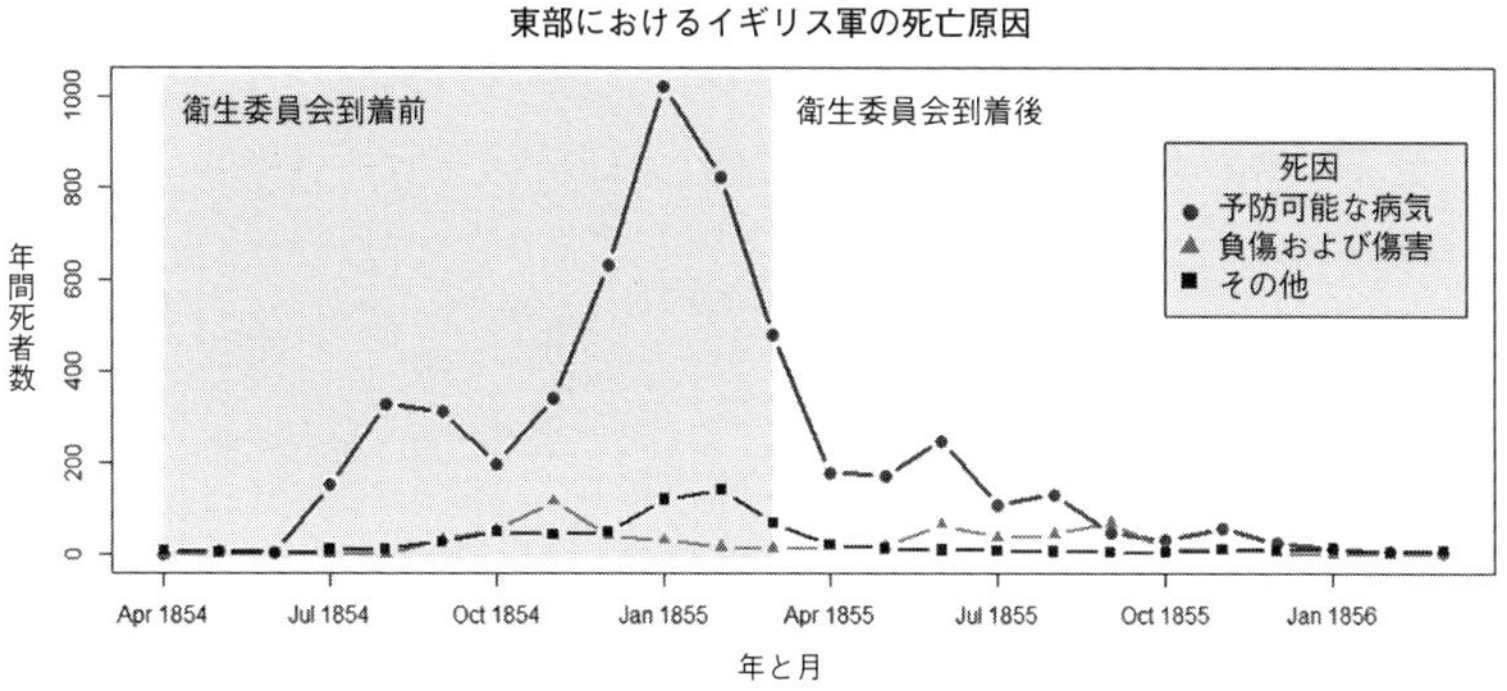

図 4.10：ナイチンゲールのデータの線グラフ：カラー図版 4 の死因に関するデータを時系列の線グラフとしてプロットしたもの。出典：© The Authors。

カラー図版4に示す結果は、ブロード・ストリートのポンプのハンドルを除去したという、真偽の疑わしいスノウのストーリーほどドラマチックではないものの、誰もがはっきりと見て取れるものだった。こうしてナイチンゲールの「ローズダイアグラム」は、医療的介入と衛生基準に関する極めて説得力のあるグラフ表現として歴史に名を残すことになった。スティーブン・スティグラーが述べているように、「発見を期待してプロットしたファーが誤解を招きやすい図解を生み出したのに対し、修辞的な目的でプロットしたナイチンゲールが誤解を招くことがなかったというのは皮肉である」[*39]。

ナイチンゲールがウィリアム・プレイフェア（第5章を参照）の影響を受けていたとすれば、図4・10に示すように、同じ三つの原因から、月ごとの死者数を比較した時系列の線グラフを描いていたかもしれない[*40]。データは同じでも、このグラフはナイチンゲールのそれほど、グラフとしてのインパクトがない。彼女は自分のメッセージが、見る者の目を釘付けにすることを望んでいた。彼女のローズダイアグラムは成功し、戦争と平和における医療行為を永久に変えたのである。

第5章　ビッグバン——近代グラフィックスの父、ウィリアム・プレイフェア

「ビッグバン」理論は、宇宙の起源とその進化に関する、広く受け入れられている宇宙学のモデルである。その最も根本的な特徴は、まばたきをするよりも短いタイムスパンで、宇宙がほぼ無の状態から、ほぼ全の状態になったことだ。これは、ほとんどが意味をなさない初歩的な形式から、これまでで最もすぐれたものと見分けがつかないほど洗練された表示へと進化した、統計グラフィックスの急激な発展を表すうまい喩えである。

この大変動は一九世紀の終わりにかけて、データグラフィックスのほとんどすべての近代的形式——円グラフ、時系列の線グラフ、棒グラフ——が発明されたときに起こり、その主な発展はウィリアム・プレイフェアというスコットランド人の策士によるところが大きい。彼は近代グラフ手法の父と呼ぶにふさわしく、少しだけ大げさに言えば、データグラフィックスの「ビッグバン」に貢献した人物とも呼べるだろう。

プレイフェアの遺産とデータグラフィックスの歴史における位置付けは、大きくわけてふたつの主な書物に端を発している。そのひとつ、『商業および政治のアトラス』は一七八五年、最初は会員向けに出版され、その後一七八六年と一七八七年に漸次、拡張版を重ねていった。一七八九年にはフランス語の翻訳が、一八〇一年には最終版となる第三版が出版された。この『アトラス』のなかで、彼は棒グラ

フの概念を紹介し、さまざまな国々とイングランドとの間の長期にわたる輸出入に関する経済データと、時系列になっていないデータの棒グラフとを比較した。第二の著書『統計簡要』（一八〇一年）では、ヨーロッパ諸国のさまざまなトピックの統計データを比較している。ここで彼は、全体における割合を示す円グラフを紹介している。*1

プレイフェアの生涯

ウィリアム・プレイフェアは一七五九年九月二二日、スコットランドのダンディ市近郊にあるリフという小さな村で生まれた。この村で牧師をしていた父親のジェームズが一七七二年に他界したため、一二歳だったウィリアムの教育担当は長兄のジョンが引き継いだ。ジョンは二四歳という若さではあったが、すでにスコットランドで最も卓越した自然科学者になる人物と目されていた。

ジョンの科学へのアプローチは、明らかに経験に基づくものだった。後にウィリアムは、一日の最高気温を長期にわたって記録するという課題を兄から課されたことを思い起こしている。ジョンは彼に、自分が記録したものを、隣り合わせに並べた一連の温度計と考え、このかたちを頭に浮かべながら、それらをグラフに記録するように教えた。温度計のイメージから本質を取り出すことは小さな一歩にすぎなかった。彼は、温度計の水銀柱の高さを表す点を、カルテシアン（デカルト）空間における適切な点として記録しようとした。つまり水平軸に測定時間を、垂直軸に温度を示す方法だ。ウィリアムは後に、数値情報を空間的形式に変換するという考えを教えてくれたのは兄であることを評価し、次のように語っている。

（グラフを使った）表示モードの長所は、情報の獲得を容易にし、記憶がそれを保持するのを補うことである。このふたつの点が、私たちがすべての意味で学習と呼ぶものにおける主要な役割を形成する。目は、それに対して表現され得るあらゆるものの最も生き生きとした、最も正確な概念を与える。異なる数量間の比率が対象となるとき、目は予測もできないほどの優位性をもつ。（『統計簡要』1801, p.14）

彼が言う私たちが学習と呼ぶものにおける「ふたつの点」は、グラフのインパクトはデータの特性がどのように表現される（「コード化される」）か、そしてそれらが見る者の頭のなかでどのように理解され、記憶されるかによって左右されるという考えを示す最も初期の表明だった。彼は次のように解釈している。

目は比率を判断するには最適であり、他のどんな器官よりもすばやく正確にそれを見積もることができる。……この表現モードは、ともすると抽象的で関連性がないように見える多くの異なる考えに形式とかたちを与えることにより、シンプルで正確かつ永久的な概念を生じさせる。（『アトラス』1801, p. x）

ここで彼は初めて、目、脳、グラフから引き出される記憶の三つのつながりをはっきりと言い表している。さらに彼は、「不完全に取得された情報は、たいていの場合、不完全に保持される」という言葉が示すとおり、表面的にではなく有意義な方法で情報を処理したときに、人はそれをより良く記憶することができると指摘し、処理水準の深さをはじめとする、認知心理学における近代的概念を予測した。

ウィリアムがこの道を本格的に歩みはじめたのは一七七四年、若干一四歳のときで、このとき彼は家族のもとを離れ、スコットランドの有名なエンジニアであり、初期の脱穀機の発明者でもあったアンドリュー・メイクルの弟子となった。三年後、ウィリアムはジェームズ・ワットの製図工兼助手の地位を勧められた。ワットは当時、バーミンガムの蒸気機関工場で、温度と圧力を自動的に記録する装置を開発しようとしていた。製図工として学んだ教訓は、ウィリアムが後に作家へ転身する際に大いに役立った。彼の関心は工学技術や製造を超えて経済問題へと発展し、気温変化の仕組みを捉えるのに非常に適しているグラフ表示という手法が、今や幅広く手に入るようになった経済データのあいまいな点を明確にする大きな可能性を秘めていることを彼は悟った。

一七八五年、プレイフェアは、今では彼を象徴するものとなった『アトラス』の暫定版を準備し、これを回覧して意見を求めた。当時、製造業界に革命を起こした蒸気機関を完成させたことで有名になったばかりのジェームズ・ワットは、『アトラス』で取り上げられている経済データのグラフとチャートには懐疑的だった。今なお続くその主な懸念とは、グラフやチャートの数値は権限に欠けるということだった。つまり、グラフに示されるデータは、表に示されるデータほど信頼できるものには見えないということだ。ワットは、まったくでたらめな図をつくることはできても、数字をつくり出すことはないと信じていた。それは、歴史が繰り返し示してきた誤りである。ワットはさらに、グラフ表現は正確さに欠けることも懸念していた。
プレイフェアは、表による表現のほうがデータを正確に示すことができるということには同意したが、そこまでの正確性はしばしば不要であり、表現するという目的とは無関係だと主張した。彼はこのことを繰り返し述べていたが、『アトラス』の序文ほど、それが明確に示されているものはないだろう。

この手法が提供する強みは、数値よりも正確に表明するということではなく、それぞれ異なる時期における漸次的進歩と比較量という、よりシンプルかつ永続的な考えを、目に数値を直接提示することによって付与することができるという点であり、それが、表現しようと意図するもののすべてなのである。（『アトラス』1801, ix-x）。

彼はその後（『統計簡要』の序文で）、グラフによる表示のほうが誠実と言えるのは、必要以上の正確さでデータを示していないからだという近代的な議論を展開した。

大きな数の十の位や百の位といった単位をなぜ切り捨てるのかと言えば、その情報は真の値が千の位にかろうじて入るという程度なのだから、十の位や百の位は、実際に到達した値を超えた見せかけの正確さにすぎないという単純な印象があるからだ。または公平を期して言えば、それは歴史家が、当事者だけしか知らず、公表したとしても誰にも信じてもらえないような宮廷や大使館のプライベートな些事を、真実として説明するようなものなのだ。もうひとつの方法（表）で自分の声明を伝えるのがふさわしいと考える人に対して咎め立てをするつもりはないが、数値で示される数はいかなる目的にもかなわず、記憶の妨げになることは確かである。（『統計簡要』1801, 6-7）

これは、目は数字を並べた表よりもすぐれた比較判断ができ、シンプルな線グラフでさえ、傾向やパターンをよりわかりやすく、より覚えやすくするひとつの方法なのだという考えの一環である。プレイフェアは、私たちが現在「グラフ」と呼んでいるものの本質的概念に革命を起こしたのだ。

プレイフェアのグラフの功績

ほぼ四〇年という歳月にわたり、ウィリアム・プレイフェアはデータの効果的なグラフ表示に数多くの主要な功績を残した。その主な革新は、時系列の線グラフ（いくつかの変数を長期にわたってプロットしたもの）、その拡張版（差異を示すふたつの曲線の間の領域に影をつけたもの）、棒グラフ（量的変数をなんらかの目盛りに沿った長方形の棒で示し、異なる状況下の異なる棒を比較のために挿入したもの）、そして従来の円グラフとそれと同じテーマのバリエーション（全体における比率を示すもので、ときに「円線図」と呼ばれる）などである。

それまでグラフデザインのさまざまな要素が、主に地図で使われてきた。プレイフェアは、そのグラフ作品を通じて、現在公表されているデータグラフィックスの標準的慣習とされる、データ図表のグラフィック言語のいくつかの要素を発展させた人物とみなすことができるだろう。このような例を図5・1に示す。彼が公式化し、改良したグラフへの装飾や改善点のなかには、以下のようなものがある。

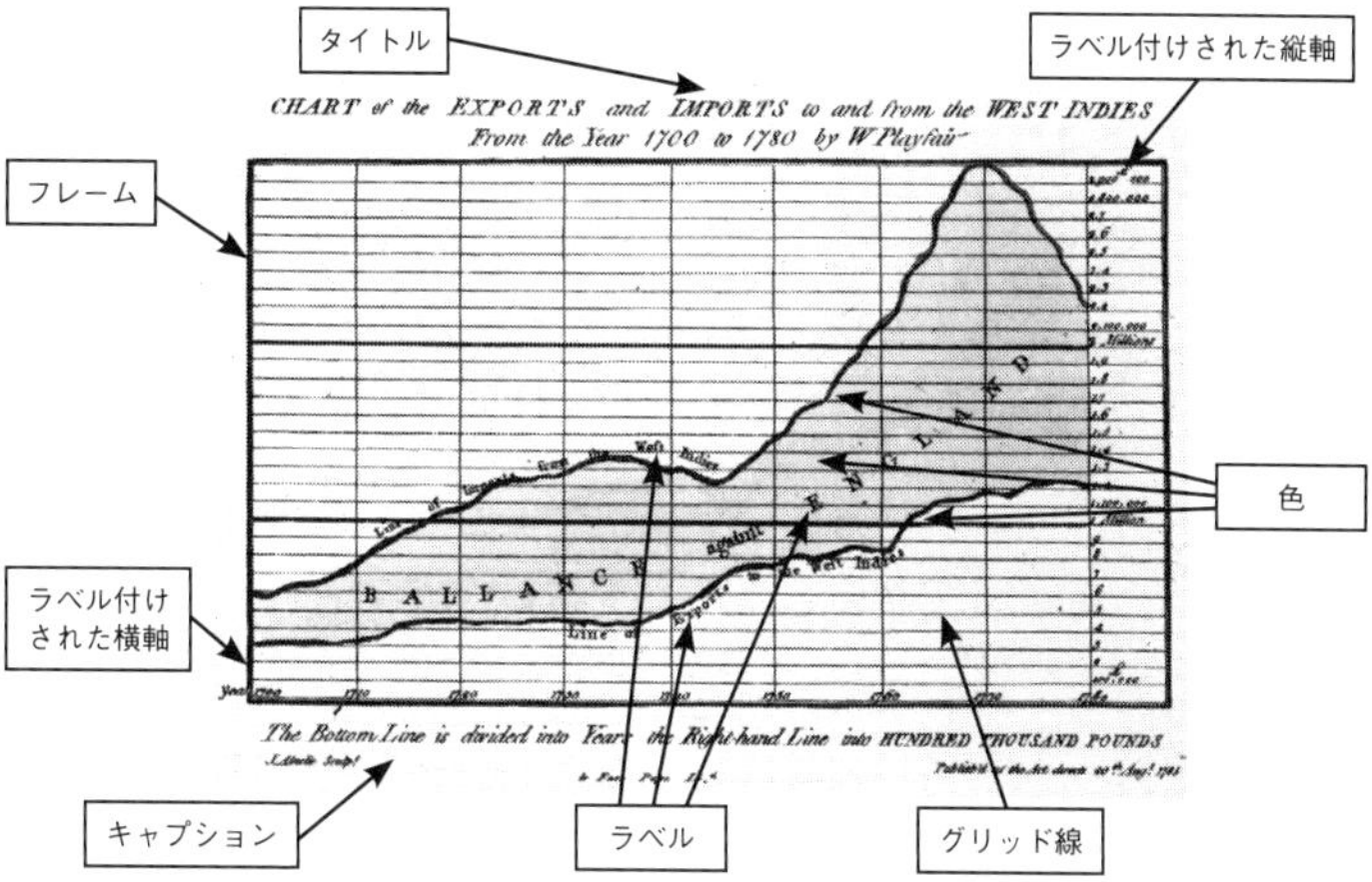

図 5.1：グラフの慣習：プレイフェアが確立した統計チャートの基本的なグラフの慣習。これらの特徴は、グラフをより直接的に、読みやすく理解しやすいものにすることを意図していた。出典：William Playfair, *The Commercial and Political Atlas*, London, 1786. ラベルは著者による。

1. プロットの「フレーム」。内側にラベルや軸の値が入れられるように空間を空ける。
2. 「タイトル」。フレームの外側におくか、枠飾りとして内側に入れ、その図表が何を示し、目的は何かを記す。
3. 「色付け」。たとえば輸出には太い赤線、輸入には緑の線を使い、それらの間のスペースを、輸出が輸入を上回る〔貿易収支が正の値〕場合はある色で塗りつぶし、貿易収支が負のときは対照的な色で塗りつぶす。当時は、印刷されたものに手で彩色しなければならなかったが、プレイフェアは、これこそがグラフによるコミュニケーションにとって重要だと考えた。
4. 「ハッチング〔指定された範囲を斜線や特定の模様で埋めること〕」または点描ドット」。顔料が高額すぎたり手に入らなかったりする場合に使用し、濃い色にはハッチングを、薄い色には点描ドットを使用する。

5. 「軸のラベル付け」。変数および単位の名称を含む。

6. 「グリッド線」。主要なグリッド線は補助グリッド線より太い線で印刷し、二段階のスケールを提供する。[*2]

7. 「期間の表示」。傾向や差異の理解に役立つタイムスパンを表す。

8. 重要ではない桁数の「削除」。プレイフェアはしばしば、表示されている軸ラベルとデータ値を丸め、より見やすいものにした。

9. 「事象マーカー」。ある時代の歴史的事象を位置付ける。今ではほとんど採用されていないが、プレイフェアは間隔が不均一になってしまう場合でも、重要な日付には垂直のグリッド線を配置した。図5・6はその一例である。ここには、急増するイングランドの国債に関するプレイフェアのプロットが示されているが、これは、歴史的文脈でグラフのストーリーを語ることを目的とした史上初の修辞的プロットのひとつとされている。

10. 「理論値、仮説値、または推測値」およびそれらを表現するための実線および破線の使用。たいていの場合、観測されたものを示すには実線が使用され、理論的、仮説的、推測的なものを示すには破線が使用される。

こうした視覚的慣習のすべてが斬新というわけではなかったが、プレイフェアの偉大な功績は、これらすべての要素を結集し、その表示と、それが見る者に伝える情報の両方を豊かなものにしたことだろ

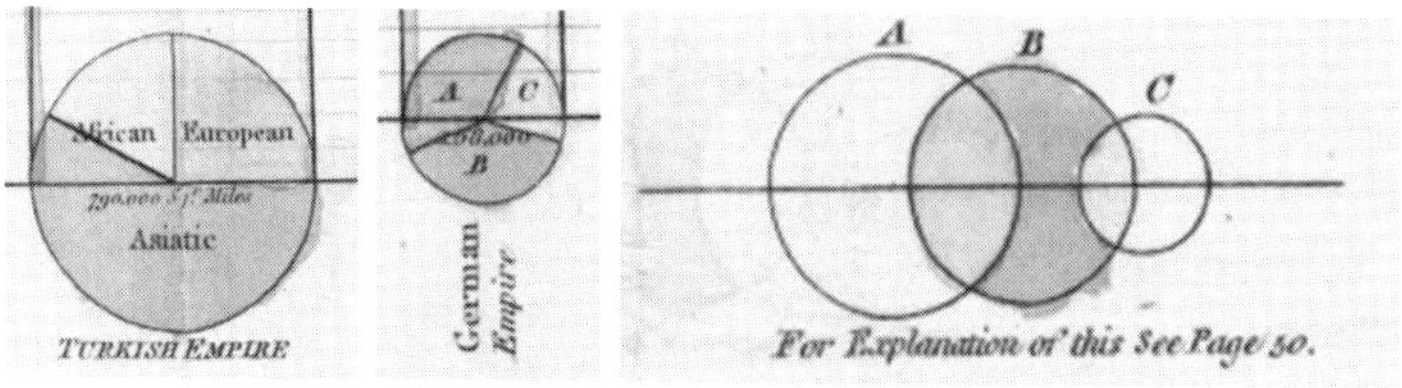

図 5.2：円グラフの詳細：プレイフェアの図表 2 から引用した 3 つの詳細図。ふたつの円グラフ（左：オスマン帝国、中央：ドイツ帝国）と、ドイツ帝国のベン図のようなグラフ（右）である。出典：William Playfair, *The Statistical Breviary*, London, 1801.

う。ここで彼は、物語の文脈で、定量的事実を伝達するために設計された近代グラフの本質的概念をつくりだしたのである。

世界初のパイ

古代まで遡るさまざまな種類の円線図は、時間（時計、黄道十二宮）と空間（天道説と地動説）の周期的現象を表現するために使用された。アメリカン・パイ・カウンシルが述べているように世界初のパイのレシピは古代ローマ時代まで遡り（ライ麦をまぶした山羊乳チーズとはちみつのパイ）、このパイをくさび形にカットするのがお決まりだった。しかし、スライスされたパイをデータ表示に応用することは、プレイフェアの時代まで待たれた。

近代の円グラフが最初に登場したのは一八〇一年、『統計簡要』のなかであった。この書でプレイフェアが目指したのは、「まったく新しい原理でヨーロッパのあらゆる州や王国の資源」を示すことだった。図5・2に示す最初の図表で、彼は国全体の大きさと内部の小地区のほか、その繁栄のストーリーをグラフで語るために工夫したその他の特徴を示そうとした。彼はこれをひと続きの円を使用しておこなった。それぞれの円の面積は、一七八九年のフランス革命以前の、その国の地理的な大きさを示している。

これらに記されているラベルは、ロシア帝国とオスマン帝国の構成を大陸別に示したものである。その他はすべてヨーロッパ大陸のみである。茶色に塗られた国は海事力をもち、薄い赤色は陸でのみ勢力をもつ。オスマン帝国の黄色で塗られた部分は、アフリカ大陸にある小さな領域を示す。ロシア帝国のふたつの同心円は、ふたつの大陸（ほとんどがアジア）の一部を占有していたことを示しているが、それでもロシア帝国はヨーロッパで最大の国だった。次に大きいのがオスマン帝国で、三つすべての大陸にまたがっている。プレイフェアはもともと、これを三つの同心円で表そうとしたが、その相対面積が正確に伝わらないことに満足できず、代わりにこの三つの面積を同じひとつの円の三つのセクターとして表現した。こうして最初の円グラフが誕生したのである。

プレイフェアはおおむねデータ量の多いプロットを設計したが、これも例外ではなかった。各国の物理的な大きさとその大陸の位置に加え、各円にひとつの数字を配置し（たとえばスウェーデンは14）、その国の一平方マイルあたりの人口を示した。円内の数字は国の面積を平方マイルで示したものである。最後に、各国の左側の赤い線は住民の数（単位は百万人）、右側の黄色い線は国の歳入を百万ポンド単位で示している。人口、歳入、表面積に関するデータを結合させることにより、彼は多変量データ表示の原型と考えられるものをつくりあげた。

人口と歳入を結ぶ点線は「単に、同じ国に属する線同士をつなぐことだけを意図したもの」だと彼は言う。「右から左へ上昇（例：ポルトガル、イギリスおよびアイルランド、スペイン）または左から右へ上昇（その他すべての国）するこれらの点線は、人口に比例してその国が重税を課しているかそうでないかを示している」。これらの傾斜線は、その勾配がひとりあたりの税金の相対的負担を反映しているという視覚的推論を誘発するが、それは誤りである。なぜなら（a）各国の円の直径はそれぞれ異なり、

（b）人口と歳入がそれぞれ異なるスケールで示されているからである。にもかかわらず、傾斜線は実際、スペイン、ポルトガル、イギリスおよびアイルランド（上昇線）を他の国々（下降線）と区別しており、プレイフェアはおそらくこのことだけを意図したのだろう。

プレイフェアはふたつ目の円と円グラフを『統計簡要』（図表2）に含め、ポーランドが分割され、フランスおよびオーストリア間でリュネヴィルの和約が締結された後の一八〇一年当時のヨーロッパ諸国の大きさ、人口、歳入に関する似たようなデータを示した。これはナポレオンやその他の政治再編によって得られた利益を反映している。旧ドイツ帝国はオーストリア（A）、プロイセン（C）、およびドイツの大公らの支配下にあった残りの国々（B）に分断されていた。図5・2はこの図表の円グラフに関連する細部を示しており、それ以外はカラー図版5と類似している。

図5・2の左側に示すオスマン帝国の円グラフは、図表1のそれと類似している。ところがドイツ帝国は、説明上いくつかの問題点があり、プレイフェアはこれを視覚的に解決しようとした。すなわち、旧ドイツ帝国をヨーロッパのその他の国々とどのように比較するか、政治的支配の新たな分割をどのように示すか、そしてその変化をどのように表すかということだ。中央のパネルは、政治的支配領域ごとに分割された、彼がドイツ帝国に代用した円グラフを示している。

この図の右側のパネルで、プレイフェアは、私たちの知る限りビジュアルプレゼンテーションでかつてなされたことのないことを試みた。つまり、ひとつの図表のなかに重なり合った集合を示したのである。その面積は、それぞれの集合の大きさと、重なり合った共通部分に比例している。この図では、一番左の円（A）は新しいオーストリアの支配力の大きさを示している。一番右の円（C）はプロイセンの支配力の大きさを示している。中央の円（B）は旧ドイツ帝国を示し、オリジナルの面積は中央パネルの円グラフの面積と同じである。AとBが交わる部分は、オーストリアが支配する地域、BとCが交わる部分はプロイセンが支配する地域である。中央のBの残りの部分は、ドイツのその他の大公らの領土を示している。

重なり合う集合を示すという論理図の抽象的な考え方は一三〇五年、著書『大いなる技術』のなかで、カタルーニャ人の哲学者ラモン・リュイ（一二三二―一三一六年）が活躍した中世の時代に端を発する。プレイフェアの八〇年後、ジョン・ベン（1880）[*3]が重なり合う円を正式に使用し、命題を論理的に示す（「すべてのスウェーデン人は金髪である」、「金髪の人の一部はより楽しみが多い」）ことと、これらから引き出すことのできる論理的結論を表現した。この交差する円を使ったグラフ形式が後に、いわゆる「ベン図」と呼ばれるものになり、こんにちまで幅広く利用されている。

プレイフェアの試みはグラフとして完全に正確であるとは言えなかったものの、彼はデータを用いてこれをおこない、それぞれの地域の面積とほぼ比例する、交差する集合の大きさを示した最初の人物だった。交差する部分がすべて示せるように、これを四つまたはそれ以上の集合で正確におこなうにはどうすればよいかという理論上の問題は、コンピュータグラフィックスや計算機科学において今なお活発な議論を巻き起こしている。

控えめな円グラフ

円グラフの主要な価値は、構成要素となるすべてのピースが全体を構成していることを示すことができる点だろう。しかしながら、実験上のエビデンスは、ドットプロットが各カテゴリーの相対的サイズをより正確に見ることができること、また円グラフより多くのカテゴリーを扱えることを繰り返し示してきた。[*4] ドットプロットは全体を示すことはないが、それは多くの利点のために支払う小さな代償のようにも思える。非常に限定的な目的で円グラフを発明して以来、プレイフェアがこの形式を再び使用することはめったになかったというのも、さほど驚くべきことではない。それではなぜ、二世紀以上もの間、円グラフは人気を博し、コーポレートレポートや一流のニュース雑誌で頻繁に使われるようになったのだろうか？[*5]

ひとつ明らかに言えることは、色で扇形の領域を塗りつぶすことができるため、点や線よりも幅広い選択肢が得られるということ。もうひとつの特徴は、そのコンパクトなサイズとわかりやすさ（カテゴリーの数が適当である場合）により、さらに複雑な表示を構成するものとして使いやすいということだ。プレイフェアはその活動全体を通じ、グラフ表示を使って複雑でデータ量の多いストーリーを読者や見る者に伝えてきた。この伝達モードを採用したその他の巨匠たちも彼と同じ野心を抱いており、プレイフェアの円グラフの概念をより高次のレベルに引き上げた者もいた。

一八五八年、シャルル・ジョゼフ・ミナール（一七八一―一八七〇年）は、四〇以上の円グラフを組み込んだフランス地図を発表した（カラー図版6）。それぞれの円の面積は、各県からパリへ輸送される食肉量に比例する。それぞれの円は食肉の三つのカテゴリーに分割されている。黒は牛肉、赤は豚肉、緑は羊肉だ。ミナールはさらに、パリへ輸送される食肉のデータが欠落しているかまったく存在しないような、パリから遠い県に対して、それぞれ異なる背景色を使用するという慣習もつくりあげた。

ミナールの地図はさらに細かいところも示している。一般に長距離を輸送するにはコストがかかるため、円のサイズはパリからの距離に応じて小さくなることが予想される。ところが、この図ではそれが必ずしも真ではないのだ。大量の牛肉がパリ東部から送られているが、その距離からすると、中央高地周辺のリムーザン地域圏を含むフランス中南部からの牛肉量がどういうわけか際立っている。リムーザンの牛肉は、フランス全土およびその他の国々で好まれつづけているのだ。

このように、控えめな円グラフも、他のグラフ形式（この場合は地図）と組み合わさることで、複雑なストーリーを即座に伝達することができる。ひと目見て、一〇に満たない県がパリの食肉のほとんどを供給し、わずか四県が豚肉のほとんどを、そして三県が羊肉のほとんどを供給していることがわかる。これを効果的なグラフ表示にしているのは、フランスの地図上に地理的に分布されている複数の目盛り円盤である。[*6] それぞれの円はふたつの視覚的特徴を結合させている。面積は全食肉量を示し、細分化されたそれぞれの領域はタイプを示している。これらと地図との組み合わせは注目に値する。

このような目盛り円盤（およびその他の分割形式）をより大きな表示のなかの「スモールマルチプル」として使用することは、後に一九世紀の終わりにかけて製造された全国統計アルバムで大いに利用されるようになった。なかでも最も印象的なのが、エミール・シェイソン（一八三六―一九一〇年）の指揮の下、一八七九年から一八九九年の間にフランス公共事業省が発表した『統計グラフィックのアルバム』のコレクションだ。これらの作品については第7章で詳述する。

カラー図版7は、比例円と分割円を使用してフランスの商業のさまざまな側面を描いた、多くのもののなかでもすぐれた例である。これは、さまざまな運河や河川に到着する列車や船でパリの各港へ送られるさまざまな種類の物資の輸送と、主要な海上港（ル・アーブル、ボルドー、マルセイユ）に到着した物資の内訳を同時に示している。パリの中央の円グラフはこの市のトータルを示している。物資の七つのカテゴリー（プラス「その他」）が、建材（赤）、肥料（青）、「可燃性物質」（石炭：黒）など、円グラフの区分ごとに色付けされている。右下の棒グラフは、輸送手段と原産国ごとに、これらの物資をさらに細かく分割したものである。

時系列の線グラフ

プレイフェアの主なグラフの功績で、彼が最初に、そして最も頻繁に使用したのは線グラフであり、たいていは長期にわたる経済データを示したものだった。彼は複数の曲線を使ってさまざまな状況を比較した後、それまで視覚的に論証されることのなかった重要な経済問題について推論した。そうすることで、公的な政策立案者に、これらの問題について考えるための新しい方法を提供することになったのである。

ほとんどが時系列の線グラフで構成されるプレイフェアの『アトラス』は、イングランドとその他の貿易相手国との貿易収支を強調することを目的としていた。今となっては一般的に知られていることを、彼は二世紀も前から理解していたのだ。つまり、クリエイティブになろうとして新しい形式をそれぞれのデータセットに取り入れるよりも、それぞれ異なるデータセットで利用・再利用される小さな表示形式のセットを採用する方が得るものが大きい、ということだ。そうすれば、データを読み解く側は、なじみのないデザインに一回遭遇すれば済むからである。

プレイフェアの『アトラス』は、この完璧への金言にしたがっている。ほとんどすべての章に同じ形式が含まれているのだ。まずイングランドと、その章のテーマになっている国との間の輸出入をひとつのグラフのかたちにしてから、そのグラフに描かれていることについて、物語として解釈を論じるという方法だ。ふたつの例がプレイフェアのグラフィック手法を説明しているが、それぞれの物語が目指すゴールは異なる。

輸入と輸出

図5・3はプレイフェアの典型的なアプローチで、一八世紀全般のイングランドとドイツ間の貿易を取り扱ったものである。これは図5・1に示すグラフの慣習にしたがい、わずかな修正を入れている。垂直軸の名称（金額）が左端に、水平軸の名称（時間）が上部に示されている。各年で輸出が輸入を上回っているため、ふたつの曲線にはさまれた領域には「イングランドに有利」と記されている。

プレイフェアはプロット内の情報を議論の出発点として使用している。データそのものは「何が起きているか?」の質問には答えているが、一切の説明はなされていない。プレイフェアは、その差異はイングランドの製造業の観点から理解できると提案した。

ドイツとの貿易は量的にもかなりのものになるが、その性質からして、われわれの商業で最も有益な分野のひとつでもある。……われわれがドイツから輸入しているのは主に原材料であり、わが国の輸出は主として完成品から構成されており、その価値は労働と製造技術から引き出されている。

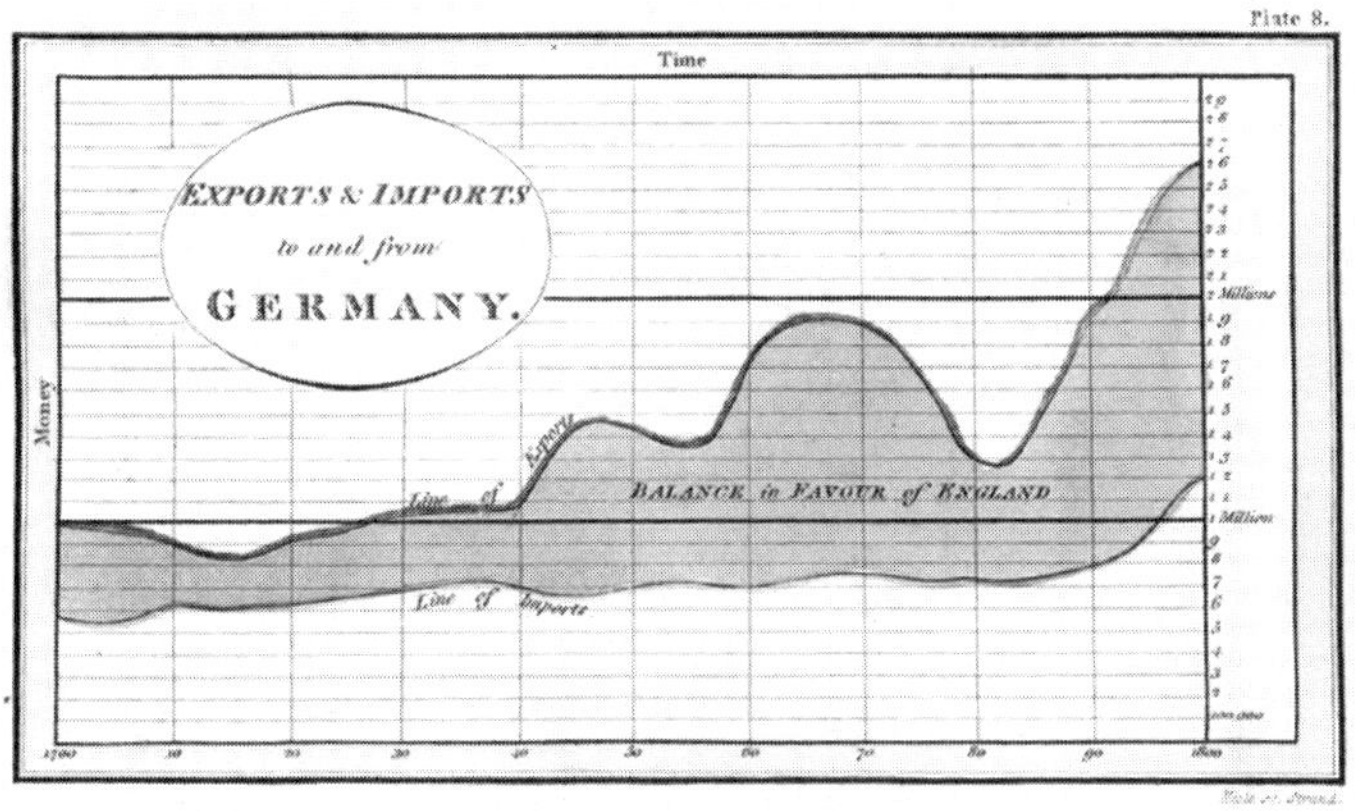

図 5.3：ドイツとの輸出入：18 世紀全般におけるドイツからイングランドへの輸入およびドイツへの輸出を示した時系列の線グラフ。ふたつの曲線に挟まれた領域は貿易収支を示しており、「イングランドに有利」とラベル付けされている。出典：William Playfair, *The Commercial and Political Atlas*, London, 1786.

したがって、それらはより大きな利益を受ける状態にあり、その品物が極めて本質的価値の高いものであれば、貿易量が倍になるよりも豊かな財源となる。

しかしながら彼は続けて、「ドイツへ輸出される品物は主に、ドイツ国内で製造されている類のもの」であるが、ドイツの製造業は「自由と企業に関連して制定された厳格な法律」によって阻害されてきたとしている（p. 37）。明らかにプレイフェアは、こんにちで言うところの保守的な、反規制勢力に同調していたのだろう！

現代の読者はこのグラフを見て、さらなる説明を求めたくなるような特徴に気づくかもしれない。ドイツからの輸入量は長期にわたり比較的安定しており、過去一〇年でゆるやかに上昇している。ところがイングランドからの輸出は、全体的には上昇しているものの、成長と減衰が見られる期間がいくつかあり、その後は過去二〇年間で大きな上昇を見せている。こうしたシンプルな線グラフでさえ、プレイフェアの力の発揮しどころだった。彼は「図解の最大の価値は、それが、われわれの予想をはるかに超えるものに気づかせてくれたときである」というジョン・W・テューキーと意見を同じくしていたことだろう。[*7]

プレイフェアはあまりにも豊富な知識をもち合わせていたため、データを額面通りに受け入れることができなかった。なんらかの歪曲とみなされる点を発見すると、彼はグラフと言葉を使ってそれを説明し、自分が理解したとおりに真実を照らし出そうとした。このことを最も明確に示しているのは、イングランドとフランスの貿易に関して彼が発したコメントをおいて他にないだろう。しかも彼は、自分の判断につねに寛大であったわけではなかった。[*8]

プレイフェアは年間〇から二〇〇万ポンドの範囲のスケールに、イングランドとフランス間の貿易をプロットする方法を選んだ（図5・4参照）。しかし上限が二〇〇万ポンドというのは、奇妙にも行き過ぎのように見える。というのも、急激な上昇が見られた一七八三年から一七八八年までの期間を除き、貿易はつねに年間五〇万ポンドにも満たなかったからである。プレイフェアはなぜ、データの範囲でグラフ領域を決定するという、いつもの慣習にしたがわなかったのだろうか？

このように見てみると、見る側は即座に、この貿易がどれほど制限されたものだったかを知って驚くことだろう。これは特に、地理的、歴史的理由から、相当の貿易関係をもたなければならなかったフランスとイングランドに当てはまる（ドイツとの貿易平均はフランスとの貿易平均の一〇倍だった）。このグラフは「いったい何があったのか？」という疑問を提起する。プレイフェアはこう説明する。

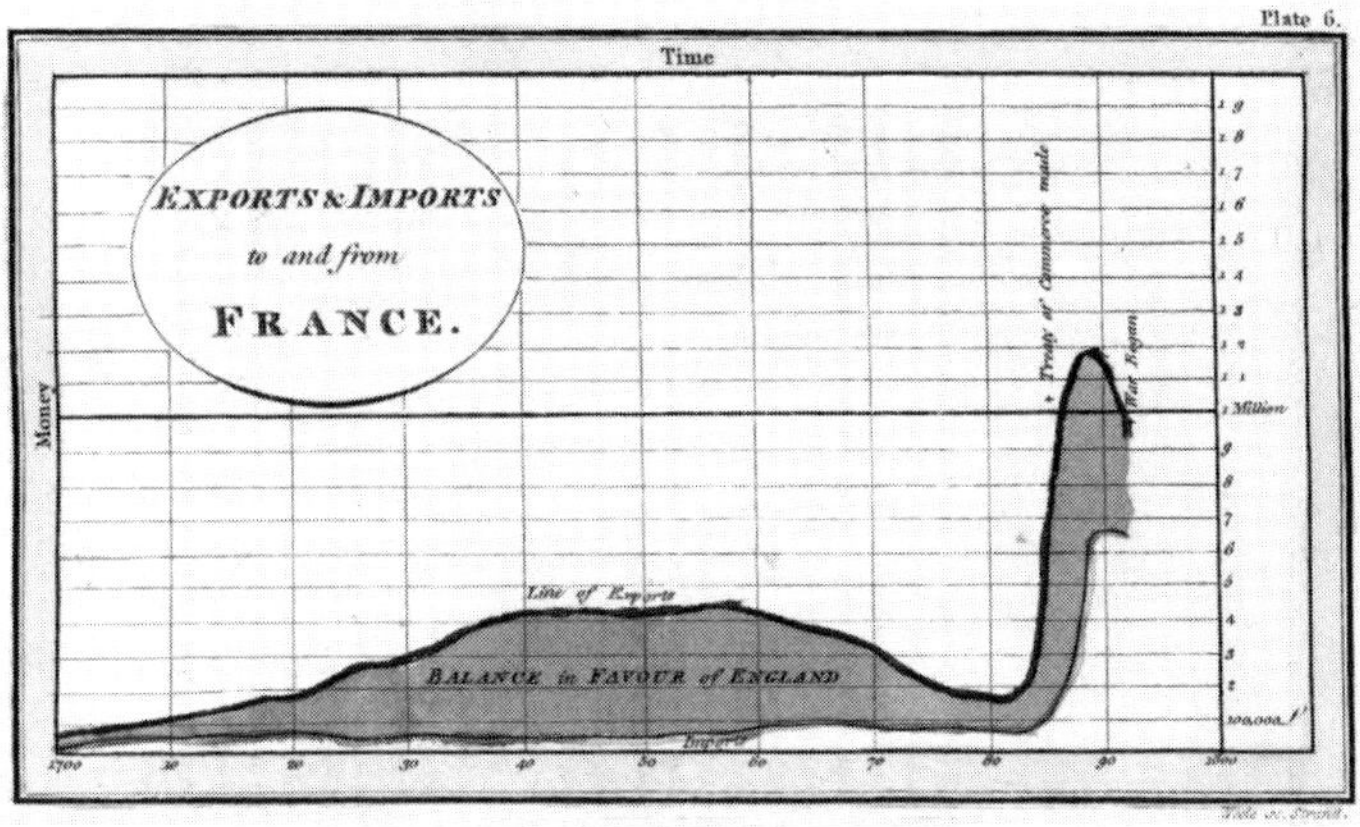

図 5.4：フランスとの輸出入：18 世紀全般におけるイングランドのフランスへの輸出とフランスからの輸入を示した時系列の線グラフ。曲線に挟まれた領域は貿易収支を示し、「イングランドに有利」とラベル付けされている。出典：William Playfair, *The Commercial and Political Atlas*, London, 1786.

私たちの時代以前には、このふたつの国の貿易に関して極めて誤解を招くような表現がなされており、状況ならびに生産の性質から、私たちはその貿易が巨大であると予想していた。しかし蓋を開けてみると、ある奇妙な政策により、それはまったく取るに足らない程度のものだったことがわかった。

違法取引が、ここで描かれている量をはるかに超えていることは疑いようもなく、ここには定期的に入ってくるものしか含まれていない可能性がある。この貿易は、無分別に締結された法律がいかに効率の悪いものかを暴く驚くべき例であり、それを回避するために支払われる代償はあまりに大きすぎる。(p. 31)

プレイフェアのこの金言はその一世紀後、イギリスの実業家で統計学者であるジョサイア・チャールズ・スタンプ（一八八〇―一九四一年）が要約し、以下のような指摘をしている（ときに「スタンプの統計法則」と呼ばれるもののなかに含まれる）。

政府は膨大な量の統計を集めることをことさら好む。これらは n 次まで引き上げられ、その立方根が開かれ、その結果が入念で印象的な表示に並び替えられる。しかし心に留めておかなければならないのは、どんな場合でも、最初に数字を書き留めるのは村の番人であり、彼は自分が確実に望むものならどんなものでもそこに書き入れるということだ。[*9]

図5・4には、もうひとつのイノベーションの萌芽が見て取れる。つまり、考えられる原因をラベルとして挿入し、歴史的文脈を与えるということだ。一七八三年に、急激に貿易（輸出入ともに）が増加したのを目の当たりにした人々は、ごく自然に「なぜだろう?」と考える。プレイフェアは、そこにもっともらしい原因を書き入れた。一七八五年頃に締結された英仏通商条約である。彼はさらに、一七八九年の貿易の急激な下落は、フランス革命の開始と時を同じくしていることを見る側に思い出させている。この時期は貿易（または注意深い、正式な、貿易の記録）が栄えそうにない時期である。これらの注釈は、私たちが実際に目にしている結果の背後にある原因を理解する助けとなる。しかし、そうした扇動的な事象がいつ起こったかを推定するには、水平軸の下に入れられた一〇年ごとのタイムラベルの間を視覚的に補間しなければならない。プレイフェアはその後の設計で、この不十分な点に取り組んだ。

プレイフェアの失敗：曲線差図表の問題

プレイフェアはグラフィックデザインの直感的センスをもっていたと思われ、数値データの傾向を見ることと、それを記憶することの両方を容易にするグラフ手法の利点を絶賛していた。つまり「目は予測もできないほどの優位性をもつ」ということだ。

図5・3および図5・4に示すように、『アトラス』に含まれる一連の図表で彼が目指したのは、イングランドに有利または不利な貿易収支を、ふたつの曲線間の差異または面積で示すことだった。この目的に関しては、現代のレンズを通して見ればプレイフェアがそれほど成功したとは言えないが、彼自身も他の誰も、そのことには気づかなかった。

残念ながら、人間の知覚はこうした状況において簡単にだまされる。一九八四年の一連の実験で、ウィリアム・クリーヴランドとロバート・マギルは、目はふたつの曲線間の垂直方向の差異を確実に知覚することはできないことを証明し、プレイフェアの図表を例として取り上げた。

図5・5の左側のパネルは、『アトラス』の第一版に掲載されたイングランドと東インド間の貿易に関するグラフを単純化したものである。[*10] この期間、イングランドはつねに輸出より輸入のほうが多いことがひと目でわかるが、貿易赤字の大きさを見ることはなかなか難しい。

このグラフの右側のパネルは、長期にわたる貿易赤字――ふたつの曲線間の差異――を直接プロットしたものだ。ここでは次のことに驚かされる。（a）貿易赤字は一七二六年頃に最大だった。（b）一七五五年から一七七〇年までの期間は奇妙なまでに上下の変動が激しかった。そして（c）一七一〇

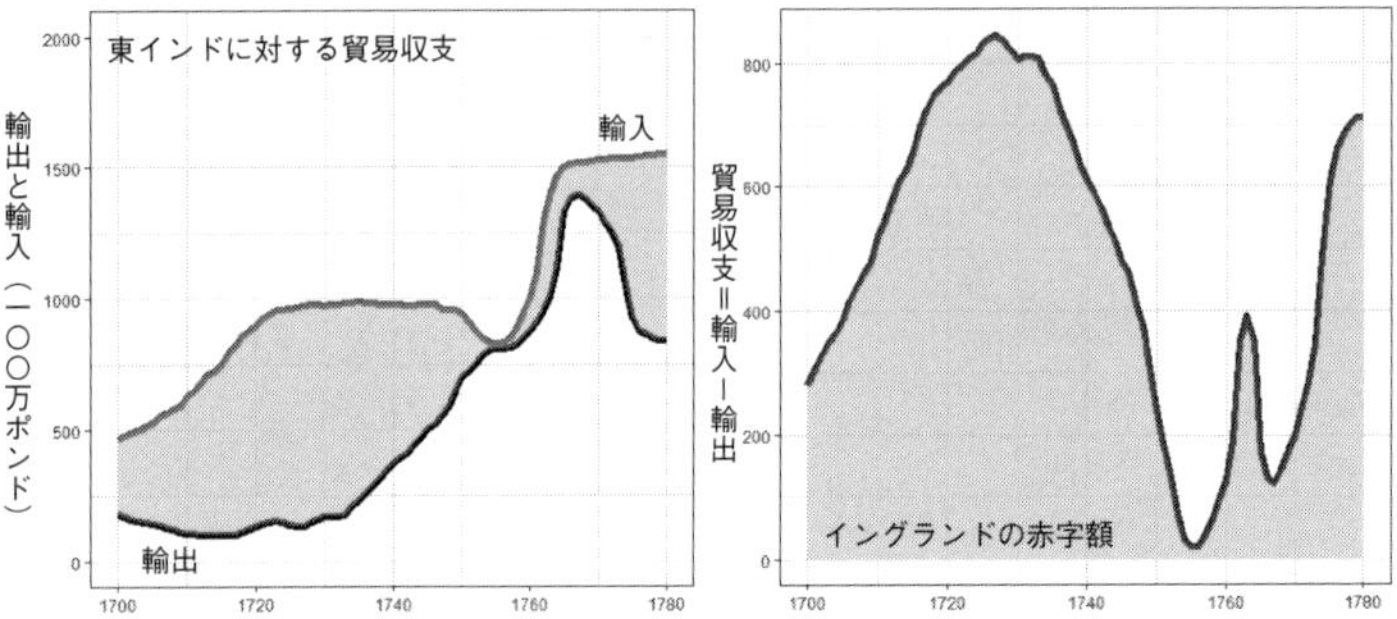

図 5.5：曲線間の差異のプロット：左：イングランドと東インド間の輸出入を示したプレイフェアの図表の再現。右：輸入マイナス輸出の式で求めた貿易収支の直接的なプロット。出典：以下を基に描きなおしたもの：William S. Cleveland, *The Elements of Graphing Data*. New Jersey: Hobart Press, 1994, fig. 4.2.

年から一七四〇年までの平均赤字は一七八〇年のそれとほぼ同じくらいの大きさだった。

イングランドの国債

図5・6はプレイフェアの最も注目すべき表現のひとつである。ここにはデータとデザインそれぞれのイノベーションの融合があり、データと歴史をつなげる説得力のある視覚的議論が提供されている。その目的は、イングランドの国債を重要な事象、特に戦争と結びつけることである。

この設計の基になっているのは、プロットのグリッドは作業員が建築物を建てるために組み立てる足場と同じ目的を果たしており、建物の完成とともに足場が取り除かれるように、グラフのグリッド線も同じく取り除かれるべきだという認識だった。プレイフェアは、一七〇〇年や一七一〇年や一七二〇年に何が起こったかということが主な関心事ではないことを認識していた。その代わり、ある特定の日の関心事は、原因や説明を歴史的事象と結びつける次の二種類の状況下で発生すると考えた。

・データに見られる結果がなんらかの疑問を提起するとき。たとえば一七三〇年または一七七五年に何が起こったせいで負債が突然生じてしまったのか？　もしくは一七四八年または一七八四年に、負債は減少したか、安定したか？

・もっともらしい影響力のある事象が起こり、国債の成り行きを知りたいとき。たとえば一七〇一年のアン女王の即位、または一七二七年のジョージ二世の即位は国債になんらかの影響を与えたか？

こうした考えを念頭に、プレイフェアは図5・6に示すようなグラフをつくった。そしてここでは、もともと一〇年の期間を表していた垂直線が、歴史的に興味深い時代を示すグリッド線で置き換えられ

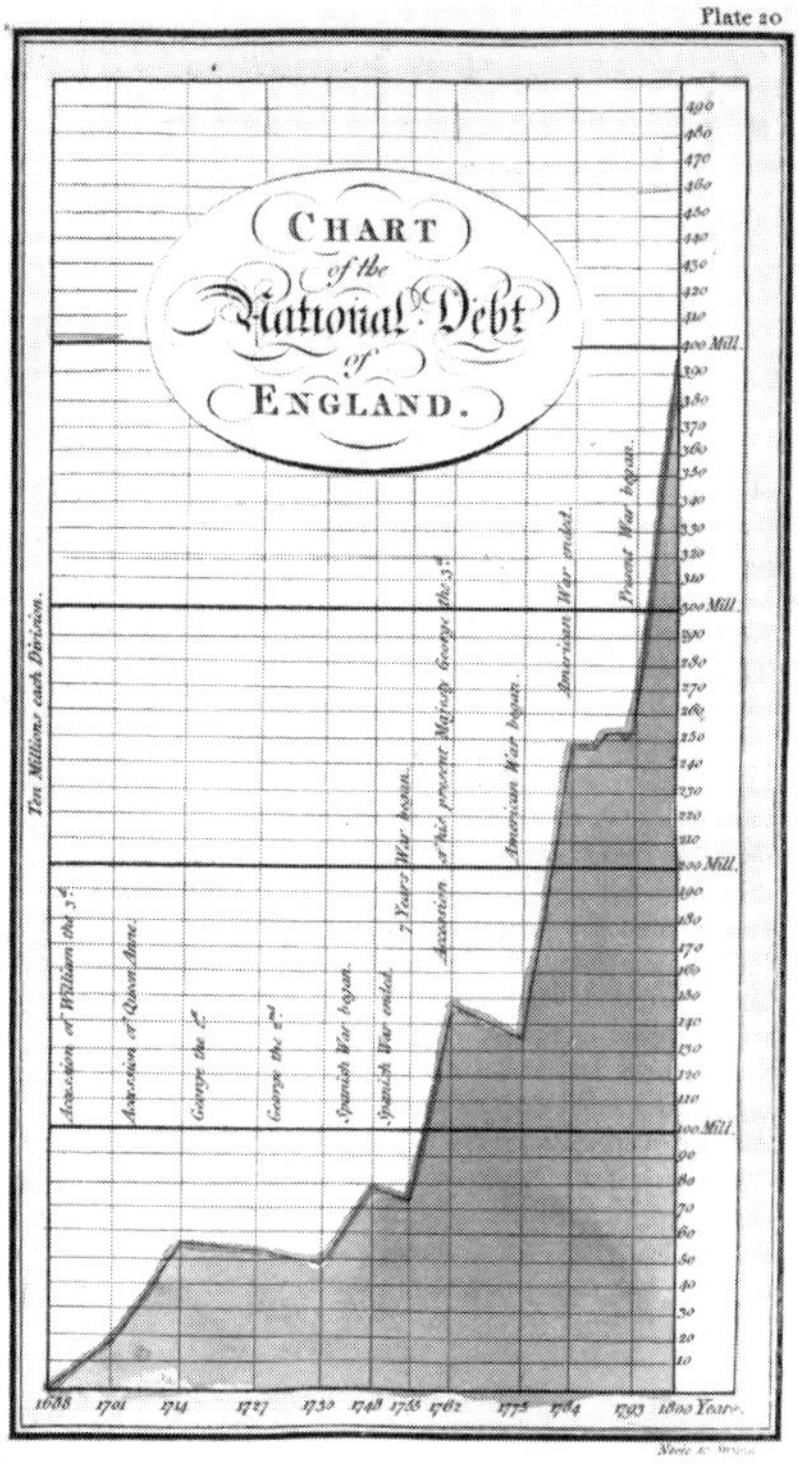

図 5.6：国債をプロットしたもの：イングランドの国債を示したプレイフェアの図表。数多くの説明的な補助情報が見事に統合されている。出典：William Playfair, *The Commercial and Political Atlas*, London, 1786.

ている。

その結果、垂直のグリッド線はもはや世紀全体で等間隔にはならず、それぞれの垂直線には、もっともらしい原因となる事象の注釈が入れられている。これはそれほど大きな変化ではないが、グラフと物語の議論の間により深いつながりを築くことになった。

私たちにわかるのは、国債はスペイン戦争が始まった一七三〇年に増加し、この戦争が終わった一七四八年に減少したということだ。七年戦争が始まった一七五五年に再び著しく上昇し、その終結（およびジョージ三世の即位）とともに下降した。その後、アメリカ独立戦争が始まった一七七五年から急激に増え、戦争が終わった一七八四年にその傾向は弱まった。ここでのメッセージは明白だ。つまり、戦争は国債に悪影響を及ぼす。

プレイフェアは明らかに、データの理解はグラフの幅とその高さの比――アスペクト比――によって容易に操られることを理解していた。この比の選択は、ほとんど主観的である。水平軸が垂直スケールよりはるかに大きい場合、そびえ立つ山がなだらかな平野に変わることもある。急上昇する国債に関する主張をより強調するため、プレイフェアはこのプロットを、幅より高さが大きい比にした。これはおそらく、当時の製本とも言える形式だっただろう。

効果的なデザインに関する現代の調査では、アスペクト比の選択はほとんどの場合、プロットの主となるパターンをなるべく対角線に近づけるような比にすることが最善であることが明らかになっている。プレイフェアの先見の明のあるデザインは、それが実験的に証明されたのが約二〇〇年も先のことだったにもかかわらず、当時からこのことを遵守していた。

棒グラフ

『アトラス』の準備中、プレイフェアはスコットランドとその商業相手国との間で、入手可能な貿易データが不足していることに失望していた。イングランドとその相手国との間に存在する一〇〇年にわたる縦断的データの代わりに、彼は一七八一年という一年間だけの、イングランドとスコットランドの貿易に関するデータを手に入れた。このデータでは、長期にわたる傾向を詳しく調べることはできなかったが、そうした欠点は、スコットランドの貿易についての議論を省略するよりは重大なことではなかった。彼は自身の言葉で次のように述べている。

連続する数年間のスコットランドの貿易を表現することは、限界があるためできないが、スコットランドの事情を理解するためには必要となる作業だ。とはいえ、完璧な長さで示すことはできないにしても、この王国にとってこれほど重要な部分をすべて割愛してしまったら大きな非難を浴びることになるだろう。

しかし彼はたった一年間の、スコットランドとそれぞれの相手国との輸出入をどのように示そうとしたのだろうか？　彼が発明（または適用）したのは、棒同士を並べて輸入と輸出を比較する棒グラフだった（図5・7を参照）。そしてこのプロセスのなかで、彼はまったく新しいものを提示した。

自身の棒グラフについて彼はこう語っている。「このグラフが他と本質的に異なるのは、時間につい

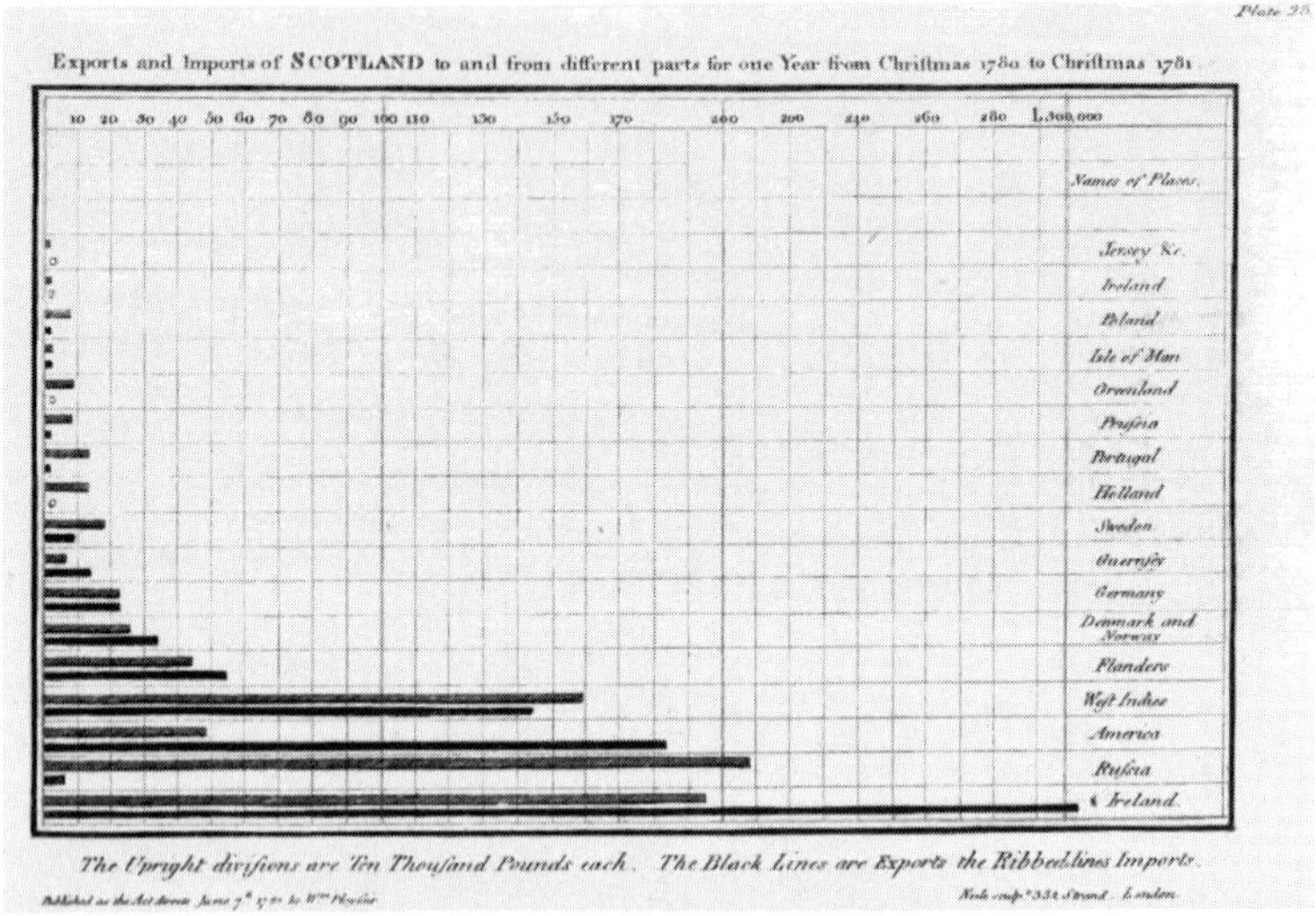

図 5.7：プレイフェアの最初の棒グラフ：17 のそれぞれ異なる地域からの、1781 年のスコットランドの輸入（斜線を引いた棒）および輸出（実線の棒）を示したプレイフェアの棒グラフ。出典：William Playfair, *The Commercial and Political Atlas*, London, 1786.

ての情報を含んでいない点であり、時間が含まれているほうがむしろ、有用性の点でかなり劣る。なぜなら、それぞれ異なる貿易部門の範囲はわかるが、同じ商業部門を異なる期間のそれと比べることはないからだ」（『アトラス』、p. 101）。

しかし、プレイフェアはこの発明を過小評価していたものの、彼のグラフデザインは、以下の点で、当初から完璧に正しい（またはそれに近い）理解を示していた。

・彼はこれを水平の棒グラフとして描いた。これにより、各国のラベルを右側に水平に記すことができた。

・棒を輸入対輸出によってではなく国別にグループ分けした。これを逆にすれば、貿易相手国の比較がより難しいものになっていただろう。

・輸入と輸出をペアにすることにより、スコットランドの貿易相手国のそれぞれに関して直接的な比較ができる。

・最も重要なことに、彼はデータに基づいて取引国を数値順に並べることで、貿易相手国の重要度をわかりやすくした。アルファベット順に並べればひと目でわかりやすいものにはなるかもしれないが（「オランダはどこか？」）、全体的なパターンは見づらくなる。

この図表で、目はすぐに下のほうのバーに引き寄せられる。ここからアイルランド、ロシア、アメリカ、そして西インド諸島との貿易が最も顕著であることがわかる。これがプレイフェアの主要なメッセージだった。よく調べるともっとさまざまなことが見えてくる。たとえば、スコットランドとアイルランド間の貿易は三対二でスコットランドの輸出が優勢であること、ロシアとの貿易はほとんどすべてが輸入であること、スコットランドとアメリカの貿易については輸入より輸出のほうが多かったこと、また西インド諸島との貿易では輸出入ともほぼ同じだったことなどだ。ここで使用されているもうひとつの慣習は、量が少なくて棒が描けないは場合「0」と明確に示していることである。

初期の棒グラフ

プレイフェアは棒グラフを思いついた最初の人物ではなかった。棒グラフとは、長方形の棒の長さで量を表し、それがときに再分割されて全体の一部を示すようなグラフである。遡ること一四八〇年、ニコル・オレーム（図2・2）は、「パイプ」を使って物理的な大きさを示すという着想を得た。

プレイフェアの一〇〇年前には、フィリップ・ビュアシュが（ギョーム・ド・リルと共著で）『物理的地理または自然地理の図と表』を出版した。ここには一七三二年から一七六六年までの長期にわたるセー

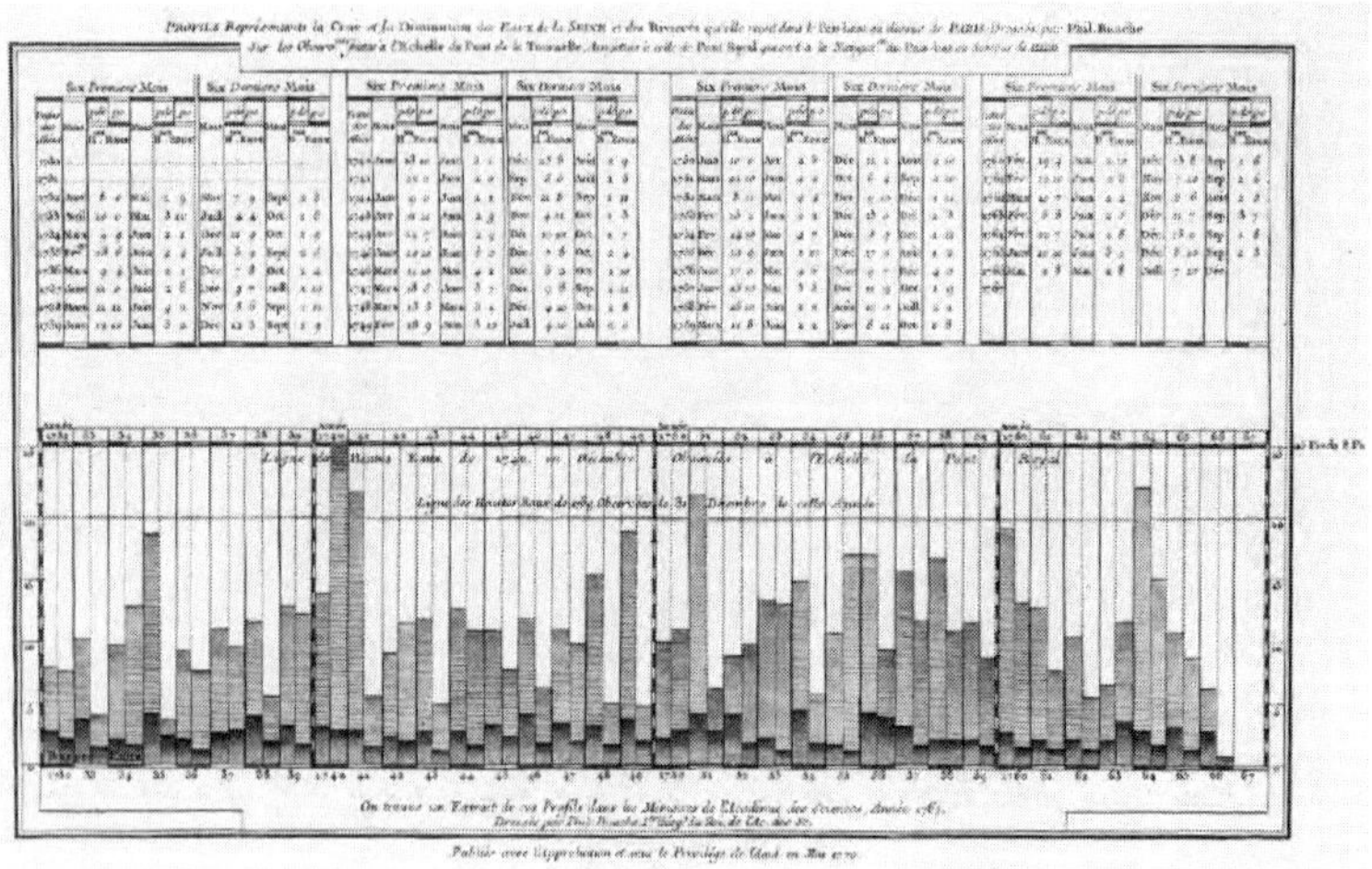

図 5.8：世界初として知られる棒グラフ：フィリップ・ビュアシュとギヨーム・ド・リルによる棒グラフ。1732 年から 1766 年までの 35 年間にわたるセーヌ川の水位の高低を示している。出典：Philippe Buache, *Cartes et tables de la géographie physique ou naturelle*, Paris,1754.

ヌ川の水位の高低を半年に一回記録した棒グラフと、それに関連するデータの表が含まれている。図5・8は、私たちが知る最初の真の棒グラフである。では、なぜビュアシュは、このグラフのイノベーションの歴史においてその功績が認められていないのだろうか？

自然地理学者だったビュアシュは、地形標高の地図を空間にプロファイルすることに非常に長けていた。長期にわたる変化を示すため、彼は空間を時間に置き換え、二段階で影を付けて水位の高低を区別した。ビュアシュはおそらく、自分が何かものすごく新しいことをしているという実感はなかったのだろう。図5・8の上部に示すような、セーヌ川で記録された水位の物理的な印から引き出された数値の表を、ただ単に視覚的に記入しただけだと思っていたのかもしれない。

一方プレイフェアは、棒の長さを利用するというアイデアを発展させ、スコットランドの輸出入など、捉えどころのないものを新しい方法で理解させることができるかもしれないと考えていた。

歴史の図表

プレイフェアはその特徴として、みずからの図表で伝えるデータを、長い、歴史的な目で見ていた。最初の棒グラフ(図5・7)で満足しなかったのは、その思慮深いデザインと実践にも関わらず、自身のトレードマークとも言える情報の深さと豊富さに欠けていたからである。彼の時系列プロットのほとんどが一世紀にわたるタイムスパンのデータを含んでいたため、彼はたった一年間の輸出入しか含めることができないことに限界を感じていたにちがいない。詳しい情報の欠如からそうせざるを得なかったのだが、必ずしも彼はそれを望んではいなかった。

四〇年後、『農業の窮迫に関する文書』と題された小論のなかで、彼はみずからが好んだ時系列プロットの拡張として棒を使用し、図5・9に示すような、すばらしく豊かなプロットを発表した。このプロット上の棒は、東軸(右軸)に四分の一ブッシェル〔穀物の計量単位〕の小麦価格をシリングで示している。これらの棒に重ね合わさった曲線は、優秀な機械工の一週間の賃金を西軸(左軸)にシリングで示したものである。このプロットは一五六五年から一八三〇年までの二六五年間にわたっており、上部の境界線にはエリザベス一世からジョージ四世までの君主の名前が記されている。

プレイフェアがこのプロットをつくった主な目的は、ここに示された二世紀以上の間に小麦が労働者にとって次第に手頃な価格になっていったというエビデンスを示すこと、そしてこの関係性が歴史上の周期全体でどれほど変化したかに関する背景を提供することだった。そのため彼は三つのグラフ形式を

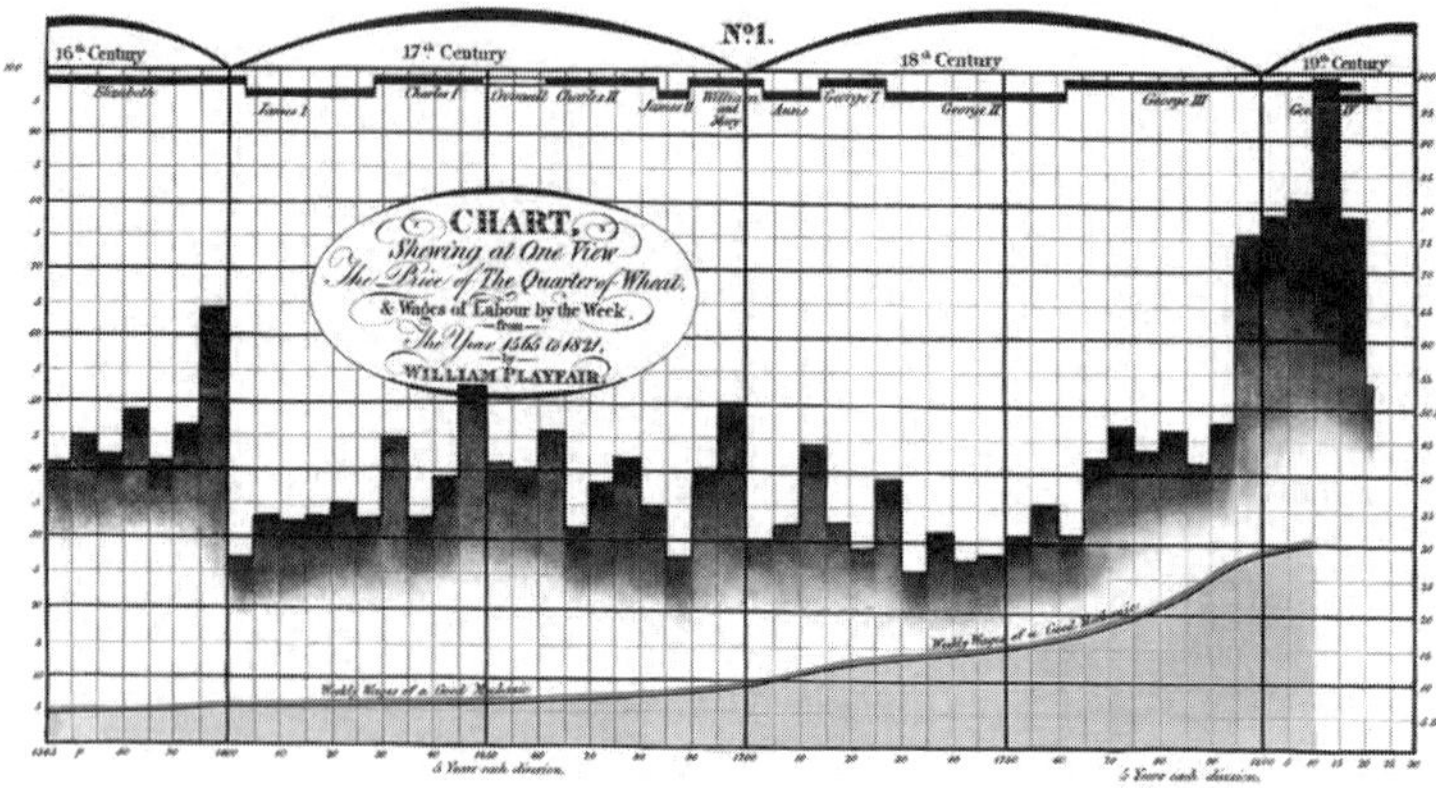

図 5.9：並列時系列：時系列表示により 3 つの並列時系列。四半期ごとの小麦価格（柱状の棒グラフ）、優秀な機械工の賃金（その下の線グラフ）、エリザベス 1 世からジョージ 4 世まで（1565 年から 1830 年まで）の英国君主を示している。WilliamPlayfair, *A Letter on Our Agricultural Distresses, Their Causes and Remedies*. London: W. Sams, 1821.

結合した。長期にわたり比較的なだらかに推移する賃金を線グラフに、表示されている五年間の周期でより変化の激しい小麦価格を棒グラフに、そして歴史上の時間軸を上部に記載して君主制の治世を示し、これらすべてを時間の経過にしたがってプロットしたのだ。

とはいえ彼が出した結論は、この図表を見るほとんどの人にとってすぐにわかるものではない。せいぜい私たちにできるのは、これが見事なまでにインフォグラフィックで、名匠によって美しくつくり上げられたものであり、グラフィックデザインにインスピレーションを求める人々のモデルとして考えることができるとわかるだけだろう。しかし最悪の場合、この図表はグラフとしては失敗だと考えられる。なぜなら、プレイフェアのメッセージを直接人々の目に訴えかけていないからだ。図5・9におけるプレイフェアの問題は、彼が自身のプロットを、経時的なさまざまな変数を別個に示すという観点からしか考えておらず、導き出された変数を直接プロットすることを考えることができなかった、または考えようとしなかった点だろう。このプロットについては第6章の図6・5で論じる（カラー図版10）。

もうひとつの非常に注目すべき、しかしそれほど知られていないプレイフェアの図表もここで触れておく価値があるだろう。一八〇五年の著書『強豪国・富裕国の盛衰の恒久的原因に関する調査』のなかで、プレイフェアは紀元前一五〇〇年から現在までの古代国家および近代国家の全歴史を調査し、「普遍的商業史の図表」（カラー図版8）に表した。ここで、水平軸はこの範囲の時代を示し、垂直の区切りとともに「商業に関連する顕著な事象」とラベル付けされている。古代国家（最下部のエジプトから最上部のコンスタンチノープルまで）の富と商業については、図表下部のピンクの背景に塗りつぶされた部分に示されている。「近代に繁栄した国々」（スペインからロシア、その後アメリカまで）は上部に示されている。

科学者であり自然哲学者でもあったジョゼフ・プリーストリー（一七三三—一八〇四年）（酸素の共同発見者）は、一七六五年の「伝記図表」で、すでに初の近代歴史年表を紹介していた。[11] そこには紀元前一二〇〇年から一七五〇年までに活躍した二〇〇〇人の著名人の寿命が示されている。第二の、より野心的な「新歴史図表」では、この期間全体の国、人、帝国の全歴史を示す試みがなされた。[12]

プレイフェアがプリーストリーの年表図表を知っていたことは明らかだが、みずからの「普遍的商業史」の図表で彼がしたことは、もっとシンプルで、もっとパワフルで、より視覚的考察のしやすいものだった。彼はそれぞれの政治集団を、まるでそれが富と商業の定量的計測の分布であるかのように示した。[13]

このようにして私たちは、国家の興亡と、長期にわたるその影響の範囲を簡単に見ることができる。彼のビジュアルメッセージは明々白々である。富と繁栄を維持するためには、国家は商業、つまり貿易収支と国債に注意を払わなければならない、ということである。

プレイフェアがここでつくり上げた視覚的形式（全体的な傾向を示し、直接視覚的比較ができるように詳細を省いた小さな図）は、一九八三年、タフテの手によりさらに簡潔明瞭で便利なものに変更され、これが後に「スパークライン」（サイズを小さくしてわかりやすくした、文字列と同じ大きさのグラフィックス）と呼ばれるものになった。このミニサイズのグラフは、プレイフェアがここでおこなっているように、表や比較的大きな図表内のグラフィック要素として使用することができる。

これらをテキストに組み込めば、個別の数字を入れなくても、なんらかの傾向を極めて直接的に説明することができる。たとえば「過去六〇年間、異常気象の回数は、あるときは上昇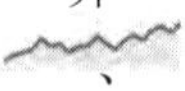、あるときは下降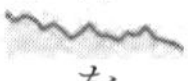を繰り返しながら、安定して上昇しつづけている」といったように。スパークラインはデータグラフィックスをタイポグラフィ（文字の書体、大きさ、配列のしかたなど、印刷物における体裁を整える技法）の領域にもたらし、テキスト、表、ソーシャルメディア、スマートデバイスをより視覚的に豊かなものにする可能性を秘めている。

リッジラインプロット

プレイフェアが「普遍的商業史」から得たグラフのアイデアには、まだ提供できるものがあった。歴史から得た他の多くのグラフのアイデアと同様、それは最近になって再発見され、張本人であるプレイフェアが知る由もなく、新たな名称がつけられている。

共通の垂直軸を有する複数の時系列プロットには、複雑な方法で縦横に交差するという困難がつきまとい、それらを区別することは難しい。カラー図版8に示すように、同じ水平スケールを使用しつつも別個のプロットを垂直にオフセットしたシンプルなデバイスが、結局はそうしたデータを画期的に変えるような大きな影響を及ぼすことになった。

カラー図版9は一九六三年から二〇一三年までの米国下院および上院のすべての点呼投票（ロールコール方式）をベースにした、リベラル（マイナス）―保守（プラス）の次元の年間スコア分布を示している。*14 米国議員の投票は時代とともに次第に分極化していることは明らかだが、この変化は非対称である。つまり、共和党支持者の分布全体が明らかに右へシフトしているのに対し、民主党支持者の分布はほんのわずかにしか左側へ移動していない。

さらに、この両党、特に民主党は、時代とともにより同質化し、そうしたなかで、これらのスコアの分布範囲も狭まってきている。

このグラフの顕著な特徴は、比較的小さなスペースに非常に多くのものが表現されている点である。これは、ここに示されている五一年間にわたる、両党の頻度分布を示しており、そのそれぞれが滑らかな曲線で要約されている（密度推定）。グラフの垂直サイズが小さいため、重なり合っている部分がたくさんある。プレイフェアにはできなかったグラフの技法を利用して、このオーバーラップの問題は軽減されている。つまり、各曲線の下の領域を部分的に透明にして影付けしたことにより、重なっている部分は、影が次第に濃くなっているものとして見ることができるということだ。

なぜプレイフェアなのか？

ウィリアム・プレイフェアの豊かな精神と表現手段から実現したグラフの概念と理解の急激な変化を考えると、「なぜプレイフェアなのか？」「なぜあの時代だったのか？」という疑問が自然に浮かび上がる。これらはより大きな疑問を提起する。すなわち、「人なのか、それとも時代なのか？」これらの発展は当時、必然的なものだったのか。もしプレイフェアが思いついていなかったら、誰か他の人が考えついていたのだろうか。それとも、時代のはるか先を行くプレイフェアだけの特別なビジョンであり、才能だったのか。

確かにそれを知ることは不可能だが、答えはほぼ確実に、この人物と、この時代と、その他のものが融合した結果なのだろう。問題が再発し、解決法を得るのにじゅうぶんなテクノロジーが利用できるようになると、その解決法はおのずと現れる。そしてその問題について気にかける人、そのテクノロジーを利用するだけの知恵をもち合わせている人が必ず存在する。最後に、その解決法が問題を鎮圧しようとする試みにじゅうぶん耐え得るほど、状況が良好でなければならない。[*15]

「なぜプレイフェアなのか？」という疑問に答えるとき、彼は明らかに、幼い頃に兄から受けた教えによって視覚化という概念を得、そのスキルを発展させ、製図工としての訓練を受けた経験からグラフをつくったと言える。彼は現象や事象を視覚的に考えることを学んでいたため、効果的で、見た目にも美しいデザインを見抜く驚くべき観察眼を備えていた。

そしてその瞬間はやって来た。データから学ぶというアイデアは次第に顕著なものとなっていったが、グラフ形式においてはまだ受け入れられていなかった。プレイフェアは、グラフという媒体を使えば、単なる言葉や数字よりもはるかにうまくストーリーを語ったり、議論をしたりすることができることに気づいた。自然科学と経済学のデータフィールドはすでにできており、肥沃になっていた。それらは今すぐにでも市場に参入する準備が整っていた。議論とエビデンスを直接目に伝えることを意図した新しい形式で普及していたからだ。

このことは一七八七年、フランスが革命に突入するわずか二年前、君主制が崩壊する前の最後のフランス王、ルイ一六世の宮廷に、ヴェルジェンヌ伯がある贈答品を届けたときに明らかになった。この包みには、ロンドンでその前年に出版されたプレイフェアの『アトラス』が一部入っていた。従来のアトラス（地図）と異なり、この巻には地図がひとつもなく、新しい、なじみのない種類の図表だけが含まれていた。地理に関しては素人ではあったが、多くの良質なアトラスを所有していたルイ一六世は、この贈答品を興味深く吟味した。図表は斬新だったが、ルイ国王はその目的を難なく把握した。それから何年も経ってから、プレイフェアはこう書いている。「［国王は］すぐさまそれらの図表を理解し、大変お喜びになった。これらの図表はあらゆる言語を話し、非常に明確かつ容易に理解することができる、と王は仰った」[*16]。

プレイフェアの遺産

私たちはこんにち、プレイフェアを近代データグラフィックスの父として賛美しているが、その革命的なグラフのアイデアは彼の時代には高く評価されていなかったと言ったほうが公平だろう。プレイフェアの洗練されたグラフのイノベーションは、しばしば無視されるか、ときには評判を傷つけられた。たとえばイングランドの国債に関するグラフは、「単なる想像上の遊び」と批判された。[*17] 気圧など（図1・4）、記録装置から生成されたグラフ画像はまずまずの理解が得られたものの、国債のような捉えどころのないデータのグラフは想像の延長線としか見られなかったのだ。[*18] 一九世紀後半になってようやく、プレイフェアはより大きな影響力をもつようになった。イギリスでは、著名な経済学者ウィリアム・スタンレー・ジェヴォンズが、プレイフェアの手法を熱心に採用した。[*19] もっと重要なことに、ジェヴォンズは、自分がプレイフェアから理解したのと同じように、偉大な生物測定学者カール・ピアソンがグラフィック手法について理解したり講義をおこなったりする上で大きな影響を与えたのである。

フランスでは、プレイフェアの影響はシャルル・ジョゼフ・ミナール（カラー図版6）や『統計グラフィックのアルバム』の責任者エミール・シェイソン（カラー図版7）の業績にも見られる。一八七八年、エティエンヌ＝ジュール・マレー（第9章で再び取り上げる）が、このトピックとしては初の書となる『グラフィックメソッド』のなかで、プレイフェアの手法を絶賛した。

一八八五年、ロンドン統計協会（現在の王立統計学会）が二五周年を迎える頃には、グラフ手法と視覚的推論で結論を導くことがほぼ主流になっていた。著名な政治経済学者アルフレッド・マーシャル[*20]は、図解ではなく言葉によって経済動向を理解する上でのグラフ手法の利点について参加者に演説した。エミール・ルヴァッスール[*21]はフランスの見解を表明し、当時使用されていたさまざまな種類のグラフや統計地図の調査を提供した。視覚的修辞学《ビジュアルレトリック》というプレイフェアのアイデアと、グラフを用いてアイデアを説明するという手段がついに確立したのである。

プレイフェアの生涯の、悲しくも不名誉な最終章は、つい最近になって詳細が明らかになり、イアン・スペンス、スコット・クレイン、コリン・フェン[*22]によって語られている。壮大ながらもどこかうさんくさいように見える彼の案はどれひとつとして実らず、書籍や論説が彼を裕福にすることもなく、家賃の足しにもならなかった。晩年は、特に借金と健康の悪化と闘っていたという。

プレイフェアは一八二三年二月一一日にこの世を去った。おそらくは糖尿病の進行による合併症が原因とされている。彼の遺体はハノーヴァー・スクエアのセント・ジョージ教会に属するベイズウォーター墓地に埋められた。スペンスらはこれを追跡し、現在はレインズボロウ・ホテルが占有するこの埋葬地のその後の歴史を追っている。結果的に、プレイフェアの墓には墓碑がない。しかし少なくとも現在、データ視覚化の歴史家やプレイフェアのファンは、ロンドン旅行の目的地として、感謝をこめてこの地を訪れている。エディット・ピアフやオスカー・ワイルドのファンが、パリのペール・ラシェーズ墓地を訪れるのと同じように。

第6章　散布図の起源と発展

第5章で見たように、データグラフィックスの最も近代的な形式――円グラフ、線グラフ、棒グラフ――は、一般的には一七八五年から一八〇五年にかけて活躍したウィリアム・プレイフェアによるものと考えることができる。これらはすべて二次元のグラフで表示されているが、データという観点からすれば本質的に一次元だった。それらは、たとえば円グラフや棒グラフのようにカテゴリー変数によって分類されるか、もしくは線グラフのように時間の経過とともにプロットされる（おそらく輸出と輸入は別々の曲線で表されるだろう）単一の定量的変数（陸地の面積や貿易額など）を示すものだった。

グラフの言語と分類法の発展において、プレイフェアのグラフや、この時代の他のデータ表現は「一・五次元」であると考えられる。すなわち、そこに示される単一の変数以上のものではあるが、二次元のステータスには不十分ということだ。プレイフェアの視覚的理解では、彼のプロットの水平軸は必ず時間を表すため、他の変数との関係性を示すには別の手段を使わざるを得なかった。

データグラフィックスの次なる主な発明――初の完全に二次元のもの――が散布図だった。実際、統計グラフィックスのすべての形式のなかで、散布図はその全歴史において最も用途が広く、一般に最も有益な発明と言えるかもしれない。[*1]

散布図の本質的な特徴は以下のとおりである。ふたつの定量的変数が同じ観測ユニット（作業員）上で測定されること、数値が垂直軸を参照する点としてプロットされること、そして、これらの変数間の関係性、通常は縦座標の変数yが横座標の変数xによってどのように変化するかを示すことを目的としていること。

図6・1は典型的な、ひょっとしたら単純化しすぎているとも言える近代の散布図である。これは水平軸（x）に示した作業員の経験年数と、垂直軸（y）に示した現年収との関係を表している。一〇人それぞれの作業員の経験と給料が、このプロットの（x, y）座標上に点で示されている。このようなプロットが目的としていたのは、「給料は経験にどのくらい依存しているか？」といった問いに答えることだろう。近代の統計グラフ手法は、この問いにいくつかの回答を与えることができたばかりか、そうした評価の不確かさについても、なんらかのことを示すことができた。

図6・1のシンプルな「読み」は、経験年数が増えるほど給料が上がるということだ。しかし散布図の利点は、グラフから答えを導き出すことのできる関係性について、さらに深く掘り下げた疑問への入り口になるという点である。たとえば次のような疑問だ。（a）この関係性は合理的に線形であるか？——プロット上に直線または平滑化曲線を描く。（b）経験が増えると給料が上がるということのじゅうぶんなエビデンスがデータ内にあるか？——ある適合関係に関する信頼限界を描く。（c）五〇年働いたら給料はどれくらいになると期待できるか？——直線または曲線を五〇年という年数に射影する。（d）女性と男性は平等な支払いを受けているか？——男女で異なる点記号または色を使って区別する。（e）この説明のなかに言及すべきことがあるか——これらにラベルを付ける。

図6・1のような近代的な散布図形式の例は、発展に長い年月を要した。その形式が近代のグラフと

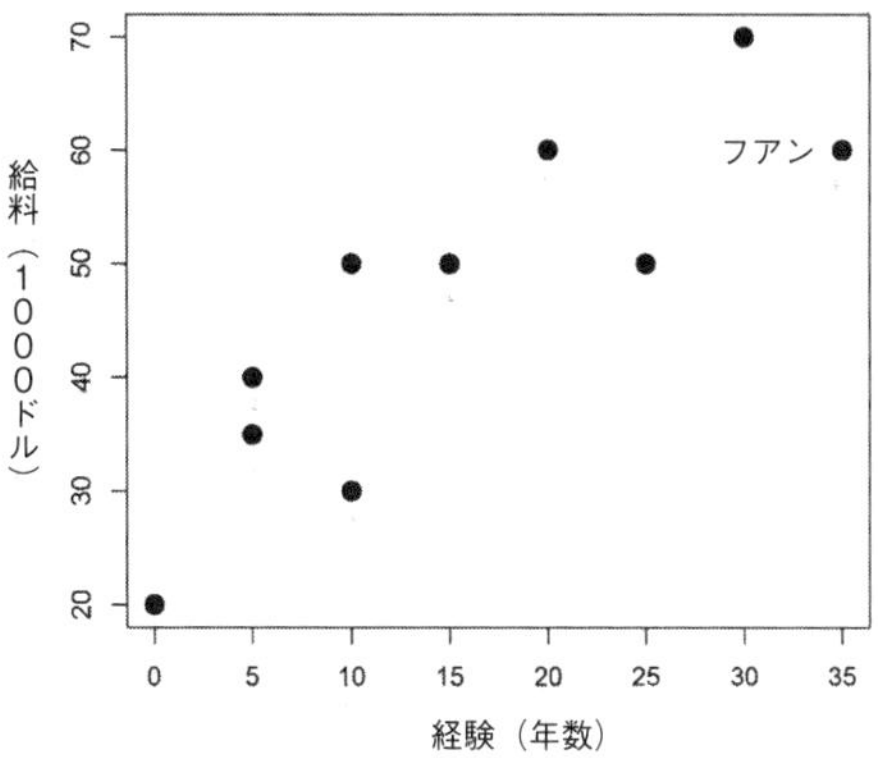

図6.1：近代の散布図：一般的な近代の散布図。架空の10人の作業員グループの給料と経験年数との関係性を表している。出典：© The Authors。

似たようなものになったのは、特性の遺伝率に関するフランシス・ゴルトン（一八二二―一九一一年）の研究が登場してからのことだった。これ以降、読者はおそらく、図6・1に示すようなボックスのなかに点がある図解を見たり、そこから推論したりすることができるようになったと思われる。特に地図に関しては、デカルト基準座標系が長く親しまれていた。しかし、これが科学的現象を視覚的に説明する形式として見られるようになるには、さらにもう少し時間がかかった。こうしたなかでゴルトンは、特性の遺伝率をどのように理解するかという問題から始め、まずは統計図表から洞察を得た。これらが相関と回帰という統計的概念、つまり近代のほとんどの統計的手法の源泉となったのである。

散布図完成以前の表示形式

統計グラフィックスの歴史には、いくつかの点で散布図と類似しているものの、本書の定義をほんとうの意味では満たしていない表現が相当数含まれている。

散布図の第一の前提条件は座標系という考え方だった。抽象的・数学的座標系や、たとえばある線の一次方程式 $y = a + bx$ などのような、グラフと関数方程式 $y = f(x)$ との関係性については、（デカルトとフェルマーによって）一六三〇年代に紹介された。メルカトルが体系化した二次元の地図ベースの座標という考え方は、古代から使用されていた。デカルトの幾何学で新たに導入されたのは、抽象的な (x, y) 平面という概念だった。この平面では、方程式があらゆる種類の関数関係を特徴付けることができ、その属性は、現在「解析幾何学」と呼ばれている分野で数学的に研究することができる。

一六六〇年代、経時的に記録された気象データ（気圧）を示した最初の折れ線グラフの原型がロバート・プロットによって世に広められた（図1・4を参照）。プロットはこれを「天気の歴史」と呼んだが、それは動く海図上にペンが記録していくトレース図とそれほど大差はない。一六六九年、クリスティアーン・ホイヘンスは、ジョン・グラントのデータから年齢に対する生存者の数をプロットし（図1・5を参照）、経験に基づく連続型の分布関数の最初のグラフを作成した。これは表をグラフに変えた初期の例だったが、まだ散布図には至らなかった。

一六八六年、エドモンド・ハレーが、気圧と高度（海抜）を関連付ける理論曲線の二変量プロット（おそらく観測データから算出されたものと考えられるが、データを直接示すものではない）として初めて知られるものを立案した（図6・2を参照）。この曲線は単純に双曲線であり、これらの変数間の反比例する数値関係を示している。ラベル付けされた水平線と垂直線は、気圧が高度とともにどのように減少するかを視覚的に説明しようというハレーの取り組みを証明している。水平軸には高度の数値が示されているが、垂直軸には何の数値もない。

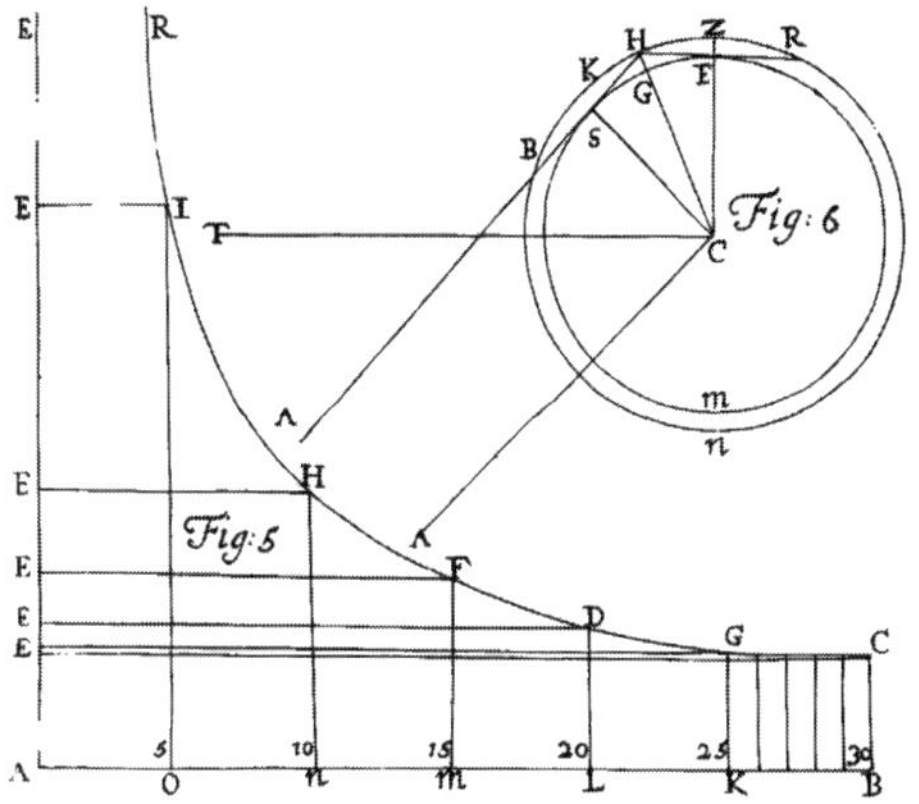

図 6.2：理論的関係：観測データから算出された、気圧（y）と高度（x）間の理論的関係を示したエドモンド・ハレーの 1686 年の二変量プロット。出典：Edmond Halley, "On the height of the mercury in the barometer at different elevations above the surface of the earth, and on the rising and falling of the mercury on the change of weather," *Philosophical Transactions*, 16, (1686), 104–115.

一七〇〇年代初頭には、多くの天文学者が重要な科学の諸問題に関する観測データを収集しはじめていた。たとえば、木星や土星はどのような軌道を描いていたか？　地球はどんな形をしているか？　完全な球体なのか？　平たく引き伸ばされた長円体なのか？　といった問題である。これらの物理的問題を表す数式は、地球上で観測できるデータを解答と結びつける方法とともに、当時最もすぐれた数学者によってすでに導き出されていた。

主な下位問題は、異なる条件下、または異なる観測者によっておこなわれた可能性のある観測同士を結びつけて、最も正確な推定値を得る最善の方法は何かということだった。天文学者は多くの場合、なんらかの平均をとったが、それは、これらの観測が同程度に信頼できると考えたときだけだった。「観測同士を結合する」という問題は一七〇〇年代半ば、トビアス・マイヤー、ルジェル・ヨシプ・ボスコヴィッチ、ピエール＝シモン・ラプラスらの注目を集

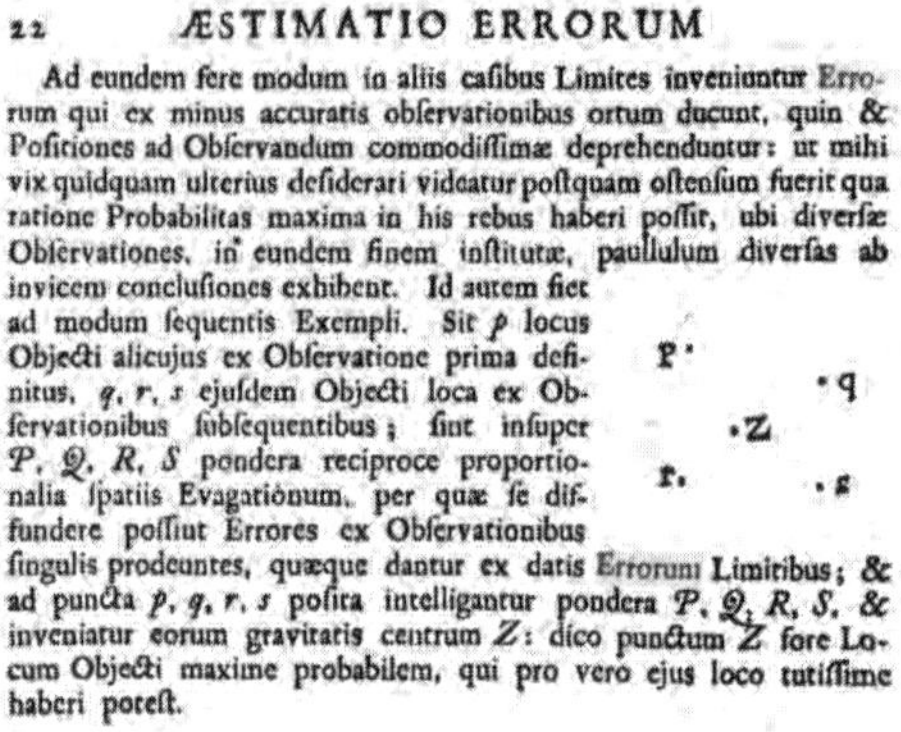
22 ÆSTIMATIO ERRORUM

Ad eundem fere modum in aliis casibus Limites inveniuntur Errorum qui ex minus accuratis observationibus ortum ducunt, quin & Positiones ad Observandum commodissimæ deprehenduntur: ut mihi vix quidquam ulterius desiderari videatur postquam ostensum fuerit qua ratione Probabilitas maxima in his rebus haberi possit, ubi diversæ Observationes, in eundem finem institutæ, paullulum diversas ab invicem conclusiones exhibent. Id autem fiet ad modum sequentis Exempli. Sit *p* locus Objecti alicujus ex Observatione prima definitus, *q*, *r*, *s* ejusdem Objecti loca ex Observationibus subsequentibus; sint insuper *P*, *Q*, *R*, *S* pondera reciproce proportionalia spatiis Evagationum, per quæ se diffundere possint Errores ex Observationibus singulis prodeuntes, quæque dantur ex datis Errorum Limitibus; & ad puncta *p*, *q*, *r*, *s* posita intelligantur pondera *P*, *Q*, *R*, *S*, & inveniatur eorum gravitatis centrum *Z*: dico punctum *Z* fore Locum Objecti maxime probabilem, qui pro vero ejus loco tutissime haberi potest.

図6.3：ロジャー・コーツの図表：重心 *Z* での加重平均を使用して結合されたと考えられる、必ずしも正確ではない２次元の観測に関するコーツの説明。出典：Roger Cotes, *Aestimatio Errorum in Mixta Mathesis, per Variationes Planitum Trianguli Plani et Spherici*, 1722.

めたが、そのほとんどが単純で表面的な問題に関するものだった。これが一八〇五年頃になって、ガウスとオイラーによる最小二乗法へと発展することになる。

アイザック・ニュートンと密に協力して研究をしていたケンブリッジ大学の数学者、ロジャー・コーツ（一六八二―一七一六年）は、さまざまな精度の観測を、誤差に反比例した重み付けをした加重平均を使って組み合わせるという方法を思いついた。[*2] 図6・3は、彼の死後、一七二二年に出版された『誤差判断』で使用された図表である。彼はこのテキストで、仮に四つの観測値p、q、r、sがあるとすると、これらに重量P、Q、R、Sが与えられ、そこから得られる最良推定値はそれらの加重平均となり、これは幾何学的に重心、すなわちZで示される点となると述べている。この議論が二次元の図表を必要とするのは疑いようもない。ここでも、この図が散布図の特性をもつにもかかわらず、コーツは明らかに、これを散布図として表しているつもりはなかった。[*3]

一八世紀の終わりに近づくにつれ、他にもさまざまな発展が散布図へと向かっていた。一七九四年、ロンドンのバクストン医師（彼についてはほとんど知られていない）が特許を取得し、直交座標グリッドが印刷された初のグラフ用紙の販売を始めた。一七九六年、ジョン・サザンとジェームズ・ワットは、ふたつの変数――蒸気機関の圧力と容積――を同時に自動記録する、ペン駆動による装置を考案した。両者のアイデアはいずれも、散布図の概念に重要な功績を残した。

ヨハン・ランベルト

一七六〇年から一七七七年にかけて、ヨハン・ハインリヒ・ランベルト（一七二八―七七年）は、曲線当てはめ（カーブフィッティング）と、経験的データからの補間について説明した。スイス人の博識家で、数学や天文学、色彩理論や実験科学に多大なる貢献をしたランベルトは、経験的観測を表した手書きの曲線に代数法をどのように適用できるかを示すことを目的に、経験的データをグラフに表現した最初の科学者だった。*4 彼は物理的現象を決定する数学的法則を探し出そうとしていたのだ。

図6・4は、ある緯度の範囲（それぞれの曲線）における、一年のある一定の時間間隔の土壌温度を華氏で示した図表である。曲線は観測データから導き出されたものだが、データポイントはひとつも示されていない。これは初期のグラフの好例であり、ランベルトが表現しようとした現象――赤道では変化が非常に少なく、極に向かうにつれて変化が大きくなる――を極めて明確に示している。

ところが、ランベルトの図表をよく読み解いてみると、彼が散布図の本質的な概念をもち合わせていたことがわかり、このことから彼を、特に科学的現象に関するデータ視覚化の創立者のひとりとして考えるべきだということが見てとれる。一七六〇年から一七八〇年にかけての死亡率、物理学（色、光、湿度測定法）、そして天文学などのトピックに関するさまざまな研究で、彼は一貫してデータのグラフを用い、誤差論を扱うのと同じ方法で、間違いやすい観測から理論を展開しようとしてきた。いくつかの研究では、近代的ともとれる方法でのグラフの使用について説明している。一七六五年に発表された、特にわかりやすい説明を以下に紹介しよう。

一般にふたつの可変量 *x* と *y* がある場合、これらを観測によって互いに比較することで、横座標と考えることのできる *x* のそれぞれの値に対応する縦座標 *y* を決定することができる。この実験または観測が完全に正確であるとすれば、これらの縦座標から多くの点が得られ、これらの点を結ぶことで直線や曲線が描かれる。ところが正確でない場合、線は観測点から多かれ少なかれ逸脱する。したがって、いわばある任意の点の中央を通るようなかたちで、その真の位置にできる限り近くなるように線が引かれなければならない。[*5]

ここで表現されている考え方はまさに革命的だった。彼は（*x*, *y*）の点のプロットの範例を述べているだけではなく、観測誤差を解決するひとつの方法として、「ある任意の点の中央を通るようなかたちで……その真の位置」を表す、曲線当てはめという考え方をも述べているのだ。

しかし、ランベルトがそれ以前に、散布図の発案者として認められていなかったとすれば、おそらくそれは皮肉にも、彼が研究していた物理的現象があまりに規則的であったため、ひとたびデータポイン

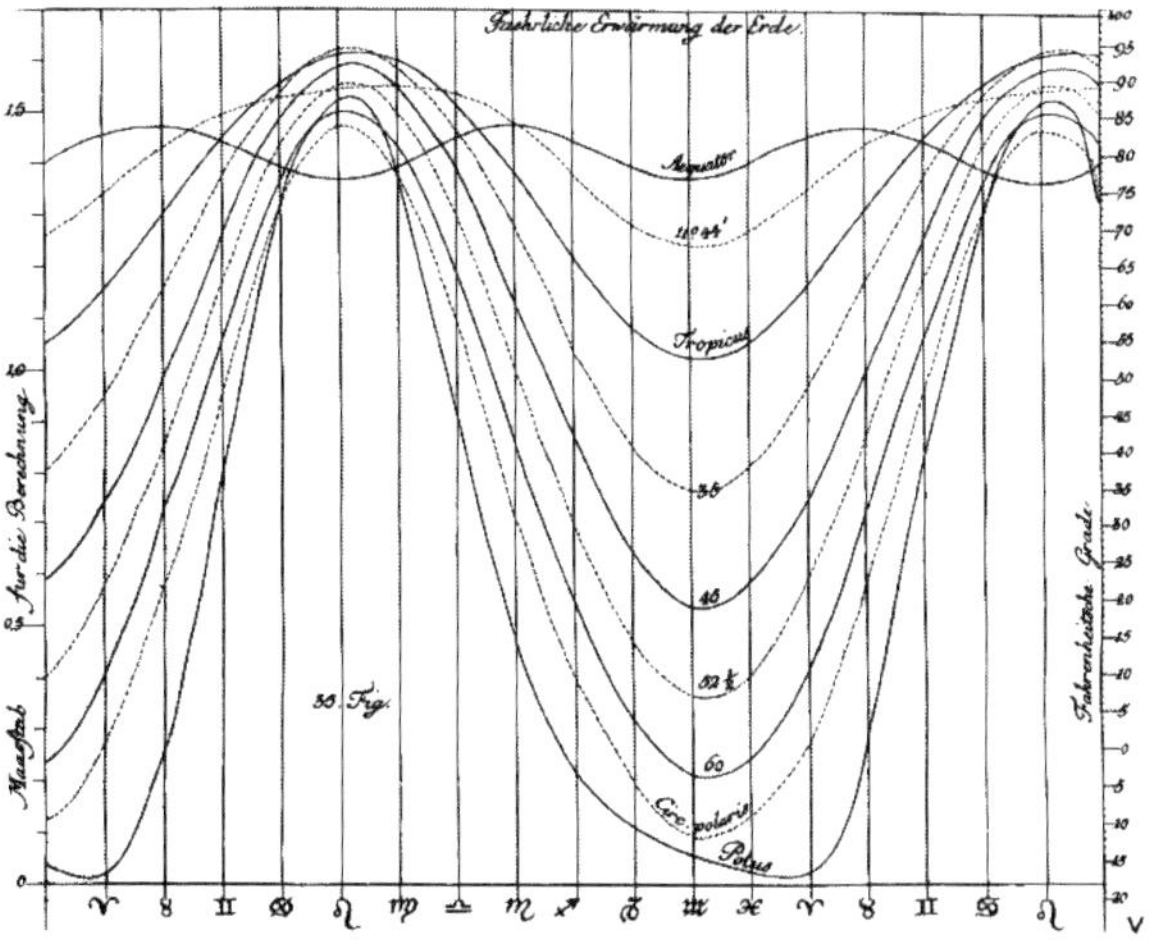

図 6.4：土壌温度の図表：時間の経過とともに変化するさまざまな緯度における土壌温度を表したJ. H. ランベルトの図表。水平軸は、惑星記号を用いて1年におけるそれぞれの時期を表している。出典：Johann Heinrich Lambert, *Pyrometrie; oder, vom maasse des feuers und der wärmemit acht kupfertafeln*. Berlin: Haude & Spener, 1779.

トがプロットされたら、平滑化曲線だけで点そのものを示すものとして代用でき、誤差から免れ、視覚的混乱を避けることができたからだろう。ランベルトの目的はむしろもっと高尚なものだった。図6・4やその他の図からランベルトが主に目指していたのは、数式を用いて法則的な規則性を特徴付けることだったのだ。

なぜプレイフェアではないのか？

このように一八〇〇年よりはるか前に、抽象的な二次元座標系の経験的データをグラフにするために必要なすべての知的要素が揃った。それでは、プレイフェアがほぼすべての一般的な統計グラフを――まずは『アトラス』で線グラフと棒グラフを、後に『統計簡要』でパイチャートと円グラフを――発案したとき、彼がなぜデータの散布図、すなわち、ある変数をもうひとつの変数に対してプロットするという考えを展開しなかったのかと疑問に思う人がいるかもしれない。

プレイフェアの主な関心は、しばしば比較を目的とした、経時的に記録される経済データであったため、時系列の線グラフという形式が理想だったのではないかと考えられる。実際、『アトラス』の第一版に含まれる四四の図表のうち、ひとつを除くすべてが線グラフで、その多くがふたつの時系列（輸入と輸出）を示すものだった。これにより彼は、貿易収支をこの二曲線間の差異として論じることができたのだ。

輸入を輸出に対してプロットするという考えを彼が思いつかなかったことは明らかであり、おそらくそれが彼の主張を補うこともなかっただろう。一八二一年、『農業の窮迫に関する文書』という小論のなかで、プレイフェアははるかに野心的なことを試みた。つまり、異なる時系列間の関係性と、これらが歴史的事象という観点から見てどのように一致するかを示そうとしたのだ。カラー図版10は、価格（四分の一ブッシェルの小麦価格をシリング単位で）、労働賃金（熟練した整備工の週給をシリング単位で）、およびイギリスを支配していた君主の名前を反映させた二五〇年間にわたる三つの並列する時系列を表したものだ。

プレイフェアは賃金の時系列を線グラフで示している。左側の垂直スケールには〇～一〇〇の範囲があるが、データ（賃金）は〇～三〇までしかない。小麦価格の時系列は右側の垂直スケールを使用して棒グラフで示され、これも同じく〇～一〇〇の範囲となっている。

どちらの垂直軸も単位はシリングだが、スケールが週給から日給、または月給へと変わる、もしくは小麦価格の単位が食パン一斤またはフルブッシェルに変わると、その相対的傾向の認識が劇的に変化する。しかし、同じプロット内の異なるスケール（y軸）（ここでは賃金と小麦価格）を混合することは、こんにちでは邪悪なことと考えられている。というのもそれは、罪深い作成者に対して、ふたつのスケールを自由に操作し、それらふたつの変数間の関係に好きなかたちを取らせることを許してしまうことになるからである。

プレイフェアの主な目的は、二世紀の間に、消費力（賃金）は購買力（価格）と関連してどのように変化したかを示し、小麦（またはパン）が労働者にとってより入手しやすいものになったという認識へ直接的に導くことだった。彼は次のように結論付けている。「考慮に値する主な事実は、それ以前に、小麦価格が現在のように機械労働と比例してこれほど安くなったことはなかったということだ」。[*6]

しかし、カラー図版10のグラフが実際直接的に示していることは、かなり異なっている。最も強烈な視覚的メッセージは、賃金が比較的着実に変化している（アン女王の治世に向かって非常にゆっくりと増加し、その後はより大きな割合で増えていく）一方で、小麦価格（およびパンの価格と、それらの賃金で購入された可能性のある他の品目の価格）は大きく変動していたことである。期間の終わりに向かって賃金が価格に応じて増加しているという結論は、せいぜい間接的なものであり、視覚的に注目すべきものではない。

プレイフェアが望んでいたのは、小麦を買うのに必要な労働力との経時的関係から小麦価格に焦点を当てることだった。そのために彼は、新たな誘導変数、つまり、四分の一ブッシェルの小麦を買うのに必要な労働コスト（働いた週数）を表す小麦価格対賃金の比を計算することもできただろう。図6・5に示すように、この誘導変数を経時的にプロットすることでこれを直接的に示し、小麦が次第に労働者の

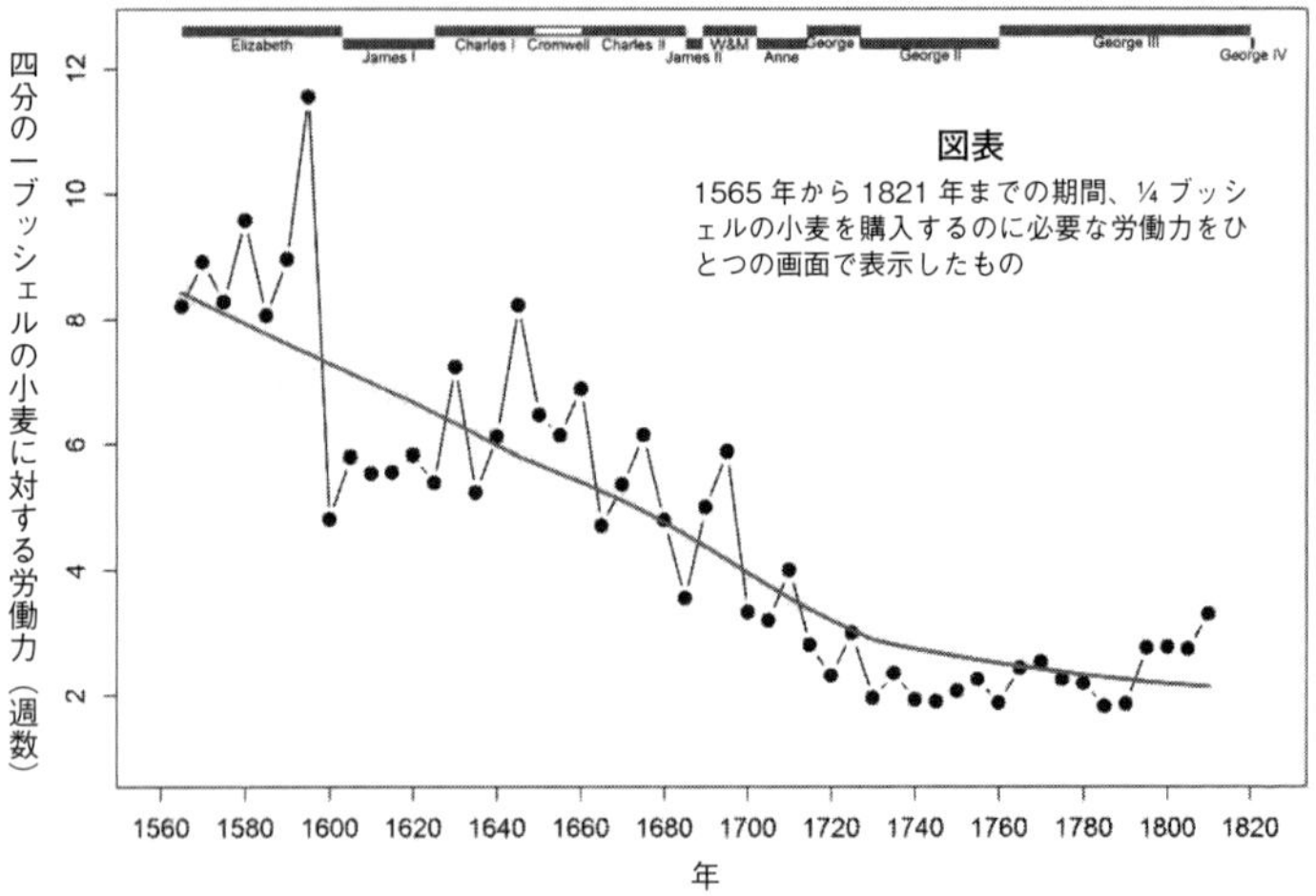

図6.5：比をプロットしたもの：プレイフェアの時系列グラフを描きなおしたバージョン。小麦価格対賃金の比が、ノンパラメトリック平滑化〔与えられた母集団についてなんらかの分布にしたがっているような前提がない場合の平滑化のこと〕曲線とともに示されている。出典：© The Authors。

手に入りやすくなったという彼の結論を説明することもできただろう。これを近代的に再現したバージョンに、私たちは平滑化曲線を追加して全体的な傾向変動を示した。価格対賃金の比が平均してかなり着実に減少し、いちばん最近の数年では横ばいになっているという事実が強調されている。QED（証明終了）！

プレイフェアはほぼすべてのグラフにおいて、自身のデータを個々の時系列の集合として捉え、そのそれぞれが時間の優位次元順に並べられた一連の数字と考えていたと推論するのが妥当だろう。さらに彼が、価格対賃金比のような派生値をプロットしようと考えたことがあったというエビデンスはない。[*7]

同様に、輸出入の図表（図5・5）でも、「貿易収支」、すなわち輸出と輸入の差異を、それがまさにみずからの比較チャートで彼が伝えたかったことだったにもかかわらず、プロットす

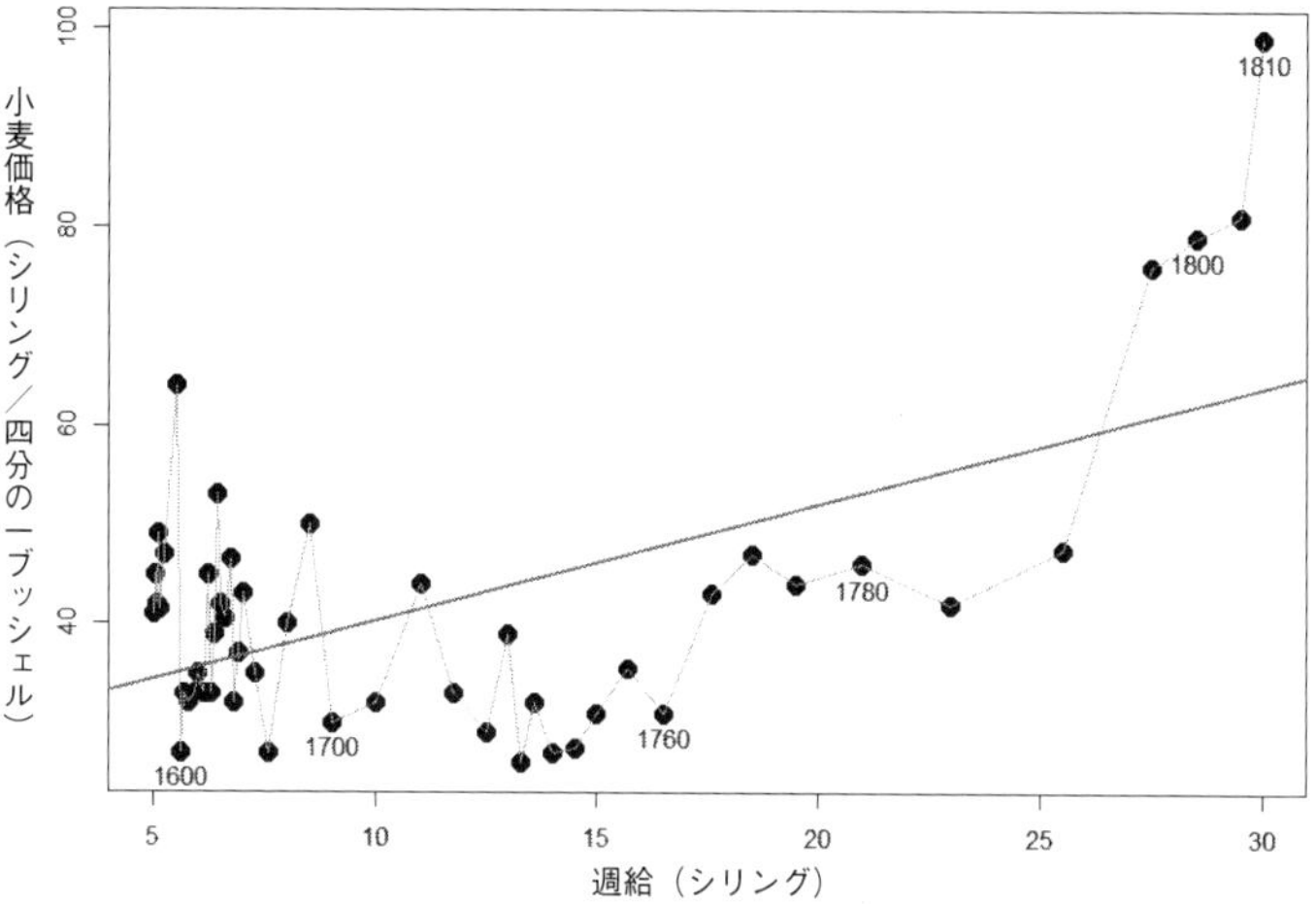

図6.6：散布図のビュー：プレイフェアのデータの散布図版。点を時間順につなぎ、賃金に対する小麦価格の線形回帰を示している。出典：© The Authors。

ることは考えていなかったのだ。

プレイフェアがこれらのデータに散布図を使用していたら――たとえば賃金に対して小麦価格をプロットするなど――、結果的に彼の主張をそれほどうまくサポートすることにはならなかっただろう。図6・6は価格対賃金のプロットで、時間順に点と点が結ばれている。線形回帰直線は上昇傾向の変動を示し、賃金と小麦価格の両方が時の経過とともに上昇しているという事実を反映している。

ジョン・ハーシェルと双子星（連星）の軌道

近代グラフ形式のほとんどが発明された一七五〇年から一八五〇年の一世紀間、根本的に重要な測定上の問題が、オイラー、ラプラス、ルジャンドル、ニュートン、ガウスをはじめとする最もすぐれた数学者らを魅了し、微積分、最小二乗、曲線当てはめ、補間などの発明につながった。[*8] 先にヨハン・ランベルトのケースで説明したように、これらの科学的、数学的領域で、グラフは科学的現象を説明する上で次第に重要な役割を担うようになっていた。

こうした研究のなかでも、一八三二年一月一三日に王立天文学会で発表され、その翌年に出版されたサー・ジョン・フレデリック・ウィリアム・ハーシェル（一七九二―一八七一年）の論文、「回転する二重星の軌道に関する調査」に注目したい。二重星が長い間、天文学において特に重要な役割を果たしてきたのは、これらが恒星の質量と大きさを測定するための最良の手段だったからであり、この論文はハーシェルが三六四の二重星の軌道に関する観測を念入りにカタログ化した、一八三三年のもうひとつの論文の補遺として準備されたものだった。

この印刷版の論文は、会議で提示された四つの図に言及している。残念ながら、『王立天文学会の思い出』に印刷されたバージョンのなかにこれらが含まれていなかったのは、おそらく印刷コスト上の都合だろう。ハーシェルは、「この論文に添付されているチャートと図の原本はすべて、王立天文学会に寄託する」と記している。[*9] これらは歴史家の範疇ではなかったかもしれないが、トーマス・ハンキンズはハーシェルのグラフ手法について二〇〇六年に書いた洞察力のある論文の研究過程で、これらの写しを発見した。

ハーシェルの論文がなぜ注目に値するかを知るには、その目的に関する彼の説明、散布図の構成、そして視覚的平滑化という考え方を理解する必要がある。この視覚的平滑化により、分析的手法から得られるものよりも満足のいくような、二重星の軌道パラメーターの解が得られる。

この論文は、みずからの目的とその達成を主張するハーシェルの力強い陳述で始まる。

以下のページで述べる私の目的は、連星の楕円軌道の要素を私たちが実際に保有している不完全な観測結果から、これまで述べてきたどの計算システムよりもはるかに易しく、しかも高い確率で得られるプロセスを説明することである。[*10]

重力の法則から、連星の楕円軌道は、子午線（経線）と連星の中心に向かう線との間の測定角度と、比較的長期にわたって記録されたそれぞれの見かけの距離（視距離）から決定することができる、とハーシェルは述べている。これらの測定が正確だとすれば、または比較的小さな誤差で決定されたものだとしたら、よく知られた楕円運動と球面三角法の原則により、その軌道と、地球側の観測者の位置との経時的関係性を指定する定数（数字の7）に対する正確な解が得られることになる。ところが、二重星間の角度と距離は、特に距離においては「法外な誤差」を伴って測定され、七つの未知数の七つの方程式を解くことに依存するそれまでの分析方法では満足がいかなかったと彼は指摘している。そして、より良いグラフィカルソリューション（図解）の使用を宣言している。

この達成のために私が提案するプロセスは、本質的にグラフィカルなものとなる。このグラフィカルという言葉を、私は地理的構成や数値計算の測定の単なる代用としてではなく、計算ではなく判断しか役に立たないような場合に、どの計算システムにも達成できないことを、目と手の力を借りて判断することによって実行しなければならないものとして理解している。（Herschel 1833b, p. 178）

ハーシェルはその後、「直角に交わり、かつ一〇行ごとに線の色が他よりも濃くなっている、等距離の二組の線が全体に印刷された」グラフ用紙を作成するプロセスについて説明している。その後、位置角（y）と観測日（x）から成る点がプロットされる。「次のステップはしたがって、目だけで判断し、フリーハンドながらも注意深く、これらの点を貫通するのではなく、これらの間を通って、できる限りそこからの逸脱を最小限にとどめながら、大きく滑らかに湾曲させて曲線を描くことである。これはぜひとも守らなければならない。……［強調原文のまま］」[*11]

ハーシェルの散布図の利用と視覚的平滑化がその分析に果たした役割については、乙女座内で三番目に明るい（二重）星である乙女座γ星の軌道における、彼の最初の例[*12]に最もよく示されている。ここで彼は、一七一八年から一八三〇年にかけての、この二重星の位置角と分離距離に関する一八の観測を含む生データ[*13]に言及している。これらの観測を表した図6・7に示すグラフを、本書では最初の真の散布図の候補とする。

双子星の（視）軌道は、北半球の天の極から測定した中央のより明るい星とその衛星間の位置角、および秒角で測定したふたつの星間の角距離によって完全に説明することができる。この物理的設定の概略を図6・8に示す。ここではひとつの天文観測につき、軌道上の点がひとつ与えられている。双子星の相対的位置はゆっくりと変化するため、長期間のこうした測定から他の点が得られ、これらの点を使って視軌道を計算することができる。

ハーシェルが問題としていたのは、記録データが不完全であり、精度が変わるという点だった。一四

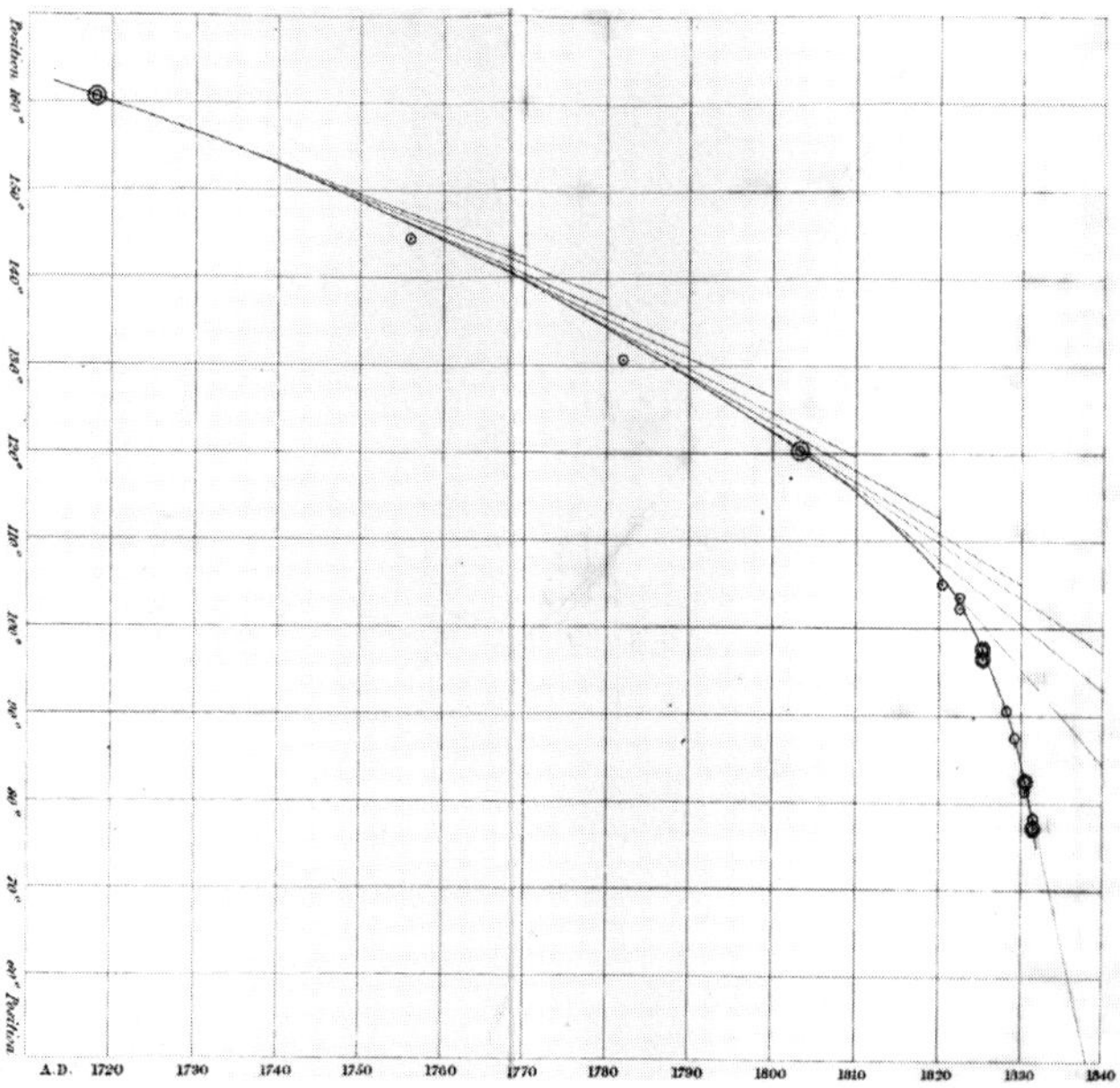

図 6.7：ハーシェルの最初の散布図：ハーシェルが二重星の乙女座γ星のデータに適用したグラフ手法。このプロットは双子星を分離する位置角の観測値を垂直軸に、時間を水平軸に置いている。より信頼できると考えられるいくつかの観測値には二重丸が記されている。主な特徴は滑らかな曲線で、この曲線から接線を引くことで、曲線に沿った等間隔の角速度が得られる。出典：John F. W. Herschel, "On the investigation of the orbits of revolving double stars: Being a supplement to a paper entitled 'micrometrical measures of 364 double stars,"' *Memoirs of the Royal Astronomical Society*, 5, (1833), 171–222..

の観測に位置角が記録されており、九の観測に分離距離の測定があったが、位置角と距離の両方があったのは五つしかなかった。そのなかのいくつかが「極めて不確かであり、観測とも一夜限りの測定とも呼べず、まったく信頼できず」、上述の「法外な誤差」がある可能性を示唆していると彼は指摘している (Herschel 1833a, table, p. 35)。

どれほど小さな誤差でも、その誤差が果たす役割を正しく認識するため、彼は後に『天文学概要』と題された書物のなかで、ほんの二分の一秒の位置角の誤差は、直径六

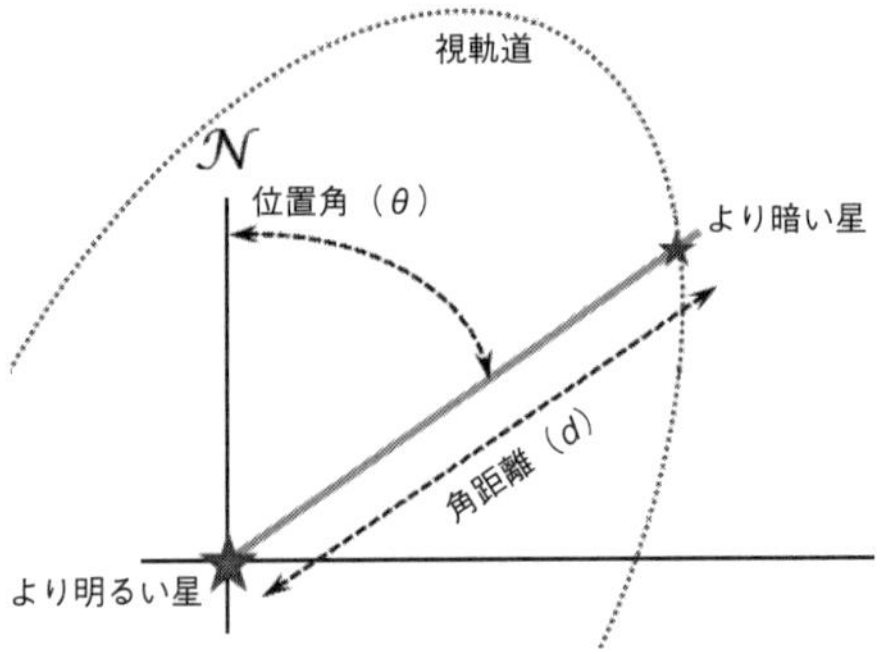

図 6.8：星の観測：軌道を決めるふたつの数量の測定に関わる二重星の観測：より暗い星の位置角と、それらの間の角距離を示している。出典：© The Authors。

フィート（一八〇センチメートル）の円においては、わずか一インチ（二・五センチメートル）の一万二〇〇〇分の一に相当し、これは観測計器を使って測定することのできるどの値よりもはるかに小さい、と述べている。

データと技術の両方に関するこれらの問題へのハーシェルの解決法は、概念上は独創的とみなされてしかるべきであり、ほぼ確実に、散布図が科学的問題に解答を与えた最初のケースと言ってよいだろう。彼は、五つの点しか利用できない位置と距離の組み合わせではなく、時間とともに変化する位置角の使用を選択した。図6・9は、権限をもつ人物の名をそれぞれに付した一四の観測をグラフに再現したものである[*14]（「H」はハーシェルの父ウィリアム（天王星の発見者）、「h」はハーシェル自身を指す）。ところが彼は次のような指摘をしている。

> しかしすべての観測に同等の信頼を置くことはおそらく不可能であるため、最大の信頼を置くに値する観測に対応する点がどれかを見極めることに注力しなければならない。……これらはふつうに見ても目に訴えるような……特別な方法で図

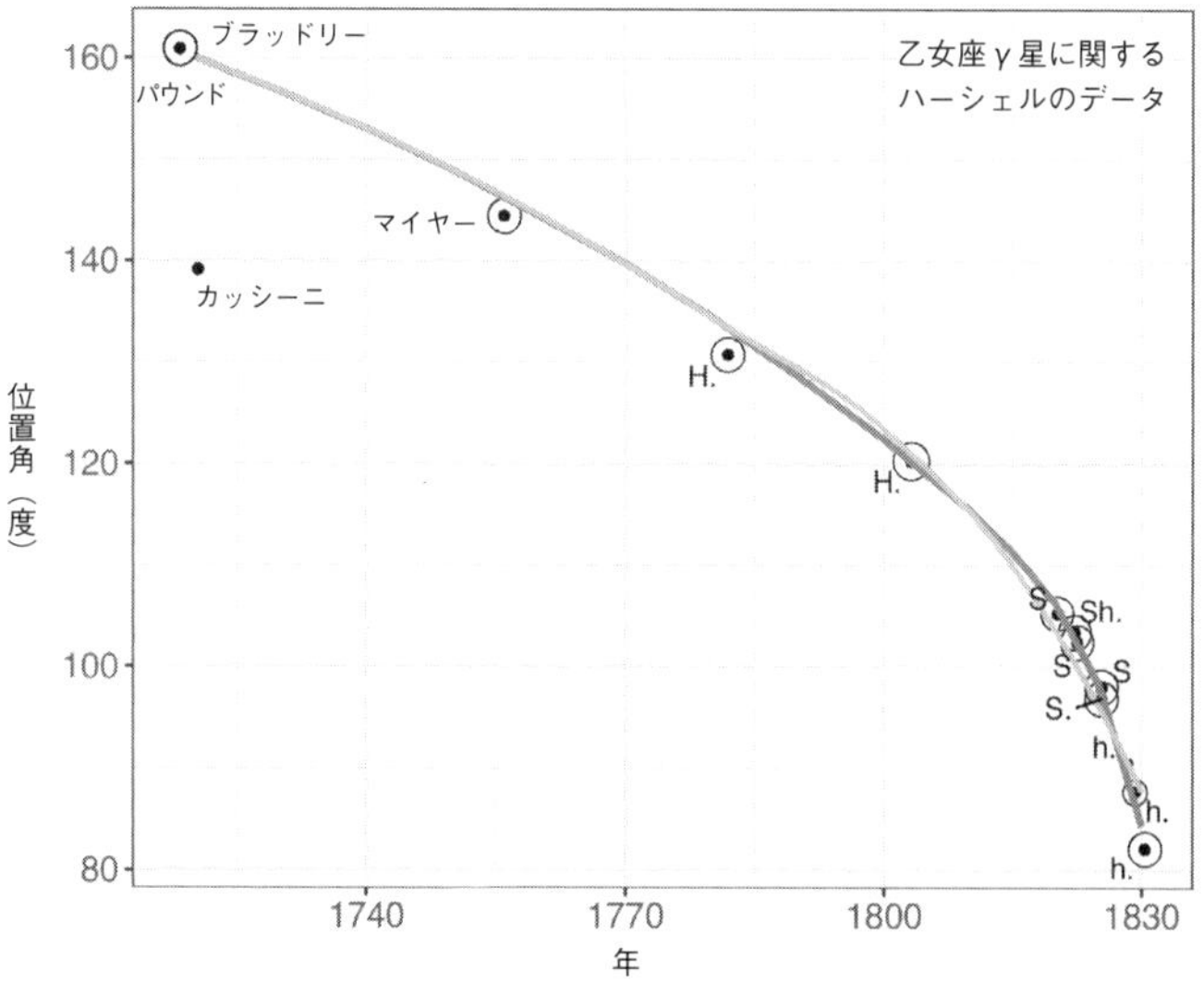

図6.9：ハーシェルの再現：乙女座γ星の軌道データを目視で平滑化した補間曲線（薄い灰色）と、平滑化曲線（濃い灰色）で示したハーシェルのグラフの再現。各データポイントを囲む円の大きさは、各観測にハーシェルが付けた加重値に比例する。出典：© The Authors。

表上に印を付けるべきである。たとえばより大きな点、または濃い点にするなどの方法だ。……曲線を描くときは、これらの最も目立つ点のすべてを通るように、またはその近くを通るようにしなければならない（Herschel 1833b, p. 179）。

この注釈にハーシェルの自信が現れていると判断した私たちは、各観測に○・五〜六・○までの範囲で加重値を割り当てた。図6・9の薄い灰色で示した曲線は、ハーシェルが補間した点（中空円の印）を線分で結んだものである。彼がカッシーニの観測（私たちはこれに○・五の加重値を与えた）を完全に無視していたことは明らかだ。ハーシェルの手法をどれくらいよく理解しているかを確認するため、私たちはさらに、自分たちが決めた加重値を使用して、統計的に平滑化された曲線を当てはめた。観測が最も密になっているこれらの期間の後半では、ふたつの曲線がほぼ重なっているが、一七三〇年から一七九〇年にかけては明らかに乖離している。しかし「目と手の助けを借りて判断する」ことによって当てはめられたハーシェルの曲線は、近代のノンパラメトリック回帰の平滑化によって見出されたものよりもいくぶん滑らかである（「大きく滑らかに湾曲させて」）。ハーシェルは次のように結論している。「この曲線は、ひとたび描かれたら、観測日と観測日の中間の瞬間だけでなく、観測そのものの瞬間においても位置角の変化の法則を表すものでなければならず、しかもそれは、個々の生の観測によって（平均して）得られるものよりはるかにすぐれたものでなければならないことは明らかだ」。［強調原文のまま］

ハーシェルの次のステップは、補間点における曲線の傾きを計算して、角速度 $d\theta/dt$ をグラフから測定することだった。これらは図6・7に曲線の接線として示されている。これらの接線から彼は、「直接的な測定から完全に独立した」分離距離の測定を、距離〜$1\sqrt{d\theta/dt}$ として計算することができた。なぜなら実際の楕円運動においても、見せかけの楕円運動においても、ある一定時間に生まれる面積は時間に比例していなければならず、したがって距離は角速度の平方根に反比例するからである。最終的に彼は、視軌道の平滑化楕円をプロットして、乙女座 γ 星の完全な運行を決定するパラメーターを計算することができた。

これらすべての作業の結果は図6・10に示されている。この図においてハーシェルは、図6・7から引き出してこの空間に変換した一七二〇年から一八三〇年にかけての補間データポイントを丁寧に表現している。その手法は、ほとんど視覚的に証明されていた。彼の平滑化曲線から計算すると、ほぼ完璧

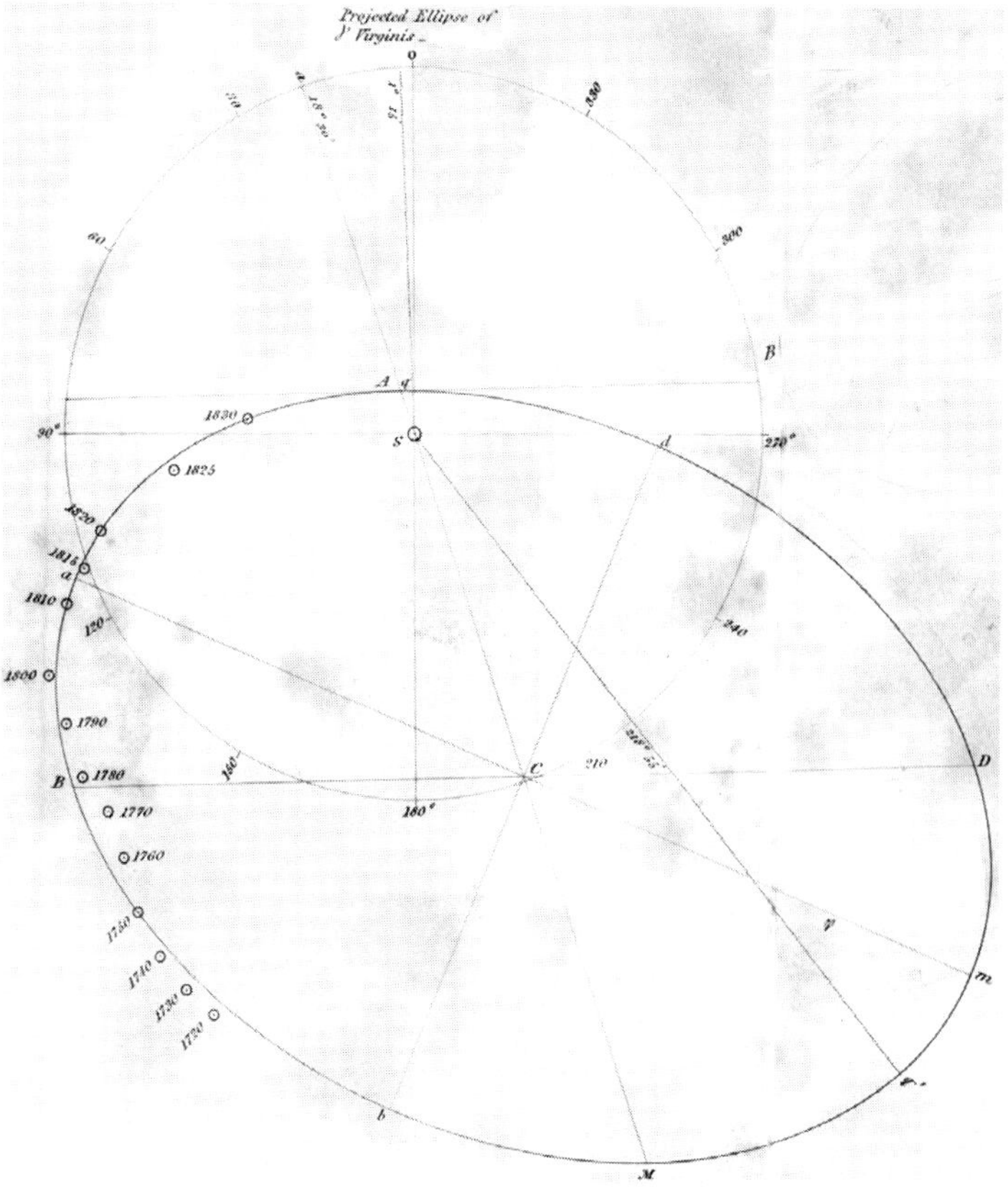

図 6.10：楕円幾何学：図 6.7 をベースに計算された乙女座 γ 星の楕円視軌道をハーシェルが幾何学的に構成したもの。主星には "S" と印が付けられている。楕円の周囲にラベル付けされた点は、この空間に変換された補間観測値を示している。出典：John F. W. Herschel, "On the investigation of the orbits of revolving double stars: Being a supplement to a paper entitled 'micrometrical measures of 364 double stars,"' *Memoirs of the Royal Astronomical Society*, 5, (1833), 171-222.

な楕円が得られたのである。[*15] これに要した根気と精度は称賛に値するだろう。というのも、完璧な軌道を完全に観測するには約六〇〇年もかかるが、ハーシェルはたった一〇〇年足らずのデータしかもち合わせていなかったからである。私たちはハーシェルが黒板に「QED（証明終了）！」と書いて講義を終え、聴衆から割れんばかりの拍手喝采を浴びる姿を想像することができる。

こうして、天文学者や数学者の前に少なくとも一世紀の間、立ちはだかっていた問題が、散布図をベースにしたグラフによる解決法に潔く道を譲り渡したのである。極めて重要なステップは、生の観測値を平滑化すること、そして理論は利用可能なデータから大きく逸れることがあるということを理解することだった。

ハーシェルのグラフの影響要因

批判的な読者ならこう反論するかもしれない。ハーシェルのグラフ手法は独創的かもしれないが、本書で使われている意味からすれば、真の散布図を生成したとは言えないのではないか、と。というのも、図6・9の水平軸は分離変数ではなく時間を示しているからである。したがって、目を向けるべきは別の時系列グラフであり、真の優先権はプレイフェアか、またははるかに遡って、本質的な概念を記したランベルトの方にあるとも言えるかもしれない。これは、みかけ上は真実である。

あくまでもみかけ上は、である。ところが、ハーシェルのグラフ手法に関する説明を丁寧に、そして豊かな観察眼をもって読み解いてみると、少なくともそれは視覚的思考における真のイノベーションであり、注目に値すると考えることができる。それよりも重要なのは、位置角と分離距離間の関係性をもとに双子星の軌道パラメーターを計算することが、ハーシェルの真の目的だったということだ。このグラフでは、時間は、不十分な観測や、おそらくは分離距離のデータの法外な誤差を克服する代替手段または間接的手段として使われている。

とはいえ、ハーシェルがグラフを使って、散布図をベースにした計算を発展させたことは、彼の功績を王立天文学会における大変革として幅広く受け入れていた天文学の分野以外では、あまり注目されることはなかった。これは、彼のグラフ手法の功績というよりも、科学的成果に対して言えることだった。なぜなら科学者はおそらく、これを単なる目標達成の一手段としか考えていなかったからである。

グラフ手法がデータをベースにした科学的説明の完全な仲間入りを果たし、単なる図解以上のものとして理解されるようになるまでには、さらに三〇～五〇年の年月を要した。この変化は、一八八五年におこなわれた王立統計学会の二五周年記念祝典でのプレゼンテーションに最もよく記録されている。当時でさえ、ほとんどのイギリス人統計学者はみずからを「ステイティスト」〔国家の政治的事実の研究者という意味〕、すなわち単に数値表に統計的事実を記録するだけの人と考えていたが、彼らはついに「グラフィスト」、すなわちグラフをつくる人として祝賀会に招待されたのだ。

六月二三日、有力なイギリスの経済学者アルフレッド・マーシャル（一八四二―一九二四年）は、グラフ手法の利点について祝賀会の出席者を前に演説をおこなった。ステイティストとしては思い切ったスタートだった。もうひとりの演説者、フランス人のエミール・ルヴァッスール（一八二八―一九一一年）は、当時利用されていたさまざまな種類のグラフや統計地図の調査について発表した。ところが当時でさえ、ランベルトとハーシェルの科学的研究と、新しいグラフ形式としての散布図の概念は、ほとんど知られていないままだった。この状況はまもなくして、フランシス・ゴルトンの登場を機に変化していく。

フランシス・ゴルトンと相関の概念

フランシス・ゴルトン（一八二二―一九一一年）は特性の遺伝率の問題に関する研究に対して、実際のデータを使って、純粋に経験的な二変量関係をグラフ形式で示した最初の人物だった。まず人々の身体的特徴（頭囲と身長）間の関係、または両親とその子どもとの間の関係を、特性の関連付けと遺伝的性質を研究するひとつの手段として示すプロットから始めた。たとえば、背の高い人は平均よりも頭囲が大きいか？　背の高い両親からは平均よりも身長の高い子どもが生まれるか？　といったことである。

自身のグラフから調査と計算をおこなった結果、ゴルトンは「平均への回帰」とみずから呼ぶ現象を発見した。こうした問題に関する彼の業績は、近代の統計的手法の基礎と考えることができるだろう。これらの図表から彼が得た洞察は、さらに奥深いもの、たとえば相関と線形回帰〔独立変数に対して従属変数が線形またはそれに近い値で表される状態〕の概念や二変量正規分布〔関連しあうふたつの確率変数を仮定する通常の確率分布〕、そして最終的には古典的な統計的線形モデルのほぼすべて（分散分析、重回帰〔複数の独立変数をもつ回帰モデル〕など）へとつながっていった。

現在知られている最も初期の例は、図6・11に示すとおり、ゴルトンのノート「特別な特性」（一八七四年頃）から引用した身長に対する頭囲の図表である。[*16] この手書きの図表では、身長の間隔を水平に示し、これに対して頭囲を垂直に示している。表そのものに記載されている値は階級幅のペアの集計である。ゴルトンは右と下の余白に身長と頭囲の総計を記し、その度数分布を表す滑らかな曲線を描

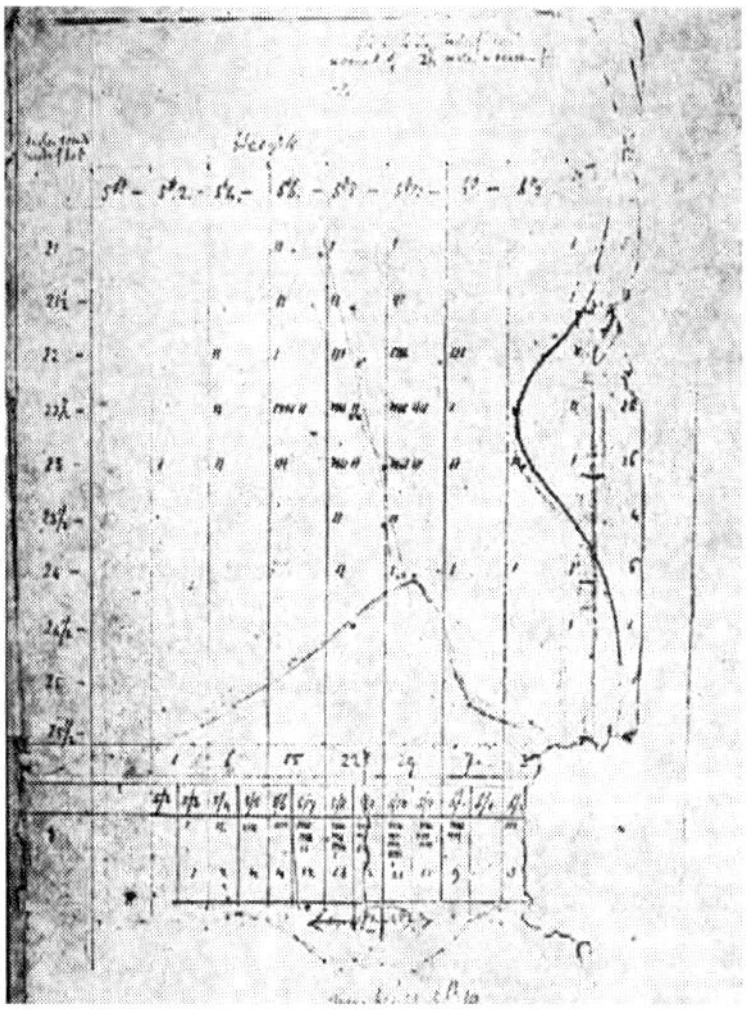

図 6.11：最初の相関図：ゴルトンの最初の相関図。日付のない自身のノート「特別な特性」より、頭囲と身長の関係性を示している。出典：以下より転載：Victor L. Hilts, *A Guide to Francis Galton's English Men of Science*, Vol. 65, Part 5. Philadelphia, PA: Transactions of the American Philosophical Society, 1975, pp. 1–85, fig. 5.

いた。この図表の概念的起源がグラフではなく表にあるということは、ふたつの変数の最小値が、グラフではより自然な右下ではなく、左上（第一行第一列）に示されているという事実からも見てとれる。

ゴルトンによる二変量関係のグラフ表現は、こんにち使われているような真のデータ散布図以下でもあり以上でもあったと主張する人がいるかもしれない。なぜ〝以下〟なのかといえば、ひと目でそれが、グラフによる注釈を付した表と大差ないもののように見えるからである。なぜ〝以上〟なのかといえば、ゴルトンはこれらを計算と説得の手段として利用していたからである。[*17] 彼がそうしたのは、求めている回帰直線がもともと、水平変数xの変化とともに変わる垂直変数yの平均値のトレースとして定義されており[*18]（現在、条件付き平均値

関数$\varepsilon(y|x)$として考えられているもの)、したがって、少なくとも変数xを階級幅にグループ化することが必要だったからである。ゴルトンによるこのデータ表示は本質的に、カウント記号(/, //, ///など)や数字を使用してこれらの表をグラフに書き写し、各セル内の度数を表現したものだった。これは一九七二年、プリンストン大学の博識家ジョン・テューキーが「セミグラフィックディスプレイ」と呼んだもの、つまり一部が表で一部が図から成る視覚的キメラと言える。

このキメラが劣った散布図としてしかみなされないとしても、二変量度数分布表からセミグラフィックディスプレイへの一歩は、ゴルトンにとって、そして統計学と統計グラフィックスの歴史にとって極めて重要なものだった。テューキーが指摘しているように、セミグラフィックディスプレイ(図6・11の下部の集計)と完全なグラフ形式(度数分布多角形)の主なちがいは、前者では集計表からそれなりの値を算出できるが、後者ではそうはいかないということである。この図にかすかに描かれた斜めの線は、頭囲の平均的傾向を身長から計算する方法を示したゴルトンの初期のスケッチである。

ゴルトンの次のステップは、クラウドソーシングによるデータ収集〔不特定多数の人に依頼してデータを収集する方法〕の初期の研究(一八六一年の気象パターンの発見、第7章の「フランシス・ゴルトンによるグラフィックの最大の発見」のセクションを参照)で彼が展開した手法にしたがっていた。これは、外部因子を制御する実験を描いた設計図の最も初期の一例でもあった。

一八七五年、ゴルトンはスイートピーの種が入った袋を七人の友人にそれぞれ配り、そのすべての種を注意深く育て、新世代から種を収穫し、その子種を彼に戻すよう指示した。[*19] 友人たちはそれぞれ、袋ごとに大体同じ大きさと重さの種が入った七つの袋を受け取った。それぞれの袋の大きさのちがいはほ

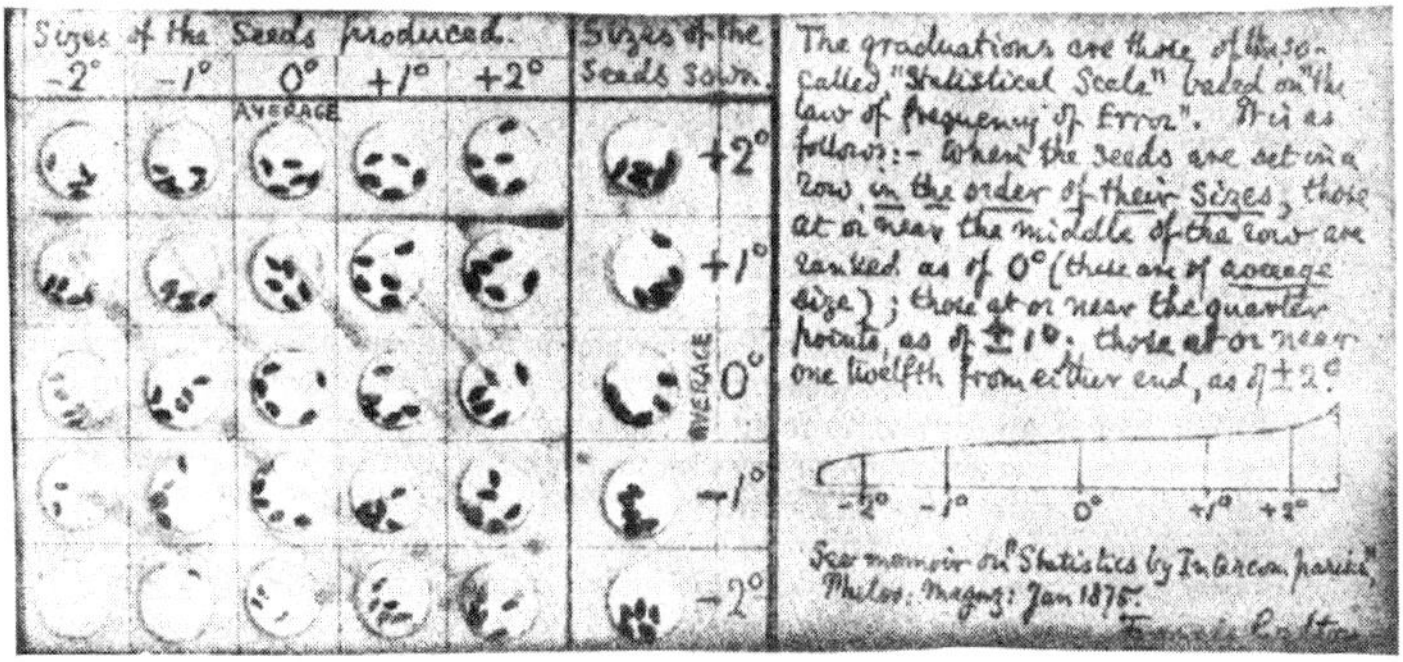

図 6.12：スイートピーの図表：親種と子種の平均値付近の階級幅に示された、ゴルトンのスイートピーデータのセミグラフィック表。セル内の種の絵は、それぞれの組み合わせにおける種の数を表すと想定される。出典：galton.org。

ぼ均一で「K」から「Q」までのアルファベットだけで識別されていた。したがって彼は7×7×10＝490個の種を配ったことになる。これはこんにちで言うところの、七人の友人と七つの処理法（サイズ）を因子とする二因子実験である。

友人たちから、収穫した子種を（それぞれの袋ごとに）受け取ると、ゴルトンはそれらの袋に入っていた種のサイズを注意深く測定し、親種のサイズと照らし合わせながら表にした。*20

図6・12に示すセミグラフィックディスプレイは、この関係性を視覚的に表現しようとした彼の最初の試みである。傍注に説明があるように、彼の主な関心は、蒔かれた種とその子種の両方の大きさの分布が「誤差度の法則」（正規分布）にしたがっていることを示すことだった。

一八七七年、イギリス王立科学研究所でのレクチャーのために、ゴルトンは親種から生成された子種の平均サイズをさまざまなサイズ階級で表した適切なグラフを作成した。原本は紛失している可能性があるが、カール・ピアソンは複数巻からなる『フランシス・ゴルトンの人生、手紙、仕事』でこのグラフを再現し（第3A巻、第14章、図1）、これに「最初の回帰直線」

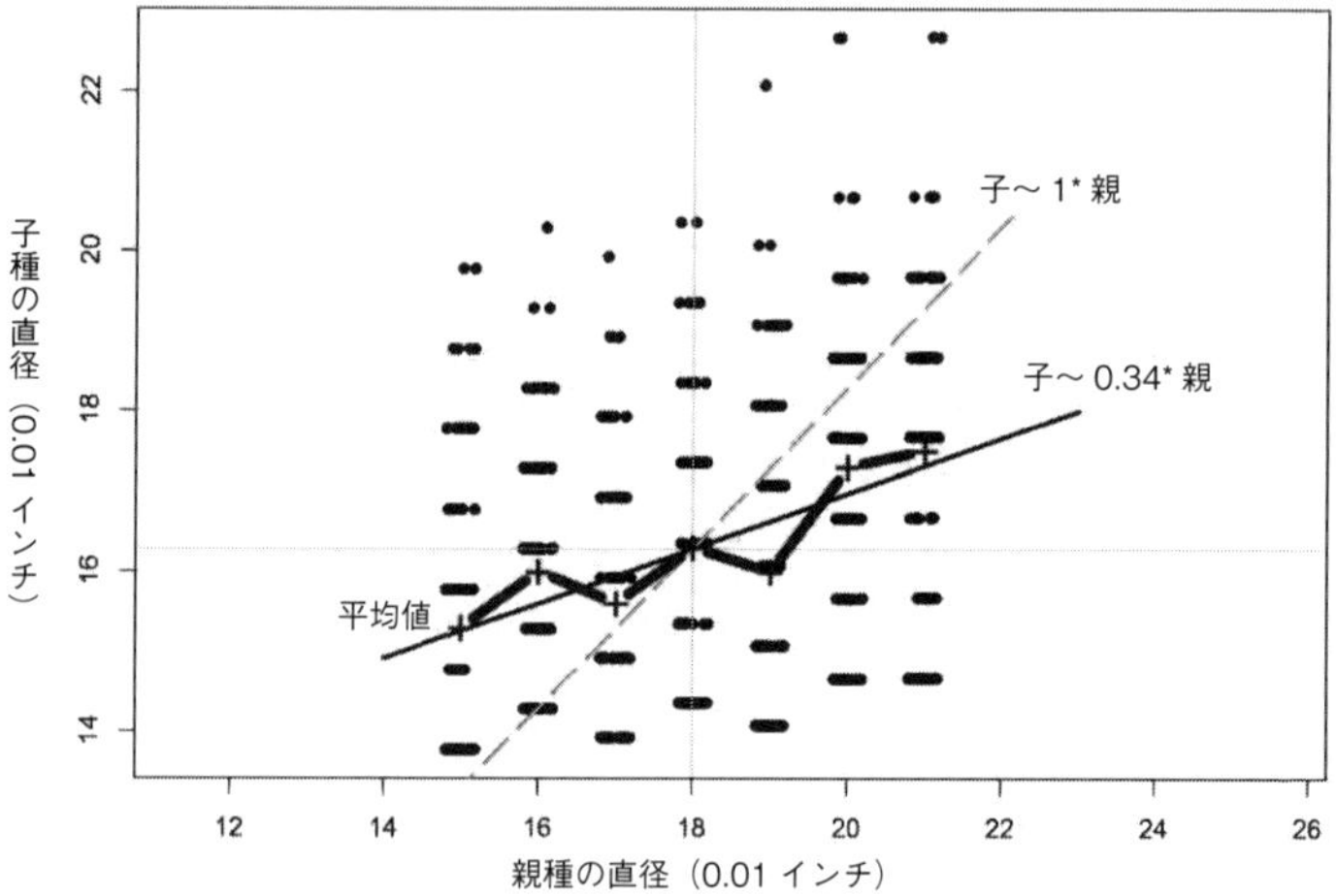

図 6.13：回帰直線の視覚的論点：ゴルトンの論点をスイートピーの実験から再現したもの。1877 年のグラフより。プロットされた点は、ゴルトンが後に 1894 年の論文『自然的遺伝』（table 2, p. 226）で報告したデータだが、水平方向に揺らぎが見られるのは、親種のサイズがそれぞれ異なっているためである。実線は、より太い線で結ばれた平均値の線形関係（＋）を当てはめたものを示している。当てはめられた平均値の線の傾きが 1.0 以下であるという事実は、ゴルトンが後に、次世代の子の特徴における「平均への回帰」と呼んだものを暗に示している。出典：© The Authors。

というタイトルを付けた。図6・13はこの図を近代的に再現したもので、その基となる実際のデータと[*21]、ゴルトンの推論を図解している。

ゴルトンは、特定のサイズの親種からできた子種の平均サイズは、ほぼ直線で記すことができることがわかった。これはひとつの重要な洞察だった。もしここでやめていたら、それは、観測されたふたつの変数間のほぼ線形の関係を説明する方法として、データ視覚化の歴史においてじゅうぶん注目に値するものとなっていただろう。ところがゴルトンの洞察はそれよりさらに有力なものだった。というのも彼の関心は、特性の遺伝率という問題だったからである。遺伝が最も重要だとすれば、子種の平均サイズは親種とまったく同様に、平均から逸脱していると考えられる。つまり、平均値の線の傾きは、図6・13の灰色の線が示すように1・0になるということである。
しかし、平均値の線の傾きは1をはるかに下回る、およそ三分の一であったため、ゴルトンは、後に「平均への回帰」と呼ばれるようになる「平凡への復帰」という、さらに興味深く総合的な結論を導き出すに至った。彼は次のように述べている。

……子種は、親種とサイズが似る傾向はなかったが、必ず親種よりも平凡になる傾向があった——つまり、親種が大きければ子種は親種より小さくなり、親種がとても小さければ子種は親種より大きくなるということだ。(Galton, 1886, p. 246)

一九〇〇年、カール・ピアソンはそうした線形関係の背後にある統計理論を研究し、現在「ピアソンの積率相関係数(r)」と呼ばれている、相関関係の強度の単位を発明した。ピアソンは、このrという記号は、部分的に遺伝的なプロセスにおいて比例する「復帰係数」を示すために、ゴルトンが最初に用いたことを認めていた。図6・13で、平均値の線の傾きは〇・三四である。この場合、〇・三四という値は親種と子種のサイズ間の相関関係でもある。現代の用語で言えば、親種のサイズは$r^2 = (0.34)^2 = 0.12$、すなわち子種のサイズの変化量の一二%であるということができる。

ゴルトンの楕円形の考察

世代間の相関関係と回帰という問題に関するゴルトンの次のステップは、結果的に統計学の歴史にお

両親平均身長	成人した子の身長													
	<61.7	62.2	63.2	64.2	65.2	66.2	67.2	68.2	69.2	70.2	71.2	72.2	73.2	>73.7
>73.0	–	–	–	–	–	–	–	–	–	–	–	1	3	–
72.5	–	–	–	–	–	–	–	1	2	1	2	7	2	4
71.5	–	–	–	–	1	3	4	3	5	10	4	9	2	2
70.5	1	–	1	–	1	1	3	12	18	14	7	4	3	3
69.5	–	–	1	16	4	17	27	20	33	25	20	11	4	5
68.5	1	–	7	11	16	25	31	34	48	21	18	4	3	–
67.5	–	3	5	14	15	36	38	28	38	19	11	4	–	–
66.5	–	3	3	5	2	17	17	14	13	4	–	–	–	–
65.5	1	–	9	5	7	11	11	7	7	5	2	1	–	–
64.5	1	1	4	4	1	5	5	–	2	–	–	–	–	–
<64.0	1	–	2	4	1	2	2	1	1	–	–	–	–	–
合計	5	7	32	59	48	117	138	120	167	99	64	41	17	14
中央値	–	–	66.3	67.8	67.9	67.7	67.9	68.3	68.5	69.0	69.0	70.0	–	–

図6.14：セミグラフィック表：親と子の身長の関係性に関するゴルトンの表I。表の数値は成人した子の数である。出典：以下より転載：Francis Galton, "Regression towards Mediocrity in Hereditary Stature," *Journal of the Anthropological Institute of Great Britain and Ireland*, 15 (1886), 246-263, table I.

いて最も重要なもののひとつとなった。一八八六年、彼は図6・14に示す表を含む「遺伝的体格における平凡への回帰」と題する論文を発表した。この表は二〇五組の父親と母親から生まれた九二八人の成人した子の身長の度数を記録したもので、父親と母親の平均身長（「両親平均」身長）によって分類されている。[*22]

この表を見ても、中央に比較的大きい値をもち、左上と右下の角にいくつかのダッシュ記号（0の意味）がある単なる表としか思わないかもしれない。ところがゴルトンにとってそれは、心の目と紙上の両方で計算することができるものだったのだ。

> 最初は、この表の数値の重要性を完全に把握することは難しいと思った。そこには、調べてみたら非常に面白い、好奇心をそそる関係性があった。そのような関係性が浮かび上がってきたのは、水平列と垂直列が交わる部分に、隣接する四つの正方形内の数値の合計を書き入れてこのデータを「平滑化」し、それらを使っ

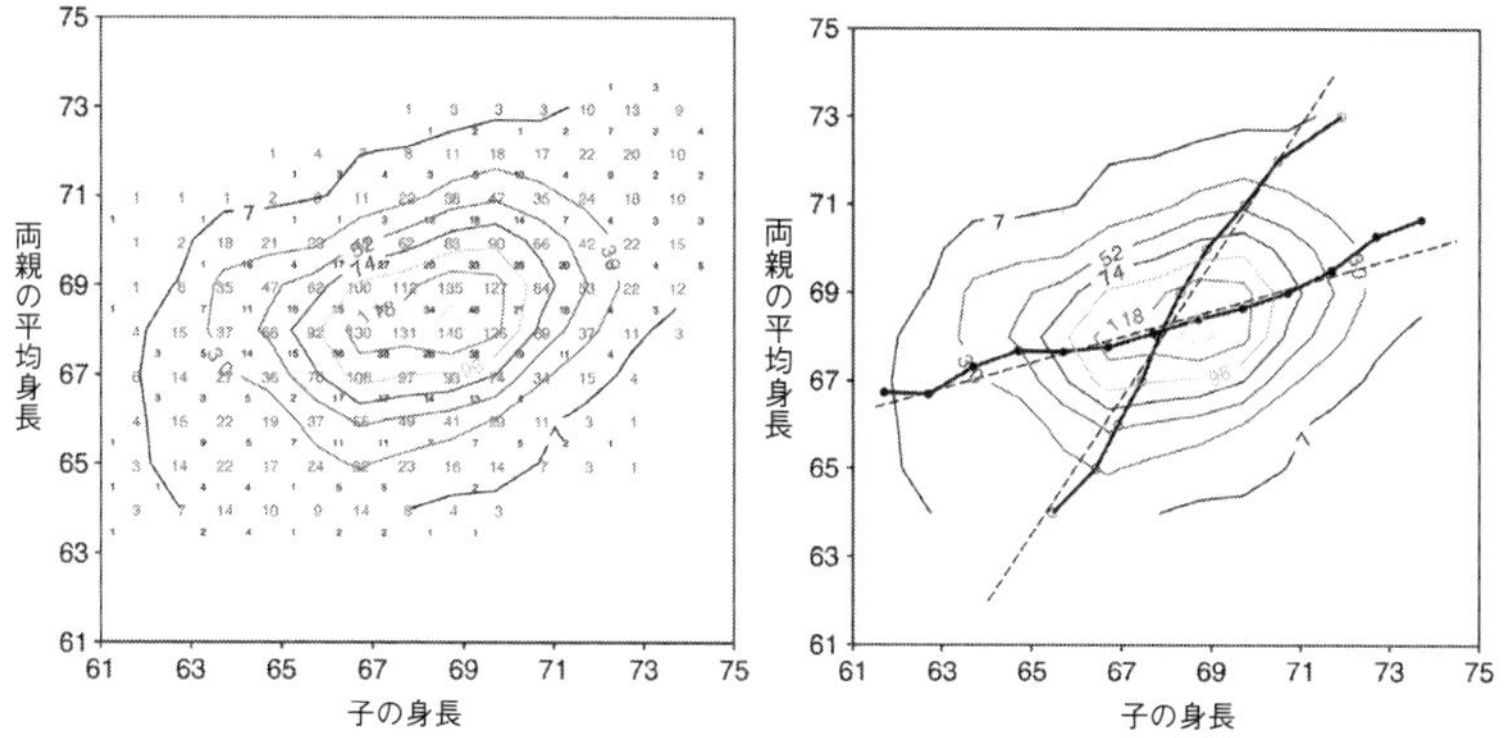

図 6.15：等高線の発見：親子の身長の関係性において、ほぼ等しい度数の等高線を見つけるためのゴルトンの手法を再現したもの。左：ゴルトンの表（図 6.14）からのオリジナルデータは小さいフォント（濃く）で示され、平滑化された値は大きいフォント（薄く）で示されている。右：$y \mid x$ の平均値と $x \mid y$ の平均値を合わせた線を追加し、対応する回帰直線とともに示したもの。出典：© The Authors。

て作業を始めたときだった。（Galton, 1886, p. 254）

そこでゴルドンはまず、この表の数字を、四つの隣接するセルのそれぞれのセットを合計する（または平均する）というシンプルなステップによって平滑化した。彼がその平均の数を、比較的大きな文字で、まさにこれら四つのセルが交わる部分に赤色のインクで書きこむ姿が想像できる。これを済ませると、彼が別のペンをもって表の前に立ち、ほぼ等しい度数の点と点を結んで曲線を描く姿も想像できる。私たちはこれらのステップを図6・15で再現しようとした。最後のステップだけは、コンピューターアルゴリズムを使用して機械的におこなったのだが、ゴルトンはおそらくこれを、結果的に美しく滑らかな曲線になるように、ハーシャルの方法に倣って目と頭を使っておこなったと思われる。

中央（親と子の平均身長）に近づくにしたがって度数が増加することを、ゴルトンは明らかに見てとることができた。ところがもっと重要なことに、彼は次のような

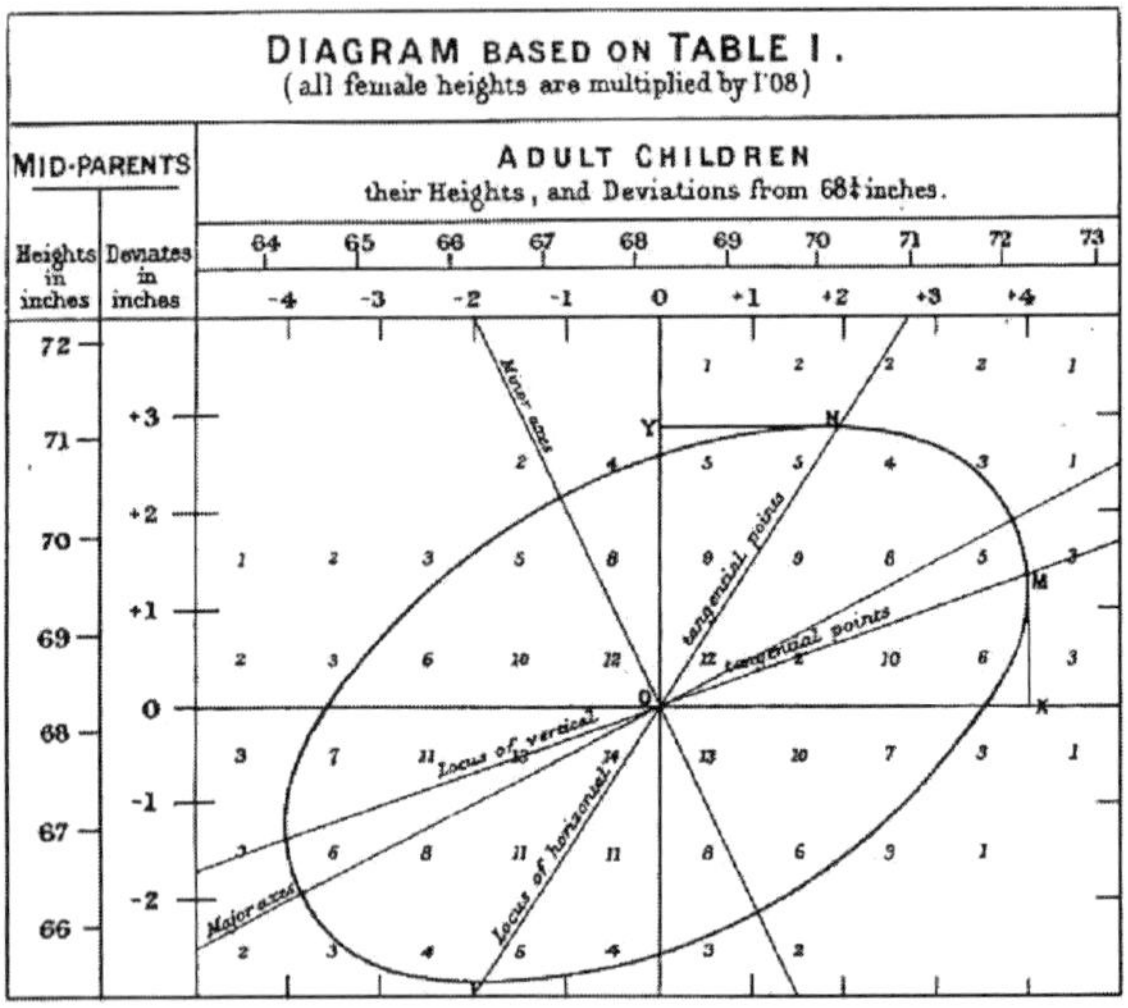

図 6.16：楕円の洞察：親子の身長データに関するゴルトンの平滑化相関図。一定度数のひとつの楕円が示されている。回帰直線と接線との間の幾何学的関係と、楕円の長軸と短軸も示されている。出典：以下より抜粋：Francis Galton, "Regression towards Mediocrity in Hereditary Stature," *Journal of the Anthropological Institute of Great Britain and Ireland*, 15 (1886), 246-263, Plate X.

発見をしたのだ。

それから私は、同じ値のデータを通る線が、類似する同心楕円の連なりを形成することに気づいた。……連なるそれぞれの楕円と水平接線が交わる点は、三分の二の割合で垂直方向に傾斜する直線内にある。そして垂直接線と交わる点は、三分の一の割合で水平方向に傾斜する直線内にある。（pp. 254-255）

ゴルトンは図6・16に示す図表のなかで、この視覚的洞察の結果を説明している。これらの「類似する同心楕円」は、現在、二変量正規分布の等高線と呼ばれているもの、すなわち正規に分布された、相関関係にあるふたつの変数の三次元度数図である。これらは等確率（または集中）楕円とも呼ばれ、こんにちでは散布図の視覚的要約として使用されている。これらには統計的関係性を理解するための注目すべき特性がある。[*23]

図6・15の右側のパネルは、これらの類似する同心楕円から得たゴルトンの視覚的洞察のもうひとつの側面につながる研究を再現したものである。$y|x$ の平均値と $x|y$ の平均値を計算してプロットしたところ、彼は、これらが楕円に対して水平および垂直の接線に、許容できる範囲で近いことに気づいた。図6・16は、ゴルトンが身長の遺伝率をグラフで分析したことから発見した幾何学的関係性を示している。垂直接線、水平接線の軌跡（楕円の共役直径と呼ばれる）は結局のところ、回帰直線としての、すなわち x から y を、y から x をそれぞれ予測する線としての明白な統計的解釈を備えていることがわかった。ゴルトンの図に示される楕円の長軸と短軸は、データの主成分、後にカール・ピアソンが一九〇一年に発見した関係性に対応する。[*24]

これらの幾何学的関係性はほどなくして、数々の重要な発見と発明を生み出すことになる。一八七七年には、ゴルトンは早くも「復帰」という用語、後に「回帰」という用語を使用し、子種は親種の同じ特徴とほぼ線形の関係にあり、前述のように $r < 1$ の傾きがあるという傾向を示した。接線の各点で形成される線の傾きが逆関係、すなわち1/3：2/3の関係にあること、また x に対する y の傾きが、スイートピーのデータで発見したものとほぼ同じであることに、ゴルトンは好奇心と同時に興味を抱いた。

その後、一八八八年の晩秋から一八九〇年にかけて、彼は、重力理論発見の引き金ともなったニュートンとリンゴのストーリーにも通じるもうひとつのひらめきを得た。スイートピーに関する初期の研究では、彼は、平均値の傾きが1より小さいという現象を、図6・13に例示するような、みずからが「平凡への復帰」と呼んだ遺伝率要素と結びつけていた。

図6・16に図式的に示したゴルトンの表Iの考察から、彼は子の身長と両親の平均身長が線対称の関係にあること、また接線の点で形成された両方の線の傾きが1未満であることを見てとることができた。したがって、それぞれの方向に「復帰」が存在する。つまり、両親平均に関しては子の平均身長への復帰、子に関しては両親平均側の復帰が存在するということだ。復帰という現象が遺伝率と無関係であることは明らかだったようだ――つまり、復帰という概念は時間的に未来へ向かってしか作用しないのだ！　しかし、これが遺伝ではないとしたら、いったい何なのだろうか？

この木にはもうひとつの果物が実っていた。相関関係という概念である。[25]　一八八八年の後半、ゴルトンはふたつの一見無関係に思える問題にも取り組んでいた。人類学者は、墓から掘り起こした一本の骨（大腿骨など）から個人の身長をどのように予測することができるのか？　犯罪捜査官は部分的な測定（足跡の大きさなど）を使って、個人の体格や体重をどのように特定することができるのか？　という問題だ。

ゴルトンは一瞬で、これらが親と子の身長、およびスイートピーとその子種のサイズで観測した問題の別の事例であることに気づいた。一八九〇年に発表された論文、『血縁関係と相関関係』[26]で、彼はこの問題の解決法を発表した。つまり、平均への回帰は主に統計的現象であり、ふたつの定量的変数が不完全に関係している（$|r| < 1$）ときは必ず、平均への回帰が観測できるということである。

熟慮の末、ふたつの新たな問題が、私がすでに解決した血縁関係の古い問題と原理上同じであるということだけでなく、それら三つがすべて、はるかに一般的な問題――すなわち相関関係の特別なケースにすぎないということも、まもなく明らかになった。

相関関係の数学的理論と、二変量正規分布との関係は、その後まもなくして、ピアソンらによって研究がおこなわれた。相関関係の歴史について書いた一九二〇年の論文で、ピアソンはゴルトンの功績に対して相応の評価をしている。

> ゴルトンがこのすべてを発展させてきたということは、私の考えでは、純粋な観測の分析から生じた最も注目に値する科学的発見のひとつである。(Pearson, 1920, p. 37)

もうひとつの非対称

ゴルトンが回帰と相関関係という概念を発展させたというこの記述にはもうひとつ、小さいながらも悩ましい問題がある。ゴルトンのスイートピーのデータを示した図6・13で、私たちは子種のサイズを垂直軸yに、親種のサイズを水平軸xに丁寧にプロットした。これはyがどのようにxに依存し、xとともに変化するかを示すことを目的とした、こんにちの散布図の慣習だ。ゴルトンからピアソンへと続く近代の統計的手法は、どれもみな方向の関係性であり、xからyを予測しようとするものであってその逆はない。子の身長が親の身長とどのように関係しているかと問うのは理にかなっているが、それは逆の方向に想像力を広げ、子の身長が親の身長にどれほど影響を及ぼすかを考えることへと拡張していく。

ところで、ゴルトンはなぜこんにちの慣習どおり、図6・16で子の身長をy軸に、親の身長をx軸にしなかったのだろうか？　ひとつの示唆として、そのようなグラフはまだ初期の段階だったため、結果変数を縦軸にプロットするという慣習がまだ確立されていなかったということができるだろう。ところがプレイフェアの時系列グラフ（カラー図版10）やハリーの図（図6・2）のように、はっきりと散布図であるとは言えない他のすべての図において、結果変数はつねにy軸に示されていた。

答えは明らかに、ゴルトンの図6・16は行に両親の平均身長を、列に子の身長をリストした表から始まったからだ、ということである。親の身長を最初のグループ変数とし、子の身長を列に集計したのである。

表においては通常、列は（yが）上から下へ向かって増えていくように表示される。プロットではこれと逆のことがなされ、下から上に向かってyの値が増えていく。したがって、ゴルトンが表I（図6・14）とそれをもとにした図（図6・15と図6・16）を、あたかもプロットであるかのように考えて構成したことは明らかのようだ。

注目に値する散布図

ゴルトンの研究が示すとおり、散布図にはそれまでのグラフ形式を超える利点があった。すなわち、クラスター、パターーン、トレンド（傾向変動）、そして点群における関係性を見る能力だ。おそらく最も重要なのは、視覚的注釈《ビジュアルアノテーション》（点記号、線、曲線、それを囲む輪郭）を追加して、これらの関係性をより一貫性のあるものにし、より微妙なストーリーを語らせることが可能になったことだろう。この二次元の散布図形式は、こうしたハイレベルな視覚的説明をしっかりと前面に位置付けることができる。ジョン・テューキーは後にこれについて、「ある図解の最大の価値は、まったく見えると思っていなかったものに気づかされたときである」と表現している（1977, p.vi）。

二〇世紀前半、データグラフィックスは科学の主流となり、まもなくして散布図が新しい発見における重要なツールとなった。以下に挙げるふたつの簡単な例が、物理化学や経済学におけるこれらの応用をうまく表現している。

ヘルツシュプルング＝ラッセル図

ひとつの重要な特徴は、何か興味深いことの発見は、線形・非線形にかかわらず、直接的な関係よりもむしろ類似点のクラスター、グループ化、パターンをもとに、対象を分類するという認識——および理解——からくるという考え方だった。散布図に示される観測は、他の法則を明らかにする異なるグループに属する可能性があった。その最もよく知られた例が、天文物理学に革命を起こしたヘルツシュプルング＝ラッセル（HR）図に関わるものである。

図6・17に示すヘルツシュプルング＝ラッセル図のオリジナル版は、ひときわ美しいグラフというわけではないものの、星の測定の散布図が恒星進化の新しい理解につながることを示したことで、天文物理学における考え方を根本から覆した。

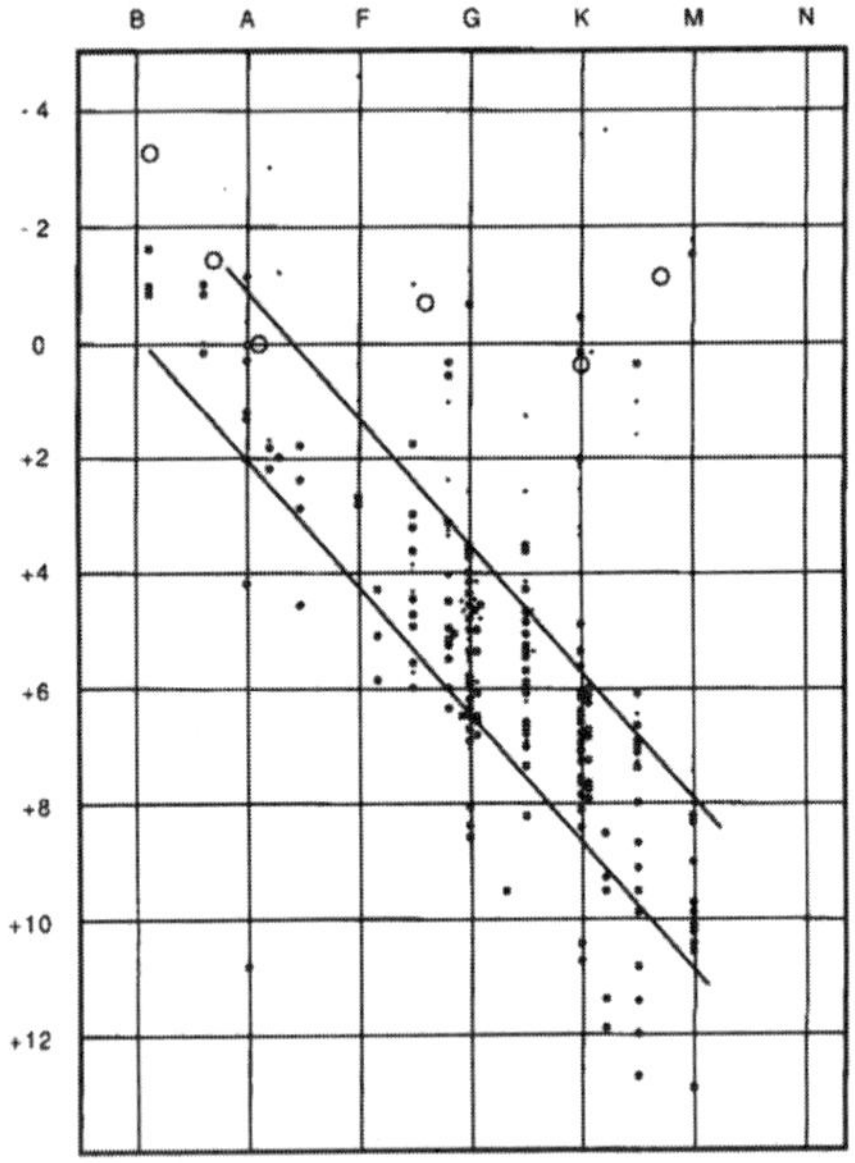

図 6.17：初期の HR 図：スペクトルに対する絶対等級を示したラッセルのプロット。出典：Ian Spence and Robert F. Garrison, "A Remarkable Scatterplot," *The American Statistician*, 47:1 (1993), pp. 12-19, fig. 1. Taylor & Francis Ltd. の許可を得て転載。

天文学者は古くから、星は明るさ（光度）が変化するだけでなく、青白からオレンジ、黄色、赤というように、色も変わることに気づいていた。ところが一九〇〇年代初頭まで、これらを分類したり、色の変化を理解したりする一般的な方法はなかった。一九〇五年、デンマークの天文学者アイナー・ヘルツシュプルングは、光度と星の色の表を発表した。いくつかの明らかな相関関係と傾向は指摘したものの、全体像——理論へとつながる解釈可能な分類——に欠けていたのは、おそらく彼のデータが表で示されていたからだろう。

一九一一年から一九一三年にかけて、このすべてが変化した。この時期、ヘルツシュプルングとアメリカのヘンリー・ノリス・ラッセルは、温度（またはスペ

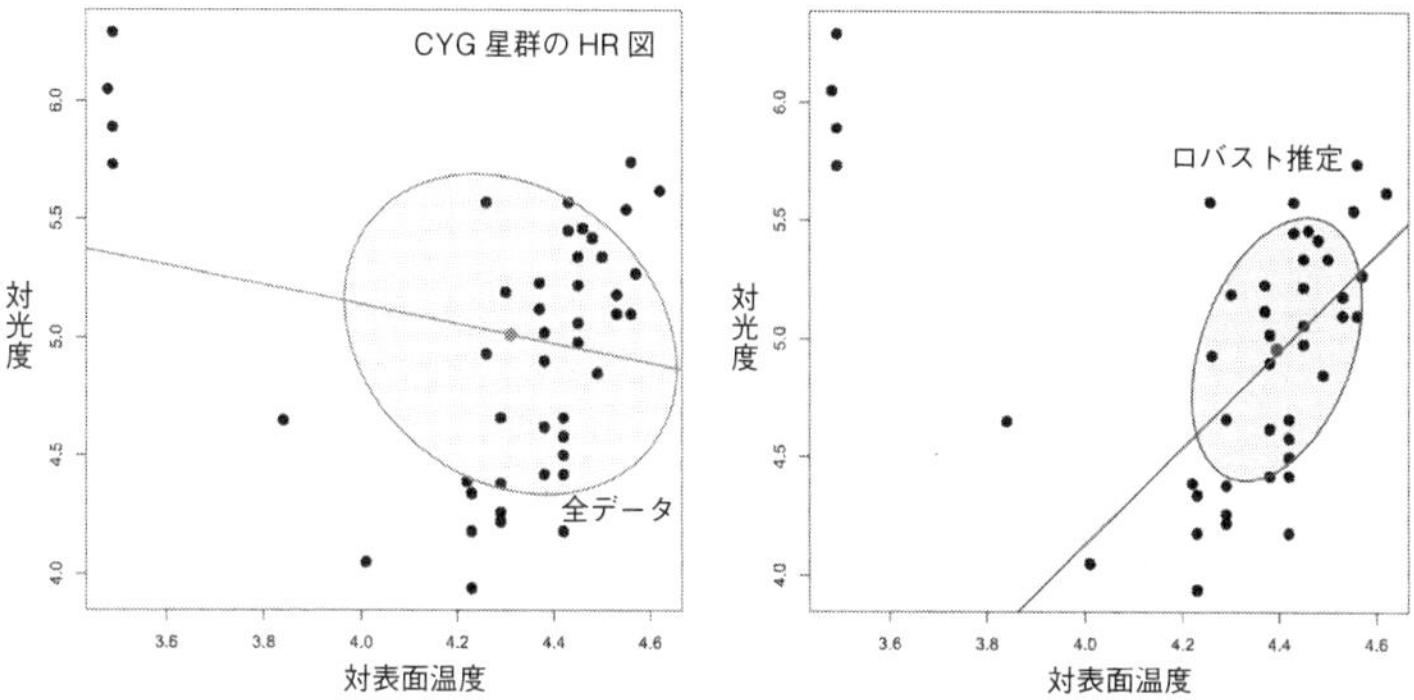

図 6.18：外れ値が最小二乗回帰を欺く：CYG OB1 星団の集合を表した HR 図。左：回帰線と 50% の点をカバーする等確率楕円。標準最小二乗法を使用して当てはめられている。右：ロバスト法を使用した回帰線と 50% 等確率楕円。左上の明らかに異常な点に影響されない。出典：© The Authors。

クトル色）によって分類した星の色に対する光度（または絶対等級）の散布図を作成した。彼らは、星の大半が左上（高光度、低スペクトル色）から右下（低光度、高スペクトル色）へ、斜めの帯に沿って分布している（現在では星の「主系列」と呼ばれている）ことに気づいた。さらに、主要なシーケンスと区別される星のその他のクラスター（星団）が明らかに存在することにも気づいた。これには現在、青色／赤色（超）巨星と呼ばれているものと、赤色／白色矮星と呼ばれているものが含まれる。

　HR図は、星がランダムに分布しているのではなく、それぞれ異なる領域に集中していることを示していた。この規則性は、なんらかの明確な法則が恒星の構造と進化を支配していることの証だった。一九九三年、スペンスとガリソン[*27]はオリジナルの詳細な分析とHR図のその後の発展、さらにその近代統計グラフィックスとの関係性を示した。彼らはこう結論付けている。「最初に考案されてからほぼ一世紀を経ても、HR図は天文学の調査の新たな方向性を刺激しつづけている」（p. 18）。

図6・18はCYG OB1星団内の星に関するHR図の近代版である。これにはC・ドゥームが記録した、はくちょう座の方向にある四七の恒星が含まれている。[*28] このバージョンは表面温度（色から算出）に対する星の光度をプロットし、その両方をログスケール（片対数目盛）上に示している。ふたつのグループが明らかに見てとれる。左上の角には四つの点の星団がある（「巨星」と呼ばれる）。残りの点（「主系列星」）は右側の急傾斜する帯に沿う傾向がある。等確率楕円は、散布図でデータを表現することへのもうひとつの近代的な拡張である。

これは特異的な例であり、左側のパネルの線に合わせるために使用した最小二乗の手法が、巨星の四つの点に欺かれるかたちとなっている。ゴルトンやハーセルまでもがこれに欺かれるようなことはなかっただろう。彼らは左上の点に何か異常なもの、おそらく特別な説明を要するような何かがあることを認識していただろうから。図6・18の右側のパネルでは、逸脱した点（外れ値）の影響を効果的に抑えるロバスト推定の近代的手法が使用されている。

フィリップス曲線

経済界では、多くの人々がインフレ、失業、輸入価格その他の変数の経時的変化について研究していたが、依然として一般的だったのは、プレイフェアがおこなったように（カラー図版10）これらを別個の系列としてプロットすることだった。ひとつの変数をもうひとつの変数に対してプロットするという考え方が、科学の研究において一般的に発生することはなかった。

一九五八年、ニュージーランドの経済学者アルバン・ウィリアム・フィリップスは、一八六一年から

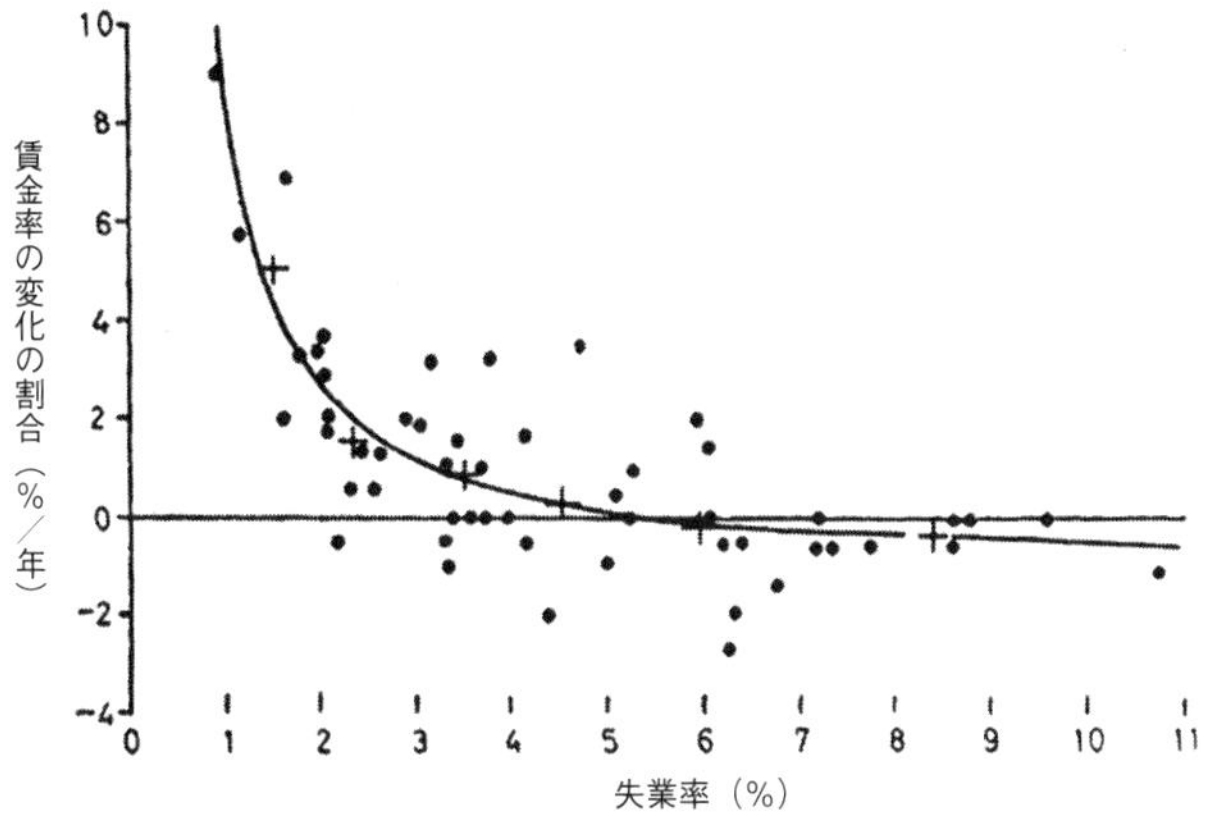

図6.19：フィリップス曲線：1861年から1913年にかけての賃金インフレと失業について、フィリップス曲線を当てはめたデータ。当てはめプロセスで使用した点はプラス（+）記号で示されている。出典：A.W. Phillips, "The Relation between Unemployment and the Rate of Change of Money Wage Rates in the United Kingdom, 1861-1957," *Economica*, 25:100 (1958), pp. 283-299, fig. 1.

一九五七年にかけてのイギリスにおける失業率に、賃金インフレを直接照らし合わせてプロットし、これを論文に著した。フィリップスが発見したのは、いずれの変数も経時的な周期的傾向を示していたものの、それらには一貫して逆関係があるということだった。図6・19に示す彼の平滑化曲線[*29]は、経済理論において最も有名な曲線のひとつとなった。これが重要視されたのは、経済学者らが、ふたつの変数間の共変動とは、ある経済における構造上の制約をトレードオフとして表したものだと理解することができたからである。つまり、失業率を減らすためには、経済はインフレの増加を経験しなければならず（たとえば高い賃金を支払うなど）、インフレを減らすためにはより多くの失業を容認しなければならないということである。この理解があったからこそ、政策担当者はこれらふたつの間の望ましいバランスを考えることができたのだ。

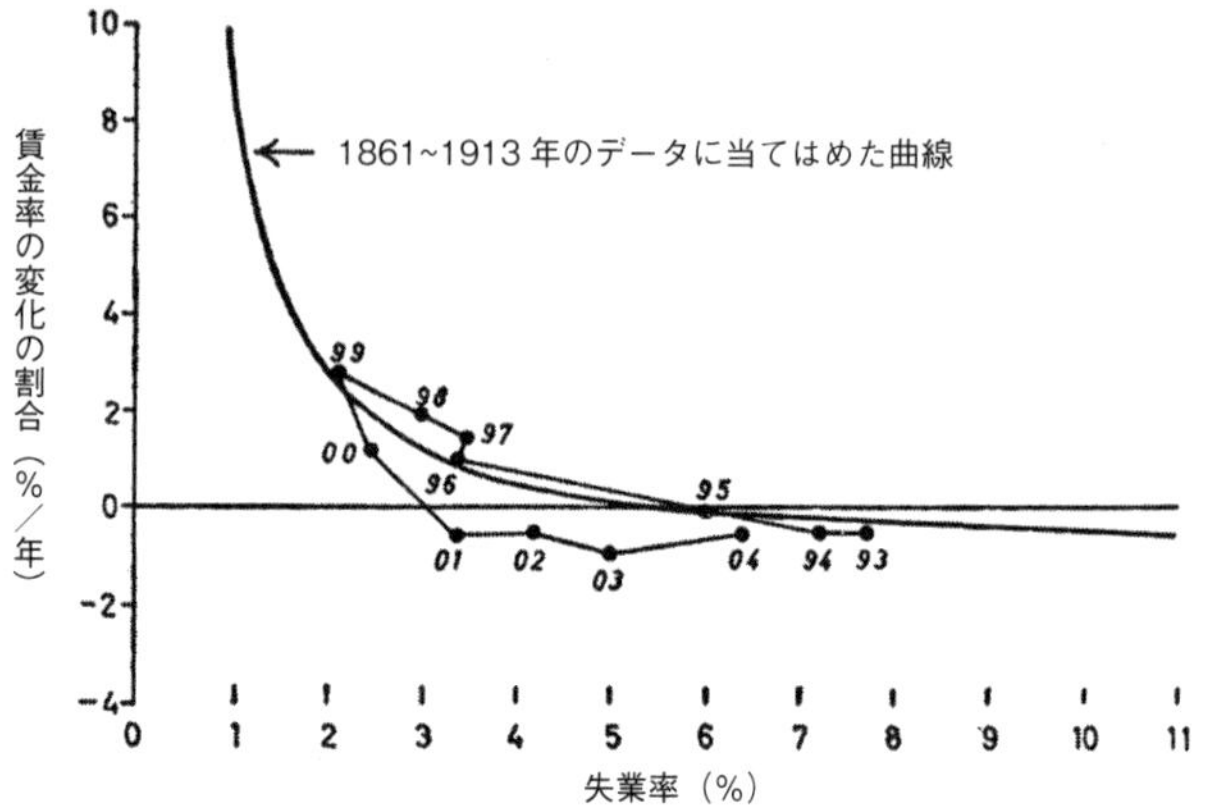

図6.20：失業サイクル：1893年から1904年にかけての賃金インフレと失業におけるひとつのサイクルと、1861年から1913年までの当てはめプロセスを示したフィリップスのデータ。出典：A.W. Phillips, "The Relation between Unemployment and the Rate of Change of Money Wage Rates in the United Kingdom, 1861-1957," *Economica*, 25:100 (1958), pp. 283-299, fig. 6.

図6・20はフィリップスの論文に示されたその他一一の散布図のひとつで[30]、インフレと失業の周期的性質を図解したものである。このグラフからはさらに、散布図がなぜここで効果的であり、時系列プロットがなぜ効果的ではないかということもわかる。散布図は逆関係を直接示しているが、賃金と価格に関するプレイフェアの図表（カラー図版10）のように、経時的な傾向変動の比較はせいぜい間接的なものであり、ふたつの異なる垂直スケールを使用しなければならないという困難に直面する。

フィリップスは、時間ベースのデータで散布図を利用した最初の経済学者ではなく、グラフ上に導き出した曲線にその名が付けられた最初の人物でもなかった。[31]優先順位がどうであれ、フィリップスの手書きによる総合的な散布図（図6・19）は、構成要素への曲線当てはめに関する彼の注意深い分析と結びつき（図6・20）、テューキーの言ったことの決定的な例のように、散布図が獲得するもうひとつのゴールを提供している。

疑似相関関係と因果関係

散布図の概念が発展するにつれて、いかなる変数yであっても、もうひとつの変数xに対してプロットでき、そして案の定、こうして明らかにされた関係性は因果的に解釈することができるという誤った考えも広まっていった。誤った推論、すなわち前後即因果の誤謬は、長い間意味がないものとされてきたが、因果的なつながりが散布図内のデータによって補強されているように見えるときがある。

このことをユーモラスかつ巧妙に表現した二〇一二年の実例がある。[*32] 権威ある医学雑誌『ニューイングランド・ジャーナル・オブ・メディシン』に発表された論文のなかで、フランツ・メッサーリ教授は次のように思いを巡らせている。[*33]「チョコレートの消費は、個人のみならず全国民の間で、仮定ではあるが、認知機能を増加させることができる。ある国のチョコレート消費レベルと一人当たりのノーベル賞受賞者の総数との間には、相関関係があるのだろうか？」(Messerli, 2012, p. 1562)

二三ヶ国のデータを図6・21に示す。このプロットに示されている相関関係は、$r = 0.79$であり、パーフェクトではないものの非常に強い関係性を示しており、メッサーリ教授はこれを、チョコレートに含まれるフラバノールレベルの高さに起因するとした。[*34] ある有名なロイターの記事は、「チョコレートを食べてノーベル賞を獲得しよう！」という見出しまで使っている。データによると、平均的な国民が一年で、あともう一キログラムだけチョコレートを食べる量を増やせば、その国のノーベル賞獲得数が二・五回増えるという。

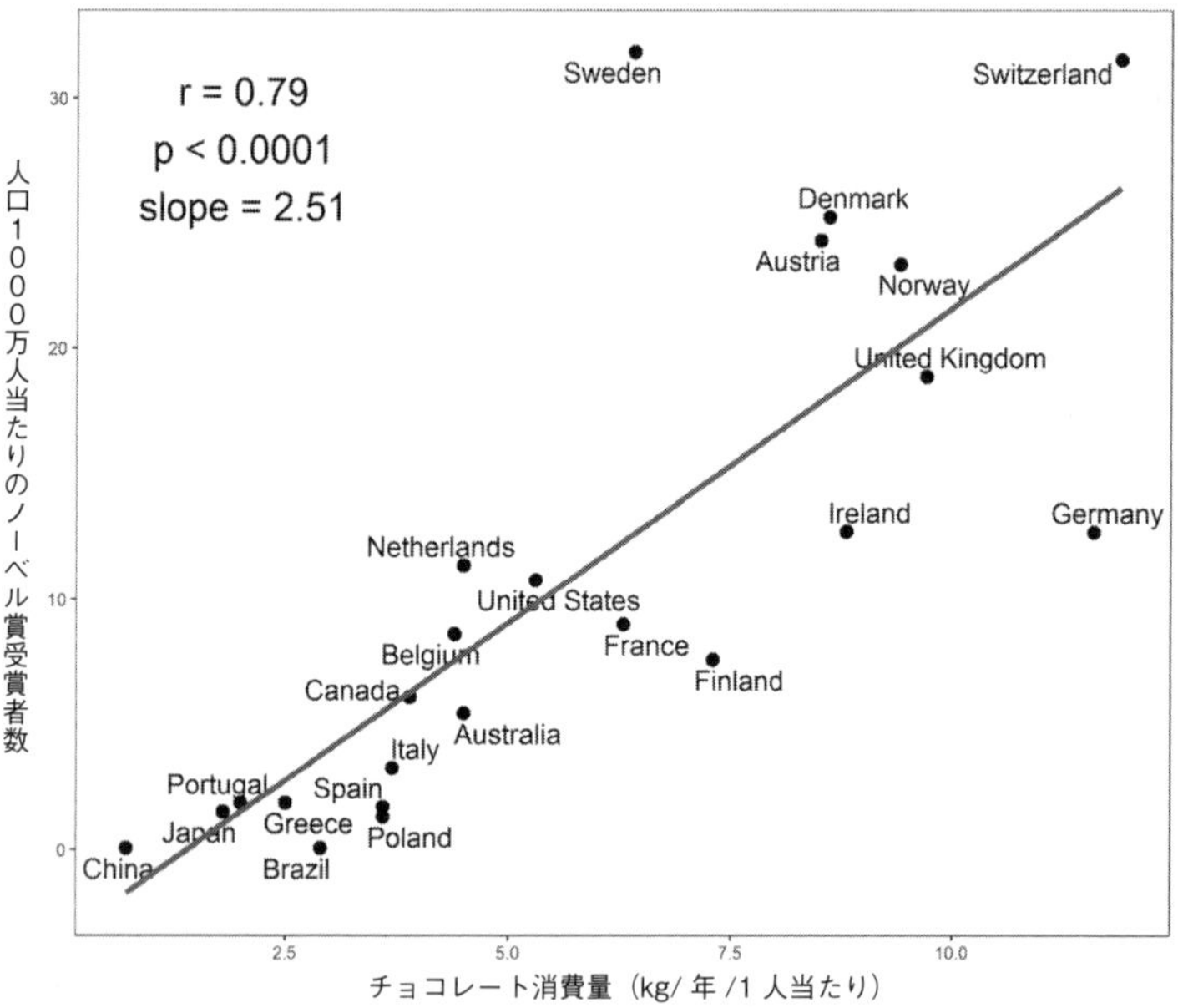

図 6.21：疑似相関関係：23ヶ国における1人当たりのチョコレート消費量と人口1000万人当たりのノーベル賞の数。出典：以下より再編成：Franz H. Messerli, "Chocolate Consumption, Cognitive Function, and Nobel Laureates," *The New England Journal of Medicine,* 367:16 (2012), pp. 1562-1564, fig. 1. ©2012 Massachusetts Medical Society. マサチューセッツ医師会の許可を得て転載。

反論とも回答ともつかない意見が、すぐさま『栄養学誌』（二〇一三年）のなかでピエール・モラージュなどから寄せられた。チョコレートがノーベル賞に与えるショッキングな影響に関する、他の考えられる解釈を国ごとに分析するため、彼らはさらに多くのデータを集めた。そのいくつかを図6・22に示す。

注意深い科学者なら、競合する仮説同士を比較することによって解釈を分析するだろう。チョコレートに含まれるフラバノールの濃度がそのメカニズムであるとすれば、フラバノールが豊富に含まれる他の代用品――紅茶やワイン――を消費すれば、同じようにノ

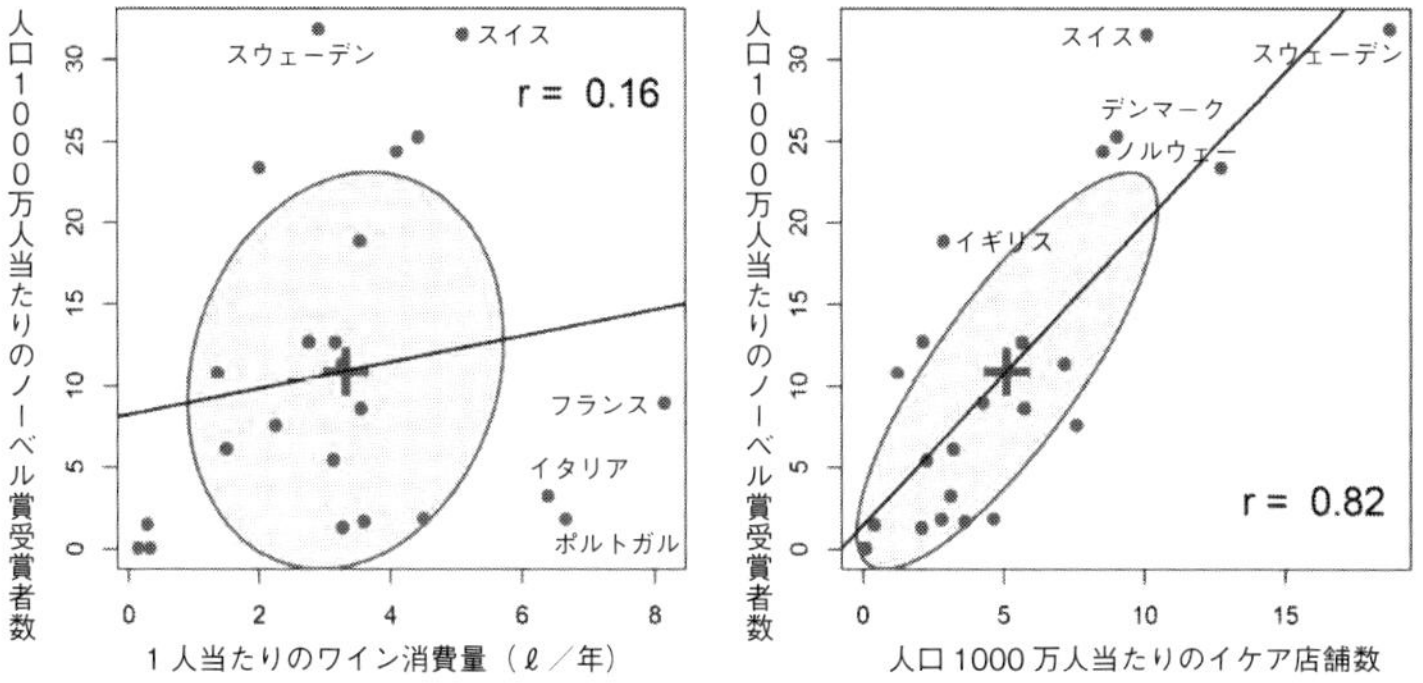

図6.22：さらに疑似的な相関関係：人口1000万人当たりのノーベル賞受賞者の数と、その他の疑似的原因との相関関係：左：1人当たりの年間ワイン消費量；右：人口1000万人当たりのイケアの店舗数。出典：データソース：Pierre Maurage, Alexandre Heeren, and Mauro Pesenti, "Does Chocolate Consumption Really Boost Nobel Award Chances? The Peril of Over-Interpreting Correlations in Health Studies," *Journal of Nutrition*, 143:6 (2013), pp. 931-933, figs. 1B and 1C.

ーベル賞の数との強い正の関係性が得られるはずである。ところがどういうわけか、それは図6・22の左側のパネルからもわかるとおり、まったく作用しなかったのだ。

見事にも、モラージュらは全国のノーベル賞分布に関する別の解釈を探し当てた。すなわち、一人当たりのイケアの店舗数である。するとごらんのとおり！　右側のパネルからも明らかなように、イケアの店舗数は$r=0.82$で、ノーベル賞のより強い予想因子となっている。はたして、イケアの商品の組み立て方を理解するのに必要な訓練が、チョコレートよりも、国民レベルで認知機能を高めるということはあり得るだろうか？

この謎を解いたのは、実際にノーベル賞を受賞した人物だった。アメリカの物理学者で二〇〇一年にノーベル物理学賞を共同受賞したエリック・コーネルは、次のような正論を述べている。「全国のチョコレート消費量はその国の富と相関関係があり、質の高い研究もその国の富と相関関係がある」。相関関係は因果関係を必ず伴うものではない。つまり、そこにはない他の第三の変数が、私たちが相互に関連付けようとしている双方の変数になんらかの影響を与えるということがしばしば起こるのである。

散布図の考え方

散布図は一次元の問題を超えた視覚的表示と分析を用い、関数関係をプロットするというハレーの考え方を経て、水平軸が必ず時間を表す時系列の線グラフというプレイフェアの考えへと推移した（私たちはこれを一・五次元と呼んでいる）。散布図の結果は完全に二次元の空間であり、ここではデカルト的枠組みで点によって表現されるデータが自由に移動し、これまで観察してきたように、そしてこれから説明するとおり、変数間の関係性のみに制限されていた。

散布図へのニーズは、科学者が別個の変数間の二変量関係を直接的に考察する必要に迫られたときに生じた。他のグラフ形式――円グラフ、線グラフ、棒グラフ――とは対照的に、散布図には独自の利点がある。すなわち、生のデータから理論ベースの説明、分析、理解へと移行できるように、経験的データ（点で示される）において、「それらの点を貫通するのではなく、点と点の間を通る」ように設計された平滑な直線または曲線を追加することにより、規則性を発見することができるということである (Herschel, 1883b, p. 179)。

散布図は近代のデータグラフィックスのツールボックスのなかで、おそらくはプライドをもって活躍しつづけている。本章で紹介した図のいくつかは、点の集まりにおける観測への理解を深めるには、近代の統計的手法（回帰直線、平滑化、等確率楕円など）をどのように利用すればよいかを例証している。

それはまた、グラフ開発者が、ハーシェル、ゴルトン、その他の人々の考え方をより高い次元、より複雑な問題へと拡張するための枠組みとしての機能も果たした。

一九六〇年代に始まる、コンピューターが生成する統計グラフィックスとソフトウェアの出現は、他の新たな利用と拡張へとつながった。これらのなかには、解像度と細部を犠牲にして、タフテ（1983）が後に「スモールマルチプル」と呼んだ、一貫した単一のディスプレイに多くのより小さな散布図をまとめてプロットすることによって多変量の範囲を増やすという知覚的に重要な考え方もあった。これらの新しい考え方の最初のものが散布図行列と呼ばれる概念だった。[*35] これは$p \times p$グリッドにおける変数pのすべての対関係のプロットであり、ここではそれぞれのサブプロットが生の変数と列変数間の二変量関係を示している。

その他の発展もこの道筋にしたがうことになる。たとえば三次元でデータを視覚化する、モーショングラフィックスや動的グラフィックスを利用して時空間とともに変化するデータのさらなる特徴を表現する、グラフに対して処理要求を実行することをビューワーに許可する対話型《インタラクティブ》グラフィックスでさらなる詳細を確認する、などである。これらのトピックについては以下の章でさらに深く探究していく。

第7章　統計グラフィックスの黄金時代

一八六〇年から一八九〇年にかけての期間がグラフィックスの黄金時代と呼べる所以は、この時期が、統計学者のみならず政府や地方自治体も含めた人々の飽くなき野望や、グラフ表現の可能性と問題点について議論したいという熱意、そしてグラフ表示が、ほぼすべての種類の科学関連の会合に欠かせない重要な付属物となったことによって特徴付けられるからである。

（ファンクハウザー、1937, p. 330）

これらの言葉でもって、ハワード・グレイ・ファンクハウザー（一八九八―一九八四年）は一九世紀後半の時期を「グラフィックスの黄金時代」と名付けた。この一節を一九三七年にコロンビア大学の博士論文に書いたとき（これはすぐさま歴史専門誌『オシリス』に発表された）、彼は近代において、統計データのグラフ表現の全史に挑み、これを歴史的トピックとして捉えた最初の人物となった。彼は科学史家として、このトピックを最初に教化した「忘れられた伝承の書」（エドガー・アラン・ポーの詩『大鴉』の一節より）を発掘し、グラフ研究の存在理由を、知の歴史を備えた科学的対象として確立したのである。

ファンクハウザーがグラフィックスの黄金時代として強調したこの時期は、多くの側面で、データ視覚化の全史において最も豊かなイノベーションと美の時代だった。この期間に見られた主な特徴は、シャルル・ジョゼフ・ミナールの研究に代表される視覚的思考の目覚ましい発展、フランシス・ゴルトンを通じて実証された科学的発見における視覚化の役割の進化、そして、フランスその他の地域で作成された国家統計アトラスに具現化されるグラフの卓越性などである。

グラフィックスの歴史におけるさまざまな時代

ある分野における思想や技術の発展を正しく理解する便利な方法のひとつは、その歴史の重要な出来事を記録し、文書化することだ。これが基本的に、ファンクハウザーがグラフ手法の歴史について書く際に、最初に取り組んだことだった。「マイルストーンプロジェクト」(datavis.ca/milestone)[*1]はさらに多くのことをおこなっている。このプロジェクトはグラフ手法の歴史に関する包括的なオンラインリポジトリで、代表的な画像や参考資料、テキストによる説明などが掲載されており、これらはさまざまな方法で検索・表示したり、この歴史に関するデータとして分析したりすることができる。

図7・1の概略図は、一五〇〇年から現在までのこれらの出来事の時間的推移を、相対度数(カーネル密度推定)の平滑化曲線とともに、それぞれのマイルストーンイベント(画期的出来事)について下部にフリンジマーク(ラグプロット)を入れたかたちで表したものである。

破線と各時代に付されたラベルは、この歴史の簡易的解析を反映している。[*2] ここで興味深いのは、一八〇〇年代初頭に急激な上昇があり、同世紀の後半にピークを迎え、その後一九〇〇年代初頭にかけて急激に減少し、一九〇〇年代後半にさらに大きな劇的上昇が見られたことだ。

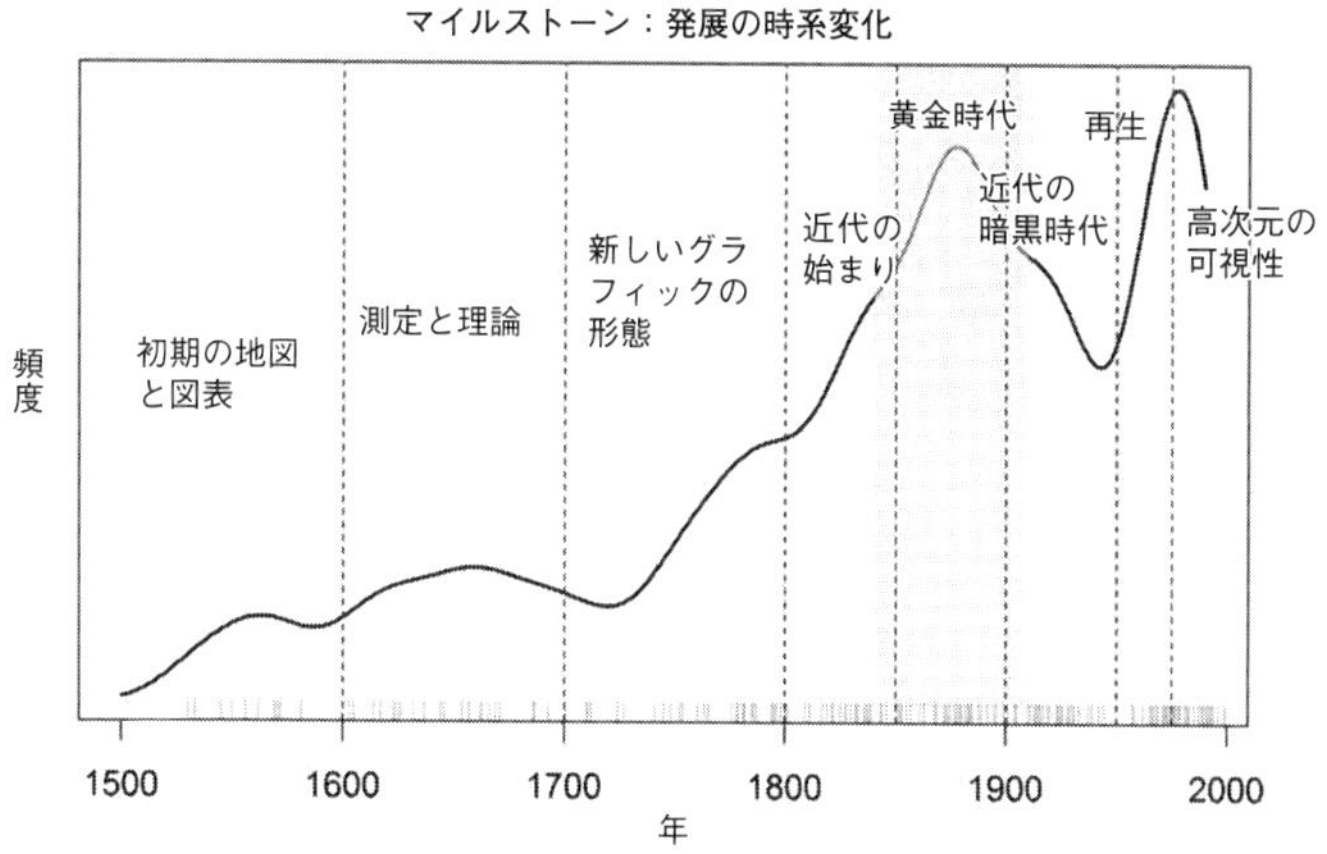

図 7.1：マイルストーンの歴史年表：データ視覚化の歴史においてマイルストーン（画期的）と考えられる出来事の時代分布を、ラグプロット〔一般にヒストグラムや散布図と組み合わせて使用し、一次元データをバーコード風に表現したもの〕と密度推定で示したもの。データは 1500 年から現在までのサンプル数 n = 260 の重要な出来事から構成されている（Friendly, 2005）。1840 年頃から 1910 年頃までの強調表示された期間における発展が、本章で取り扱うテーマを構成している。出典：以下より再編成：Reformatted from Michael Friendly, "The Golden Age of Statistical Graphics," *Statistical Science*, 23:4 (2008), pp. 502-535, fig. 1.

このグラフで「近代の始まり」と記されている一九世紀前半は、第3章で「データの時代」として説明した歴史上の時代と重なっており、プレイフェアがその図表とグラフ形式を発明し、デュパンとゲリー、その他の人々が初めて影付きの地図を使って社会的に重要なデータの地理的分布を示した時代でもある。

これらのデザインと技術におけるイノベーションが見られた一九世紀前半は、グラフ表示への熱意の時代でもあった。[*3] この時代は統計グラフィックスと主題図作成の爆発的な成長を目の当たりにし、その発展の速度は、近年に至るまで比肩するものがないほどである。この急速な成長は一八四〇年頃から一九〇〇年頃まで続いたが、それは単なる漸次的なイノベーション以上のものを成し遂げた。

一九世紀後半、このはつらつとした熱意が熟し、統計学、データ収集、科学技術におけるさまざまな発展と結びついて、データグラフィックスの「パーフェクトストーム（究極の嵐）」を生み出した。ファンクハウザーが指摘するように、データグラフィックスへの情熱は政府機関や科学会合において広く普及していった。その結果、質的にまったく異なる時代が訪れ、こんにちでさえ複製するのが難しい他に類を見ない美しさと視野をもつ作品を生み出した。

より幅広い観点から見ると、私たちがひとつの「時代」と考えているもの、そしてひとつの「黄金」を形成するものが明らかになってくる。「黄金時代」という用語はもともと古代ギリシャ・ローマ時代の詩人に由来し、彼らはこの言葉を、人類が純粋で、ユートピアに住んでいた頃の時代を指し示すものとして使っていた。より一般的に言えば、偉大な仕事が達成されたことが認識できる時代を指している。つまり、ふたつの谷に両側を囲まれた達成の山（または少なくとも高地）ということだ。歴史的時代は「栄枯盛衰」の物語であり、黄金時代は目を見張るほどのピークまで上昇する。

「黄金時代」には次のようなものが含まれる。（a）「アテネの黄金時代」はペルシャ戦争（紀元前四四八年）の終わりからペロポネソス戦争（紀元前四〇四年）の始まりまでのペリクレスの統治下にあった四四年間を指し、政治と市民社会、建築、彫刻、劇場の発展において相対的ピークにあった。（b）「イスラムの黄金時代」（七五〇―一二五八年）は、イスラム＝カリフの統治からムガル人によるバグダッド略奪までの時代で、この間、芸術、科学、医学および数学の分野で大きな進歩が見られた。（c）「イングランドの黄金時代」は一五五八年から一六〇三年までのエリザベス一世の統治下で、ルネサンス文学、詩および演劇のピークだった。こうした時代はしばしば、ターニングポイントとなる出来事で終焉を迎える。

統計学者は「黄金時代」を、ある歴史全体の分布の極大値として記述することもできるだろう。図7・1を見ると、データ視覚化の歴史におけるマイルストーンとなるいくつかの出来事が、一八〇〇年代を通じて急速に増加しているものの、その後、一九世紀の終わりに向かって減少しているのがわかる。これは「黄金時代」におけるグラフ手法の発展の、ひとつの定量的指標である。

「黄金時代」の前提条件

第3章と第4章で見てきたように、一九世紀初頭に統計グラフィックスの基本的形式の発明の発端となったある重要な発展は、社会問題（犯罪、自殺、貧困）と病気（コレラ）の発生に関するデータの幅広い収集だった。いくつかの主要なケースで、グラフ手法はその利便性を証明し、ときに説明や解決法を提示することもあった。「黄金時代」を可能にした進歩の第二の一般的なグループは、テクノロジーに関するものである。たとえば（a）色を使用してデータグラフィックスを再現および発表すること、（b）一度にひとつ以上の変数の生データを記録すること、（c）いくつかの要約を表にしたり計算したりして、それらをグラフに表示できるようにすること、などである。これらのうちのいくつかの例を図7・2に示す。

「黄金時代」に至るまでの期間、主題図や図表は銅版画で印刷されていた。この技術を利用してやわらかい銅版上に画像を彫り、その後これらにインクを付けて印刷する。熟練した版画家や印刷家の手にかかれば、銅版技術は細い線や小さな文字、点描テクスチャなどにも容易に対応することができた。アルブレヒト・デューラーやその他の版画家の作品は、細い線や細かいテクスチャを使って、手描きの芸

図 7.2：「黄金時代」につながる技術的進歩：左：自動記録：「ワットインジケーター」、ジェームズ・ワット（1822）；中央：計算機、Babbage (1822/33)；右：写真：動画：Muybridge (1879)。出典：（左）国立アメリカ歴史博物館、スミソニアン協会；（中央）Britannica.com；（右）米議会図書館、印刷・写真部門、LC-DIG-ppmsca-23778, detail.

術作品を、芸術家の意図を捉えたものに変換し、さらにそれを多くの部数で印刷する方法を実証している。この時代の初期のデータグラフィック作品には、作者と版画家の両方の名がキャプションや凡例に明示されていた。両者ともに最終作品に貢献したからである。

結果として生まれた画像は、それまでの木版画の手法で製作したものよりはるかにすぐれていた。しかし、銅版は作業が遅くコストもかかり、上塗りしたり異なる色のインクを使用したりする場合は、その都度印刷しなければならなかった。たとえば、プレイフェアがその主要な研究に使用したグラフ（Playfair, 1786, 1801）は銅版で印刷されたが、色は手で付けられた。したがって、これらは限られた数しか印刷されなかった。

アロイス・ゼネフェルダー（一七七一―一八四三年）が一七九八年に発明した、化学的印刷であるリトグラフィーにより、版画よりもはるかに長い時間、地図や図表の印刷を実行することができるようになり、コストもかなり削減され、さらには塗りつぶし領域に微細な色調のグラデーションを入れることもできるようになった。

一八五〇年頃になると、リトグラフィーの技術がカラー印刷に適用され、色を使用してもさほどコストがかからないようにすることで、カラー印刷の利用頻度が増えた。さらに重要なのは、主題図や統計図表のデザインの重要な知覚的特徴となる色が、以前よりも手軽に使用することができるようになったことだ。高解像度のカラー印刷は、「黄金時代」の重要な特徴のひとつである。[*4]

「黄金時代」の第二の主な特徴は、自動記録の著しい進歩だった。グラフィックレコーディング装置――時間とともに変化する現象をグラフ形式の記録に変える装置――の起源は古代まで遡る（Hoff and Geddes, 1962）。第1章で言及したように、ロバート・プロットはペンを使った装置をつくり、一六八四年の一年間、毎日、オックスフォードで気圧を記録し、その結果を「天気の歴史」と呼んだ（図1・4）。基本的には、いくつかの現象を登録し、その後、これを動くペーパーロール上のペンの動作に変換する（しばしば機械的な）手法を見つけ出すという考え方だ。「黄金時代」の新たな発展は、より幅広い科学的疑問の扉を視覚的な調査や分析へと開いた。近代の地震計や脳波計（EEG）レコーダーは、同時に記録された異なるチャンネルに複数のペンを使用して、今もほぼ同じことがおこなわれている。

一八二二年になると、ジェームズ・ワットは（ジョン・サザンとともに）「ワットインジケーター」（図7・2左）の説明書を発表した。これは、完了した仕事量を計算し、効率を上げることを視野に入れた、蒸気機関の蒸気圧とその容積間の二変量関係を自動的に記録する装置である。別個の入力端子を用いて水平と垂直のペン位置を駆動するこの注目すべきメカニズムにより、これらふたつの測定値がともにどのように変化するか、また一方が変化すると他方はどのように変わるかがわかる。

実際に装置を見てみると、このアイデア自体はシンプルなものであることがわかる。一九世紀後半にわたり、自動記録の範囲は、天気や物理的な測定から、鳥の飛行や人体の生理機能といった問題に至るまで幅広く拡張していった。このテクノロジーの主な担い手であるエティエンヌ＝ジュール・マレーの功績については、第9章で詳述する。

この時代の第三の重要な進歩は、計算において見られた。一九世紀初頭に豊富なデータが収集されたことにより、これらを要約し、理解するために複雑な計算を本格的におこなう必要性が生じた。このニーズに応えるため、多くの機械的な計算装置が一七世紀初頭に開発され、四則（足し算、引き算、掛け算、割り算）計算機の基本原理が提供された。[*5] こうした状況に少なくとも理論上の変化が訪れた一八二二年、チャールズ・バベッジ（一七九一―一八七一年）が対数と三角関数の数表を計算し、その結果を自動印刷するための機械的装置である「階差機関」の構想を得た。その後（一八三七年）、彼は機械的な汎用タイプのプログラム可能な計算装置、「解析機関」を設計し、プログラム命令とデータをパンチカードから獲得する方法（機織りの色の配列をプログラミングするためにジョセフ・ジャカールの機織り機で使用された方法）を開発した。エイダ・ラヴレスは「代数パターンを織る」ためにプログラミングされたバベッジの装置の計り知れない可能性を評価し、一八三三年、多くの人が（ベルヌーイ数を計算するための）初のコンピュータープログラムとみなしているものを発明した。これらのなかで、実際にバベッジの存命中につくられたものはひとつもなかったが、大量のデータを表にするという考え方は「黄金時代」の空気全体に漂っていた。

大規模なデータを表にするための、最初に知られた実際の装置は、一八六四年にイングランドとフランスにおける二五年間の犯罪と自殺に関する研究をおこなったアンドレ＝ミシェル・ゲリーの功績によるところが大きい。彼のデータには年齢、性別、その他被告人と犯罪に関連のある因子で分類された二二万六〇〇〇件の対人犯罪と、動機ごとに分類された八万五〇〇〇件の自殺が含まれている。彼は「統計電算機」と呼ばれる装置を発明し、これらの数値の解析と表作成に役立てた。[*6]

一八九〇年になると、一〇年ごとにおこなわれていた米国勢調査に間に合わせるために、ハーマン・ホレリス（一八六〇―一九二九年）は、数値情報を保存する近代的な形式のパンチカード、データ入力用のキーパンチ装置、データ列ごとにカードをカウントおよびソートする機械装置を導入した。パンチカードをホッパーに設置し、列を選択し、「スタート」ボタンを押すと、年齢層、職業、宗教、またはすでに記録済みのその他の項目ごとにカードが分類され、計算される。質問に対する回答は、それぞれの瓶〔統計用語で、値にしたがって対象をグループ分けし、一般化したり比較したりするための値の範囲のこと〕に現れるカード数で表示され、ダイヤル上に数字で記録される。

「黄金時代」に貢献したグラフィック言語の最後の側面は、間接的ではあるものの、計算図（または「ノモグラム」）や直定規や鉛筆以外何も使わずに、複雑な計算が実行できる簡単な手段はないかと探し求めていた土木技師や軍事エンジニアらの熱意から生まれた。たとえば砲兵や海軍技師は、自分の銃の射程距離を測定するための図や図表を作成した。国立土木学校の技師、レオン・ラレンは、仕事の時間とコストの効率を上げるため、鉄道を敷設する際に動かさなければならない土量の最小値を計算するための図表をつくった（Hankins, 1999）。

おそらく、これらのノモグラムで最も注目すべきは、ラレン（1844）の「万能計算機」だろう。これにより、算術（対数、平方根）、三角法（サイン、コサイン）、幾何学（面積、円周、幾何学的形状の表面積）、および測定単位と機械工学間の換算係数など、六〇を超える関数のグラフ計算が可能となった。[*7] 実際、

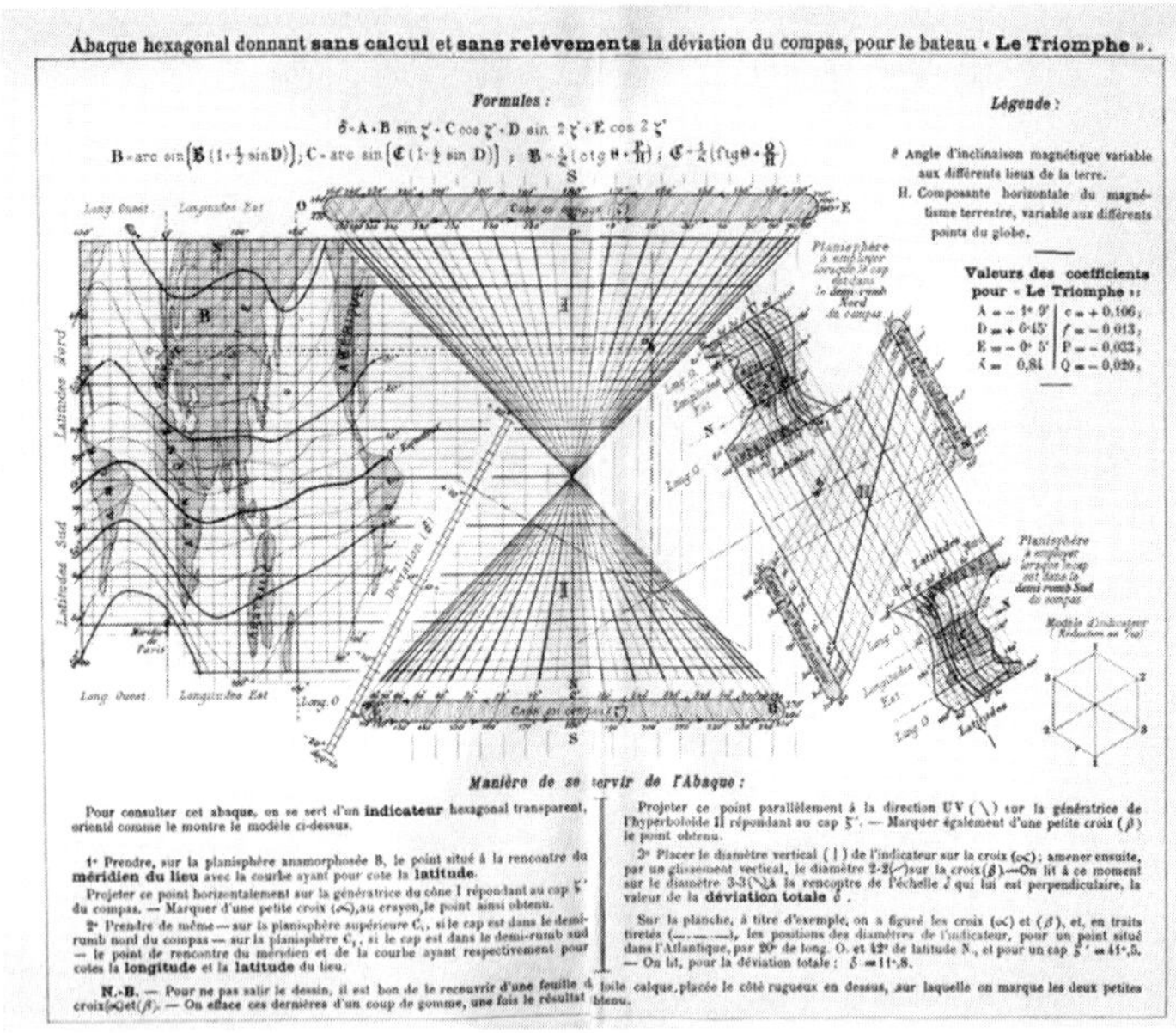

図 7.3：ノモグラム：さまざまなグラフ形式を融合した計算図。シャルル・ラルマン（1885）の力作とも言えるこのノモグラムは、アナモルフィックマップ、平行座標、3 次元表面を使用して、海上の磁気偏角を計算している。出典：エコール・デ・ミング（パリ国立高等鉱業学校）の承諾を得て転載。

ラレンは計算尺に見られるような並列非線形目盛の使用（サイン、コサインに対する角度）を、なんらかの三変数乗算関係を直線で表すことのできるような両対数グリッドと組み合わせていた。技師にとってそれは、数多くの数値表を含む書物に置き換わるものだった。統計グラフィックスにとってそれは、こんにち利用されているスケールや線形化といった概念を先取りし、ともすると複雑なグラフ表示を簡素化するものだった。

　この「黄金時代」の一面を、図7・3を使用して説明する。これは、経度と緯度に関して、海上のコンパスの磁気偏角を正確に特定するためにシャルル・ラルマン（1885）が発明した力作とも言えるグラフィックである。この多機能のノモグラムは、多くの変数を、視覚的に表現された複雑な三角関数の方程式を介してグラフ計算する装置に組み込む。これは、ヨーロッパからアメリカ大陸までの航行可能な世界地図を、いわゆる「アナモルフィック」マップと呼ばれるものに変形した、左側に示す地図から始まっている。こうすることで、磁気偏角に示される暗い線に、標準的な地図よりも一貫したパターンが生まれる。これはまた、三次元形状、平行座標、六角グリッドも盛り込んでいる。このノモグラムを使用する際、水夫は左側のアナモルフィックマップに海上の自分の位置をプロットし、この点を中央上の円錐、その後グリッドと右側のアナモルフィックマップ、そして最後に中央下の円錐を通って射影し、磁気偏角の目盛に達する。こうすれば水夫は乗組員に対して、日曜日のディナーに間に合うように家に帰ることを保証できるというわけだ。

シャルル・ジョゼフ・ミナールのグラフィックビジョン

> 私のグラフィックテーブルとフィギュラティブマップ（比喩的地図）を特徴付ける有力な原則は、数値結果の割合を即座に、できる限り目で感知できるようにすることである。……私の地図は会話をするだけでなく、数を数えたり、目で計算したりということもできるのだ。
>
> ——ミナール (1862b)

シャルル・ジョゼフ・ミナール（一七八一―一八七〇年）は、一八一二年のモスクワ遠征でナポレオンの大陸軍が被ったすさまじい犠牲を表現した、注目に値する図を作成した人物として最もよく知られている。エドワード・タフテ（1983）はこれを、「かつて製作された統計グラフィックのなかで最良のもの」と呼んだ。しかし、ミナールは他にも幅広い作品で、一九世紀初頭に始まり「黄金時代」に全盛を極めた視覚的思考と視覚的説明の興隆をわかりやすく説明している。

ミナールは権威ある国立土木学校（ENPC）で技師としての訓練を受けた。この学校で彼は、まったく異なるふたつのキャリアを積んだ。ひとつは土木技師として用水路や鉄道の建設計画を立てる仕事（一八一〇—四二年）、もうひとつは、近代フランス国家のビジュアルエンジニアとでも呼ぶべき仕事である（一八四三—六九年）。

図7・4は、彼の初期のキャリアから引用した視覚的思考と視覚的説明の一例である。一八四〇年、ミナールは一〇年前に建設されたばかりのローヌ川にかかる吊り橋の崩壊について報告するため、ブール＝サン＝タンデオルへ送られた。この橋の崩壊は、ENPCにとって大きな失態だった。ミナールの所見は主に、一目瞭然のこのビフォー／アフター図で構成されていた。視覚的なメッセージは直接的かつ明快だった。上流側の支柱の下の川床が明らかに侵食し、橋の幅のかなりの部分が支えのない状態となっているのがわかる。彼の一八五六年の小論文には、他にも似たような工学技術に関する視覚的説明が含まれている。

ミナールは一八四三年から一八六九年にかけての期間、現在知られている六三のグラフィック作品を製作した。[*8] これらには「グラフィックテーブル」（図表と統計図）と「フィギュラティブマップ（比喩的地図）」（主題図）が含まれていた。一八五一年に引退する前、彼の「生計を支えていた」トピックは、貿易、商業、輸送に関する問題だった。鉄道や用水路をどこに建設するか？　物資と乗客の輸送に対し

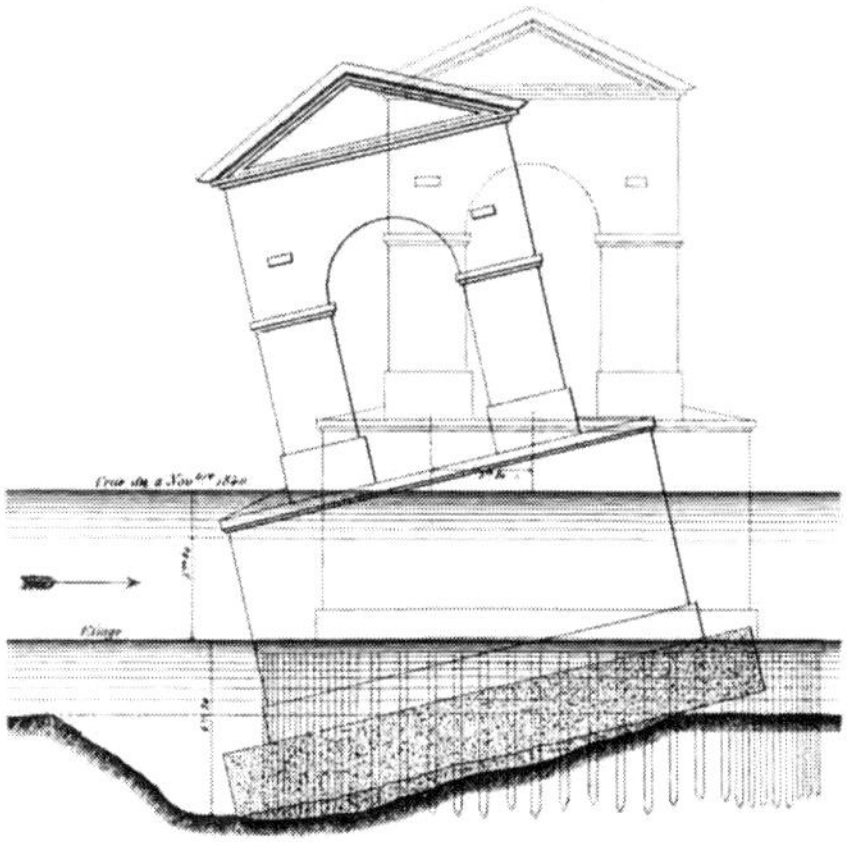

図 7.4：設計図：橋はなぜ崩壊したのか？　橋の支柱のひとつと、ビフォー／アフターの比較を示す断面図。出典：詳細は Charles Joseph Minard, *De la chute des ponts dans les grandes crues*. Paris: E Thunot et Cie, 1856より。© École national le des ponts et chausée, 4-4921_C282 より転載。

てどのように料金を課すか？　時間的空間的変化に伴う差異をどのように視覚化するか？　といった問題だ。ミナールの主題図のほとんどがフローマップであり、彼はこれらをほとんど芸術作品と言えるものにまで発展させた。「フィギュラティブマップ（比喩的地図）」という用語を彼が選んだのは、データを表現することをその主な目的としていることの証だ。地図はしばしば副次的なものだったということである。

　ミナールのグラフィックビジョンは、データを表現するという主な目的とともに、図7・5のビフォー／アフターの比較を示したフローマップにはっきりと表れている。その目的は、アメリカ南北戦争がヨーロッパと他国との綿の取引に与えた影響を説明することだった。ここでも、視覚的説明は直接的かつ明快であり、見る者の目に訴える。一八五八年当時、ヨーロッパに輸入される綿のほとんどはアメリカ南部の州からのものだった——左の図で大きな部

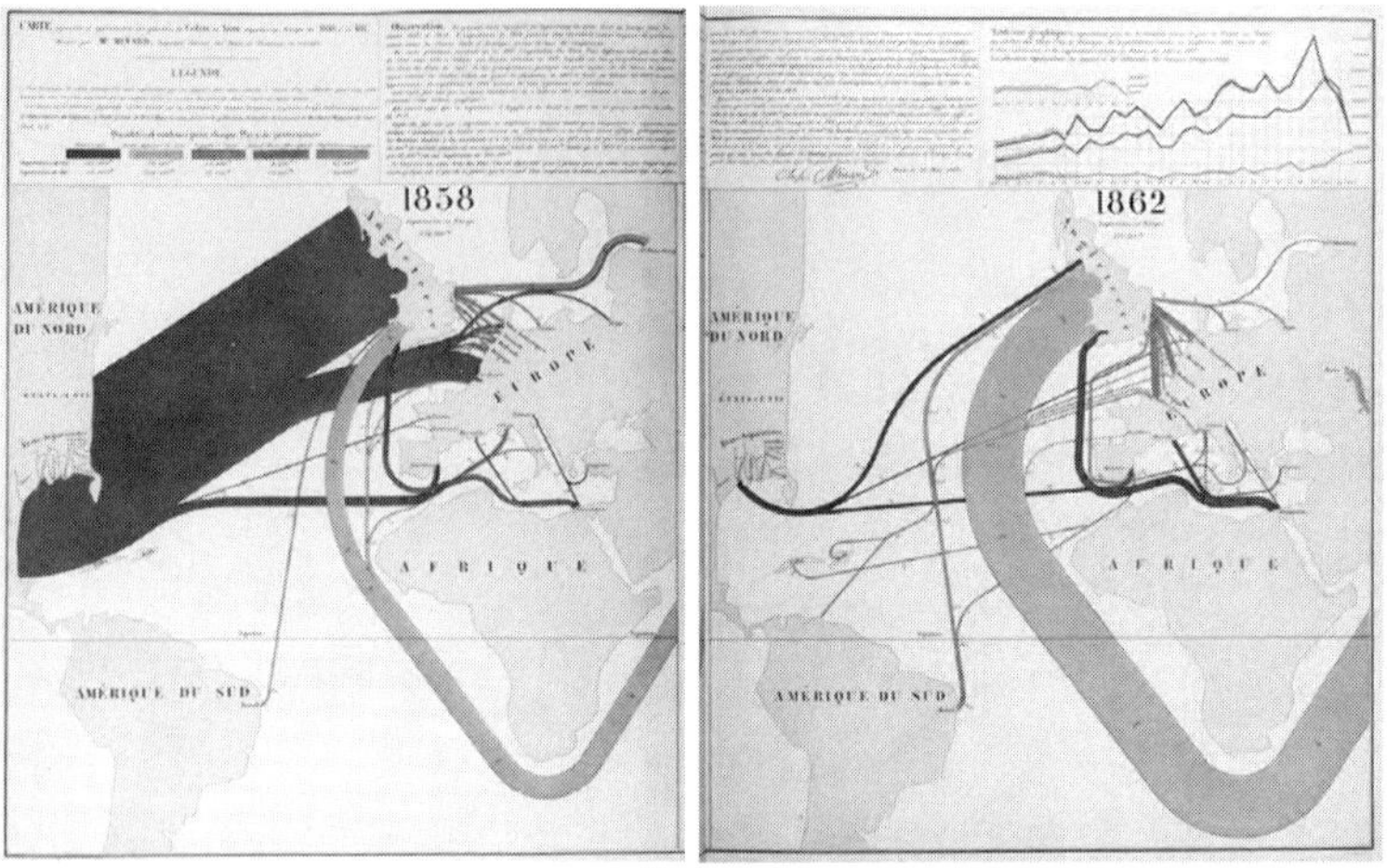

図 7.5：比較フローマップ：アメリカ南北戦争が綿の貿易に及ぼす影響。さまざまな国からヨーロッパへの生綿の輸入が、南北戦争前（左：1858 年）と後（右：1862 年）の綿の量に比例した色付きの帯域幅で示されている。出典：Charles Joseph Minard, "Carte figurative et approximative des quantites de coton en Enrope en 1858 et 1862," Paris, 1863. © École national le des ponts et chaus'ee, 4Fol 10975 より転載。

分を占めている幅広の青い帯で示されている。一八六二年には、南部への出荷と南部からの出荷がブロックされたことにより、供給はほぼ枯渇した。それらはすべてニューオーリンズの港を通ってやってくるものだった。需要のなかには、エジプトやブラジルの綿で満たすことができるものもあったが、その代用品のほとんどはインドからの綿だった。フローラインのスペースを確保するため、彼はイギリス海峡とジブラルタル海峡を拡大した。そして、このデータを際立たせるため、北米の海岸線を下絵のようなかたちに簡略化している。

　前述のように、「おそらくかつて製作された統計グラフィックのなかで最良のもの」（図7・6）ともてはやされてきたミナールの最高傑作は、[*9] 失敗に終わった一八一二年のロシア遠征中にナポレオンの大陸軍によって大量の人命が奪われたようすを描いたものである。これを見て

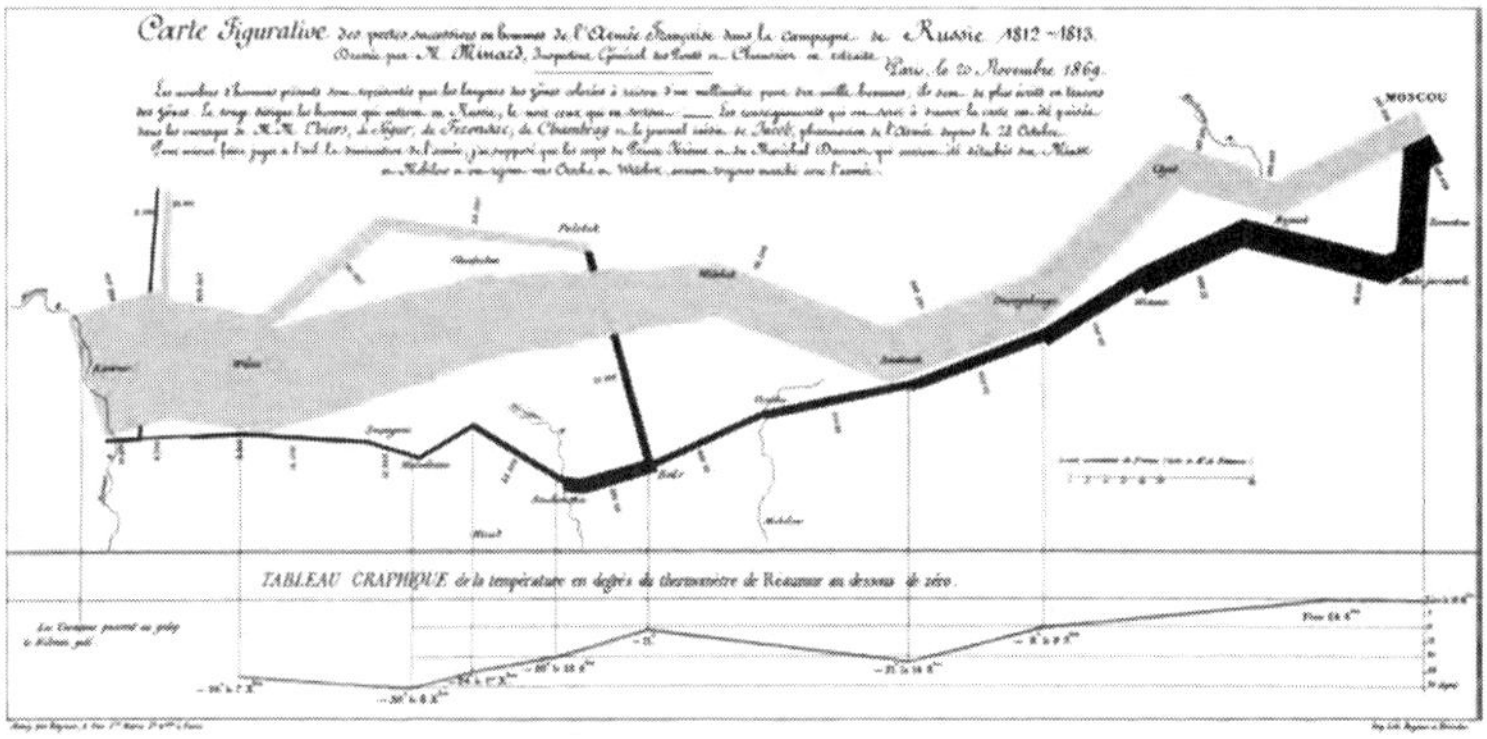

図 7.6：ミナールの最高傑作：ミナールの 1869 年の『フィギュラティブマップ』より。悲惨な結果に終わった 1812 年のモスクワ遠征におけるナポレオン率いる大陸軍の運命を描写している。出典：Wikimedia Commons.

も「なんとなく良い」と思うだけかもしれない。ところがとんでもない――これはひとつのグラフのなかで語られる叙事詩とも言うべきものなのだ。

明るい色のフローラインは、一八一二年六月二四日、ナポレオンが遠征を開始したポーランドの左側の国境を流れるネマン川から始まっている。フローラインの幅は軍の規模を反映し、当初は四二万二〇〇〇人（ナポレオン帝政からの徴集兵を含む）を擁する軍隊であり、その軌道は軍がとったルートを示している。その途上で起こった主要な戦闘と出来事はロシアの概略図上に示されており、ナポレオン軍がモスクワに接近するにつれ、勢力が弱まっていくようすが図の右側からわかる。

チャイコフスキーの『1812年（序曲）』は、これまで無敗の敵だったものに対抗して、より小規模で装備の乏しい軍隊がモスクワを守り抜いたことを称える作品である。[*10] かつて書かれた小説のなかでもいちばんの長編として有名なトルストイの『戦争と平和』もまた、この歴史をロシア側から見た描写がなされている。

一方でミナールは、たったひとつのグラフのなかで、フランス側から見たナポレオン軍の敗北のストーリーを語っている。これは私たちが知る限り、自国の歴史をグラフィックで描写したものとして、かつて（またはおそらくそれ以来）なされたことのない方法だった。それはある愛国者のグラフィックストーリーであり、軍事的征服を目指す戦争の愚かさを悲しくも反映している。

ナポレオンの退却の道筋は黒色のフローラインで描かれ、その数は大幅に減少しているが、それでも一〇万人規模の兵力がモスクワを後にした。ネマン川まで戻ってきたときに残っていたのは、わずか一万人（約二%）だった。この図表の下部にあるグラフがその理由を物語っている。ナポレオンは一八一二年一〇月一九日に撤退を始め、蓄えはほぼ底をついていた。ロシアの冬の気温低下を示すこのグラフは、命からがらで撤退する兵士たちにさらに追い討ちをかけるような過酷な状況を象徴している。

ミナールが作成した地図や図表は限られた部数しか印刷されなかったため、フランスの技師やグラフ手法に関心のある人々の小さな集団以外に、彼を知る人はあまりいなかった。エティエンヌ＝ジュール・マレー（1878）が最初にこの影響力のあるグラフィックに注目したのだが、彼がいなかったら、もしかしたらこれは歴史のなかに埋もれたままだったかもしれない。「グラフ手法」に関する最初の一般向けの書物のなかで、マレーは、ミナールの作品は「その残酷なまでの雄弁さにおいては、歴史家のペンをものともしない」と語った。後にファンクハウザー（1937）は、グラフ手法の最初の近代的概要を示した書物でミナールの作品に数ページを割き、彼を「フランスのプレイフェア」と名付け、その功績の幅広さを連想させた。タフテ（1983）もまた、ミナールのこの画像を幅広い人々に紹介し、「多変量の複雑さがあまりにさりげなく統合されているため、見る者は六次元の世界を覗き込んでいることにほとんど気づかない」と評した。そして「これは、かつて製作された統計グラフィックのなかで最良のものと言えるだろう」と述べている（p.40）。

ミナールは一八七〇年にこの世を去り、よく知られたこの「モスクワ遠征」のグラフィック（一八六九年一一月二〇日に発表）は、イタリアのハンニバルの軍隊の同じようなグラフィックとともに、この世に発表された彼の最後の作品のひとつとなった。ミナールについてのより詳しい理解は、第10章で詳述する。

最近になって私たちは、ミナールの墓がモンパルナス墓地の第七区画、48.8388°N, 2.3252°E にあることを発見した（Friendly et al. 2020）。

フランシス・ゴルトンによるグラフィックの最大の発見

第6章では、一八八六年にゴルトンが発見して正当な評価を得た回帰という概念と、二変量正規分布を特徴付ける同心楕円について学んだ。これはその一〇年後、カール・ピアソンの相関理論へ引き継がれていく。ところがゴルトンはその二五年前の一八六三年に、さらに注目すべきグラフィックの発見をしているのだ――つまり、今や天気の近代的理解の基礎を成している気圧と風向との関係を解明したのである。最も注目すべきは、これがグラフという手段だけを使って達成された科学的発見の輝かしい事例、「まったく予測もしていなかった、彼の高次元のグラフの純粋な産物である」ということだ。[*11]

真の博学者だったゴルトンは、キュー天文台の所長に任命された後の一八五八年頃、気象学に興味を抱きはじめた。この研究は測地学、天文学、気象学に関連する数多くの科学的疑問を提起した。ところが

Contributors, according to the Conditions of my Circular Letter, are requested to enter their Observations in one of the blank forms, to enclose it in a stamped envelope, and to post it to my address on January 1st, 1862.

FRANCIS GALTON,
42, *Rutland Gate, London.*

Name of Station :
Its Latitude :
Its Longitude from Greenwich :
Its Height above Sea Level, in English Feet :

Name of Contributor :
Full Address to which the Charts are to be forwarded when ready :

Date. Either Local or Railway Time; state which. December 1861.		Barometer corrected to Freezing Point at Mean Sea Level, and reduced to English Inches, Tenths, and Hundredths.	Exposed Thermometer in Shade, to nearest Degree, Fahrenheit.	Moistened Bulb to nearest Degree, Fahrenheit, for Evaporation and Dew Point.	Direction of Wind, *true* not magnetic. Only 16 points of the Compass are used; as, N., N.N.E., N.E., E.N.E., E., &c.	Force of Wind: Calm, Gentle, Moderate, Strong, Gale.	Amount of Cloud: Clear blue sky, A few clouds, Half clouded, Mostly clouded, Entirely clouded, Entirely and heavily clouded.	Rain, Snow, or neither.	REMARKS.
1	9 A.M.								
	3 P.M.								
	9 P.M.								
2	9 A.M.								
	3 P.M.								
	9 P.M.								
3	9 A.M.								
	3 P.M.								
	9 P.M.								

図 7.7：ゴルトンのデータ収集用紙：ゴルトンが 1861 年 12 月の毎日の気象変数を記録するために観測者へ送った用紙の一部。注目すべきは、観測条件を定義し、7 つの気象変数のそれぞれが記録されるスケールを標準化しようとしたゴルトンの試みである。出典：Francis Galton, *Meteorographica, or Methods of Mapping the Weather*. London: Macmillan, 1863.

彼は心のなかで、いかなる解答も、第一に系統的で信頼できるデータに、第二にデータ内に一貫したパターンを探し出す能力に依存し、これにより、そこで作用する力の一般的理解が促されると考えていた。

一八六一年、ゴルトンは不特定多数の人からデータを募るクラウドソーシングによるキャンペーンを開始し、三〇〇人を超える観測者の支援を得て、ヨーロッパ全土の気象台、灯台、天文台から気象データを集めた。彼の指示書には、一八六一年一二月の毎日、午前九時、午後三時、午後九時に記入するデータ収集用紙（図7・7）が含まれており、ここに気圧、気温、風向と風速などが記録されることになっていた。戻ってきた回答から、彼は視覚的抽象化《グラフィカルアブストラクション》のプロセスを開始し、一八六三年、最終的にこれを『気象学』として発表した。このプロセスにおいて、彼はリトグラフィと写真を用い、総計六〇〇を超える地図や図表を作成した。ゴルトンのプログラムには、ヨーロッパ全土から収集した標準化データがあり、彼はこれら七つの変数の記録を比較できるようなかたちにした。それは、系統的パターンを暴き出すグラフ手法の力に対する鋭い観察眼であり、自身の目的を達成するために視覚的シンボルを発明・適用する能力でもある。

最初の段階でゴルトンは九三の地図を作成し（一日三つずつ、三一日間毎日）、そこにカラー図版11に示すとおり、雨や雲、風向や風力などを表すために発案したスタンプやテンプレートを使って多変量のグリフを記録した。[*12] これらの視覚的シンボルはN（北）、NNW（北北西）、NW（北西）などの文字と同じくらい正確に風向を表現するが、これらのアイコンは、「それ自身の物語を見る者の目に直接語りかけるという強みをもっている」と彼は説明している（p. 4）。

これらの地図はすべてのデータを視覚的に表してはいたが、特に九三ページにもわたって掲載するような場合は、情報量が多すぎて一般的なパターンを見失うおそれがあった。彼にはデータを圧縮、要約して、時空間の変化に応じた系統的変量を捉える必要があった。そこで彼は、地理的グリッド上に象徴的な地図を作成し、気圧を示すという考えを思いついた（図7・8）。

その後ゴルトンは印象的なものを目の当たりにした。当時、サイクロン理論は、低気圧領域において、風が反時計回りに回転しながら内側へ向かって螺旋を描くことを示唆していた。このことは自身のチャートで確認できたが、他にも気づいたことがあった。地理的空間全体で、高気圧の領域もまた、反時計回りで外側へ向かう風の螺旋の動きと一致していたのだ。彼はこの関係性を「反サイクロン」〔高気圧の意〕と呼んだ（Galton, 1863a）。この観測は、気圧を風やその他の気象変数と結びつける、より一般的な気象パターン理論の根拠となった。

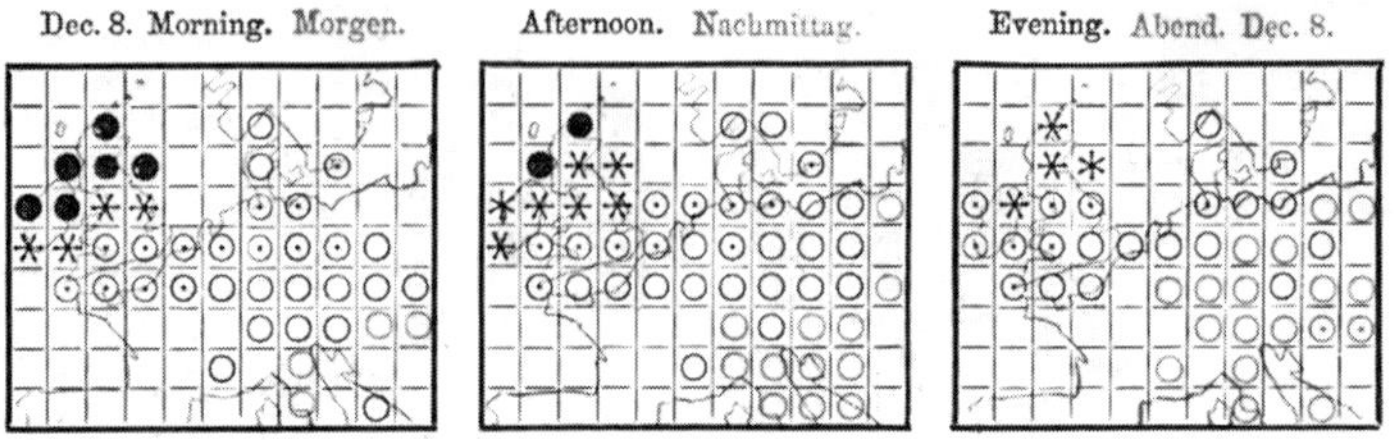

図 7.8：象徴的な 3 次元気圧マップ、両極尺度：1861 年 12 月 8 日のゴルトンの気圧マップ。赤と黒の記号はそれぞれ平均よりも低い／高い気圧を示しており、○から⊙、および＊から●の範囲における乖離度があわせて示されている。出典：Francis Galton, *Meteorographica, or Methods of Mapping the Weather.* London: Macmillan, 1863.

この考え方を確認する鍵となるものを証明するのは、空間の変化に伴う風向と気圧の関係、そして、時間の経過とともに起こるこれらの変化をよりグローバルなレベルで見る能力だった。そこで、抽象化の第二段階において、ゴルトンは一日のデータを3×3のグリッドに縮小した抽象的な地形図にまとめた。行には気圧、風向、雨、気温のミニマップが示されている。列は朝、昼、晩を表す。この地形図で、彼は色、影、等高線を使って、ほぼ等しいレベルと境界を示し、矢印で風向を表した。

さらに彼は、これら三一日分すべてのデータを二ページからなる多変量概略ミニマップにまとめた。その右側のページをカラー図版12に示す。記号の凡例はカラー図版13の左側のパネルにある。一二月五日のデータを示す部分を右側のパネルに示す。

好都合なことに、気圧（それぞれの日の一番上の行）は一般に、一二月の初旬は低く、後半に高くなっていた。風向を示す矢印の相関方向がこの理論を立証している。彼はこれらの結果を「鳩の旋回法則」(Galton, 1863a) を参照して説明した。この法則とゴルトンのサイクロン—反サイクロン理論から予測されるのは、南半球では逆パターンのフローが起こるはずだ、ということだった。後にこれは確認された。

ゴルトンによる気象パターンの発見は、複雑なデータと視覚的思考の結合を例示している。それはまた、データを簡素化してパターンを強調し、最後に理論的説明を生成するというかなりの労力の証でもある。気象学における彼のさらなる研究もまた、理論の実践的応用への変換を例証しており、これも「黄金時代」で突出していると思われるもうひとつの特徴である。

一八六一年から一八七七年にかけて、ゴルトンは、風向と風力の図表を水夫の移動時間の図表へどのように変換できるかなど、気象学上のトピックを取り扱った一七の論文を発表した。[*13] 一八七五年四月一日、ロンドンの『タイムズ』紙は、ゴルトンが作成した天気図を掲載した。これが、私たちがこんにち世界各国の新聞で目にしている近代天気図の最初の例である。[*14]

統計アルバム

「黄金時代」の最後の例は、他に類を見ないグラフィックの卓越性、範囲、そして美しさを示す政府プロジェクトのコレクションだった。先に述べたように、人口、貿易、商業、社会的政治的問題などに関する政府の公式統計の収集、編成、普及は、一八二〇年頃から一八七〇年頃にかけてヨーロッパのほとんどの国々に広がっていった。一八七〇年以降、グラフ表現に対する熱意がヨーロッパやアメリカの州統計局で定着し、その結果、大量の統計アトラスや統計アルバムが作成されるようになった。各州機関に合わせて、これらのアルバムの統計的内容と表現の目的は大きく異なり、主題もしばしばありふれたものではあったが、その結果はこんにちにおいてさえ目を見張るものがあった。

アメリカでは、フランシス・ウォーカーの指揮の下、国勢調査局が「統計アトラス」を作成し、年齢、性別、宗教、国籍ごとに人口の統計学的特性を表したが、そのトピックはさらに多岐にわたることが多かった。たとえば、製造と資源、税制、貧困と犯罪などである。フランスの公共事業省は、主に貿易、商業、輸送といった側面に焦点を当てていた。[*15]

その内容にかかわらず、幅広いグラフ手法と、しばしばそのグラフ手法が反映するビジュアルデザインのすぐれたスキルという点で、これらの作品は非常に深い印象を与える。後述するように、これらはしばしば、一九七〇年以降になってようやく再発見されたグラフ形式とアイデアを先読みするものでもあった。

『統計グラフィックのアルバム』

ENPCでのミナールのグラフ作品は、フランスの政府機関であまりに大きな反響を呼んだため、一八五〇年から一八六〇年の公共事業省内のほぼすべての大臣が、自身の正式な肖像画の背景にミナールの作品のひとつを描くほどだった。[*16] 一八七八年三月、公共事業省はエミール・シェイソン（一八三六―一九一〇年）の指揮の下、統計グラフィック局を設立した。ミナールと同様、シェイソンもまた、公共事業省に任命される前はENPCでエンジニアとして働いていた。一八七二年以降は、国際統計協会のグラフ手法標準化委員会においてフランスの主要代表を務めた。

一八七八年七月には、この新しくできた局に進軍命令が下され、グラフ形式で、乗客の移動の流れやあらゆる手段の伝達航路および港湾での貨物輸送、そしてこれらの航路と港湾の建設や開発にまつわる統計文書を表現した「（フィギュラティブ（比喩的）な）地図と図表を準備せよとの要請があった。要するに、技術的、財政的にかかわらず、統計に関するもの、また公共事業の運営と関連があると思われるすべての経済的事実ということである」。[*17]
一八七九年から一八九七年にかけて、統計局は『統計グラフィックのアルバム』を出版した。これらのアルバムは大判の四巻からなる書物（約二八×三八センチ）で、多くの図版がそのサイズに合わせて四つ折りか六つ折りになっている。すべての図版はカラーで、レイアウトと構成に細心の注意が払われた。ファンクハウザー（1937, p. 336）は、「この『アルバム』は今世紀で最も精細なフランスのグラフィック作品の見本であり、フランス国民や統計学者をはじめ一般の人々も、これに相当の誇りを抱いていた」と記している。これらの書物は、「黄金時代」の頂点、あるいはこれまで知られているほぼすべてのグラフ形式の非常に精巧な見本集であると言っても過言ではないだろう。こうしたグラフ形式のうちのいくつかは、この『アルバム』のなかで最初に発表されたものである。[*18]
これらのアルバムにはふたつの一般的なテーマがあった。主なトピックとしては、公共事業計画、開発および運営に関する経済的・財政的データにかかわることだった。たとえば、鉄道・内陸水路・港湾からの乗客や貨物の輸送、輸出入、インフラ支出などである。さらに、年ごとに変わる臨時トピックとしては、農業、人口増加、輸送、パリの万国博覧会などがあった。第一のテーマはグラフィック局の存在理由だった。第二のテーマは、シェイソンとそのチームに対して、たとえば斬新なグラフィックデザインを使用するなどして、関心のあるトピックに関連する何か新しいもので読者を喜ばせることができるようにすることだった。これらの報告書を受け取った大臣や官僚へのメニューは明白だった。視覚化された統計という大胆なメインコースにパンとバターが添えられ、デザートにはアイキャンディ（目の

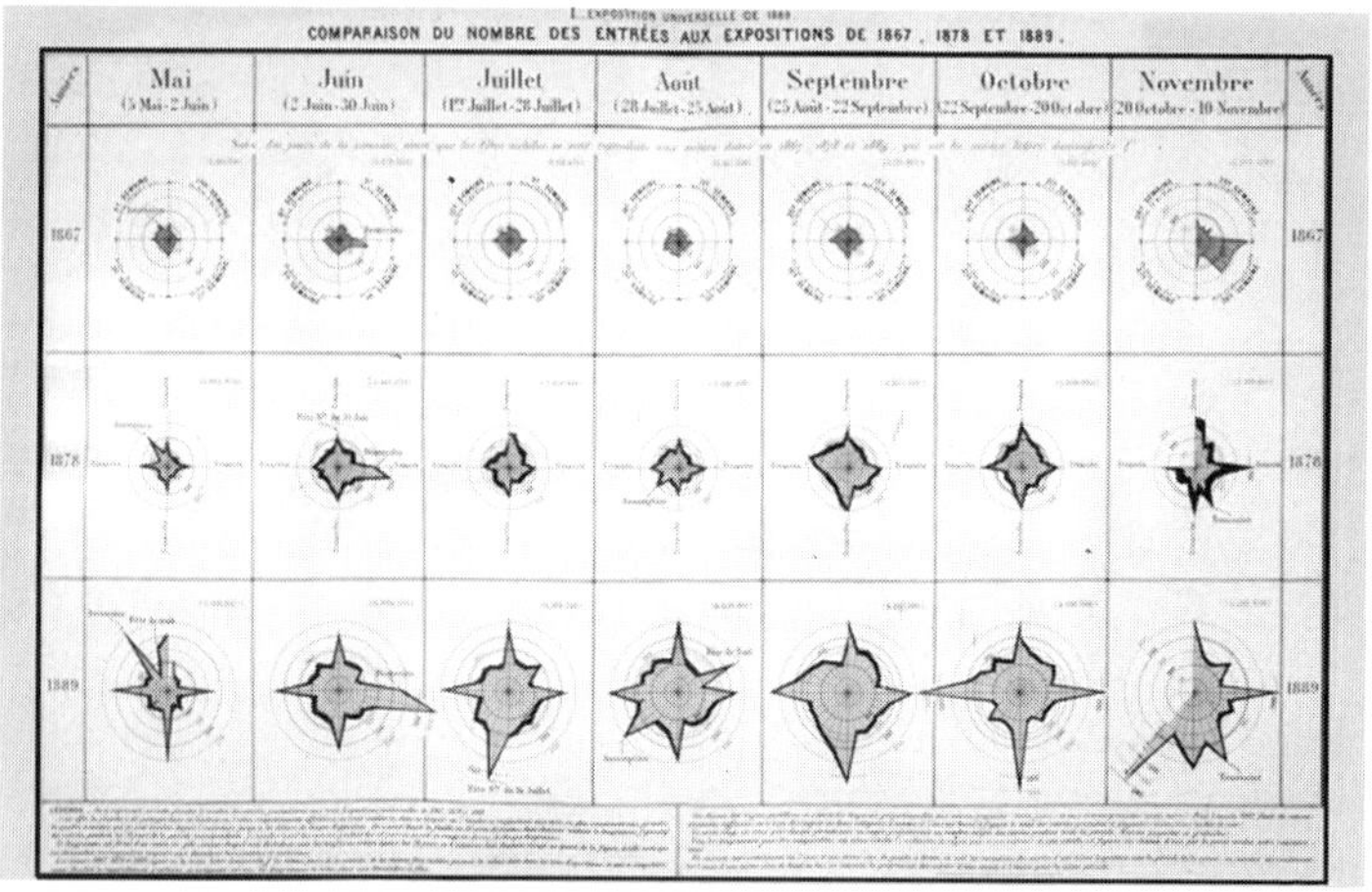

図 7.9：双方向のスター／レーダーチャート：「1867 年、1878 年、1889 年の博覧会に参加した人数の比較」。それぞれの星型において、半径方向寸法の長さはその月の各日に料金を支払った参加者の数を示している。出典：Caisse nationale des retraites pour la vieillesse. *Album de Statistique Graphique*. Paris: Imprimerie Nationale, 1889, Plate 21.

保養）がつくというわけだ
一八八九年の巻はその年のパリの万国博覧会後に発表されたもので、いくつかの斬新なグラフィックデザインを使用して、このトピックに関連するデータ解析をおこなっている。図7・9は、現在の「スターチャート」または「レーダーチャート」と呼ばれるものを使用し、一八六七年、一八七八年、一八八九年にパリで開催されたそれぞれの万国博覧会の参加者数を示している。これらは現在で言うところの「トレリス表示」と呼ばれる形式で、プロットの双方向配列としてレイアウトされ[*19]、行（年）と列（月）の比較ができるようになっている。それぞれのスターチャートは、放射線の長さでその日の参加者数を示しており、料金を支払った参加者は黄色、無料参加者は黒で示され、日曜日はコンパスの各方位に位置している。この表示からは次のことが見てとれる。（a）一八六七年から一八八九年に向かって参加者が大

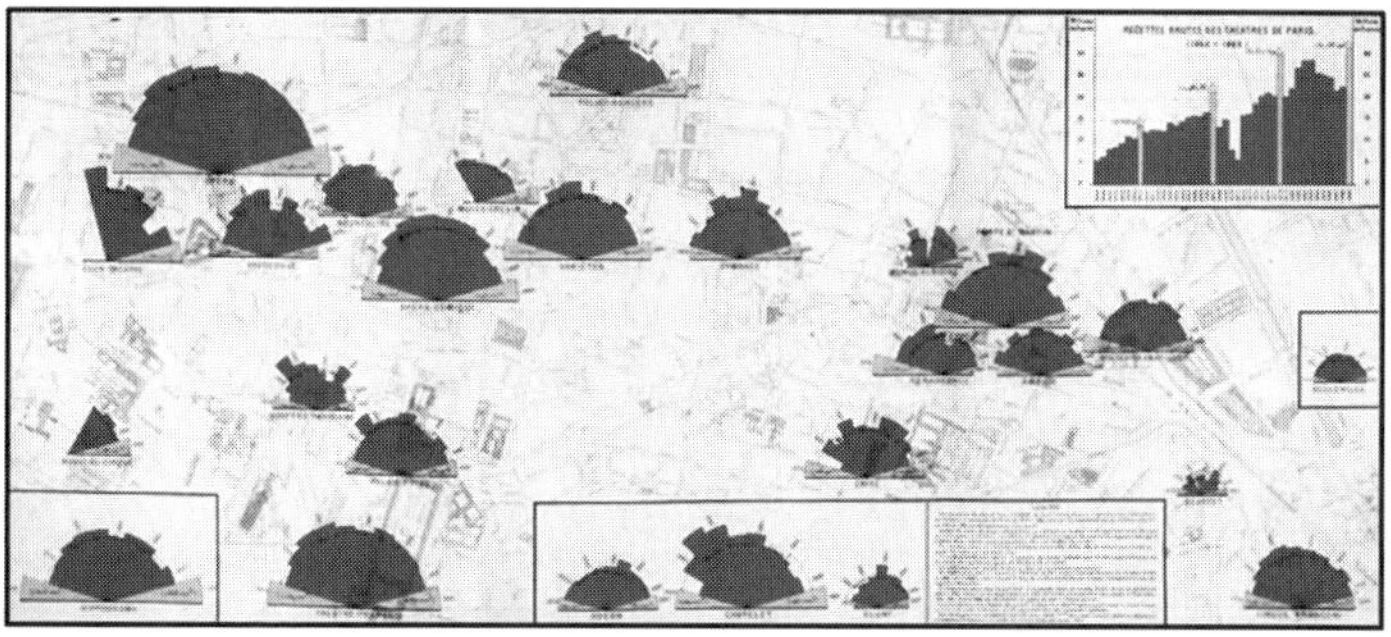

図 7.10：地図上に示された鶏頭図：「1878 年から 1889 年までのパリの劇場の総収入」。各図表で、1878 年から 1889 年の各年における、ある任意の劇場の収入に比例する長さの扇形を使用し、万国博覧会がおこなわれた年の値を黄色で強調している。出典：Caisse nationale des retraites pour la vieillesse. *Album de Statistique Graphique*. Paris: Imprimerie Nationale, 1889, Plate 26.

きく増加した。（b）日曜日は通常、参加者が最も多かった。（c）一八八九年は、そのほとんどが休日や祝日にかなりの急増が見られた。このことはグラフ内に文章で記載されている。

同じ巻にあるその他のグラフィックのなかには、これらの博覧会がパリの劇場を訪れる人々に与える影響を強調しようとしているものがある。図7・10は主な劇場を示した鶏頭図で、一八七八年から一八八九年までの各年の総収入に比例する面積を扇形で表している。一八七八年と一八八九年の博覧会の年は黄色で、その他は赤で陰影がつけられている。これらの図解がパリの右岸の地図上に配置され、四角い囲みのなかにはその他の場所の劇場が示されている。この画像は器用にも、パリの地図を描いた薄い背景と鶏頭図を合体させることで、地理的コンテクストを与えている。右上隅のヒストグラムは、一八四八年から一八八九年までのすべての年の総収入を示している。

図7・11は一八八八年の『アルバム』からの、もうひとつのすばらしい図版である。これは現在「アナモルフィックマ

ップ」と呼ばれているものを使用して、フランス国内（パリから）の移動時間が二〇〇年の間にどれくらい短縮されたかを示している。シェイソンのグラフの考え方はその時代をはるかに先んじて、いたってシンプルである。地図の縮尺を小さくして、各年の移動時間を地図上の距離に比例するようにしたのだ。ここで、地図の外側の境界線は、それぞれの放射線に沿って、一六五〇年のさまざまな都市への移動時間を表している。その後、これらの線を一七八九年、一八一四年、……一八八七年まで経時的に減少する移動時間に比例するように縮尺を合わせ、右下の表内と各放射線沿いに、その数値を記載する。[*20] その後、フランスの地図の輪郭を、これらの放射線に沿って比例するような縮尺に合わせる。一見してわかるのは、移動時間の短縮が均一ではなかったということだ。たとえば、フランス北部（カレーやリール）への移動時間は比較的急速に短縮されている。南部のモンペリエやマルセイユは当時、ニースやバイヨンヌと比べて、パリまで短時間で「移動」できた。

このグラフ形式は現在、一般に「カルトグラム」と呼ばれている。たとえば移動時間、人口、HIV感染率、政党への投票などの主題図の変数を、陸地の面積や距離で置き換え、その情報が直接伝わるようにするために地図の幾何学を歪めているのだ。さまざまな形式のカルトグラムが現在、データを地図と融合する有力な方法を提供し、データに卓越性を与えている。[*21]

シェイソンが直面した課題は、フランスの地理に関するふたつ以上の関連変数の経時変化を同時に表示するにはどうすればよいか、ということだった。『アルバム』はこの目的のために、さまざまな種類の斬新なグラフ形式を使用している。たとえば図7・12は「惑星図」を用い、四年の間隔で、一八六六年から一八九四までの地域ごとの主要商品の輸送に関するふたつの時系列を示している。螺旋状の放射

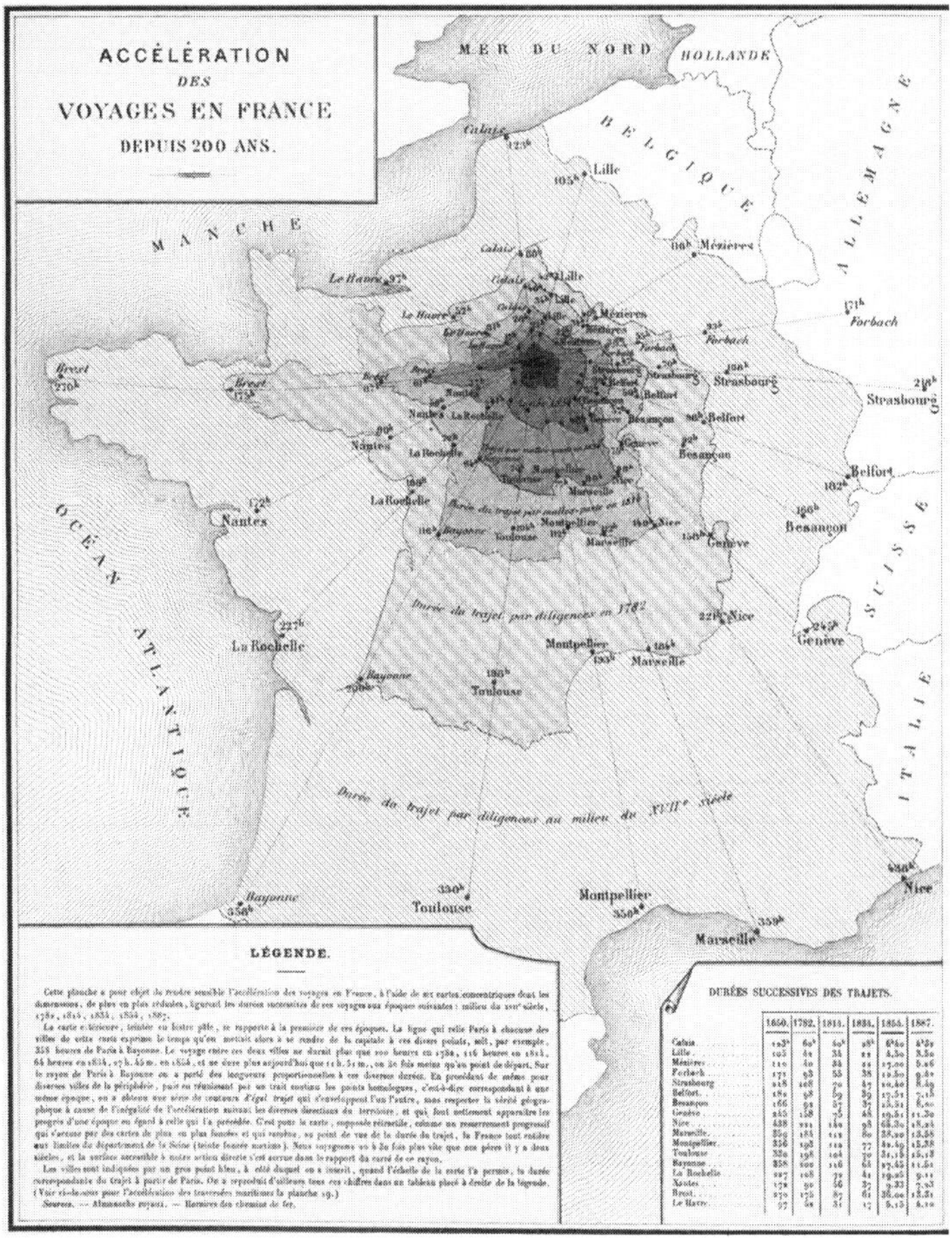

図 7.11：アナモルフィックマップ：「200 年間にわたって加速するフランスの移動時間」。主要都市への半径方向に沿って縮尺を合わせた、パリを中心とした 5 つの地図セット。1789 年から 1887 年までの移動時間の相対的短縮を示している。出典：Caisse nationale des retraites pour la vieillesse. *Album de Statistique Graphique.* Paris: Imprimerie Nationale, 1888, Plate 8a.

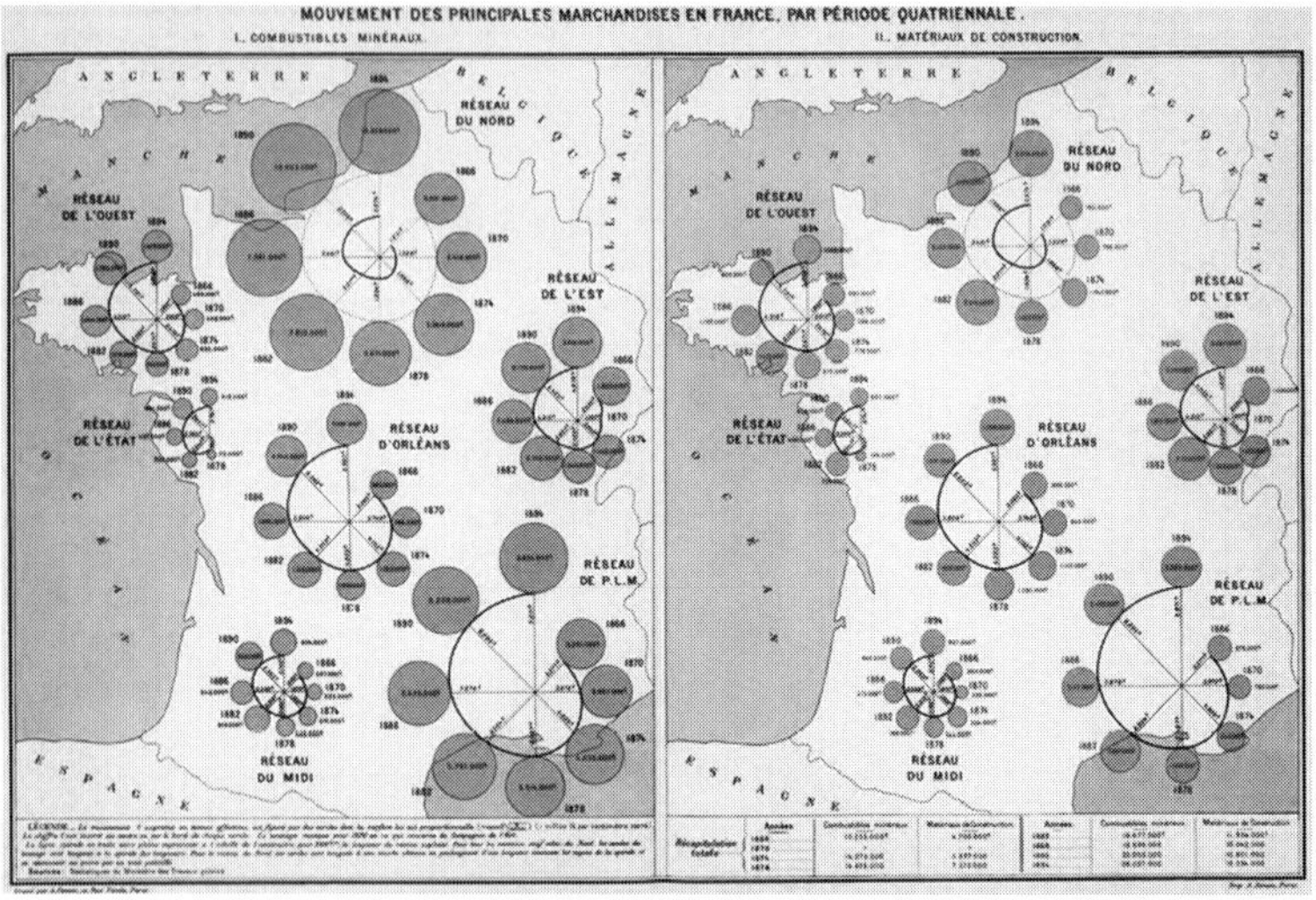

図 7.12：惑星図：『四年間隔のフランスの主要商品の輸送』。左：可燃性鉱物—石炭、コークスなど。右：建設用鉱物。放射線の長さは平均距離を示している。円の直径は移動トン数を表す。出典：Caisse nationale des retraites pour la vieillesse. Album de Statistique Graphique. Paris: Imprimerie Nationale, 1897, Plate 9.

線は平均移動距離に比例する。円の直径は移動トン数に比例する。

アメリカの国勢調査アトラス

「黄金時代」のクライマックスを象徴するその他の注目すべき例は、一八七〇年から一八九〇年にかけて一〇年ごとにおこなわれた国勢調査に関する、米国勢調査局が発行した三巻からなる一連の統計アトラスにある。一八七四年にフランシス・A・ウォーカー（一八四〇—一九七年）の指導の下に出版された『第九回国勢調査統計アトラス』は、初めての真の米国家統計アトラスで、この国のグラフィックポートレートとして編纂されたものである。その後、一八八〇年と一八九〇年の国勢調査のそれぞれから、より大規模なアトラスが出版された。これらは、アメリカ政府の地図作成の父と称されることもあるヘンリー・ガネット（一八四六―一九一四年）の指揮により作成された。[*22]

こうした発展への推進力のほとんどは、アメリカ南北戦争後、国勢調査局に対してより幅広い役割が与えられたことがきっかけとなっている。一七九〇年、トーマス・ジェファーソンによって始められた一〇年ごとの国勢調査は、当初、州の間で議会の代表を割り当てるための憲法上の必要性に対処することが意図されていた。ところが一八七二年六月には、米国議会は「国土全体のさまざまな居住密度、外国人人口の多いいくつかの州や区域の分布、およびその主要要因、大規模製造産業・採鉱産業の場所、農業の各主食生産物の栽培範囲、特殊な病気の蔓延、物質的社会的重要性をもつその他の要因など、これまで国勢調査を通して得てきたさまざまな要素を目に直接訴えるようなかたちで表示する一連の地図によって、ウォーカー判の三巻からなる第九回米国勢調査を図式的に解説することの重要性」を認識していた。[*23]

これにしたがい、第九回国勢調査アトラスは、以下の三つのパートに分けられ、五四の番号が付された図版から構成された。（a）アメリカの物理的特徴：河川系、森林分布、天候、鉱物、（b）人口、社会的産業的統計：人口密度、民族・人種分布、非識字率、財産、所属教会、税制、作物生産など、（c）人口動態統計：年齢、性別、民族分布、年齢・性別・原因別の死亡率、「困窮階級」（盲目、聾唖、精神異常）の分布など。この図版には、これらのトピックに関する一一の簡単な解説が付けられ、表やその他の図解が含まれている。

みずからの権限を実行するにあたり、ウォーカーは基本的には地図作成者の任務に比較的近い立場に留まっていたが、一方では、斬新なグラフ形式を導入したり、アメリカの統計の全体的な状況を表現するために、古い形式を新たに設計しなおしたりする余地を探し求めていた。

特に注目すべきは、ふたつの度数分布を連続して表示するという考え方である。これは現在、一般に「バイラテラルヒストグラム」、または年齢ベースで分類されているものについては「年齢ピラミッド」と呼ばれている。図7・13は、このアトラスが試みた特性レベルを示す特に複雑な例である。それぞれのバイラテラルヒストグラムは、その年のすべての月の男女の死者数を比較している。数が多いほうの性別に陰影がつけられている。最上部に示されているのは、アメリカ全州に関するこれらの死者数である。アルファベット順に並べられているが、最後の行だけは、ほとんどが西部にある小さな州を示している。中間部はこれらを死因別に分類したものである。左側の点線で囲まれた詳細図では、これらのヒストグラムの影の部分がすべての病気で大きく変化し、冬期の月に死者数が最大となることが最もはっきりと見てとれる。下部は一連の線グラフで構成され、国籍（米国生まれの白人、有色人種、外国生まれ）にしたがって死者数を垂直に、また年齢、疾病群、特定疾患、小児疾患を水平に分類している。

第九回国勢調査のこの巻からのもうひとつの好例（カラー図版14）は、モザイクマップまたはツリーマップを使用して州人口（全域）の相対サイズと、外国生まれ、有色人種または白人（垂直分割）の住民の内訳を示している。有色人種と白人のグループについては、米国内で生まれたか国外で生まれたかによって細分化されており、国内／国外を合わせたトータルの棒グラフが右側に追加されている。[*24] このアトラスのその他の図版（31や32）も同様のグラフ形式を用い、所属教会、職業、登校率などによる人口の内訳を示しているが、これらはその発表目的を達成する上であまり成功しているとは思えない。数の多さは州ごとの図表のサイズからわかる。たとえばニューヨーク州、ペンシルバニア州、オハイ

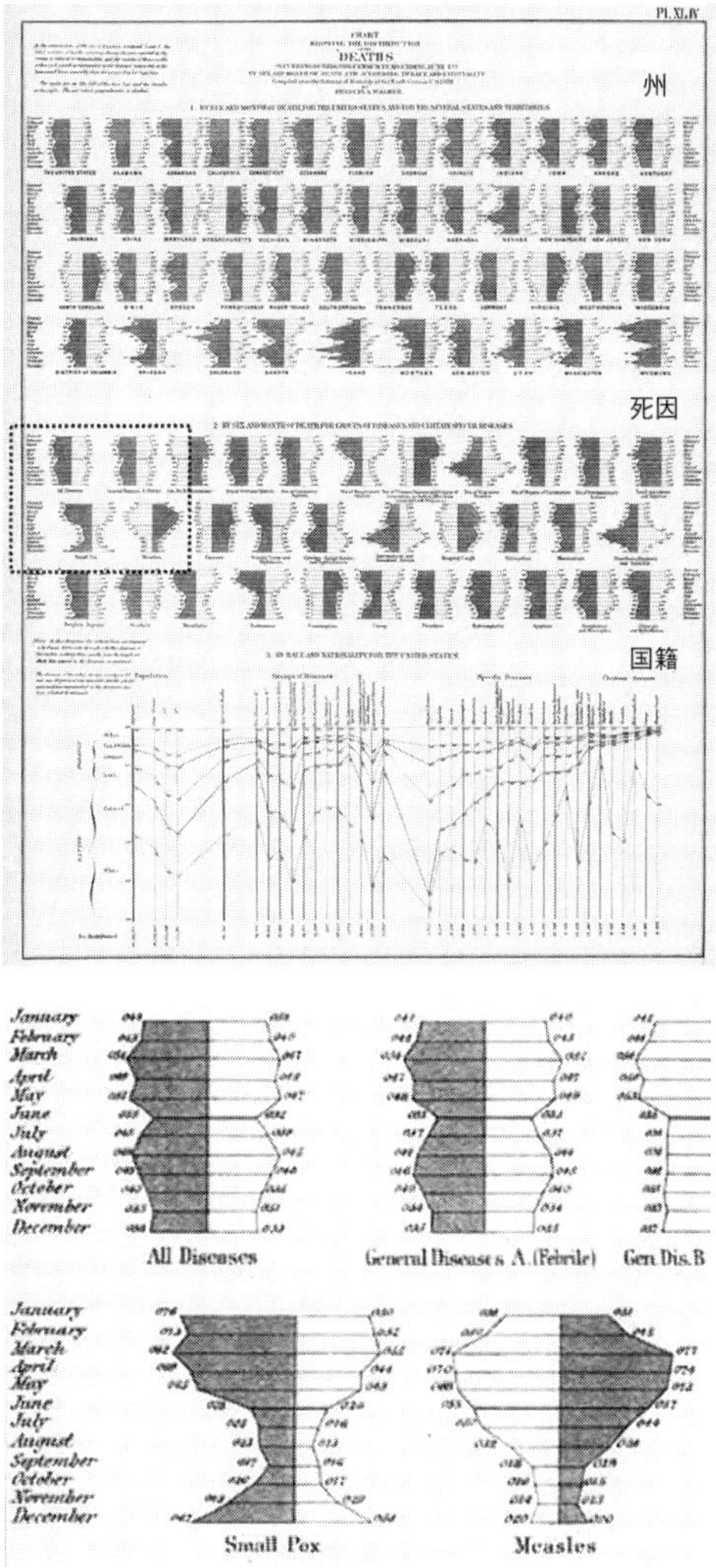

図 7.13：バイラテラルヒストグラム：『性別、死亡月ごと、および人種や国籍に基づく……死亡率の分布を示した図表』。左：死因の詳細、右：全体図。3 つのセクションがラベル付きで追加されている出典：United States Census Office, *Statistical Atlas of the United States Based on the Results of the Ninth Census 1870*. New York: Jullis Bien, 1874, Plate 44.

オ州は最も人口が多く、これらの州は外国生まれ、有色人種、白人の住民が同じような比率になっている。細分化により、詳細を掘り下げた見方ができる。カラー図版14の左側の拡大図に示されるミズーリ州では、国内で生まれた白人の割合が比較的高い。ジョージア州、ヴァージニア州、その他南部の州は、もちろん有色人種の住民の割合が高くなっている。

一八八〇年と一八九〇年のその後の各国勢調査にしたがい、統計アトラスはヘンリー・ガネットの指揮下で、より数値的かつ多様なグラフ図解入りで製作された。これらは「グラフ表現と地図作成表現の範囲、革新、卓越性の幅広さにおいて、国勢調査アトラスとしては最高水準」とみなすことができる。[*25]一八八〇年の第一〇回国勢調査の巻は、約四〇〇の主題図と統計図を含み、自然地理学、政治史、国の発展、人口、死亡率、教育、宗教、職業、財政および商業、農業などのカテゴリーでグループ分けされた一五一の図版から構成されている。一八九〇年の第一一回国勢調査の巻（Gannett, 1898）も同じく印象的で、一二六の図版が含まれていた。

しかしながら、グラフィックスへの熱意の時代は幕を閉じつつあった。フランスの『統計グラフィックのアルバム』は、製作に多くのコストがかかるとの理由で一八九七年に取りやめとなった。スイスでは一八九六年と一九一四年のそれぞれの年に、すばらしい統計アトラスがジュネーヴとベルンで開かれた公開博覧会との関連で発表されたが、[*26]これを最後に再び発行されることはなかった。一九一〇年と一九二〇年の国勢調査後に発行されたアメリカの最後のふたつの国勢調査アトラスは、「いずれもカラーとグラフィックイメージの大部分が省略され、製作もルーティン化されていた」。[*27]第一次世界大戦後、もういくつかのグラフ入り統計アトラスが、新興国（ラトヴィア、エストニア、ルーマニア、ブルガリア

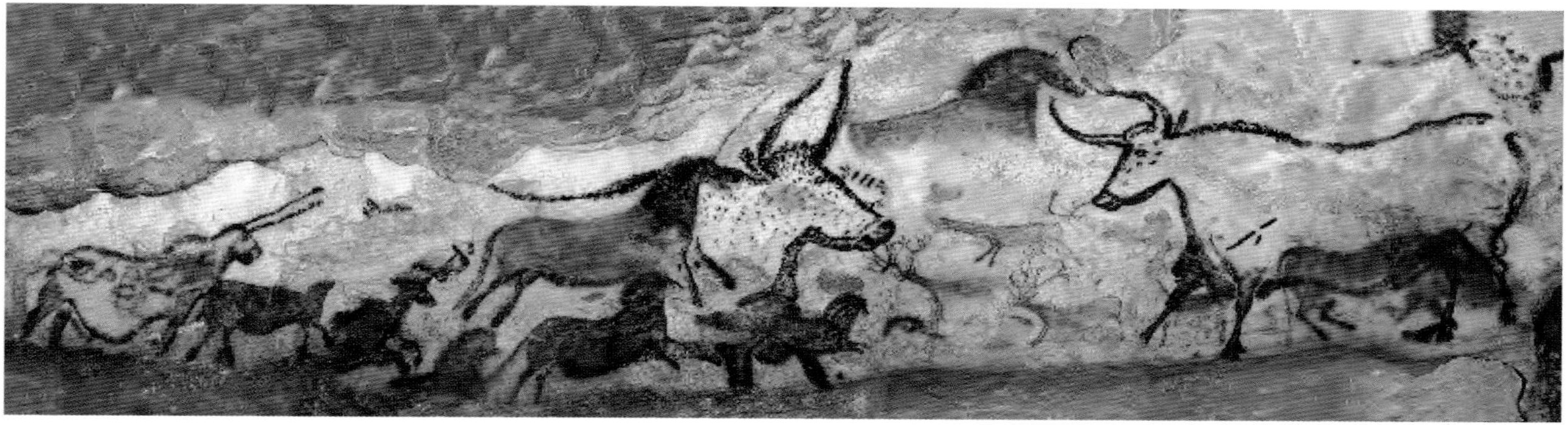

カラー図版１　ラスコー：ラスコー洞窟の『雄牛の大広間』の一部。出典：HistoriaGames.

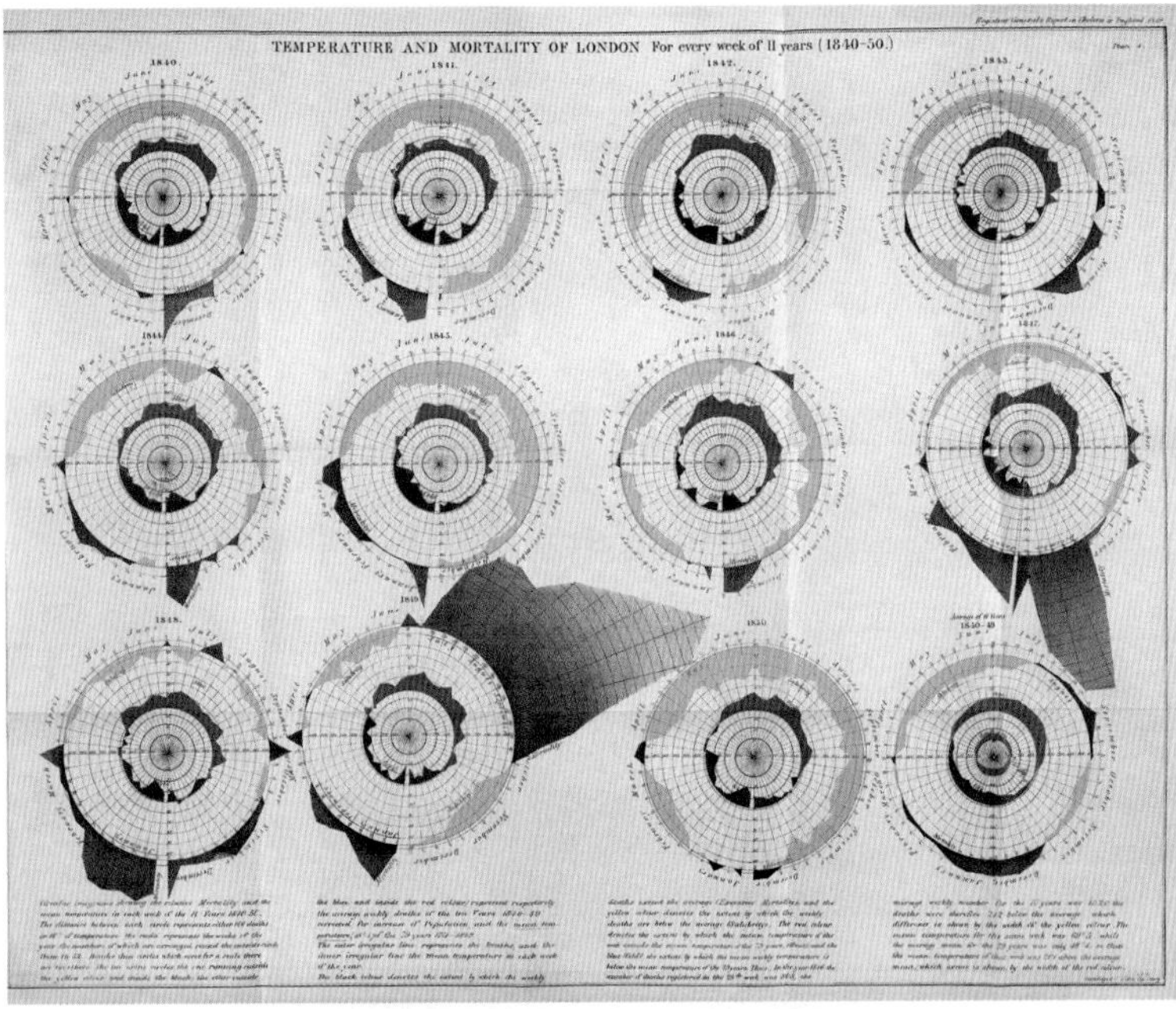

カラー図版２　放射型図表：1840 年から 1850 年までの、ロンドンにおける週ごとの気温と死亡率を示したファーの放射型図表。各年のチャートが、左上の 1840 年から順に行ごとに配置されている。右下のチャートは、1840 年から 1849 年までの平均を示している。それぞれのチャートで、年間の週が 1 月 1 日 6:35 から始まって、時計回りに配置されている。出典：一般登記所、*Report on the mortality of cholera in England, 1848-49*. London: Printed by W. Clowes, for H. M. S. O., 1852.

ポンプの近隣を含むスノウのコレラ地図

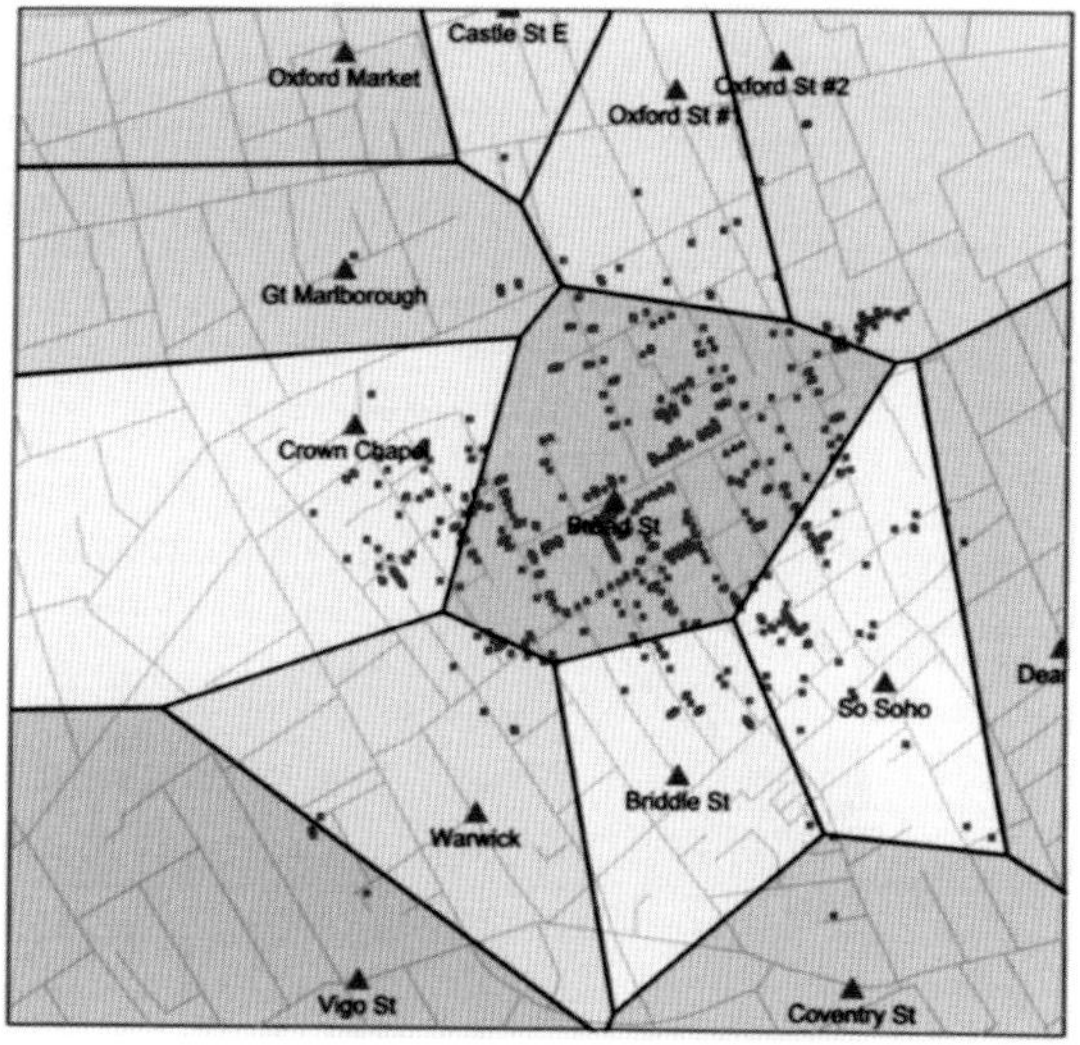

死者の密集度を示すスノウのコレラ地図

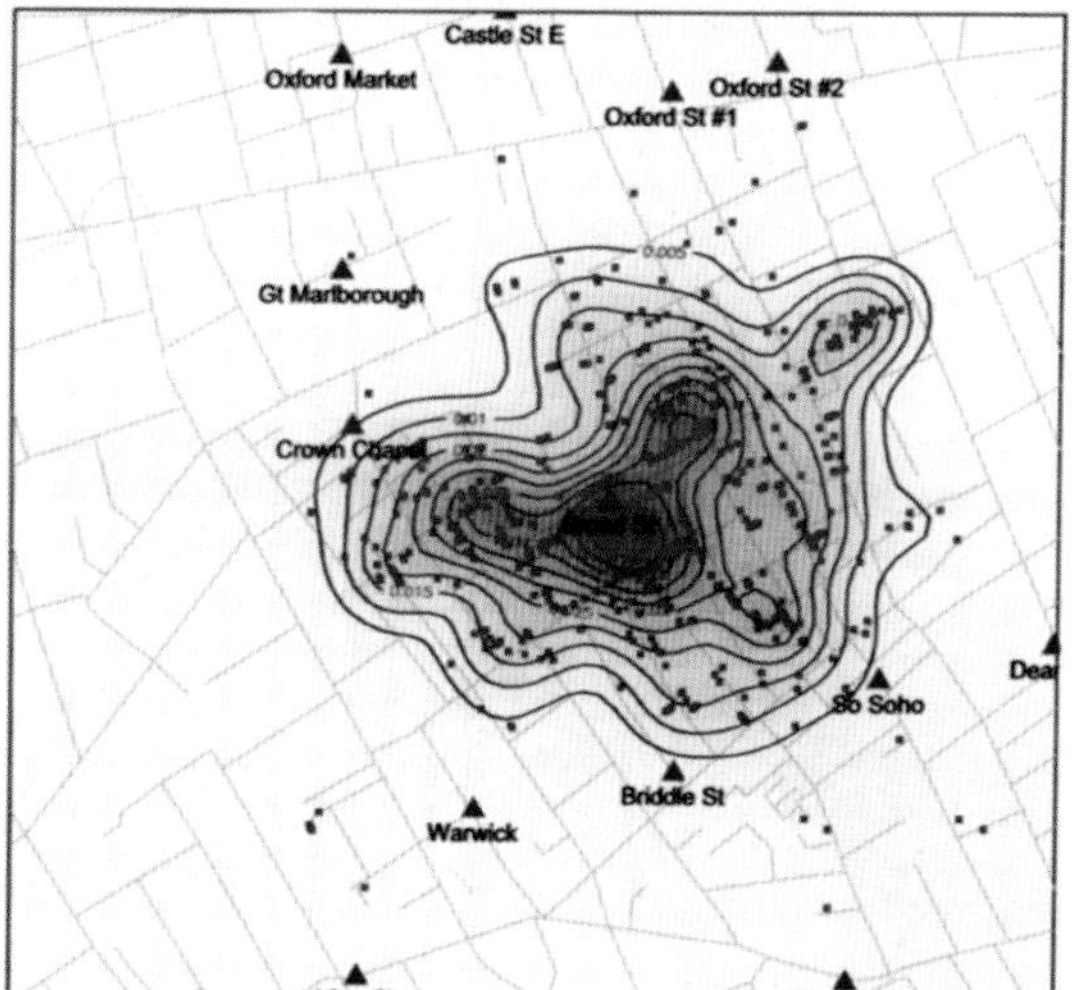

カラー図版３　スノウの地図の改良版：地図からデジタル化したものとして歴史的に最も正確とされるデータを使用した、スノウのコレラデータに関する地図の中央部分を描き直し、改良したもの。死者数はジッターポイントで示され、この地域の６つのポンプが三角形の記号とともにラベル付けされている。解釈にふたつの判断基準——各ポンプに最も近い地域を示すボロノイ多角形（上）と、コレラによる死者の密集度を示す影をつけた等高線（下）——が追加されている。出典：© The Authors。

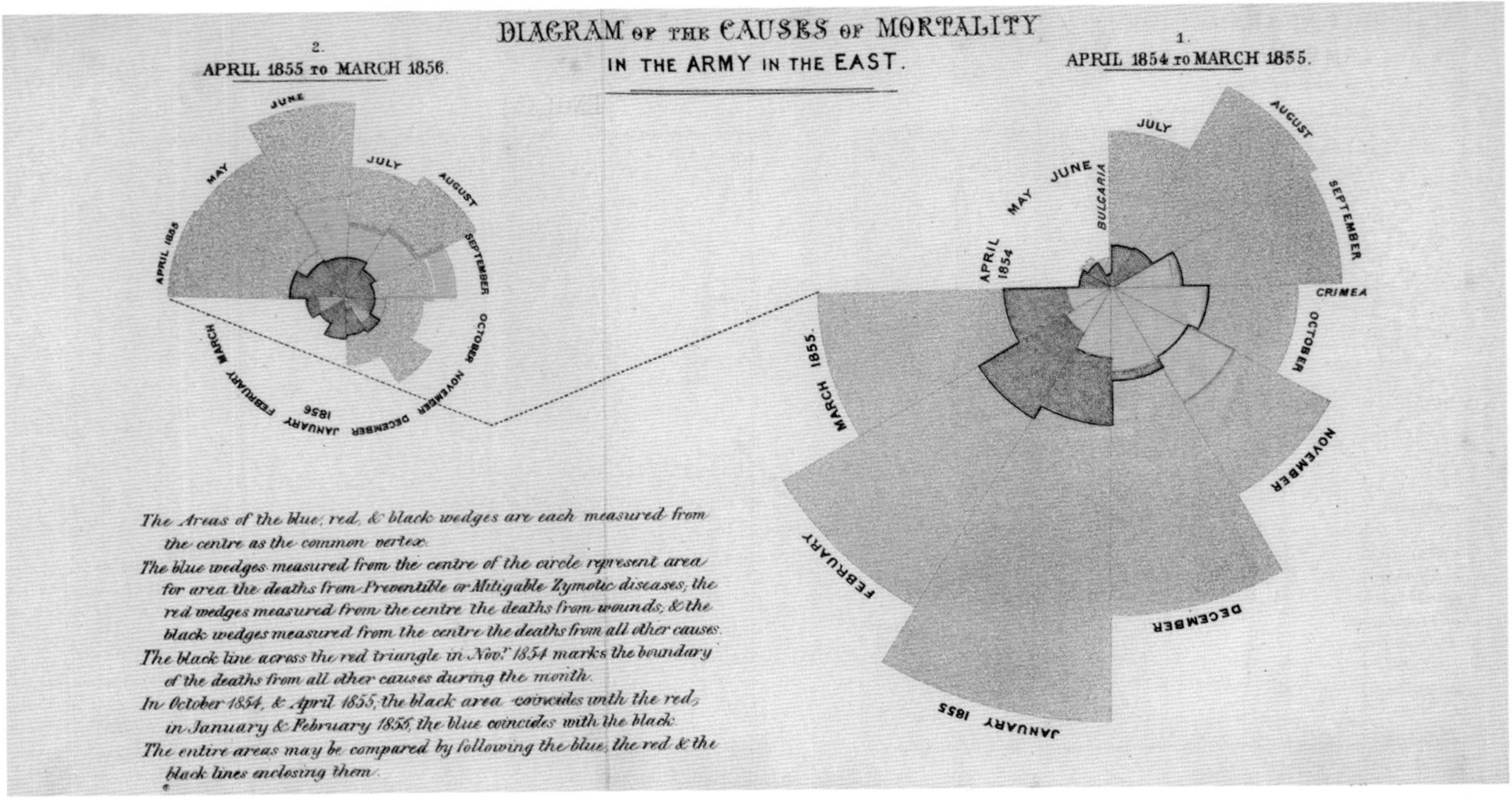

カラー図版４　死亡率に関するナイチンゲールの図：負傷（赤）およびその他の原因（灰色）による死者数と比較した予防可能な発酵病（外側の青色のくさび形部分）による死者数を示した放射型図表。右：1854 年４月から 1855 年３月のデータ。左：1855 年４月から、衛生委員会到着後の 1865 年３月までのデータ。出典：Wikimedia Commons.

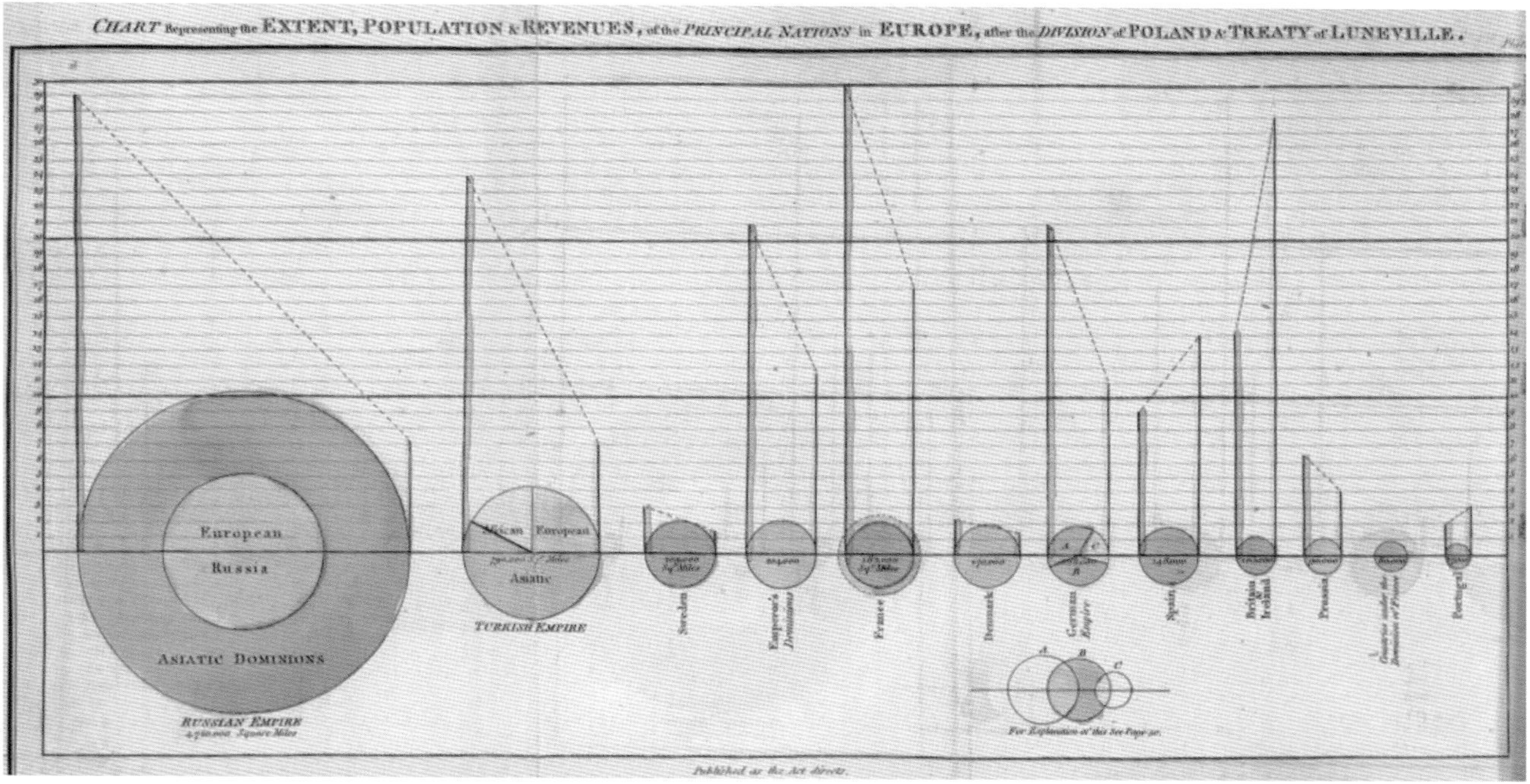

カラー図版５　世界初の円グラフ：プレイフェアによる 1801 年の 15 ヶ国の面積、位置、人口、および歳入を示したグラフ。オスマン帝国の位置を表しているものが世界初の円グラフとなる。出典：William Playfair, *The Statistical Breviary*, (London) 1801.

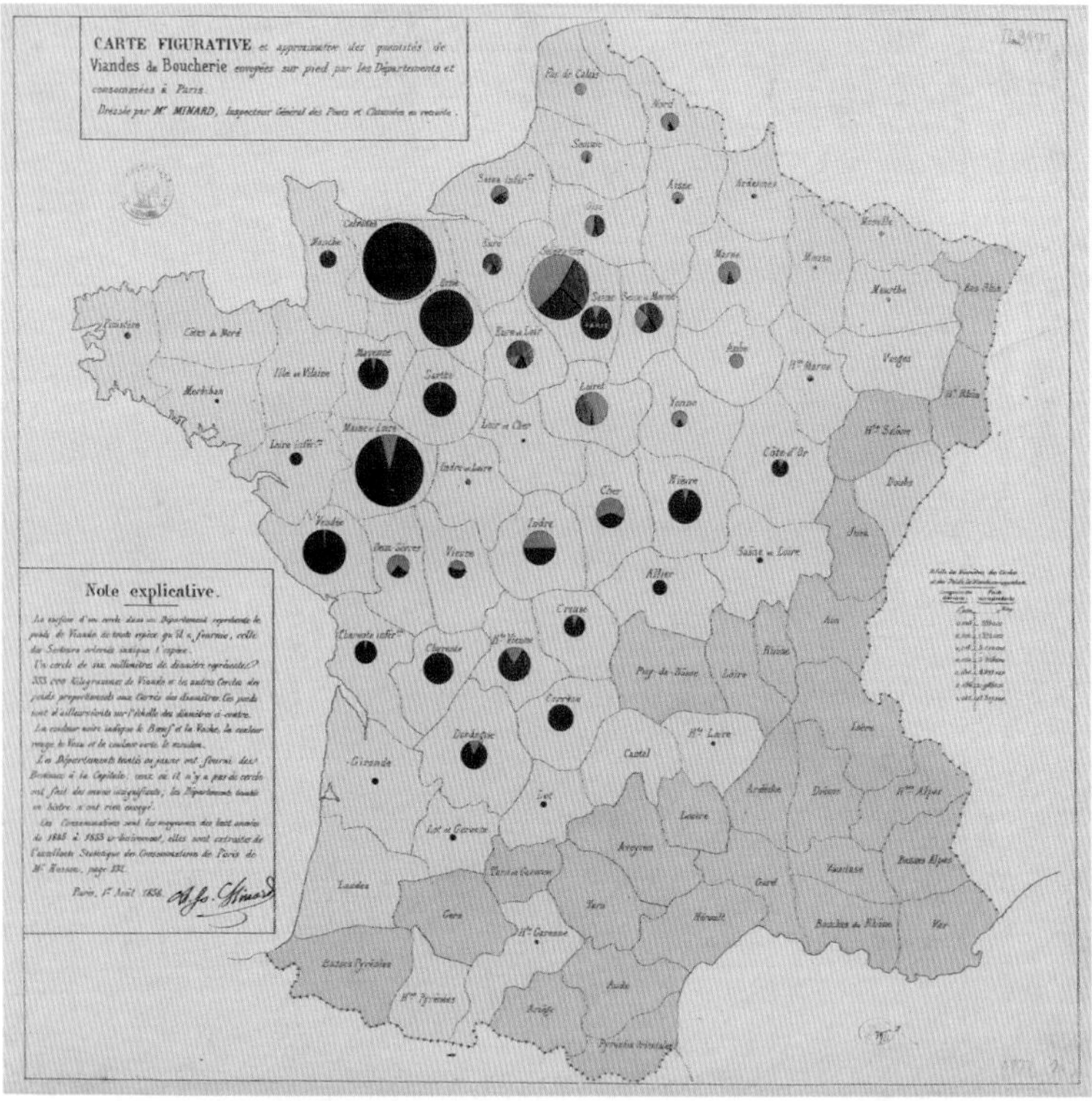

カラー図版６　地図上に組み込まれた初の円グラフ：ミナールの 1858 年の目盛り円盤地図。パリの市場に供給される肉屋の食肉量と比率を示している。各区分は牛肉、豚肉、羊肉の相対的比率を示す。これは主題図作成で円グラフが使用された最初のものであり、面積ごとにその総量も示されている。出典：Wikimedia Commons.

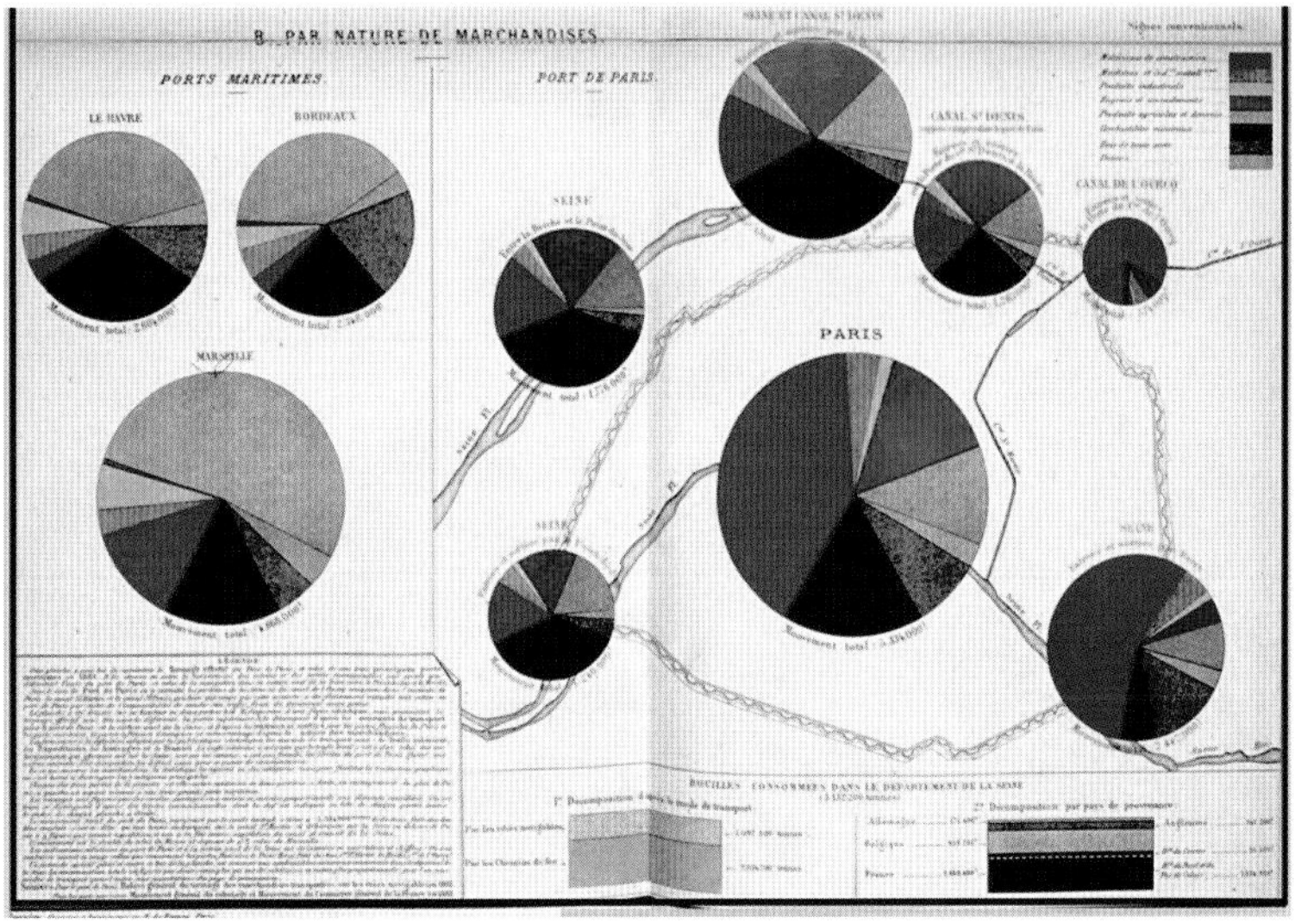

カラー図版７　パリの輸送に関する円グラフ地図：1885 年の『統計グラフィックのアルバム』に収録されている図版 17 の下部。1883 年のパリの港および主要な海上港への物資の輸送を示している。円グラフの区分はタイプごとの構成要素を示し、面積は総トン数を示している。出典：公共事業省、*Album de Statistique Graphique de 1885*. Paris : Imprimerie Nationale, 1885, Plate 17.

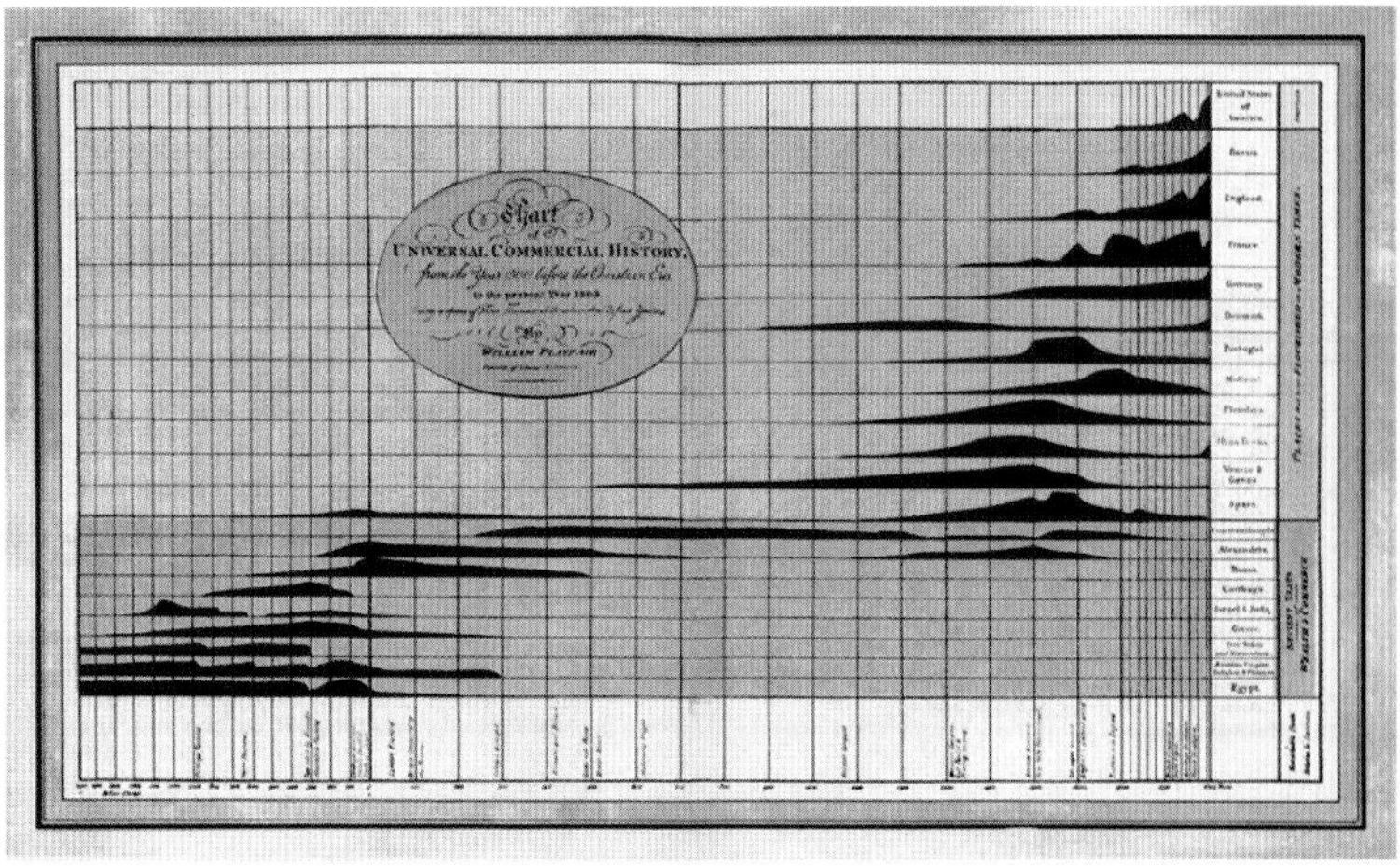

カラー図版８　歴史の長期的展望：プレイフェア『普遍的商業史の図表』。出典：William Playfair, *An Inquiry into the Permanent Causes of the Decline and Fall of Powerful and Wealthy Nations... Designed to Shew How the Prosperity of the British Empire May Be Prolonged*. London: Greenland and Norris, 1805.

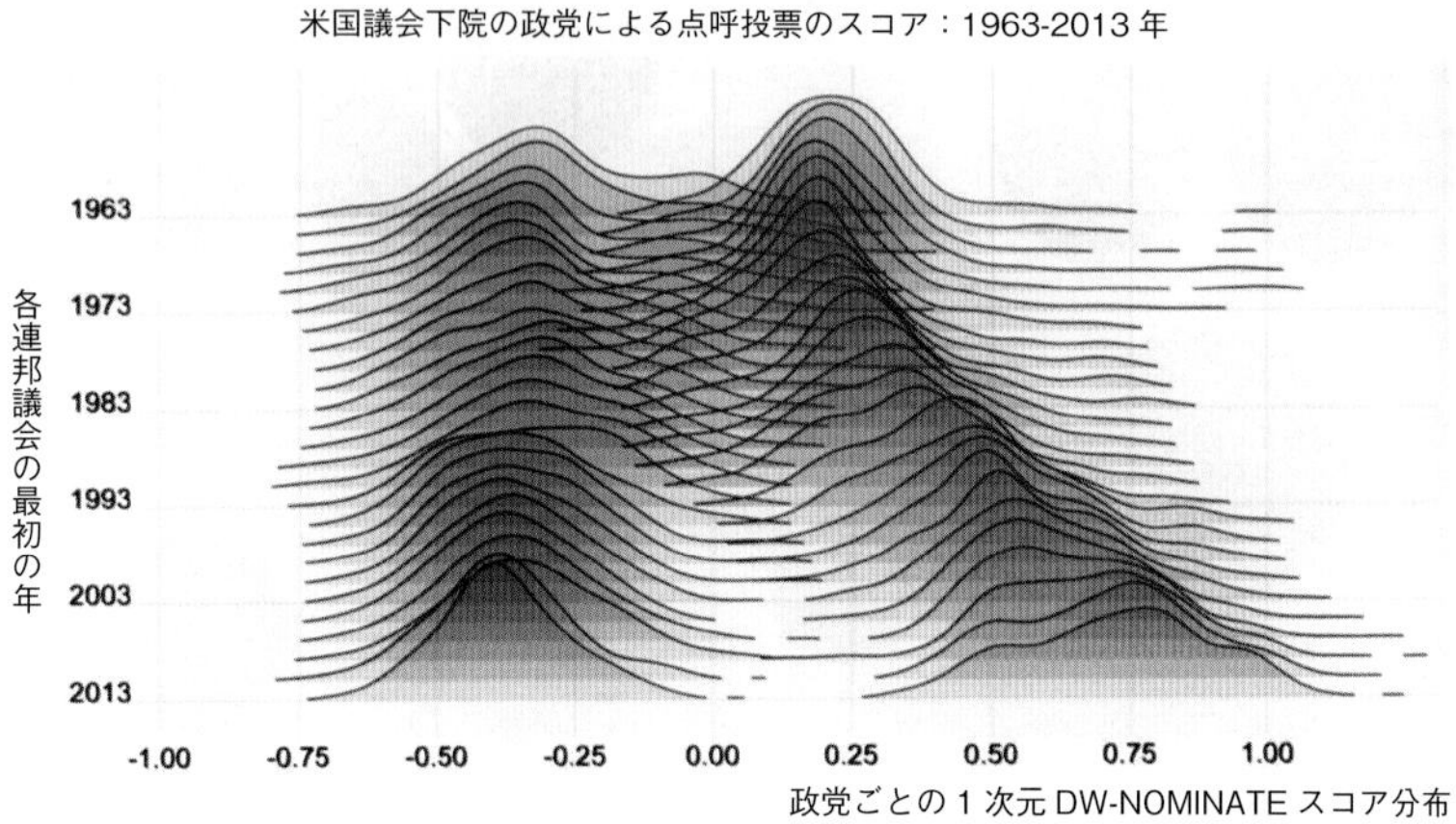

カラー図版 9　政治の分極化：リッジラインプロット。1963 年から 2013 年までの、民主党（左、青）および共和党（右、赤）の両党における米国下院および上院の分極化が次第に進んでいくようすを示している。DW-NOMINATE スコア〔議会内の民主・共和の分極化状態を示すスコア〕は、米国議員の投票パターンを区別する主な次元を特徴づけるものである。ここにプロットされている 1 次元は、リベラル－保守または右派－左派の次元として解釈できる。出典：Rpubs.

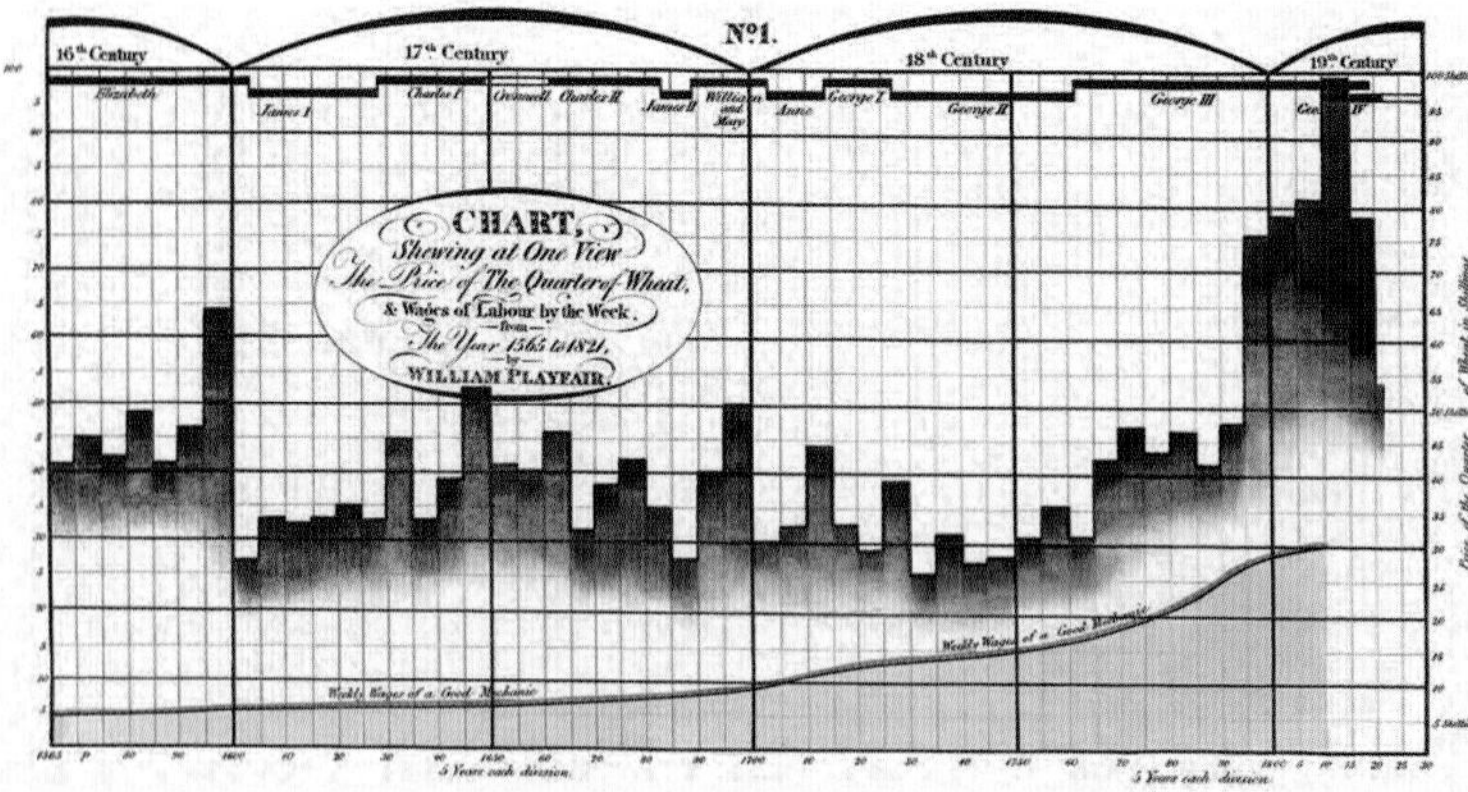

カラー図版 10　プレイフェアの時系列図表：ウィリアム・プレイフェアの 1821 年の時系列グラフ。250 年間にわたって記録された価格、賃金、君主を示している。出典：William Playfair, *A Letter on our agricultural distresses, their causes and remedies*. London: W. Sams, 1821. 画像はスティーヴン・スティグラーの承諾を得て転載。

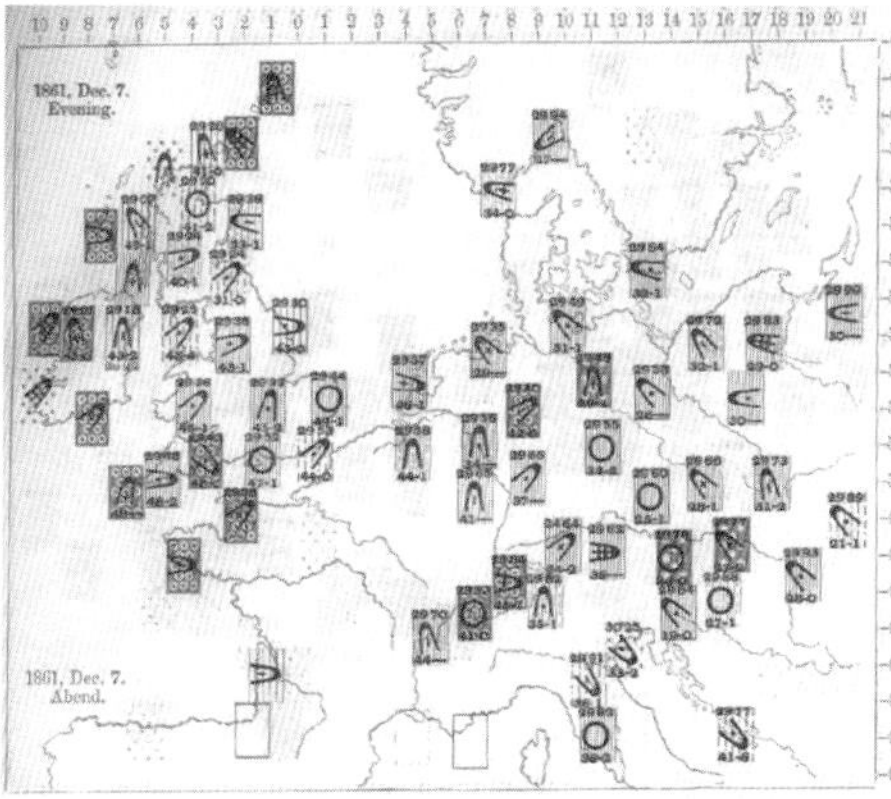

カラー図版 11　多変量グリフマップ：1861 年 12 月 7 日夕方の風、雲、雨のようすを示したゴルトンのグリフマップ。U 字型のアイコンは風の方角へ開いており、その強さに応じて色分けされている。丸印は風がおだやかであることを示している。点描と線影で示された背景は、快晴から雲の程度、そして雪や雨に変わる範囲を示している。出典：Francis Galton, *Meteorographica, or Methods of Mapping the Weather*. London: Macmillan, 1863.

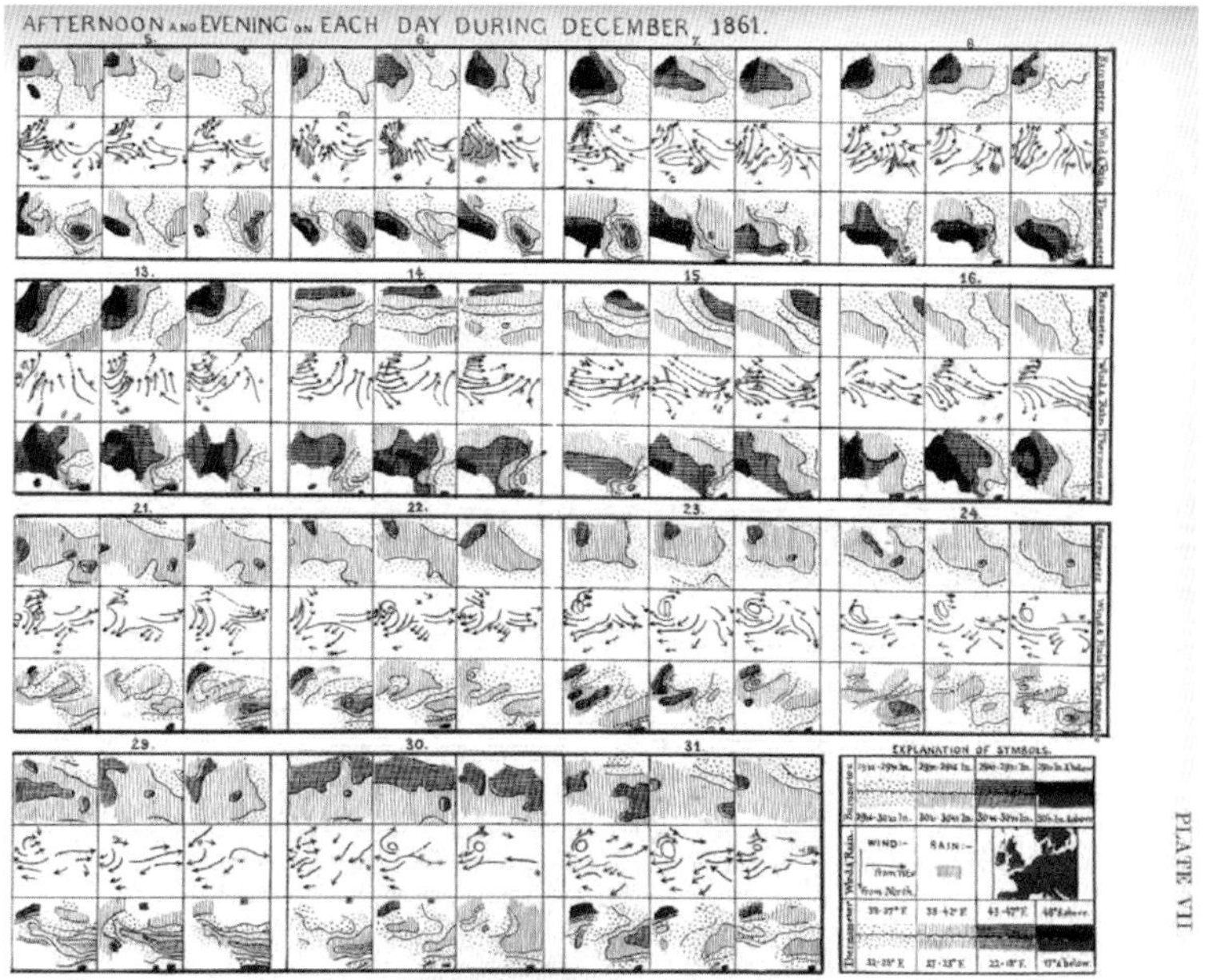

A series of weather maps from the *Meteorographica*.

カラー図版 12　多変量概略ミニマップ：フランシス・ゴルトン「1861 年 12 月の毎日の朝、昼、晩における温度計、風、雨、気圧の図表」。それぞれの日のパネルは朝、昼、晩の気圧、風、雨、気温を組み合わせた 3 x 3 表示となっている。出典：Francis Galton, *Meteorographica, or Methods of Mapping the Weather*. London: Macmillan, 1863.

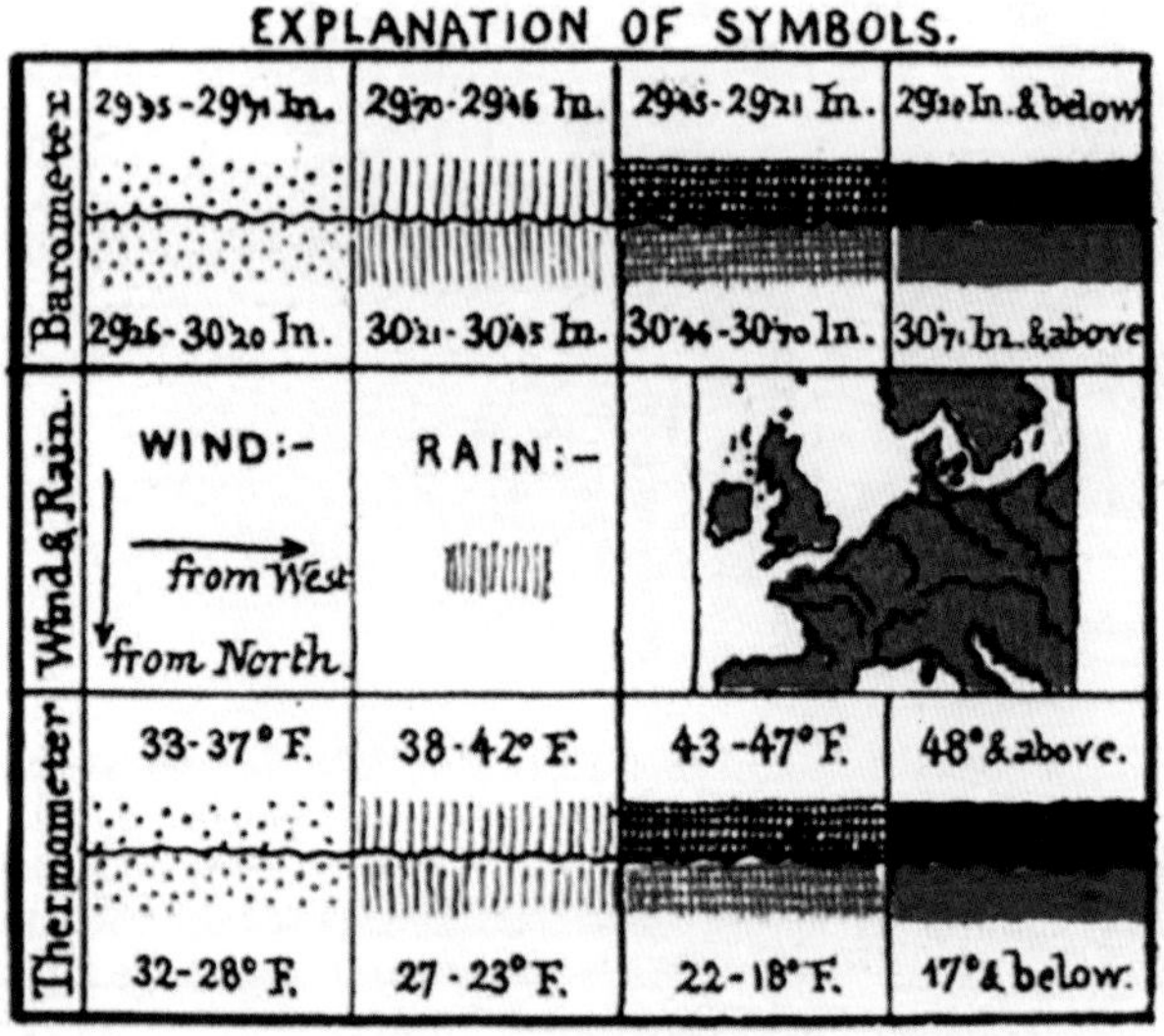

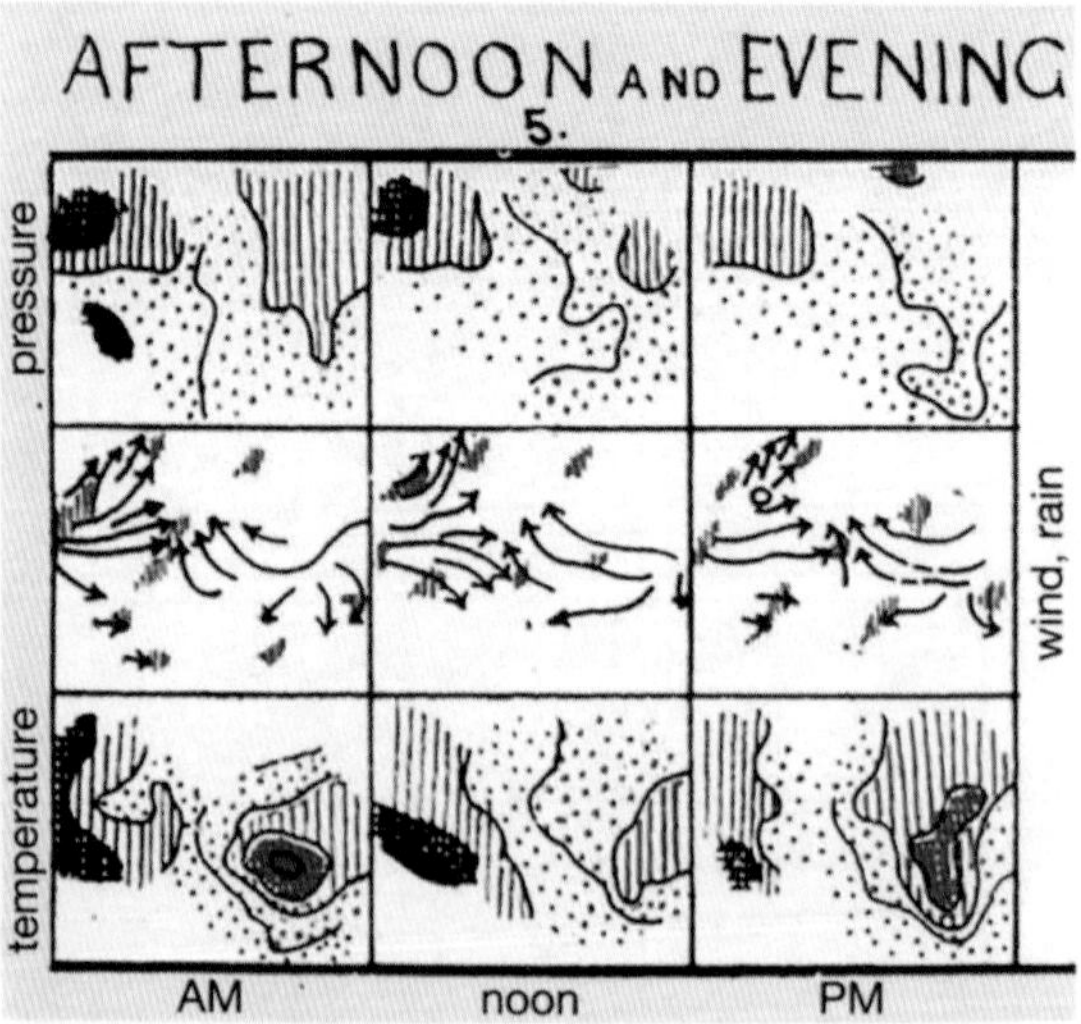

カラー図版 13　多変量概略ミニマップ――凡例：上：図版 12 の右下の凡例。色、形、特質、その他の視覚的属性により定量的変数を表している。下：12 月 5 日の詳細。図版 12 の左上隅のパネルを拡大したもの。出典：Francis Galton, *Meteorographica, or Methods of Mapping the Weather*. London: Macmillan, 1863.

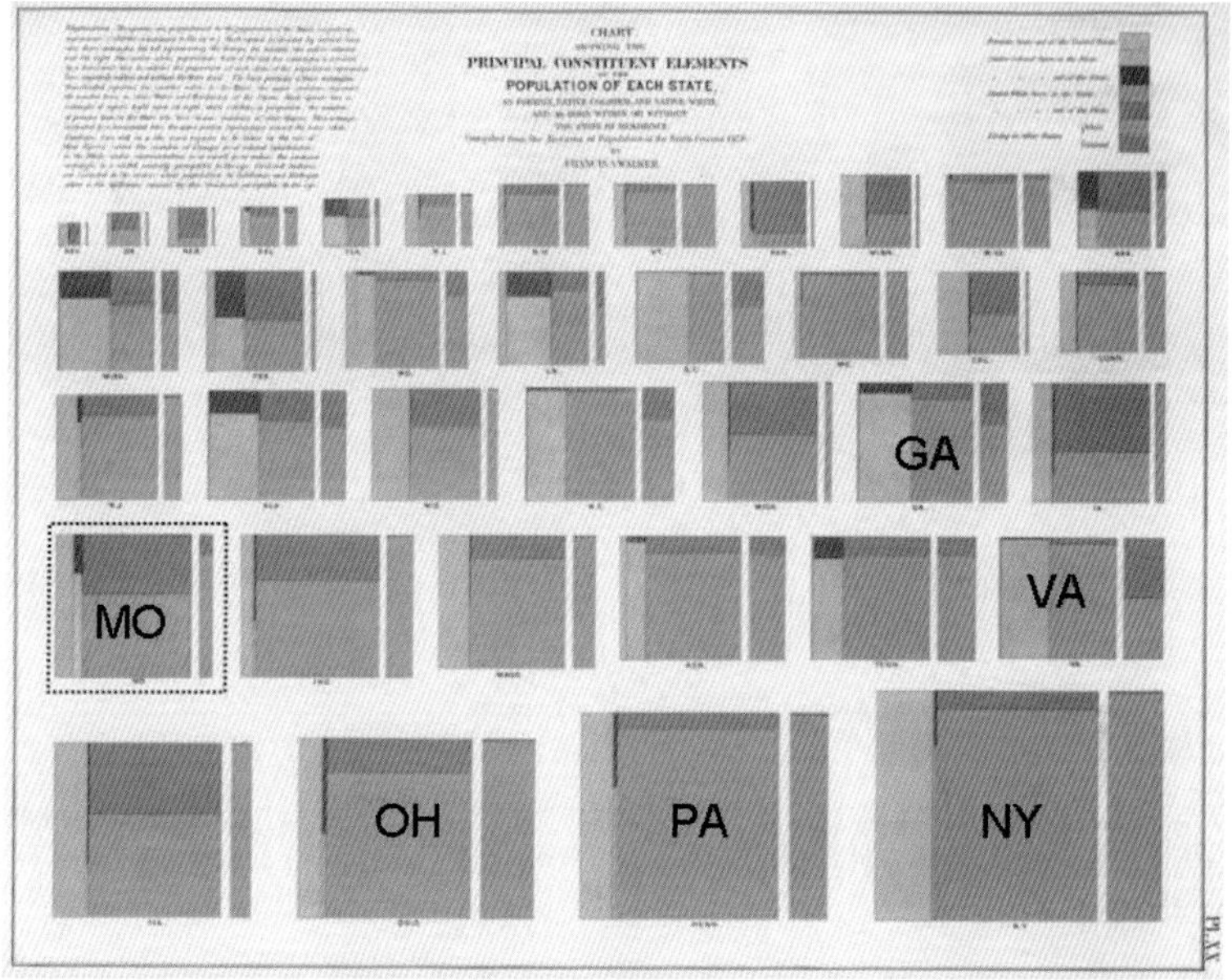

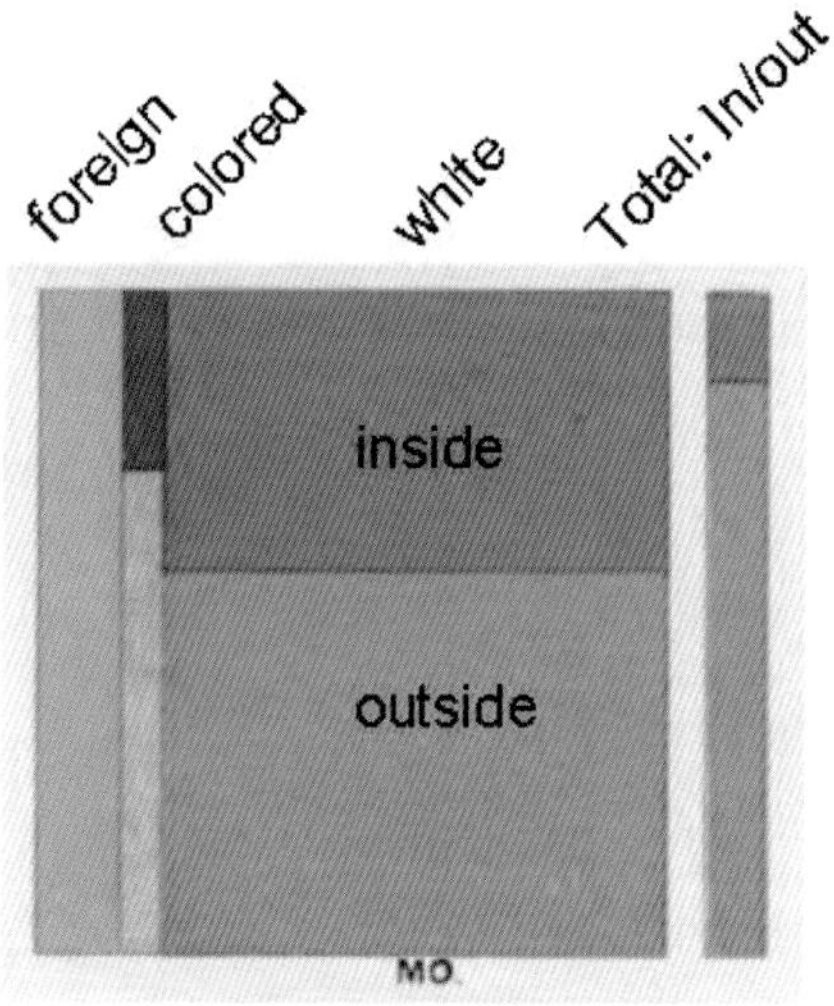

カラー図版 14　モザイク／ツリーマップ：フランシス・ウォーカー、『各州の主要定数を示す図表』。左下：ミズーリ州の詳細、人種と出生ごとに細分化したもの。上：全体図。注釈ラベルが追加されている。出典：米国勢調査局、*Statistical Atlas of the United States Based on the Results of the Ninth Census 1870*. New York: Julius Bien, 1874, Plate 20.（注釈は著者による）。

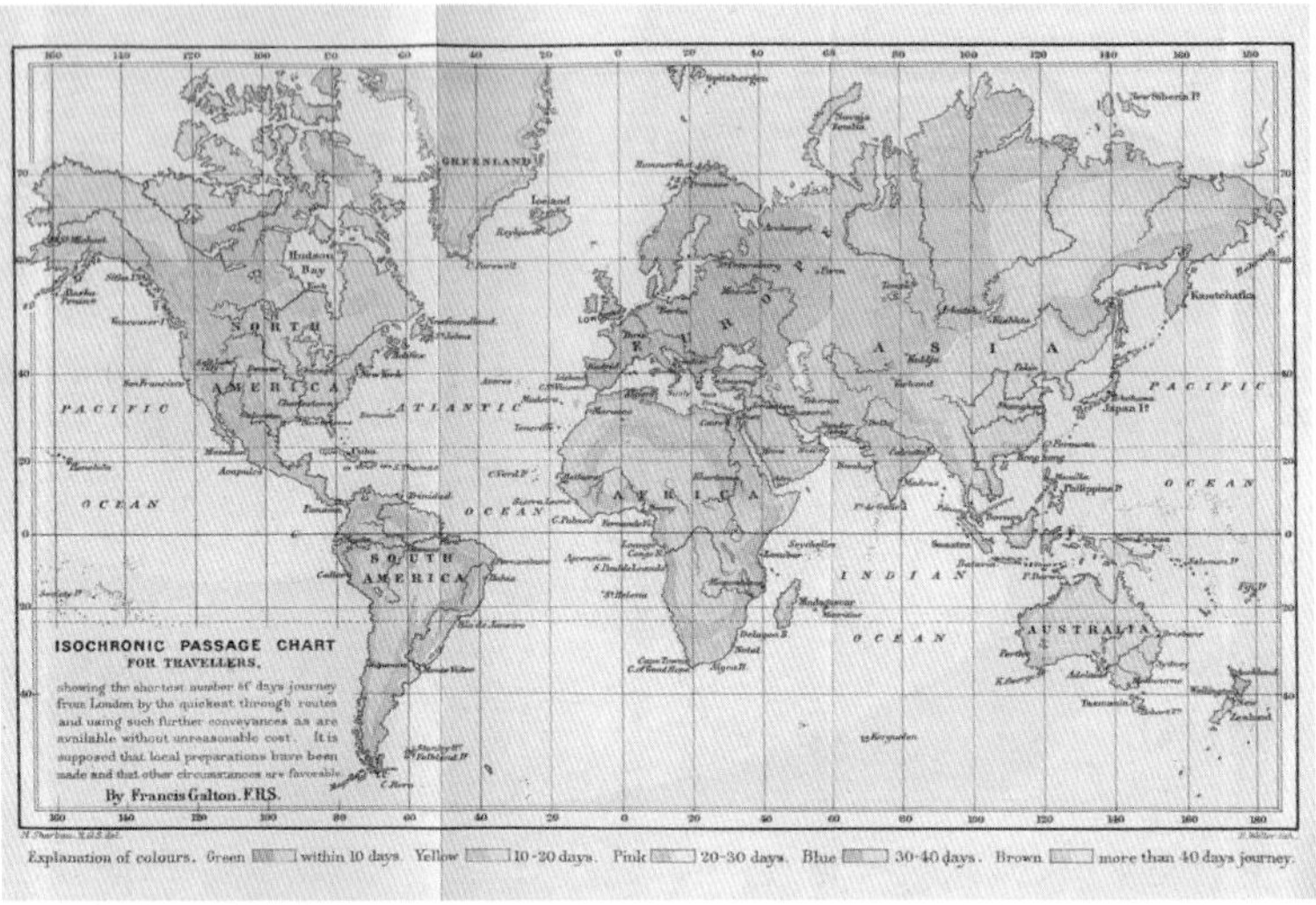

カラー図版 15　移動時間を示したゴルトンのアイソクロニックチャート：ロンドンから等しい移動時間を示す等レベルの等高線が影付きで表現されている。出典：王立地理学会の承諾を得て転載、S0011891。

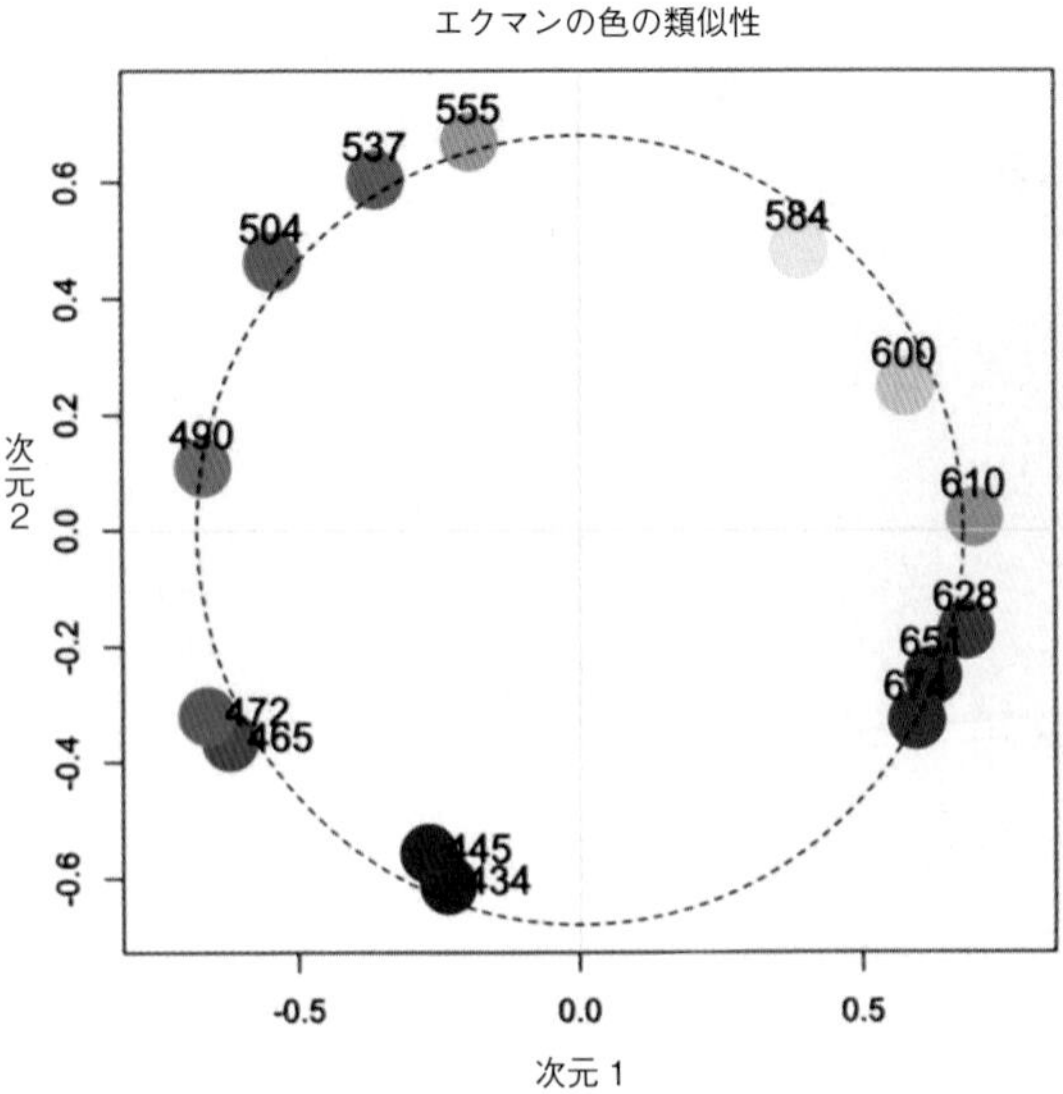

カラー図版 16　MDS ソリューション：エクマンの色彩類似性データに関する MDS ソリューションの再現。この図は、図 9.12 の MDS 動画の最右パネルに示される点の最終的な構成を表している。破線の円は起点からの点の平均距離にある。出典：© The Authors。

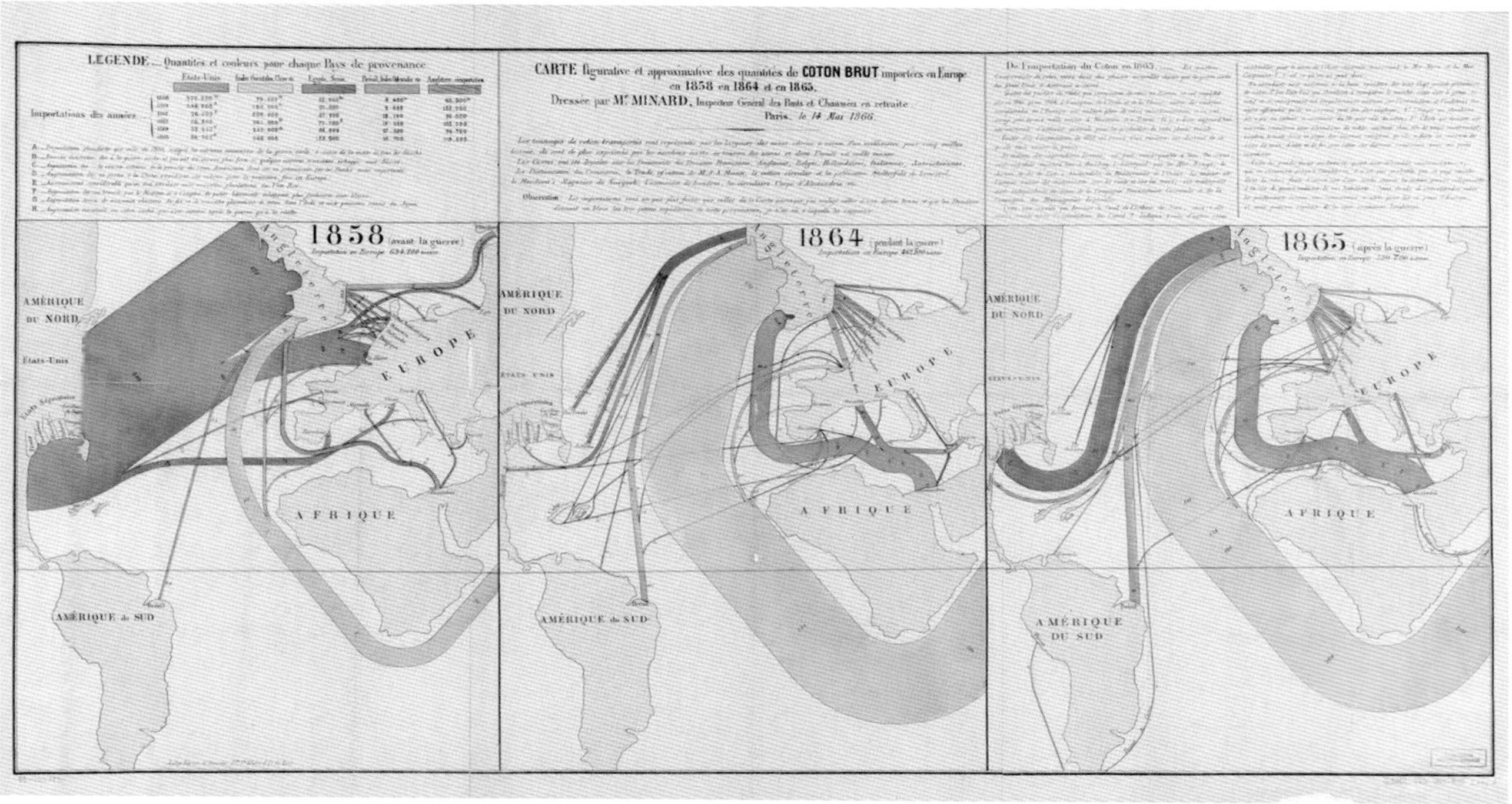

カラー図版17　ミナール：綿の輸入：1858年、1864年、1865年のヨーロッパへの綿の輸入元を示す一連の3つのグラフ。象徴的な青い川はアメリカ合衆国からの輸入、オレンジはインドからの輸入を示している。出典：米国議会図書館、項目番号99463789。

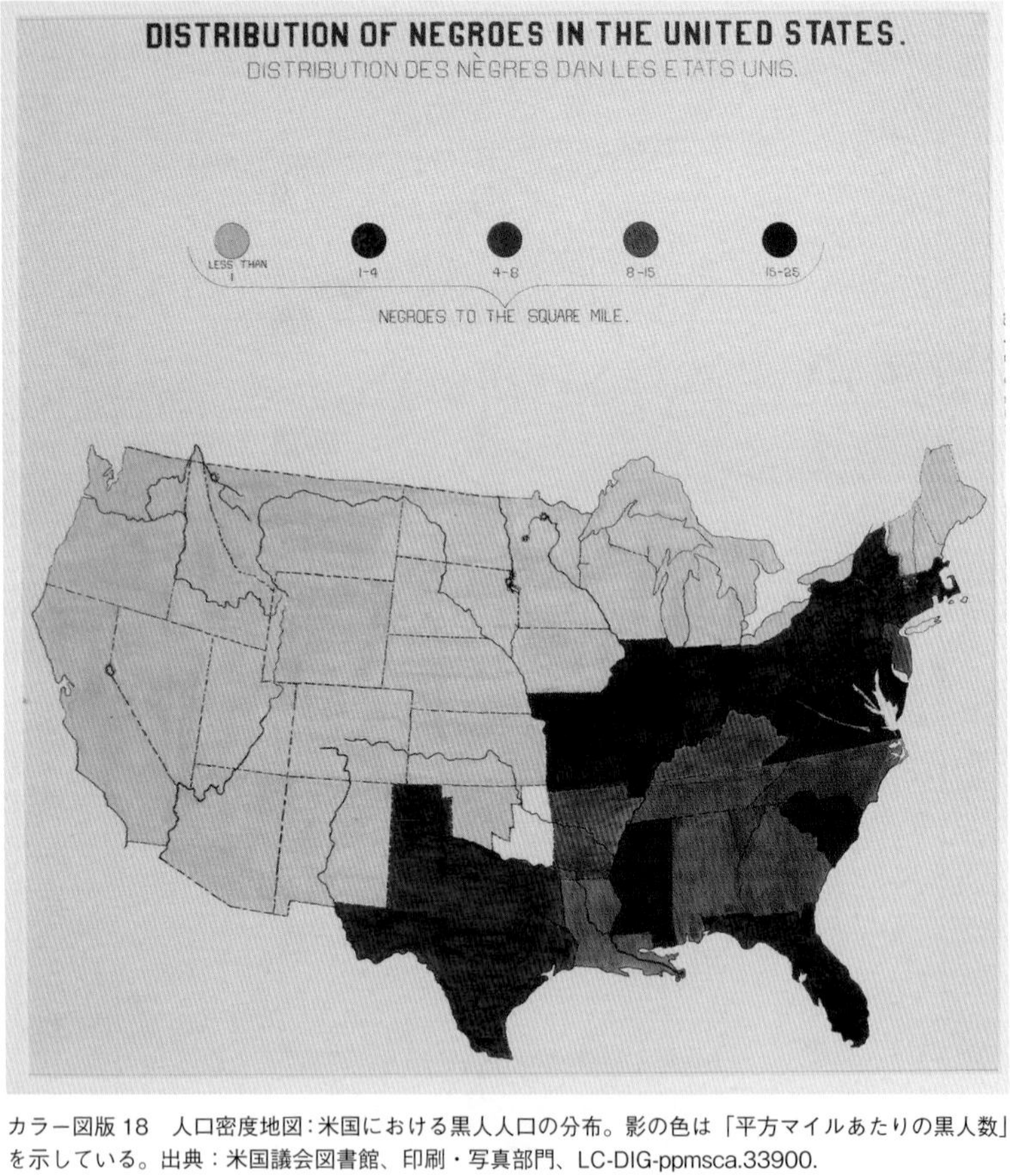

カラー図版 18　人口密度地図：米国における黒人人口の分布。影の色は「平方マイルあたりの黒人数」を示している。出典：米国議会図書館、印刷・写真部門、LC-DIG-ppmsca.33900.

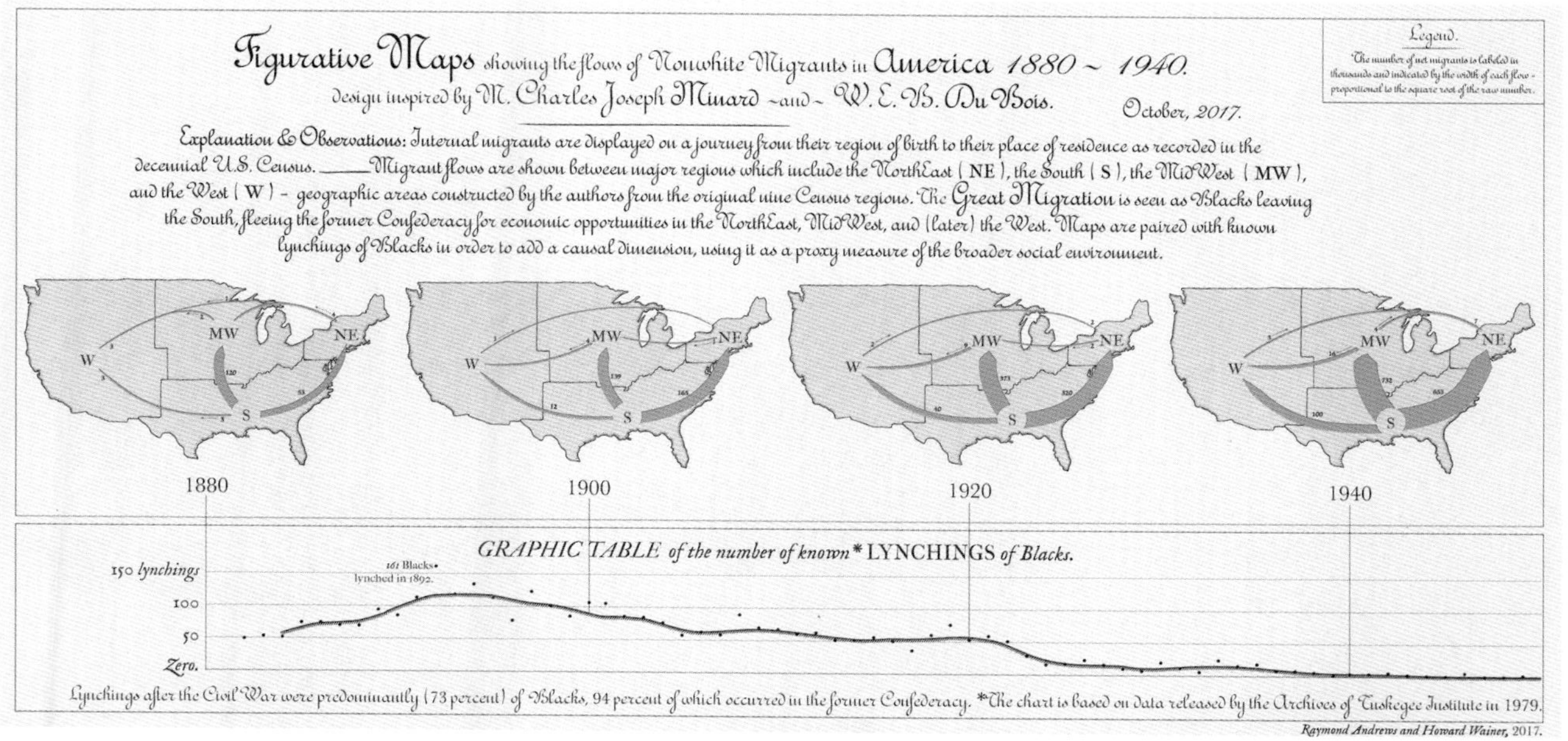

カラー図版 19　大移動のフローマップ：1880 年から 1940 年までの米国における非白人移民の流れを、ミナールとデュボイスからインスピレーションを得たデザインを使用して示したフィギュラティブマップ。出典：R. J. Andrews and Howard Wainer, “The Great Migration: A Graphics Novel,” *Significance*, 14:3 (2017), pp. 14-19, Figure 5. © The Royal Statistical Society.

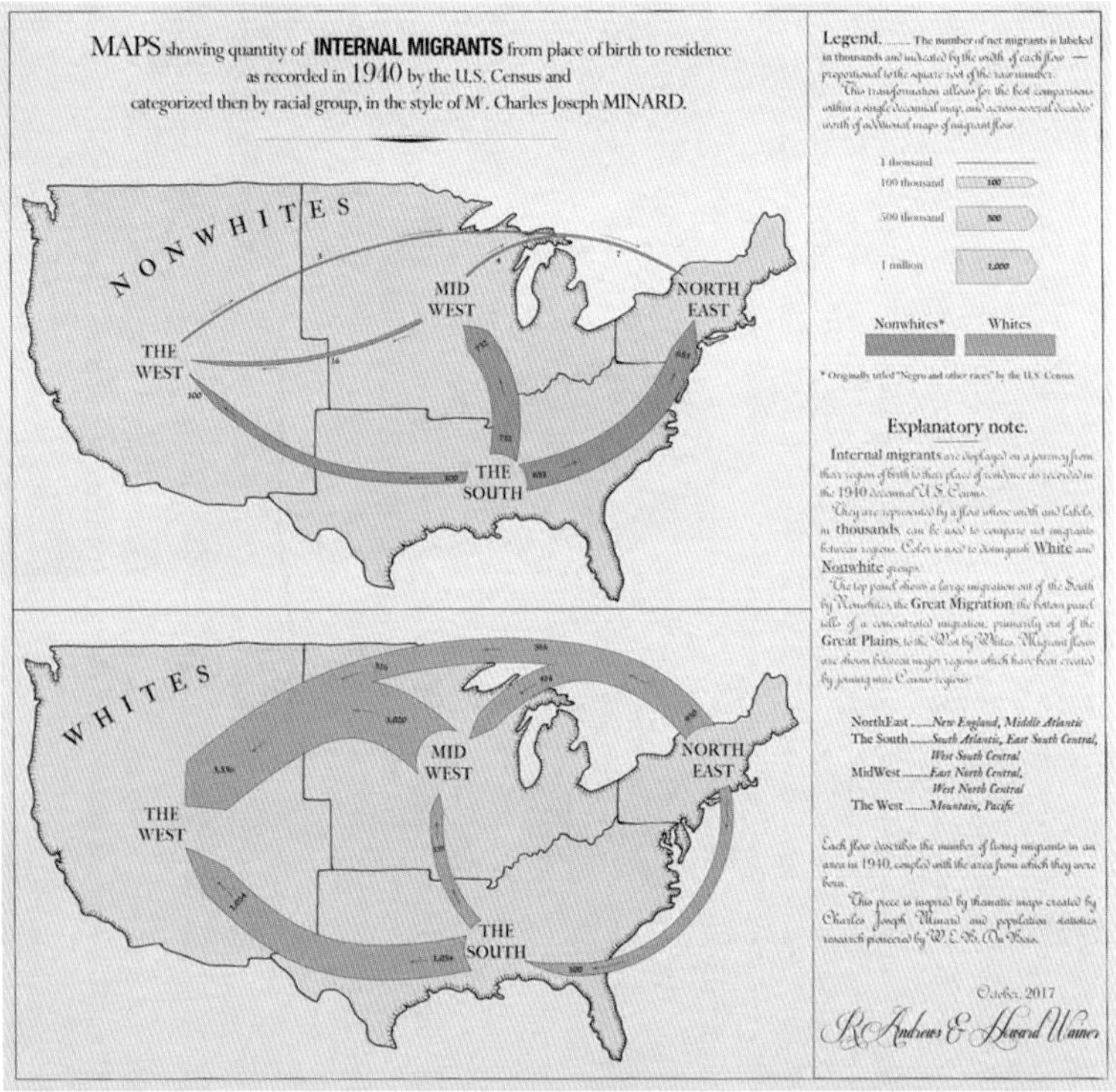

カラー図版 20　1940 年のフローマップ：1940 年の米国勢調査に記録された、出生地および居住地ごとの内部移民の数を示した地図。ミナールからインスピレーションを得たデザインを使用し、人種集団ごとに分類。出典：R. J. Andrews and Howard Wainer, “The Great Migration: A Graphics Novel,” *Significance*, 14:3 (2017), pp. 14-19, Figure 6. © The Royal Statistical Society.

など）で、国民の肯定感と国のアイデンティティ確立の第一歩として発行された。しかしグラフィックスの「黄金時代」は、いずれにせよ終焉を迎えることになる。

近代の暗黒時代

黄金時代とは、低い谷に両側を囲まれた高い達成の時代だと私たちは定義した。つまり、山または高地である。これは「グラフィックスの黄金時代」にも当てはまる。図7・1に示すように、一九五〇年代へ向かってグラフのイノベーションが急降下する時期にこの現象が見られる。一九世紀後半が「統計グラフィックスの黄金時代」と呼べるとすれば、二〇世紀前半はデータ視覚化の「近代の暗黒時代」と呼ぶことができるだろう。[*28] いったい何が起こったのだろうか？

先に述べたように、政府が支援する統計アルバムに関わるコストが、最終的にこの代金を支払っていた人々の熱意を上回ったのだ。しかしより重要なことに、新しい時代精神が現れはじめ、これが視覚化に取って変わる定量化の勃興とともに、理論統計学者と応用統計学者の双方の注目と熱意をグラフ表示から遠ざけ、数字と表に立ち返らせることになったのである。近代の統計手法が到来したということだ。この視点の変化が知的親殺しのかたちを反映しているのは、やや皮肉なことである。運が左右するゲームや天文学的観測の微積分学から始まった統計理論は、ゴルトン、ピアソン、その他により相関関係と回帰とともに始まる初の統計モデルの概念へと発展し、この発展の大部分は、視覚化手法の誕生と視覚的思考への依存に大いに助けられていた。

ところが一九〇八年になると、W・S・ゴセット（匿名の「学生」として発表）がt検定〔母集団の平均値を特定の値と比較したときに、有意に異なるかどうかを統計的に判定する手法）を開発したことで、ふたつの数字グループ（肥料使用または未使用で育てられた小麦の生産量）の平均値が「著しく」異なるかどうかを研究者が決定できるようになった。必要なのは、決定するためのただひとつの数字（確率または p 値）だけだった。もしくはそう思われていた。

一九一八年から一九二五年にかけて、R・A・フィッシャーが分散分析、実験計画などの概念を練り上げ、数字による統計手法を、複数の原因（肥料のタイプや濃度、農薬施用、水位など）をまとめてテストする実験から正確な結論を引き出すことのできる完全な企てへと変えた。数字、パラメーター推定値（特に標準誤差のあるもの）が正確なものとみなされるようになった。データの図解が一考を迫られるようになった――そう、まさに図解は絵とみなされたのである。それは美しく、想像力をかき立てるものかもしれないが、小数点第三位またはそれ以上まで正確に「事実」を示す能力はない。少なくとも多くの統計学者や専門家には、そのように見えはじめていた。[*29]

ところが、視覚化の歴史のマイルストーンとも言えるこの時代、新たなグラフのイノベーションがほとんど起こらなかった一方で、他に重要な出来事があった。データグラフィックスが社会に普及し、メインストリームの仲間入りを果たしたのだ。[*30] この視覚的説明における変化は、アインシュタインの相対性理論のような一般的影響力はそれほどなかった（「すべては相対的である」ということが、さまざまな視点による日常的な観測を説明する常套句となっていた）。にもかかわらず、一九〇一年から一九二五年頃まで、グラフ手法に関する一般書や教科書が多数現れはじめたのだ。それからまもなくして、グラフ手法に関する大学の講座が設置され、同じ時期に、ほとんどがごくありふれた統計図表が、ビジネスと政府の報告書を飾るようになった。

第二に、第6章で説明したように、グラフ手法は天文学、物理学、生物学、その他の自然科学における数多くの新しい洞察、発見、理論において必要不可欠であることが証明され、これらの多くが散布図の形式を使用していた。一般に、自然科学におけるグラフ手法の利用はこの時代全般で継続していたが、新境地が切り開かれることはほとんどなかった。

グラフ手法への関心は、一九五〇年から一九七五年の時期（図7・1で「再生」とラベルされている）に再び起こり、新たなイノベーションが発展し、予期せぬものを表示したり、または少なくとも、ますます複雑になるデータにより大きな差異と洞察を与えたりという、グラフがもつ力への新たな敬意が急激に高まった。時の流れとともに、表形式は、少なくともわずかにではあるが、視覚化の手法に親和性のある統計モデルや単数要約において、データをより厳しい精査に晒すように変わっていった。

一九六二年、ジョン・テューキーは「今こそデータ解析に斬新さを求めるときではないのか？」と問い、グラフ手法に焦点を当てた「探索的データ解析」という新しいパラダイムで、この問いに答えはじめた。データグラフィックスの近代が始まろうとしていた。そしてそれは、視覚化をより高い次元の表示《ディスプレイ》とデータへ引き上げることになる。

第8章　フラットランドを逃れて

人々から非常に愛された一八八四年の著書『フラットランド　たくさんの次元のものがたり』［二〇一七年、講談社、竹内薫訳］で、エドウィン・アボットは、移動を通じて幾何学的概念をひとつ上の次元へと高める精神的感覚について説明している。

一次元では、「点」が動くと二つの端点をもつ一本の「線」ができませんでしたか？
二次元では、「線」が動くと四つの端点をもつ一つの「正方形」ができませんでしたか？
三次元では、「正方形」が動くと――私の目には見えませんが――八つの端点をもつ幸運な存在、すなわち「立方体」ができませんでしたか？

このように、『フラットランド』の住人は、自分の知覚と経験がつくる純粋な二次元の世界の境界線の外側にあると思われる三次元の世界を想定しなければならなかった。

『フラットランド』では、正方形が動くと幸運な存在が生まれる。それは視覚的想像《ビジュアルイマジネーション》のなかでしか「見る」ことはできないかもしれないが、新しい世界への扉を開くものだった。フラットランド（二次元の世界）を逃れることは、視覚的思考の発展において、欠くことのできないもうひとつの重要なステップだったのだ。

実際に、しかしより抽象的に言えば、統計学とデータ視覚化の双方における進歩の多くは、

1D → 2D → 3D ≈ nD

のように、想定される次元の数の拡張と考えることができ、これらは単変量、二変量、そして多変量の問題を表現している。[*1] 統計学の初期の時代に不可欠とされた洞察は、なんらかの三次元の問題を解決したら、一般的な多次元のケースの解決法はそれほど遠くないところにあるということだった。

ところが、私たちはみな三次元の世界に住んでおり、四次元の世界（時間を追加するだけ！）またはそれ以上の世界を考えている人もいるなかで、グラフ手法は長い間、二次元の表面に限定されていた。粘土板の平面、パピルスの巻物、一枚の用紙、コンピューターのスクリーンなどだ。本章では、データグラフィックスがどのようにフラットランドを逃れたかについて説明する。

データ視覚化では、一次元の段階が、トレドとローマ間の経度距離の概算を示したファン・ラングレンのグラフ（図2・1を参照）を使用して設定された。それが、彼がフェリペ四世に対しておこなった主張、すなわち、それまでのすべての計算には法外な誤差が含まれており、経度問題はより正確な解決法を得るに値するということを訴えるために彼が必要としたもののすべてだった。

「一・五次元」（一次元を超えるが二次元未満）として私たちが特徴付ける次のステップは、時間や距離など、従来の軸に沿った変数グラフに見られた。初期の例で言うと、フィリップ・ビュアシュが作成し

たセーヌ川の干潮・満潮のグラフだ（図5・8）。プレイフェア（第5章）はこれを次のレベルにまで引き上げ、輸出入を示しながら貿易収支を強調したいと考え、複数の時系列を線グラフでプロットした（図5・3）。彼が一八二一年に作成した賃金、小麦価格、君主制に関する図表（カラー図版10）は、複数の時系列を表示した力作で、異なるグラフ形式（線グラフ、棒グラフ、線分）を使って見事なグラフィックを生み出している。しかし、水平軸はやはり時間と決まっていた。

水平軸上の独立変数に対して垂直軸上にプロットされる従属変数の完全な二次元プロット——散布図——という考え方は、この発展における次なるステップであり、J・W・F・ハーシェルが始め、ゴルトンが具現化した（第6章）。

ゴルトンの二変量相関楕円（図6・16に示す）から発展した統計手法を経てまもなくすると、カール・ピアソンは一九〇一年、より一般的な、統計学の歴史において最初の、真に多変量と言える問題を解決しようとした。つまり、二次元、三次元、それ以上の空間の点の集まりを仮定した場合、それらの点に「最もフィットする」線、面、超平面をどのように見つけ出すことができるか、という問題だ。

この問題に対するピアソンの解決法は、最小二乗法を適用することだったが、彼はこれを幾何学的かつ視覚的に論じた。残念ながら彼にできたのは、これを二次元で表示することだけだった。彼の読者は、『フラットランド』の住人と同じように、この見方が生じる可能性のある三次元、四次元、五次元……の世界については想像の域を超えなかったのだ。

図8・1はピアソンの論文にある最初のイラストで、点 $P_1, P_2, \ldots\ldots P_n$ の集合を示している。この点群の変化は、それぞれの点を結んだ雲形または楕円体の大きさと形によって捉えられる、と彼は論じて

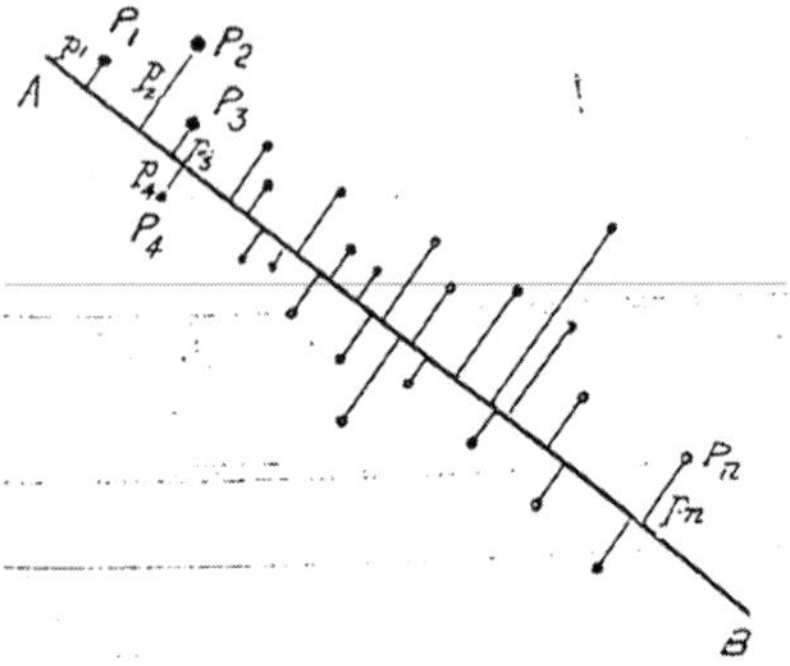

図 8.1：2 次元における高次元平面の視覚表現：カール・ピアソンは、最もぴったり合う平面をフィッティングする（当てはまる）という問題の解決法を示そうとしている。2 次元では、フィッティングされた平面は線として現れる。出典：Karl Pearson, "LIII. On Lines and Planes of Closest Fit to Systems of Points in Space," *London, Edinburgh, and Dublin Philosophical Magazine and Journal of Science*, 2:11 (1901), 559-572, page 560.

いる。したがって、点群に最もフィットする線または平面は、点の偏差方向に対して垂直でなければならず、それゆえ線分 $p_1, p_2, \ldots\ldots p_n$ の平均二乗誤差をできる限り小さくしなければならない。ここに至るまでに、多くの問題が三次元視覚化の発展に拍車をかけた。

地形図

地図は緯度と経度によって定義される二次元の表面からスタートする。川、都市、街などの地理的特徴が書き込まれると、地図作成者にとって標高の特徴や、山や平原といった地形を、後に「地形図」と呼ばれるようになるもので示したいと考えるのは当然のことだった。この考えは、三次元思考や視覚的表現への初期の自然な推進力となった。

最初の大規模な全国地形図は、フランスの天文学者で測量技師でもあったセザール＝フランソワ・カッシーニ（一七一四―八四年）[*2] による『フランスの地形図』で、一七八九年に完成した。ところがこれらの標高の正確な測定がなされるはるか前に、地図作成者は自分の地図上で、等しい標高の等高線を使用して地形を示す試みを始めていた。これは山間を通り抜ける道を探すだけでなく、軍事防衛にも役に立った。

道を探したり、経路を定めたりするほかに、「主題図」は地理的特徴を利用してより多くのものを示す。たとえば、場所によって関心度がどれくらい異なるかといったようなことだ。バルビとゲリーが作成した図3・3は、陰影を用いたフランス地図（コロプレス）の好例で、犯罪の地理的分布を表示し、これを識字率の分布と比較している。ところがこれは他の同様の地図と同じように、地理的地域を別個のものとして扱い、関心のある変数に応じて領域全体に陰影が付けられているだけである。

地図の言語と象徴的意味は次第に拡張し、地理的空間全体で体系的に変化する、より抽象的な定量的現象を表示するようになった。これは技術的に見れば、色による影付けやアイソカーブ（等曲線）を用いて土地の標高を示していた地形図からの小さな一歩ではあったが、その影響力は学術調査においては非常に重要だった。それは、ヨーロッパ全体で等しい気圧の等高線をマッピングする際にゴルトンがおこなったことと、本質的には同じだ（カラー図版12を参照）。

地図上に等位曲線や等高線を描いてデータ変数を表示するという考えは、もっとずっと以前から始まっていた。おそらくその最初の完全な例は、[*3] 図8・2に示すような、世界の等しい磁気偏角（アイソゴン）線を示したエドモンド・ハレーによる一七〇一年の地図だろう。これには、扉絵だけでその全ストーリーを語ろうとするようなスタイルで、『コンパス偏差を示す、新しく正しい全世界の海図の説明と使用』という長いタイトルが付けられている。

ハレーの地図の目的は、ファン・ラングレンの頭のなかの大半を占めていた同様の問題、すなわち海

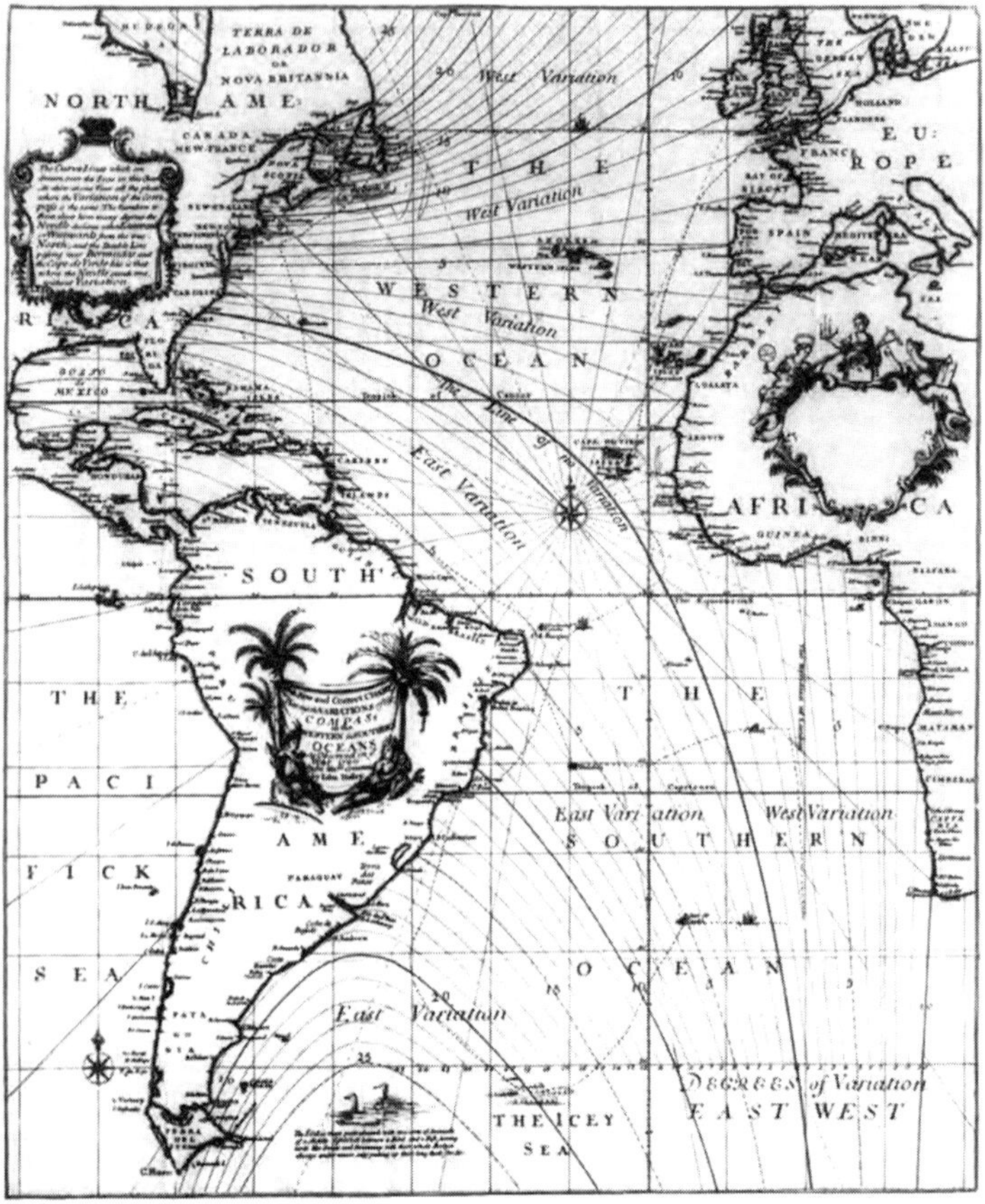

図 8.2：磁気偏角の地形図：エドモンド・ハレーは、地図上に等しい磁気偏角線を描いた。おそらくこれは、データをもとにした変数の最初の地形図と思われる。この図は大西洋の地図を示している。曲線は等偏角線で、各線に沿って、磁気偏角の角度が数として与えられている。太線は変化のない無偏角線で、ここではコンパスが指す値が真となる。船が描かれた破線は、ハレーの２回目の航海の航跡を示している。出典：Edmond Halley, *A New and Correct Chart Shewing the Variations of the Compass in the Western & Southern Oceans as Observed in ye Year 1700 by his Maties Command*, 1701.

上で経度を決定するという問題の解決に貢献することだった。探検家がより遠くまで冒険をするようになるにつれて、彼らはコンパスが必ずしも地理的に正しい北の方角を指すとは限らないことを発見した。つまり、わずか一度の誤差でも、何百マイルもの範囲に換算すれば巨大な誤差になるということだ。この地理的な北と磁北（コンパスが指す北）との角度のちがいは「磁気偏角」と呼ばれているが、さらに悪いことに、その差は地球全体で異なるのだ。ハレーは、一定の偏角線を表示した世界地図があれば、水夫は経度のおおよその位置を訂正することができるのではないかと考えた。

しかし、地図歴史家を長きにわたって悩ませてきた気になる疑問が残る。ハレーはこれをどのように作成したのか？　等偏角の細かな網状の線を用いて（一度ずつの間隔で）世界のほぼ全域をカバーするこれほど精密で詳細な地図を、どのように構成したのか？　結論から言えば、ハレーの地図はデータの補間と代入の極めて重要な例とみなすことができる。彼はこれらのデータを、一六九八年から一七〇〇年にかけての二回にわたる学術的航海で、『英国海軍パラモア号』の船長として収集した。[*4]　図8・3は大西洋の中心部を示したもので、ハレーが観測をおこなった地理的位置には三角と丸の印がつけられている。実際のデータが乏しかったことがすぐにわかる。

二〇一七年、ロリー・マレーとデヴィッド・ベルハウス[*5]は、統計史学の印象的な例を紹介した。彼らはハレーの地図をデジタル化し、当時入手可能だった数学的ツールのみを使用して、ハレーの観測から得た手法を再現することを試みた。そして、ハレーはみずからの数値を平滑化する形式として平均化を利用し、これをニュートンの差分商と組み合わせて、データ点を通る多項式曲線の当てはめをおこなったと結論した。たとえば、プラス五度という同じ偏角の値をもつ、広く間隔をおいた三つか四つの観測

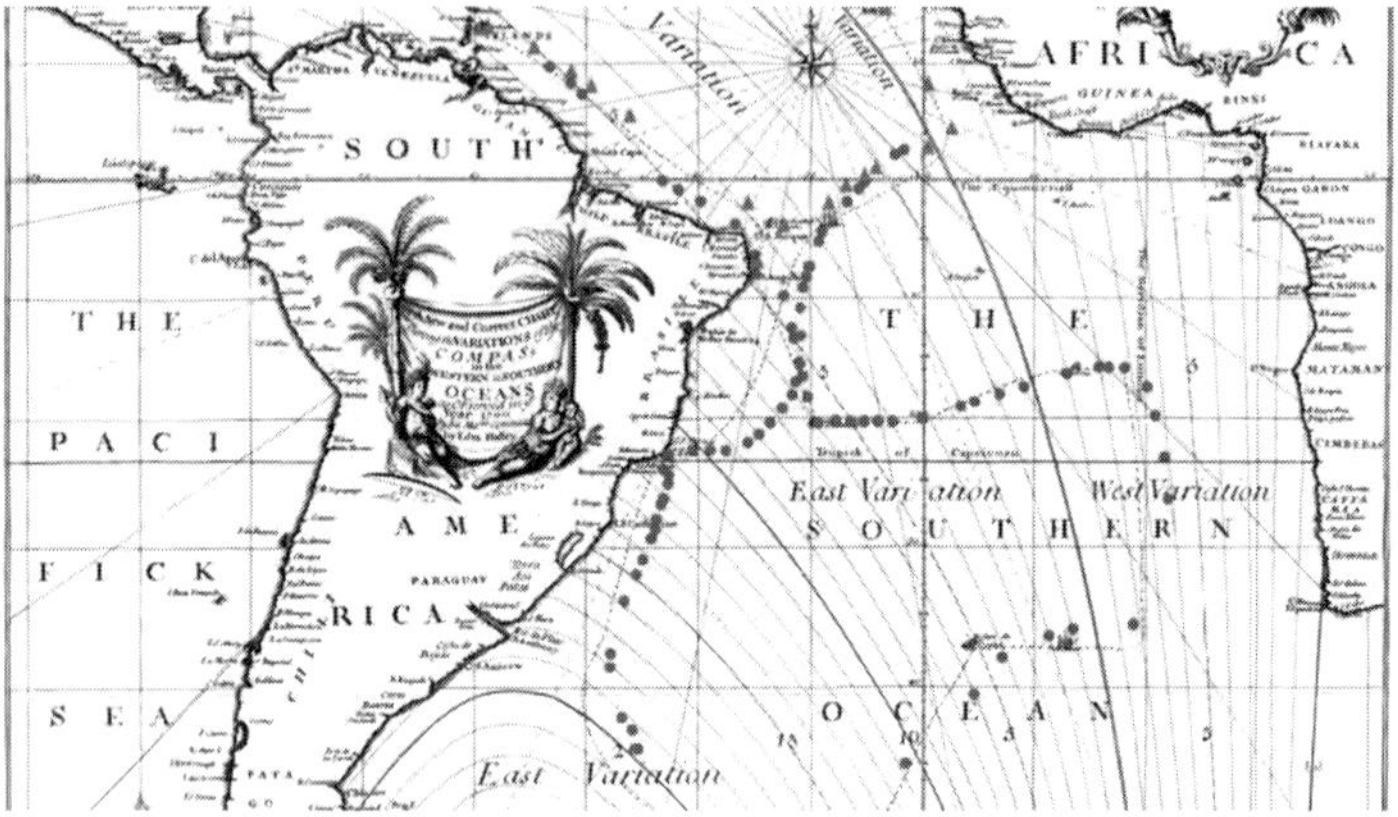

図 8.3：ハレーの観測の詳細：この図はハレーの観測地点を記した地図の中央部分を示したものである。三角形は第 1 回の航海の観測地点を示し、丸は第 2 回の航海からのものである。出典：詳細は以下より。Lori L. Murray and David R. Bellhouse, "How Was Edmond Halley's Map of Magnetic Declination (1701) Constructed?," *Imago Mundi*, 69 (2017): 1, 72-84, Plate 10.

があるとすると、多項式曲線の当てはめをすれば、同じ値になるはずの地図上のすべての位置を補間することができる。実際、ハレーは暗黙のうちに、磁気偏角の法則的規則性に頼っていたのだ。この現象の原因が何であれ、彼は、それが世界中で滑らかに変化するにちがいないと信じていた。

もうひとつの地形図と平滑化の好例が、カラー図版15に示す、ゴルトンが一八八一年に作成した移動時間のアイソクロニック（等時間隔）チャートだ。その目的は、旅行者がロンドンから世界のどこかの目的地に辿り着くまでに、どれくらい時間がかかるかを示すことだった。[*6] ゴルトンは自身のデータに多くの資料を用いたが、最も創意に満ちていたのは、多数の幅広い文通相手に日付入りの手紙を送り、その手紙が届いた日付を書いて返信してもらうという実験だった。彼は、手紙の輸送は旅行者の輸送と比較することができ、おそらく各地域の境界を記入する際に、ある程度の近似または単なる当て推量が存在すると考えた。にもかかわらず、彼のチャートはある有益な疑問に答えるものであり、三次元の変化を地図の平面全体に視覚化するためにゴルトンが開発した手法のもうひとつの例となっている。

こんにち、二次元（x, y）平面上で応答変数 z の等位曲線の等高線を見つけ出すという問題には、比較的わかりやすい計算による解決法があるが、今ここで議論している時代においては間違いなくそうではなかった。ゴルトンやその他の人々は、平均化と、しばしば視覚的な平滑化を頼りにした経験と勘による手法を利用していた。現代のコンピューター手法は一般に、等間隔の（x, y）値の二次元グリッド上で z を測定する必要があり、これらの値に補間を使用して等しい z 値の位置を見つけ出す。[*7] この問題に対する解決法が、三つの変数間の経験的関係を研究するため、そしておそらくは数学的法則を確立するために必要とされた。

フランス国立土木学校（ENPC）で働くフランス人技師団のなかで、等位曲線を計算する実行可能な一般的手法が、レオン・ラレン（一八一一―一九二一年）によって開発され、ルイ＝レジェ・ヴォーティエ（一八一五―一九〇一年）によって広められた。ミナールと同様、ラレンも、フランスの他、スペインやスイスで、主に鉄道敷設の土木技師として働いていた。そのキャリアの後半で（これもミナールと同じく）、次第にグラフ手法を数学的問題へ応用することに専念するようになった。一八七六年にはENPCの校長に就任し、一八七八年から一八八〇年にかけて、小論 *Méthodes Graphiques...à Trois Variables* の縮約版を発表した。[*8] これには英語タイトルとして、次のような説明がある。「技師の技術への応用と、ある度合いの数値方程式の解を備えた、三変数の経験則または数学的法則を表現するためのグラフィック手法」。

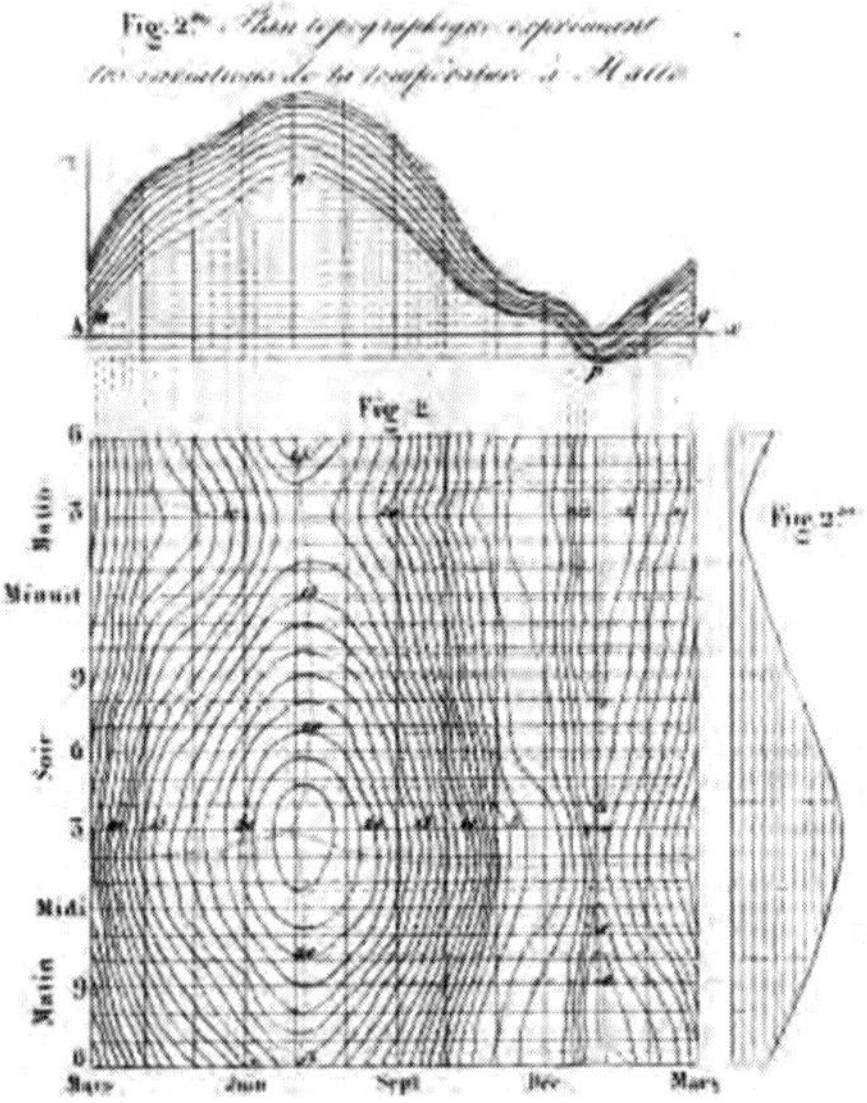

図 8.4：二変量テーブルの地形図：このグラフはある年の数ヶ月（水平軸）にわたって経時的に測定された土壌温度を、一日の時間ごとに記録した等位曲線を表している。7 月初旬、午後 3 時頃に最高温度に達した。出典：L. F. Kaemtz, *Cours complet de météorologie*. Paris: Paulin, 1845, Appendix figure 2.

図8・4に示すのは、一八四五年に出版されたラレンの手法の初期の例である。[*9] 彼はこのデータを、ある日の日付と時間との関連から土壌温度を割り出す三次元表面を示す二変量テーブル（表）とみなしていた。最高温度に達するのは七月の初旬、午後三時頃で、ちょうどこの頃、ほぼ楕円に近い等高線が、たった一日で、数日間の変化よりも大きく変化している。

上部には日付ごとの温度をそれぞれプロットした図が示され、一日のさまざまな時間について別個の曲線が描かれており、あたかも、温度対日付の壁に投影された三次元表面の側面図のように見える。右側には、一日の時間に対する温度のグラフが示されている。

ルイ＝レジェ・ヴォーティエ（一八一五―一九〇一年）もまた、数多くの応用によってこの手法に貢献した。図8・5で、彼は地図上に人口密度を表示する際の問題（ここでは一八七四年のパリ）に取り組んだ。いくつかのランドマーク（ノートルダム寺院、アンヴァリッドなど）を象徴的に表示する以外は、影を付けるなどの装飾は施されていない。人口密度のさまざまな曲線は地形図上の標高の曲線と類似しており、それぞれ番号が付されている（200～1200）。セーヌ右岸に人口が密集し、もう一箇所、左岸にも密集していることがわかる。この図は、表示されている人口密度のレベルの数からして注目に値する。

三次元プロット

等高線地図と等高線プロットは確かに便利ではあったが、やはり二次元の表面上に描かれた画像であり、影を付けたり等位曲線を利用したりして三次元を表示しているにすぎなかった。ドライブルートや徒歩ルートを、アイソライン（等値線）で標高を示した二次元地図上でナビゲートすることと、遠近法や現実的な照光（「光線追跡法」）、色（「地形色」）、テクスチャーマッピング、その他の技術を使用して、美しく、より便利な三次元地形図を生み出すようなコンテクストで標高を示す三次元地形図上でナビゲートすることとの間には、大きなちがいがある。[*10]

三次元の風景を平面上で、奥行きと遠近法でレンダリングする技術は、数世紀にわたって芸術家の知るところではあったが、初期の風景はリアリズムに欠けていた。ほぼ正確に遠近法を取り入れた最初の

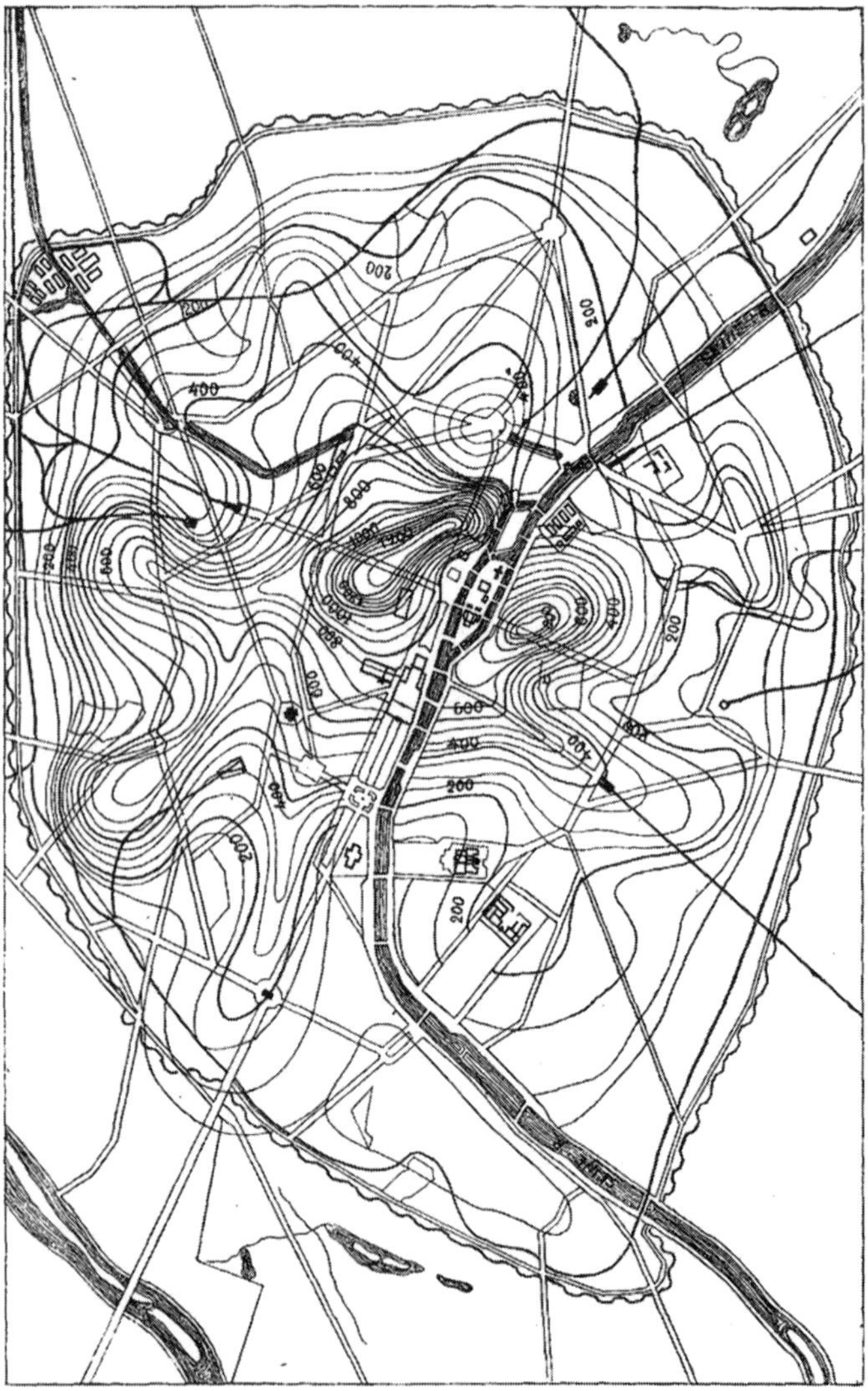

図 8.5：パリの人口密度：ルイ＝レジェ・ヴォーティエは、単位面積あたり 200 〜 1200 人の密度を表す多数の等高線レベルでパリの人口密度を示した。出典：Louis-Léger Vauthier, 1874.

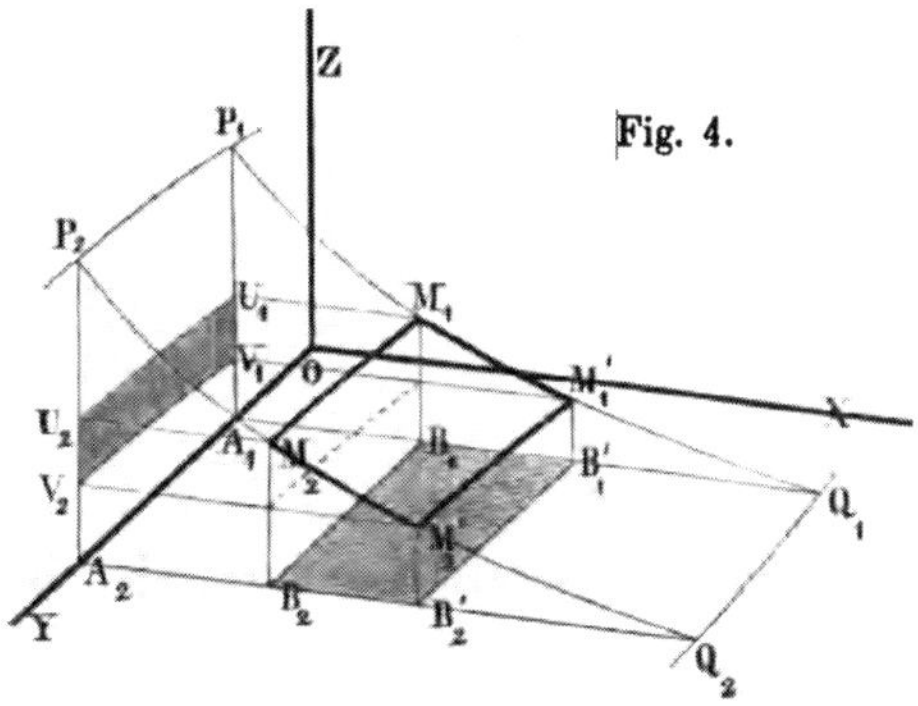

図 8.6：3 次元表面の軸測投影図法：ラベル付けされた点とそれを結ぶ線は、面と線が、座標軸によって形成される平面上に投影されたときにどのように現れるかを図解することを意図している。出典：Gustav Zeuner, *Abhandlungen aus der mathematischen statistik*. Leipzig: Verlag von Arthur Felix, 1869, fig. 4.

例は、レオナルド・ダ・ヴィンチの初めての絵画として知られる一四七三年の『アルノ渓谷の風景』という作品である。とはいっても、これは一芸術家の視点にすぎない。データグラフィックスについて言えば、(x, y) 座標で定義された平面に反応変数 z の三次元表面を描く正確な技術的詳細は、一八〇〇年代後半になるまで発展しなかった。

一八六九年には、熱力学に関する研究の途中で、ドイツの物理学者グスタフ・ツォイナー（一八二八—一九〇七年）が、軸測投影図法と呼ばれるようになったものの計算を解いた。軸測投影図法とは、座標軸が垂直に見えるように、また平行な断面または曲線が適切な外観をもつように、三次元座標系を描くひとつの方法である。ツォイナーはデカルトの手法を三次元まで引き上げたのだ。

その一例を図8・6に示す。座標軸 X、Y、Z が原点とともに背景に示されている。ふたつの平行な曲線が描かれており、黒い太線で囲まれた四角形の領域が、その下側と左側の平面上に投影された四角形の影（陰影が付けられた部分）の観点からどのように見えるかを説明することがこの図の狙いである。

このような考えから三次元データグラフィックを使用したものとして知られる最初の例は、イタリアの数学者、統計学者、そして最終的には、主に時間とともに変化する年齢分布研究に貢献したとして人口統計学の英雄となった、ルイージ・ペロッツォ（一八五六―一九一六年）が立案したものである。

このトピックに関するグラフのイノベーションは、一八七〇年の米国勢調査アトラスに現れた。このなかで、フランシス・ウォーカーは「年齢‐性別ピラミッド」の概念を開拓し、性別ごとに人口の年齢分布を表した。これがピラミッドと呼ばれたのは、連続したヒストグラム内で、ピラミッドのかたちと似た方法で男女の人口が年齢別に比較されているからである。数多くの図版のなかで、これらのデータは州やその他の要素で分解され、保険代理店は年金や生命保険に関して、年齢・性別・地域に特有の価格を設定することができるようになった。人口統計学者にとってこの手法は、出生率、平均寿命、その他、個体群内の変異に関する問題等を特徴付ける方法に道を譲るかたちとなった。しかし、これらはやはり二次元のグラフだった。

ペロッツォは、人口の年齢分布が時とともにどのように変化するかを考えることで、これをもうひとつ上の三次元へと引き上げた。そして一七五〇年から一八七五年にかけての、完全ではないが満足のいくデータをスウェーデンから取り寄せることに成功した。[*11] 彼の目的はウォーカーを超えること、そして平均寿命と年齢分布が一二五年の間にどのように変化したかを示すことだった。図8・7は、ペロッツォの初期のステレオグラム（立体図）の一八八〇年版を示しており、おそらくデータを三次元で表現した最初のものである。

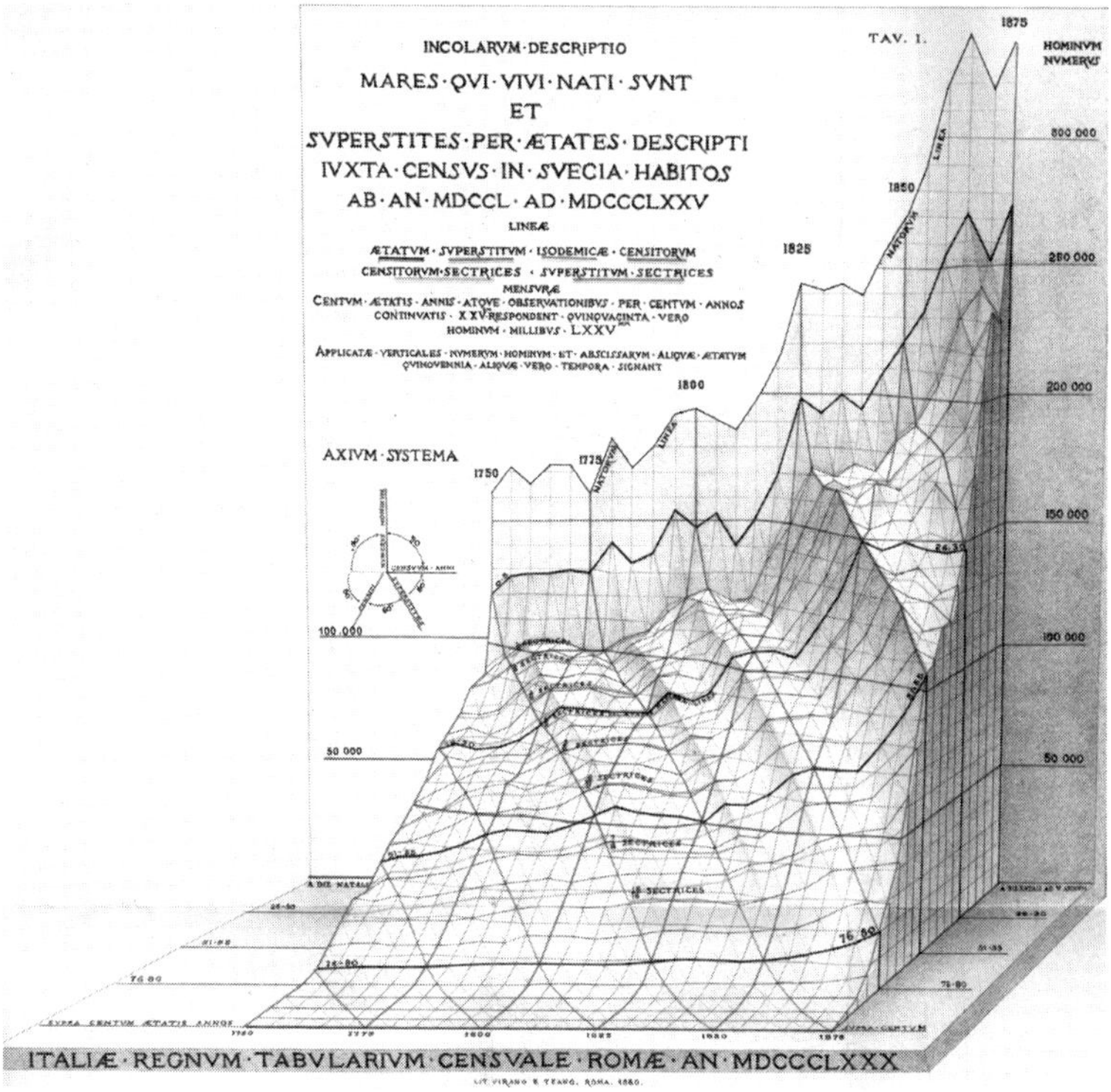

図 8.7：3 次元人口ピラミッド：ペロッツォは 1750 年から 1875 年までのスウェーデンの人口の年齢分布を、3 次元表面として示している。国勢調査の年は左から右へ、年齢は前（老年）から後（若年）の順に並んでおり、表面の高さはその年齢の人口を表している。出典：Luigi Perozzo, "Stereogrammi Demografici – Seconda memoria dell'Ingegnere Luigi Perozzo. (Tav. V)," *Annali di Statistica*, Serie 2, Vol. 22, (Ministero d'Agricoltura, Industria e Commercio, Direzione di Statistica), 1881, pp. 1-20.

この図を見ると、年齢が図の平面からはみ出し、最若年層（〇～五歳）は後ろ側に、最老年層（八〇歳を超える）は前面に描かれている。国勢調査の暦年は左から右（一七五〇年から一八七五年）に示され、図の高さはある年齢の母集団の大きさを示している。図の背後にある左から右に描かれた線（"Linea della Nascite"）は出生数を示している。

ある年、たとえば一七五〇年の国勢調査数は下、そして左へ、年齢軸と平行に引かれた線で示されている。奥にあるそれぞれの断面は、ウォーカーがある年のある人口について示そうとしたものである。しかしペロッツォはそれ以上のことをした。「時間」軸をあとふたつ追加したことで、単なる暦時間を超えた年齢分布を見たり、考えたり、理解したりする別の方法が可能となる。コーホートは、ある年に生まれた人々の集団である。年齢は住んでいる場所とどういう関係があるか？　あるコーホートの分布が、下から右に向かって引かれた黒い太線で示されている。長い目で見て、ある年まで生きる人の数に変化はあるか？　これについては、左から右へ引かれた、それぞれの年齢に関する線で示されている。

この図から、年を表す線に沿って、またはコーホートごとに、平均寿命に一般的な増加が見られるのがわかる。時の経過とともに、若年層（〇～五歳）の数は劇的に増加しているが、老年層（七五～八〇歳）は一八五〇年まではそこそこ増加しているものの、一八七五年にかけてはわずかにしか上昇していない。その他の年齢層はこれらの傾向を中程度に示していた。ある年に生まれたコーホートについては、最若年層を除き、トレースラインがほぼ平行になっているように見える。このグラフに特有の特徴は、一八五〇年から一八七〇年頃にかけての若年層の人数の落ち込みである。まるで、山のかなりの部分が削り取られたかのように見える。その理由は何であると考えられるだろうか？　人口統計学者の友人の

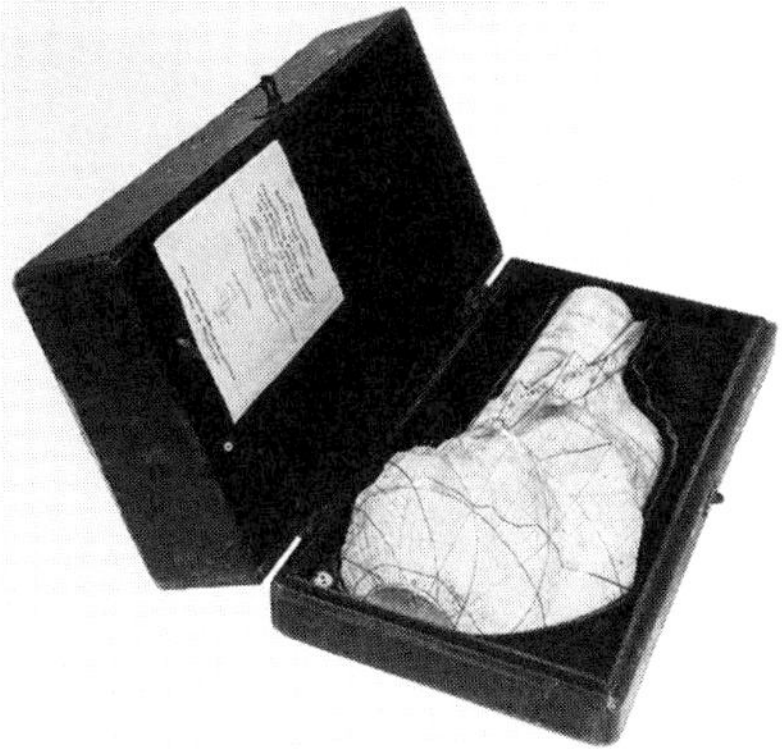

図 8.8：3 次元統計彫刻：ペロッツォは、人口データのこの 3 次元モデルを、手で触れられる有形のものとして製作した。出典：ポンピドーセンター。

なかには、もしかしたら戦争や災害が発生したのでは？　と考える者もいた。ところが、そのもっともらしい説明は思ったほど劇的なものではないことがわかった。スウェーデンはこの時代、大規模な人口流出があったのだ。[*12]

その他の斬新なグラフ手法の作者らと同様、ペロッツォもまた、みずからの三次元図表の構成に関する手法を抜かりなく説明した。「軸のシステム」と題された短い説明文のなかで、彼は三つの軸が何を表現しているかを示している。一八八一年の第二の論文のなかで、ペロッツォはツォイナーの軸測投影図法の詳細について説明し、これを、考えられる他の表現と比較した。また、自身の三次元人口図表をより精巧にしたバージョンも発表している。[*13]

ペロッツォは物理的な三次元彫刻の価値がわかっていた。自身の図表の一部を有形物として、張り子素材やしっくいで製作し、年齢コーホートと国勢調査年のトレースを示す線を加えた（図8・8）。フランスの作家で、芸術分野におけるシュルレアリスム（超現実主義運動）の主唱者だったアンドレ・ブルトンが、パリのサン＝トゥアン地区で開かれた蚤の市でこのアイテムを見つけていなかったら、おそらく日の目を見ることはなかっただろう。彼はこれを本質的に超現実主義的なオブジェと考えた。なぜなら、何か新しい方法でありふれた出来事を表現したいと考える芸術家のアイデアと統計学者のデータを結びつけるものだったからである。*14

その先へ

ペロッツォの図表が今なお人々に称賛されているのは、その出来栄えはもちろんのこと、これらが「時間」のいくつかの側面（年齢、期間、コーホート）を同時に見る新しい方法を提供したからだろう。人口統計学において、これらの関係性は現在、「レキシス図」*15を使ってより一般的な研究がおこなわれている。「レキシス図」とは、コーホートの変化を対角線で示した、年齢と観測期間の二次元プロットである。

三次元上に示されるのがふさわしい三次元プロットは、こんにち、学術文献においてそれほど一般的に使用されていない。おそらく、ペロッツォが機械を使わず手作業でおこなったのと同じようにこれらを表現するのは困難だからだろう。しかし、現在入手できる他の重要なツールによって、そうしたデータをより理解しやすいものにすることはできる。たとえば、動的なコンピューターの手法は動作（経時的変化）を利用して三次元画像を回転させ、それをさまざまな視点から見ることができるようにする。インタラクティブグラフィックス（対話型図形処理）の手法は、見る側が、自分が見ている画像やデータを制御することができるようにする。これについては次章で詳しく見ていきたい。

第9章　時空間を視覚化する

一九五〇年から一九八〇年までの三〇年間は、次第に現実的になっていったデータ視覚化の発展と利用に積極的な成長が見られた時期だった。その流れのひとつが、統計とコンピューターにかかわるものだった。たとえば、高次元データの大部分を低次元空間で表現するための次元削減手法などである。[*1] この時代のもうひとつの流れは、高まる計算能力に後押しされ、グラフ表示をより動的かつインタラクティブにするような新しいグラフ手法を反映していた。そのような表示は、動画で経時的変化を示したり、グラフの性質を静的画像から、見る者が直接操作したり、拡大縮小したり、処理要求したりすることができるようなものへと変えることを可能にした。このようにして、フラットランドからの逃避が続くなか、幅広い重要な問題が、より高い次元でデータを理解するための新しいアプローチによって明るみに出されたのである。

繰り返しになるが、こうした発展はテクノロジー（コンピューターディスプレイとソフトウェアエンジニアリング）の進化と、視覚化の手法が期待できる科学的問題との間の相互作用を明確にする。この影響はこんにち、データジャーナリストの作品に見られる。彼らは今や、重要なストーリー（イギリスのEU離脱の是非を問う国民投票や気候変動、新型コロナウイルスなど）の背後にある詳細なことがらを、インパクトのあるオンラインの対話型グラフィックアプリケーションで日常的に示している。本章では、こうした考え方の起源と、運動、時間、空間を視覚化するという、この進化を促した科学的疑問のいくつかを明らかにする。

運動の法則

事実上、おそらく運動より古いものはなく、これについて哲学者が著した書物は少なくもなければ小規模でもない。にもかかわらず、私は実験により、知る価値のある、これまで観測も証明もされたことのない、その属性のいくつかを発見したのだ。

――ガリレオ、『ふたつの新しい科学に関する対話と数学的証明』（一六三八年）

ガリレオの一七世紀の観測は、映画、コンピューターアニメーション、そして――この物語に最も関連性のある――動的データグラフィックスの起源を予見するものだった。近代の動的データ表示の人気は、人間と動物の運動の性質に関わる科学的疑問まで遡ることができる。テクノロジーの発展とともに、運動に関する研究とその視覚化は、楽しい娯楽から、ハリウッドやNetflixなどの巨大産業へと枝分かれしていった一方で、空気力学（風洞〔実験のために人工的に風を発生させる装置〕）、医療画像（心臓や脳の血液の流れ）、生態学（動物種の移動パターン）への重要な科学的応用があった。

アリストテレスの『動物運動論』は、動物の移動運動の原理について詳しく解説した最初の書物である。ニコル・オレームの一三六〇年の「パイプ」の図（図2・2を参照）は、時間と移動距離との間にあると思われる数学的関係性を示す意図があった。一五一七年頃、レオナルド・ダ・ヴィンチは詳細な解剖学的研究として、移動する猫、馬、大蛇を描いた。ガリレオはその後、一六三三年から一六四二年の間に、運動と重力に関する実験をおこなった。しかし、これらの問題に近代的な関心が注がれるようになったのは、新しい記録技術によって新たな洞察が得られた一八〇〇年代後半になってからのことだった。

物理学者にとって、運動ほど興味深い経時的な位置変化はない。それは速度（一次導関数）および加速度（二次導関数）を与える、シンプルながらも洗練された方程式に単純化することができる。たとえば時速四五マイル（約七二キロメートル）の馬のギャロップの速度vは、$v = dx/dt = 45$という方程式になる。地球の重力による加速度gは、定数[*2] $g = 9.8m/s^2$または$32ft/s^2$にほぼ還元することができる。

一方で、バレエダンサーの技術は、音楽とシンクロさせながら、これらのことを身体のすべてのパーツにおこなわせ、言葉を使うことなく、経時的な位置変化だけで感情のストーリーを紡ぎ出すことにある。[*3]データ視覚化においても、物理学やバレエと同様、運動は時間と空間の関係性の表れであり、したがって運動の記録と表示には、四次元としての時間がデータの抽象的世界に付加される。ここでは、時間とともに変化する現象の視覚的な描写、理解、説明へとつながった、いくつかの発展に焦点を当てよう。

動く馬

運動を視覚化することへの近代の科学的関心は、一八〇〇年代後半に現れた馬の移動運動に関する、単純ではあるが込み入ったいくつかの疑問まで遡ることができる。たとえば次のような疑問だ。

・馬の脚はどれほど正確に歩行、早足、ゆるい駆け足《キャンター》、襲歩《ギャロップ》などの異なる動きをするか？
・各歩様で、四脚は正確にどのような順序で動いているか？
・各歩様で、一度に何本の足が地面から離れているか？
・各歩様で、馬が同時に、四本すべての脚を地面から離して滞空する瞬間があるか？

一八六〇年代から一八七〇年代にかけて、この最後の疑問にある運動は「支えのない移動」と呼ばれ、さまざまな作家がこの議論に加わり、それぞれの立場で論争を繰り広げた。*4

しかし、そこには「データ」がひとつも介在せず、この疑問に対して納得のいく、じゅうぶん正確な答えを提供できるような情報は何もなかった。襲歩で走る馬の動きは、目で見ても耳で聞いても、あまりに速すぎて判別できず、特別にしつらえたトラックで蹄の位置を記録したところで、時間と空間におけるそれらの正確なパターンを見分けることは不可能だった。このトピックに関する机上の空論的な議論は、いくつかの点で、ゲリーの時代にフランスで起こった犯罪（第3章）や、ファーとスノウの時代のコレラの伝染（第4章）をめぐって展開された議論と類似していた。

リーランド・スタンフォード（鉄道王、カリフォルニア州知事、そして馬のブリーダーでもある）は、この馬の移動運動に関する議論に好奇心をそそられ、テクノロジー好きで知られる写真家のエドワード・マイブリッジ（一八三〇―一九〇四年）を起用して、写真という手段を使ってこの疑問に答えようとした。

当時のカメラは、亜硝酸銀の溶液でコーティングされたガラス板に画像を記録するものだった。つまり、新しい写真を撮るたびに新しいプレートが必要になるということだ。マイブリッジは数年かけて、

図 9.1：動く馬：「サリー・ガートナー」という名の馬が襲歩で走る写真、1878 年 6 月 19 日。出典：米国議会図書館、印刷・写真部門、LC-DIG-ppmsca-06607。

走る馬の経路全体に伸びる平行のストリングでシャッターが切られるような、一列に並べられた複数のカメラを使用したシステムを考案した。図9・1は、パロアルトのトラック（現在はスタンフォード大学のキャンパスになっている）を、「サリー・ガードナー」という名の馬がギャロップする一二枚の連続フレームを示した有名な例である。フレーム3には、四本の脚のすべてが地面から離れているようすがはっきりと映し出されている――これで疑問は解決した。その他のフレームには、一本の脚だけが地面についていたり、前脚と後脚が異なる動きをしていたりするようすが詳しく示されている。「支えのない移動」の疑問に対する視覚的な解決法が、ここで見出されたということだ。スタンフォードは「イエス」の答えに二万五〇〇〇ドル（約二七五万円）を賭けていたので、その結果に満足したと伝えられている。

同じく驚くべきことは、四脚すべてが地面から離れているフレームは、馬の前脚と後脚が胴体の下で折り曲げられているフレームのなかにあり、前脚を引いてから（フレーム10、11、1、2）後脚を前に突き出す（フレーム4〜6）という切り替え運動が示されていることだった。同時代の芸術家はフレーム7〜9のようなイメージを頭に思い浮かべて馬を描いており、前脚を前に突き出し、後脚を後ろに引いているときに、四脚すべてが地面から離れる可能性があることを示そうとしていたのである。

後に高精細度カメラで再現されたもののなかで、[*5] マイブリッジはついに馬の筋肉組織を視覚化して調査することに成功し、臀部の筋肉の力強い収縮が馬を急速に前へ押し出すようすを見ることができるようになった。襲歩する馬の視覚的説明がついに実現したのだ。しかしもっと重要なのは、科学的疑問に関するエビデンスとして、こうした写真が有益であることが立証されたことだった。

目の錯覚

科学的研究という点では、図9・1のフレームの背景のラインは、経時的な馬の脚の位置を大雑把に定量化できるようにすることが意図されていた。こうした情報は馬に関する疑問には答えたが、より精細な分析をおこなうにはあまりに不正確だった。さらに、別個のフレームでそれぞれの運動を観察することは、動いている画像を実際に見るということの代用とは言い難かった。

マイブリッジは後者の問題を認識し、みずから「ズープラクシスコープ」（動物の動きを見る装置の意）と呼ぶ装置を発明した。それぞれの画像を円盤上にコピーし（図9・2を参照）、円盤を回転させると馬が動いているような錯覚が得られることから、これを初の動画映写機とみなすことができるだろう。[*6]

息を呑むほど美しいヨセミテ渓谷のパノラマ写真を撮影したことで、アメリカ西海岸ではすでに有名

図 9.2：運動を見るということ：ズープラクシスコープの円盤。馬が地面を蹴って走る 13 枚の画像を示している。下側のいくつかのフレームには、後脚が伸長し、それを前脚が支えるというシーケンスが示されている。出典：Wilimedia Commons。

になっていたマイブリッジは、これら初期の運動の画像を紹介する講義を提供しはじめた。今では想像しにくいが、日常的な運動の速度を緩めると、この映像のように捉えることができるのを実際に目の当たりにした聴衆は、魔法にかかったような感覚を味わった。マイブリッジはその効果を、単なる目の錯覚だと説明した。目が脳をだまして、関連付けられた一連の写真が運動を表すと思い込ませているのだ。この錯覚は「残像」と呼ばれる。つまり、網膜の「桿体《かんたい》」に約一〇分の一秒間、画像が当たることで、別々の画像の連なりから滑らかな運動という幻想が生まれるのである。目の錯覚という考え方が斬新だったのは、それが運動を見て理解する新しい方法を提供したからだった。

こんにち私たちは、図9・1のそれぞれのフレームが暗黙的なアニメーションであり、単一の、二次元の静止画における経時的変化を表していることを知っている。人がズープラクシスコープまたはアニメーションGIFに見ているものは明示的アニメーションであり、時間の経過とともに重ねて置かれた画像である。馬がどのように襲歩で走るかということは即座に明確になるが、すべての脚が地面から離れる正確な瞬間を捉えることは難しい。

フィラデルフィアでのマイブリッジの講義は、ペンシルベニア大学の裕福で影響力のある後援者の目に留まった。彼らは、動物の移動運動の体系的研究のために、ひとそろいの電子制御カメラを備えた屋外スタジオを建設する土地（ふさわしいことに、獣医病院の敷地内）と補助金を与えるので、ペンシルベニアに移住したらどうかとマイブリッジを口説いた。一八八〇年代、マイブリッジとその助手らは、（近隣の動物園の）動物と人間のモデルを使った一〇万を超える画像を作成した。二万枚の画像から成る八〇〇の図版が、『動物の移動運動』となって出版された（一八八七年）。この膨大なコレクションは、動物の運動を写真で研究した近代の起源とみなすことができるだろう。その他にも、人間のモデルを使った彼の研究は後に、マルセル・デュシャンの『階段を降りる裸体No.2』（一九一三年公開）にインスピレーションを与えた。

最後に、もうひとつ注目すべき業績として挙げられるのが、一八九三年のシカゴ万国博覧会で、マイブリッジが「動物の移動運動の科学」というトピックで、その研究のために設立された「ズープラクソグラフィカルホール」で一連の講義をおこなったことだ。彼はみずから編み出したズープラクシスコープを使って、スクリーンに映し出されたこれらの動画を真価のわかる観衆に見せ、このホールを初の商業映画館とした。これらの目の錯覚は後に、知覚心理学や視覚科学の重要なトピックとなるのだが、マイブリッジの写真研究は、運動を見て記録することの新しい概念を植え付けた。

エティエンヌ＝ジュール・マレーと時間および運動の視覚化の科学

フランスでもほぼ同じ頃、エティエンヌ＝ジュール・マレー（一八三〇―一九〇四年）が、グラフを使った調査用に動物と人間の動きをよりわかりやすくし、定量化可能な科学的研究に適用できるようにするにはどうすればよいかについて、すでに研究を始めていた。マイブリッジは自身の芸術的背景を通じて運動の視覚的研究に行き着き、記録と表示の技術を発展させたが、一方のマレーは自身の医学的背景と、運動の研究を単なる情報と娯楽の技術としてではなく科学的発見への足がかりとして利用したいという熱い思いから、この主題に辿り着いた。マレーは重要な生理学者、多作の機械発明家というだけでなく、科学的現象の記録、定量化、説明を同時におこなうことへの入り口となる、みずからが「グラフィックメソッド」と呼ぶものに対する考えを提唱した人物でもあった。

マレーはパリの医学部で医者としての訓練を積んだが、当初から、彼の関心は医学的実践よりも臨床研究のほうにあった。彼はこの仕事を、心臓病学と血液の循環の研究とともに一八五七年に開始し、エンジニアリングと機械のスキルを駆使して、血圧と血流を測定、記録するために新しく改良された機器を設計した。たとえば彼が改良した脈拍計の設計は、手首のカフスにレバーとおもりを取り付け（現在利用されている血圧計のようなもの）、橈骨《とうこつ》動脈の血圧からの脈波を拡大し、それらを付属のペンで紙の上に記録するアームを使用する。こうして、血圧の内部の状態を経時的に測定、追跡し、それらを視覚化することができるようになった。

この近代の生理学の黎明期において、マレーは、人間の身体は大部分が、力学（力、質量、仕事）、水文学《すいもん》（血流の研究など）、そして熱力学（エネルギーの保存）の新たな理解から得られる、物理の法則に依存した生命あるマシンであるという機械論的な信念に導かれた。それ以上に重要だったのは、こうしたつながりを、生理学の類似する法則の発見に利用することができたことだ。「有機体において、私たちは熱、機械的作用、電気、光、化学作用と呼ばれる、こうした力の出現を発見するだろう。生命の現象において明確なのは、まさに物理的、機械的秩序をもつ現象である」[*7]。

物理学の法則のアナロジーを使ったこの主張はまぎれもなく、ゲリー（第3章を参照）が不変と変化の研究を通じて、犯罪率その他の社会的変数に法則のような規則性を見出そうとして利用したものと論理的形態は同じである。「データ」はそのどちらにも不可欠だったが、マレーにとってこれは、まず経時的変化を正確に記録するための新しいテクノロジーを発明し、移動運動を与える――そしてその運動を、グラフィカルに記載されたものから研究するためのなんらかの手段を考案するということを意味していた。

グラフィックによる手法

この目的のためマレーは、多くの場合、回転する円筒や平らに置いた紙に変化の軌跡をトレースするペンを一本ないし数本使用して運動を記録する機器を数多く考案し、その改良を重ねた。他のさまざまなトピックのなかでも特に、彼は筋肉の収縮の強度を記録するミオグラフ（筋運動記録器）を使って随意筋の機能を研究したり、「記録する靴」を開発して、歩行中の脚の圧力変化を研究したり、馬用に革製の記録ブレスレットまでつくって、その足取りを詳細に記入したりした。

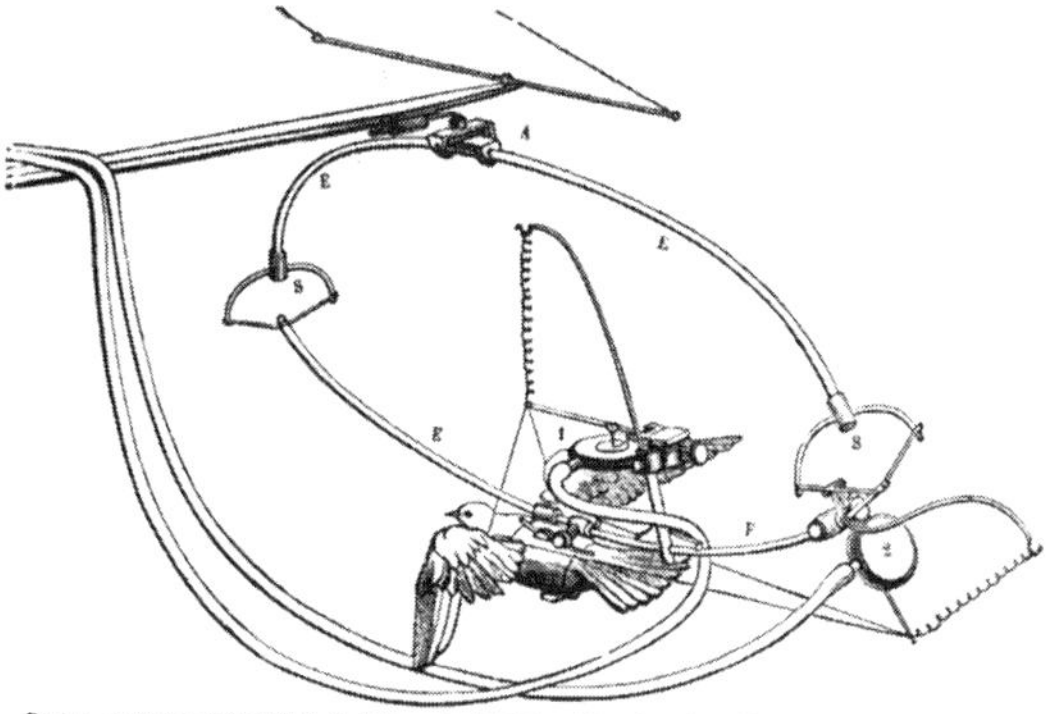

FIG. 104.—Suspension of the bird in the instrument. E E E E, an ellipse of metal capable of oscillating freely in every direction, by means of the double suspension A. S S, india-rubber supports allowing the lower part of the ellipse to oscillate in the vertical direction. The suspensory apparatus is fixed on the back of the pigeon. The lever-drum (1) receives the movements executed by the wing in a vertical direction. The lever-drum (2) receives those of the horizontal movements.

図 9.3：飛翔の記録：飛んでいる鳥の羽の軌道、力、速度を記録するために設計されたハーネス。
出　典：Étienne-Jules Marey, *La machine animale, locomotion terestre et aérienne*. Paris : Librairie Germer Bailliere, 1873, fig. 104.

一八七〇年頃、マレーは図9・3に示すような創意に満ちた装置を使用して、飛んでいる昆虫や鳥の空中移動の研究を始めた。たとえば以下のような、飛翔に関する根本的な疑問に答えようとしたのだ。さまざまな種の昆虫や鳥の羽の移動頻度はどれほどか？　羽が定期的な運動のそれぞれの段階でとる位置の順序はどのようなものか？　羽はどのようなメカニズムで、支点である身体に対する反力として空気を利用し、上昇運動と前進運動を生み出すのか？

純粋に科学的な主張はさておき、これらの疑問は、空飛ぶ機械の建設を検討する熱意ある飛行士にとって直接的な関心事でもあった。ところがマレーにとってもっと大きな疑問は、解剖学（骨格、関節、筋肉）を生理学とどのように結びつけるか、そしてこれらのプロセスをどのように視覚的かつ定量的なものにするかということに関わっていた。

彼は実際の鳥類の運動メカニズムの研究として、人工的につくられた昆虫や鳥の機械モデルを数多く構築し、イエバエ、ミツバチ、スズメバチ、その他の昆虫の羽の一部分を、回転するスモークシリンダーに擦り付けて、羽の動きを記録するという手法も編み出した。とりわけ彼は、一秒あたりの羽ばたきの回数を計算した。イエバエは三三〇回、ミツバチは一九〇回、スズメバチは一一〇回、そしていちばん少ないものではモンシロチョウが九回、といった具合だ。

『報告書』に発表された初期の研究に関して、一八六九年に『サイエンティフィック・アメリカン』に掲載された記事は[*8]、それまでの、音をベースにした信頼性に欠ける手法と比較した際のグラフ手法の利点を称賛し、次のように説明している。「このような不一致に直面して、著者は間違いようのない方法で、一匹の昆虫の羽ばたきのひとつ一つを示す方式を探し求めた。その羽ばたきの頻度を決定する極めてすぐれた回答は、グラフィックによる手法から得られる」(p. 242)。

クロノフォトグラフィ(連続写真撮影機)

昆虫の羽、人間の脚の圧力、動く馬などの軌跡を、ペンを使って紙の上に転写するという方法は、確かにいくつかの新しい洞察を生み出しはした。しかし、動くペンで記録するという技術は、ロバート・プロットがその二〇〇年も前に編み出した気圧の記録と根本的なちがいはなかった(図1・4を参照)。マレーが利用したグラフによる記録は主に、その機械的発明の範囲が幅広く独創的であり、ペンを動かして隠れた現象を可視化することができるという点で、プロットとは一線を画す。これらはもちろん重要ではあったが、動的現象を部分的にしか捉えていなかった。一方で、マイブリッジの正確な連続写真と、それを動く画像として表示する装置は、確かに有益で人を楽しませるものだったが、簡単かつ直接

図 9.4：写真銃：マレーの写真銃。上部の円筒はフィルムロールを格納し、2 秒間隔で 24 の画像を記録することができる。出典：Wilimedia Commons。

的な方法で、数多くのばらばらな部分が、時間の経過とともにどのように複雑な位置をとって変化するかを観察し、研究するという能力には欠けていた。

一八八二年、マレーは、感光フィルムの一片にリアルタイムで、一秒間に一二フレームを記録することのできる「写真銃」（図９・４）で、同じ一枚の写真に連続するフレームを記録するという手法を完成させた。つまり、すべての画像を、一度に、より簡単に、見たり研究したりすることのできる時間動作のパノラマにまとめたのである。

これにより、一枚の画像に複数の写真を時系列で並べながら運動のようすを示すという原理が確立された。マレーはこの装置を使ってペリカンなどの鳥類、さまざまな条件下の馬、いろいろな動作をするアスリートなど、数多くの画像を記録した。しかし、このハンドヘルド型の銃はまもなくして、一枚の固定写真プレートに複数の画像を記録できる、タイマー付きのシャッターが付いた固定カメラに道を譲った。動作と動的現象の研究に新たな技術が生まれたのである。

図 9.5：短距離走のスタート：スタート直後の走者のクロノフォトグラフ。出典：Etienne-Jules Marey, Flight/WorldPress.com.

図9・5は、マレーがアシスタントのジョルジュ・デムニー（体操選手でもあった）とともに、パリのブローニュの森で一八八二年から一八八八年頃まで、著書『生理学的姿勢』でおこなった人間と動物の運動に関する数百もの研究のひとつである。これは走者（筋肉が目で見てわかるように裸の状態）が、右側の座った姿勢から短距離走のスタートを切ろうとする瞬間を捉えている。走者が立ち姿勢になるまでには約二分の一秒（七フレーム）かかっている。それに続くフレームは、後ろ足の押す力と、反対の足が地面に着くまでが交互に並んでいる。アスリートの研究には、その他にも棒高跳び、フェンシングなどのスポーツを示したものがある。これはアスリートが棒高跳びでもう数センチ高く飛べるように、また一〇〇メートル走で〇・〇一秒タイムを縮めることができるように、今では広く利用されているスポーツ写真解析の始まりだった。

落下する猫

支えのない馬の移動問題と同様、落下する猫はなぜ、ほとんど必ず脚から地面に着地するのかという疑問は、クラーク・マクスウェルやジョージ・ガブリエル・ストークスをはじめとする有名な数学物理学者らの関心を集めた。これは、猫に「立ち直り反射」という能力があることを示唆しており、経験主義的な考えをもつマクスウェルをはじめとする人々は、猫が着地に失敗する最低の高さなどを決定しようとした。当時、猫を窓から投げるという実験は、科学という名の下で相当数の猫を死や負傷に追いやったとされており、この慣習はケンブリッジ大学のトリニティカレッジで禁止されたと言われている。

ところが猫の通常の反応と、その物理的説明の正確なメカニズムは解明されないままだった。物理学者にとっての問題は、どうしたら猫が物理の法則を侵すことなく正しく着地できるかということだった。角運動量保存の法則とは、回転変化は外部トルクによる働きかけがない限り、一定でなければならないということを意味していた。それでは猫はどのように、外部の力を借りずに三次元空間で回転することができたのか?

マレーにとってこれはまさに、クロノフォトグラフィで取り組むことのできるもうひとつの応用科学の問題だった。一八九四年、彼は落下する猫（その後、落下する鶏や落下する犬も）の一連の実証的研究を実行した。図9・6に示すとおり、猫は四脚を掴まれた状態のまま放される。ひとつの銃で、ここに示されているような横から見たようすを記録し、もうひとつの銃で端面から見た図を記録する。彼はさらに、これらのフレームをショートフィルムに編集し、[*9]これを初の猫の動画とした。

図9・6のスチルクロノフォトグラフは、十二分の一秒間隔に相当する一九枚の画像から構成される。最初の五つの画像では、助手が手を離しても猫の垂直位置はほぼ変わらず、その後猫は落下していく。驚くべきことに、猫の立ち直り反射は瞬間的なものであり、フレーム6〜8の間にほぼ完了している。

ところが同じように詳しく見てみると、着地を成功させるために猫が何をしているか、その詳細な説明が得られる。下段を見ると、地面に近づいても、猫は脚を前後に伸ばしたままである（フレーム11〜

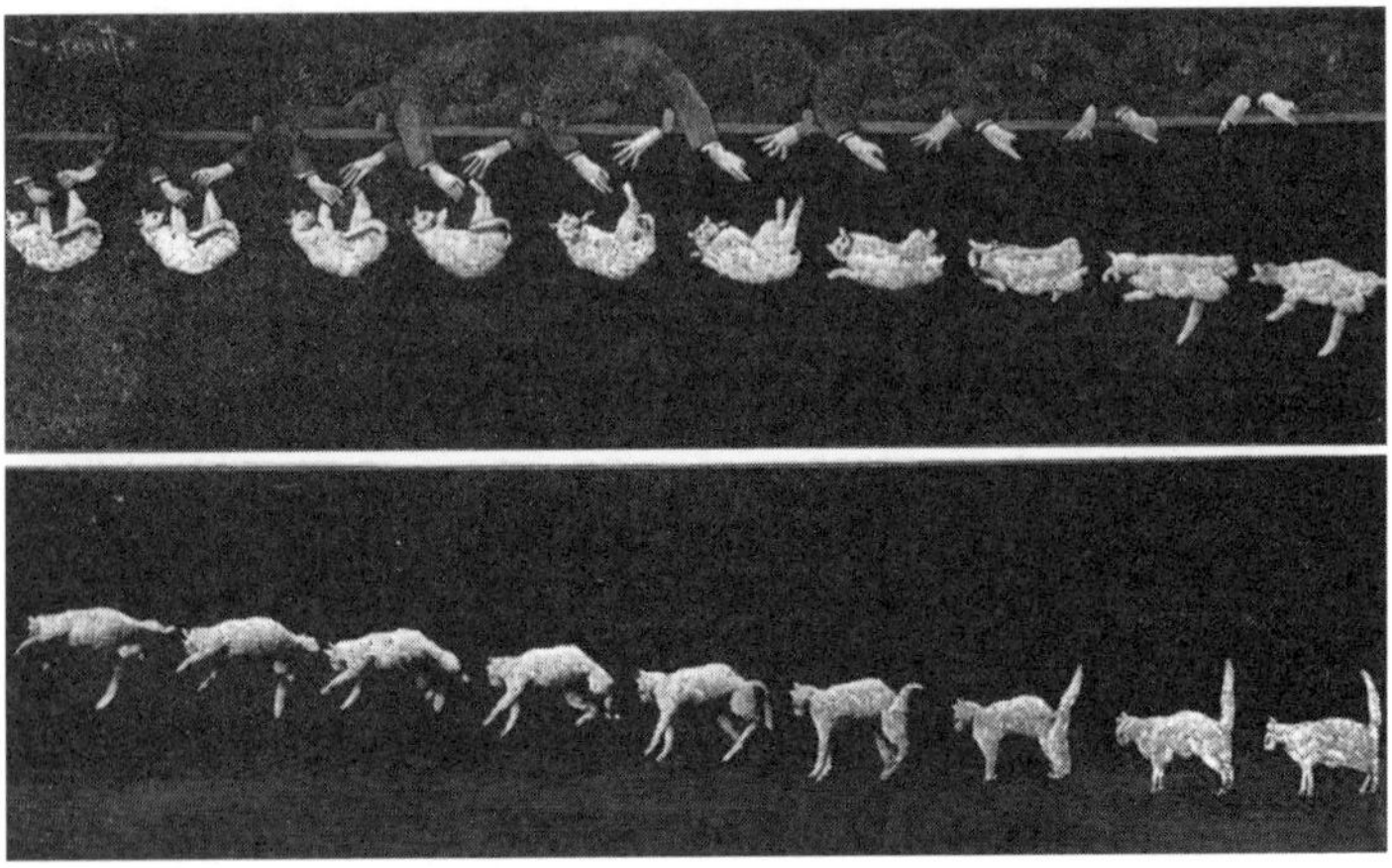

図 9.6：落下する猫：落下する猫の連続画像。クロノフォトグラフィック装置（連続写真機）で 1 秒あたり 12 フレームを捉えている。一連の出来事は左上から始まり、下段のパネルの左側へ続く。出典："Photographs of a Tumbling Cat," *Nature*, 51:1308 (1894), pp. 80-81, fig. 1.

13）。フレーム14〜16で、猫はふたつのことをしている。脚を下に伸ばして着地の体勢となり、背中を丸めて衝撃を和らげているのだ。最後の三つのフレームで、尾を立て、最終ポジションでバランスを取る。お見事！（猫はカメラに向かっておじぎをし、舞台袖に姿を消す）。

一八九四年、マレー[*10]は権威ある『フランス科学アカデミー紀要』に、落下する動物の運動に関する調査を発表した。そして次のように結論した。これは猫自身の質量の慣性であり、体の前後で筋肉を別々に動かすことによって、まっすぐな着地が可能となる、と。

この例が示す重要な特徴は、他の人々もこれらの画像を同じように「読み取る」ことができ、自分自身の結論を導くことができるということだ。科学学術誌『ネイチャー』の匿名著者[*11]は、「猫の体の前部と後部は異なる段階で回転する。最初、ひねる動きはほぼすべて前部に集中しているが、約一八〇度回転すると、こんどは体の後部をひねる」と述べ、次のように結論している。「最初の連続写真の終わりに猫が見せた、尊厳が傷つけられたような表情は、科学的調査に対する関心の欠如の現れである」(p. 80) と。

中央の旋回軸で回転する、「落下する猫の運動の顕著な特徴」を示した数学的モデルを、物理学で使用した解決法が、一九六九年、ついにトーマス・ケインとM・P・シェアーによって提示された。[*12] みずからの理論の視覚的証明として、彼らは図9・7に示すような、落下する猫の写真のコンピューターアニメーションに、自作のモデルで表現した猫の体の各部位の形状を重ね合わせたものを提供した。複雑な動的システムを視覚的に考える手段として、コンピューターアニメーションによるグラフィックスと

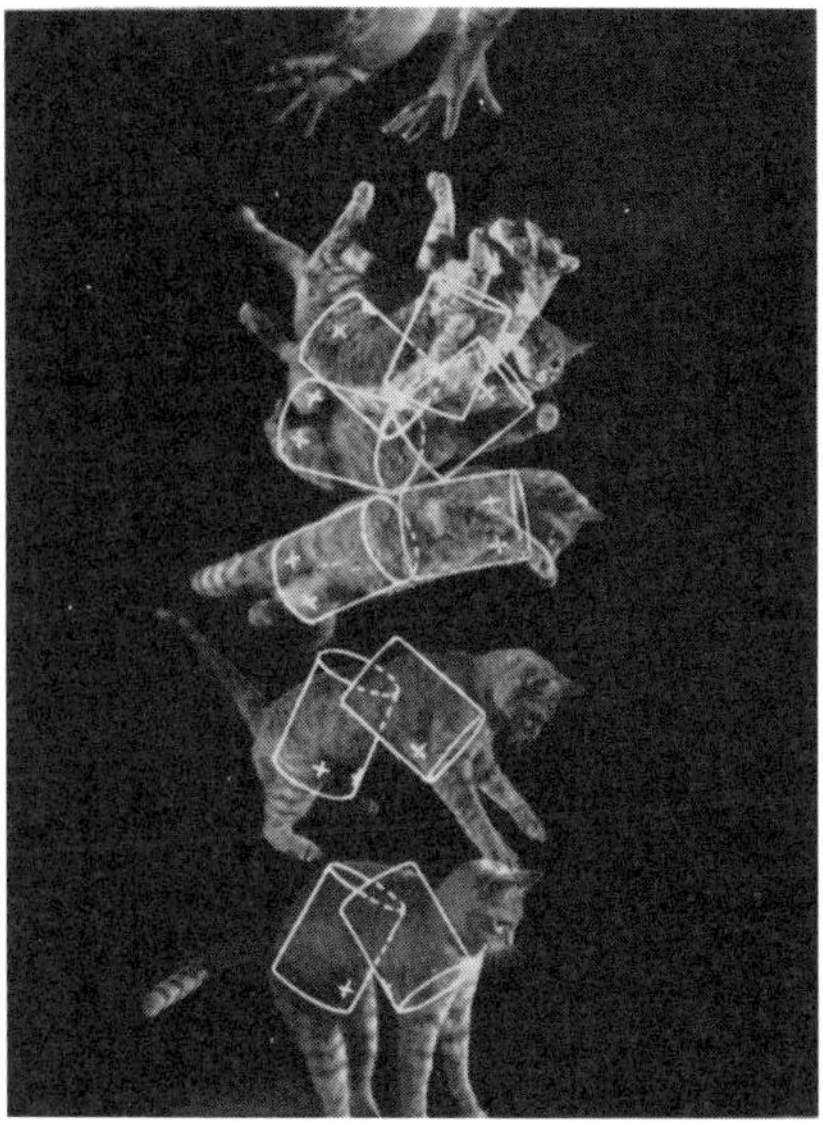
図 9.7：視覚的証明：コンピューターによって描かれた、落下する猫の写真に重ね合わせた数学的モデルによる回転のようす。出典：T. R. Kane and M. P. Sher, "A Dynamical Explanation of the Falling Cat Phenomenon," *International Journal Solids Structures*, 5 (1969), pp. 663-670, fig. 6. Elsevier の許可を得て転載。

図9.8：パラメトリック〔3次元モデルにおいてパラメーター（数値変数）を設定し、この数値を変えていくことで、さまざまなデザインのバリエーションを生成する設計手法〕によるリンゴ：3次元の固体表面にパラメトリック方程式を使用したリンゴのコンピューター生成画像。表面のレンダリングには、光源からのイルミネーションを、見る側の目の前でシミュレートする手法が用いられている。出典：© The Authors。

いう概念が動き出したのだ。

コンピューターグラフィックス（CG）アニメーション

動的可視化《ダイナミックビジュアライゼーション》の次なる主な進化が見られたのは、次第に現実味を帯びていくコンピューター生成グラフィックスだった。一九七〇年代に始まる初期段階には、現実的な照明、テクスチャ、視点をもつ物体の三次元レンダリング技術の発展が見られた。こうしたレンダリングは、物理的物体の三次元モデルから始まり、線、三角形、曲面といった幾何学的実体で結ばれた、三次元空間における点の集合を使用する。データの集合としての物体は、ときに方程式からも計算でき、そこから、ソフトウェアの操作によって回転、ズーム、変形、影付などをおこなって空間を移動したり、ストーリーを語ったりすることが可能となる。

たとえば図9・8は虹色のストライプに色分けされたリンゴの三次元レンダリングを示している。これが実際のリンゴの写真と比べて現実的でないのは明らかだが、合理的なリンゴの形状は、表円上の点の三つの空間座標のそれぞれに関す

図9.9：猫の3次元グラフィックモデル：左：点と接続線から構成されるワイヤフレームが猫の体の輪郭をはっきりさせている。右：猫のモデルに毛皮が施され、その後アニメーション化され、落下するときに体をひねっているようすが示されている。出典：nonecg.com。

る単純な方程式から計算することができる。[*13] これを計算すれば、色やテクスチャを表面にマッピングし、アルゴリズムを適用して一定の光源から光線の道筋をシミュレートし、よりリアルな画像を生成することができる。その後リンゴをアニメーション化し、空間を移動させることもできる。これを漫画や映画などの一シーンに使用する場合は、制御点を与えてコンピューターモデルを「リギング」〔三次元CGモデルに対してアニメーションをつけるための設定を施す工程のこと〕することで、力が加わるたびに補間によってその形状を体系的に変えることができる。たとえば、壁に向かってリンゴが投げられ、衝撃で圧縮され、はね返るようすをアニメーション化することも可能となるのだ。

ほとんどの実物体は単純な方程式では定義できない。しかし、彫刻家が人間や鶏、猫などの基本的な体つきを、成形した金属メッシュから作成することができるのと同じように、三次元グラフィックモデルの製作者も、(x, y, z)の点から構成されるデータオブジェクトと、これらをバーチャルな金属メッシュのなかで結ぶ線を表面上に生成することにより、どんな物体のワイヤフレーム画像でもつくり出すことができる。たとえば図9・9の左のパネルは、現在の高品質な猫のワイヤフレーム画像である。このデジタルの猫はまさに、画像にエッジと面を描くための（x, y, z）の数値と手順が多数集まったものである。右のパネルでは、色と光源を適用し、毛皮を表現するためにテクスチャマッピングを施したことで、猫がよりリアルに見える。こうして、落下中の猫が体をひねる動きは、ケインとシェアー（図9・7）の説明にもあるように、猫の運動の方程式を、リギングされたバーチャルな猫のデータに適用することでアニメーション化することができるのである。

これらの発展は、実際の役者をコンピューター生成画像とシームレスに融合したスペクタクル映画（スティーヴン・スピルバーグの一九九三年の『ジュラシックパーク』から、ジェイムズ・キャメロンの二〇〇六年の『アバター』まで）を生み出すきっかけとなった。このテクノロジーの科学的利点は、今も話題にのぼるトピックとなっている。

アニメーション化されたアルゴリズム

統計学とデータ視覚化は、運動とアニメーションの発展と使用に遅れて登場した。こうした目的でのグラフィック表示の使用は、データ解析用のソフトウェアとコンピューター能力の進歩にかかっていたからである。しかしそれ以上に、視覚化には、動的でインタラクティブなグラフィック表示を実現する特殊なハードウェアや技術が必要だった。

プレイフェア、ゲリー、ミナール、そしてゴルトンはみな、その美しい図表や地図を手で描いていた。ミナールは綿の輸出の経時的変化を示し（図7・5）、ゴルトンは時間と空間の変化に伴う多変量気象データの複雑な関係を表現した（カラー図版12）。ところが、近代の問題、特に、着目する対象が馬や猫ではなく統計モデルから計算される数である場合、経時的変化を視覚化するには、より自動化された何かが必要だった。

一九六〇年代半ばまで、ほとんどのデータ解析は中枢のコンピューターセンターにある大型の「汎用」コンピューターを利用していた。プログラムやデータは穴の開いた「IBMカード」から読み取り、出力は折りたたみ連続紙にプリントされた。今となっては原始的に見えるような統計グラフは、文字を一行ごとに印刷して、棒グラフや散布図、ときには地図までも生成するようコンピューターに教え込むプログラムによって描かれていた。たとえば、多くの文字をプリンターに重ね打ちして、地図に影付きのパターンを生み出す技法など、ちょっとした工夫でより多くのことがなされた。まもなくすると、コンピューター駆動のペンプロッター〔プロッターと呼ばれる出力装置のひとつで、ペンを用いて線を描くタイプの装置を指す〕により、高解像度の静的グラフや地図をより簡単に作成することができるようになった。[*14]

データグラフィックスに関するハードウェアの大きな発展と言えるのは、長い間テレビやオシロスコープ、レーダーなどで使用されてきたブラウン管（CRT）だった。ところがこれをコンピューターに接続すると、図9・10に示すような原始的なグラフィック表示が実現する。一九五〇年から一九六五年のこれら初期のコンピューターディスプレイは、白黒のみで、解像度にも限界があったが、これらは初めて、アニメーションCG（コンピューターグラフィックス）を製作する手段を提供した。ペン状のもので入力する装置（図9・10の右側のふたつのパネルを参照）がまたたく間に追加され、ユーザーはディスプレイに映し出された情報と相互に触れ合うことができるようになった。[*15]

図 9.10：CRT ディスプレイの初期の例：1950 ～ 1965 年の CRT ディスプレイ。出典：（上）米国立標準技術研究所 / Wikimedia Commons;（下）Todd Dailey / Wikimedia Commons / CC BY-SA 2.0.

ＭＤＳ動画

私たちが知る限り、この新しいテクノロジーを統計グラフィックスで使用した最初の例は、ＡＴ＆Ｔベル研究所のジョセフ・Ｂ・クラスカルが一九六二年に製作した、多次元尺度法（ＭＤＳ）と呼ばれる統計手法で使用されるアルゴリズムを説明する動画だった。ＭＤＳは、もともと何次元かわからない空間（一次元、二次元、三次元……）における点と点の間の距離によって、対象の集合（自動車ブランド、政治家候補など）の間で知覚された類似点を表すことを目的としている。クラスカルの手法は、正確な解決法がなかったために反復的におこなわれた。まず、点の恣意的構成から始まり、その後、それらをひとつずつ、少しだけ動かして、空間内の点と点の類似性の順序と距離の順序との間の適合性を改善するというものだった。

ＭＤＳ手法は、データを適切に表現するために必要な空間次元の数と、人間の判断や類似性を反映する他のデータの根底にある次元の性質の両方を発見する方法を提供することを約束した。それはまもなくして、数多くの科学的分野で重要となった。社会科学においては、この手法は色、味、顔の表情、発話認識の音素、意味記憶、世界の国々に対する態度などの知覚空間または認知空間を、類似性の格付けまたは混乱の基準のみを使用して見つけ出すのに使用された。「心の次元」が、さまざまな種類の単純なタスクによって研究することができるようになったのである。考古学では、これは後に発掘現場で見つかった遺物に共通する特徴の数をもとに、一連の発掘現場間の関係性を定量化するために使用された。化学では、ＭＤＳは分子の空間構造を探し出すために利用されはじめ、現在ネットワーク視覚化で幅広く利用されているグラフレイアウト手法の初期の基盤としての役割を果たした。

　クラスカルとベル研究所の同僚らは、類似性が反映された点と点の距離が実際に機能するように、空間においてそれらの点を動かす数学的手法を明らかにしたいと考えた。一九六二年八月、彼らは三分間の動画[16]を作成し、みずからのアルゴリズムの視覚的実演《ビジュアルデモンストレーション》として、この問題を解決するための手順を示した。この動画のほとんどは、初期のYouTubeビデオのようなもので、画面の内容を示すスライドとともに表示される。実際のアニメーションは二〇秒足らずで、マレーが写真銃をコンピューターに接続したように、フィルムレコーダーをコンピューターディスプレイに接続して記録された。

　実演として、クラスカルは色覚の精神物理学からよく知られた問題を選んだ。つまり、カラーサンプルの類似性に関する人間の判断は、色が実際に観測者によってどのように知覚されるかについて、信頼できる情報を与えることができるか？　類似性判断が二次元空間における位置にマッピングできるとしたら、これは標準的な色彩理論とどのような関係があるか？　といった問題だ。

　スウェーデンの研究者、ヨースタ・エクマンによる一九五四年の実験が、これに必要なデータを提供した。[17]エクマンは紫から濃い赤までの波長にしか変化しない一四色を選んだ。知覚が物理的特性を反映するとしたら、これらの色は標準的な色相環と類似しているはずだ。

　ところが一九五四年には、MDSがまだ発明されていなかったため、エクマンは自分が知る因子分析と呼ばれる手法を用いて「色覚の次元」を見つけ出そうとした。その結果を図9・11に示す。この図で彼は、色の因子負荷量を波長に対してプロットし、平滑化曲線を描いて、自身の因子が波長に対して紫（V）、青（B）、緑（G）、黄（Y）、赤（R）として解釈できることを示そうとした。

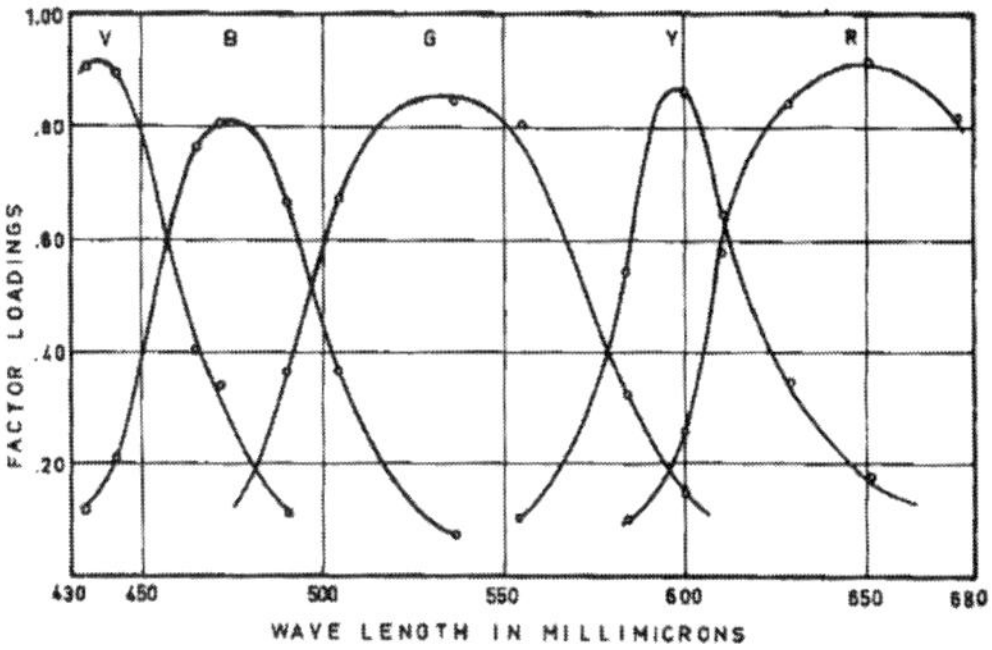

図 9.11：色の類似性の次元：色の類似性に関するエクマンの５因子ソリューション。出典：Gosta Ekman, "Dimensions of color vision," *Journal of Psychology*, 38:2 (1954), pp. 467-474, fig. 3. Taylor & Francis Ltd. の許可を得て転載。

地球のまわりを回る天体の軌道を示したプトレマイオスの説明がそれほど完全な間違いではなかったのと同じく、このグラフもとんでもない間違いというわけではない。これは多かれ少なかれデータから構成されており、これらの正弦曲線に関するエクマンの説明は、網膜内の色受容体の感度や、変化する色の波長に対する反応が脳内でどのように理解されているかについて、おおまかな概念を提示した。しかしその説明は間違っていた。というのもそれは、みずからの実験結果を因子分析から見るという彼独自の手法と結びついていたからである。それはまた、節約法のテストにも合格しなかった。二次元の色相環は五色の因子よりずっとシンプルだったのだ。

図９・12はＭＤＳ動画からの四つのフレームを示している。左のパネルでは、一四のカラーサンプルがＬ字型に任意に配置されている。それに続く各フレームでは、空間内で順序付けられた類似度と距離との差異が次第に小さくなるようなかたちで、各点の位置が変化している。この動画の二〇秒間のアニメーション部分は、約六〇のフレームから構成されている。図９・12の右側の最後のフレームでは、点の構成が安定解へ収束してお

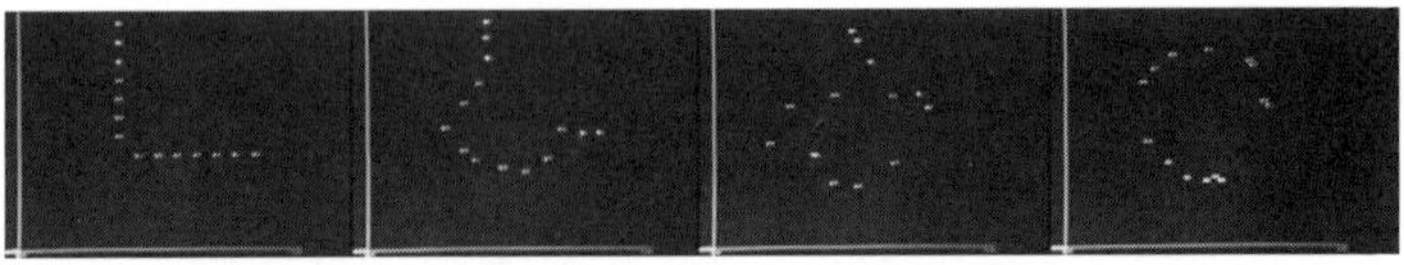

図 9.12：最初の統計動画：多次元尺度法の動画からの 4 つのフレーム。統計アルゴリズムの初のアニメーションとされる。左：14 色の最初の構成；右：最後の構成、中間点の距離の順序が類似性判断の順序に最も近く合致するようにしている。出典：J. B. Kruskal, Multidimensional Scaling, AT&T Bell Laboratories, 1962.

り、これ以上点が揺れ動いてもそれ以上よくはならないことを意味している。「動画」として、この結果は極めて初歩的で、まったくときめくものがない。しかし、ベル研究所の関係者にとって、そしてMDS手法に関心のある人々にとって、その影響力は目覚ましいものだった。ガリレオがそこにいたならば、もう一度こう叫ばずにはいられなかっただろう。「それでも地球は動く！」

それはさておき、この結果は、これらのカラーサンプルは色空間における色相のシンプルな二次元円形配置を反映していなければならないという色彩理論と一致していた。カラー図版16は、同じMDSアルゴリズムを使用してエクマンのデータを近代的に再分析した結果を示している。類似度は（温度と同様）真の計量測定尺度を反映すると仮定するエクマンの因子分析と比較して、非計量的なMDSの結果のほうがシンプルなのは、これが二次元空間における点と点の類似度と距離との間の順序関係のみを仮定していたからである。[*18]

クラスカルは、原始的なコンピューターアニメーションでさえ、ともすれば数学の方程式で表されるような複雑なアルゴリズムを解明することができるという考え方を確立した。よりシンプルではあるが、グラフィックアニメーションと三次元表現の両方を必要とするようなケースが、後にモンテカルロ法と呼ばれるようになるもののなかで使用された、「乱」数を生成するためのアルゴリズム研究で生じることになる。

モンテカルロ法

モンテカルロ法は、乱数を使用して統計的にサンプリングすることによって、複雑な問題を解決する技法である。これはスタン・ウラムとジョン・フォン・ノイマンによって開発されたもので、ロス・アラモスで試みられた、中性子による核分裂内の連鎖反応という高エネルギー物理学の計算と連動し、後に熱核兵器の開発につながった。[*19] ある初期条件で一〇〇の起動用中性子が発生した場合、たとえば10^{-6}秒（一マイクロ秒）後にはいくつ発生するか？　この計算は、分散し、吸収・衝突する数百もの中性子の速度を含んでいたため、直接的な数学的解析にはあまりにも複雑だった。

ウラムは、それぞれの中性子の歴史は乱数を使用することにより、ピンボールマシンのボールのように、その途中のさまざまな相互作用の結果を選択することで辿れるというすばらしい考えをもっていた。これを何度も繰り返すと、ある一定の実験条件下における中性子の母集団の状態の統計分布が得られ、その特性によって、提起された問題に対する合理的な解答が得られる。

一九四七年、初のプログラム可能なデジタルコンピューターの開発に取り組んでいたフォン・ノイマンは、0～9の乱数を生成し、これらをある一定の形式の分布に変換するＥＮＩＡＣ（エニアック＝電子式数値積分器）用のプログラムの草案を発表した。もともとの手法では、一〇〇の起動用中性子がそれぞれ一〇〇回衝突した場合、その計算に「約五時間かかる」と彼は見積もっていた。しかしこの計算をコンピュータープログラムでおこなえば、このカテゴリーの他のどんな問題も、いくつかの数値定数を変えるだけで解くことができるという利点があった。

モンテカルロシミュレーションはまもなくして、たとえば暗号法、水晶や化学分子の構造、多重積分の数学的評価、扱いづらい問題を、乱数を使用して結果を集計するシミュレーションによって解決できるような問題に変換して、科学や実用の場で他に使えることがわかった。ところがこの技術は、デジタルコンピューター上にじゅうぶんにランダムな一連の「乱数」を生成する手法があるかどうかに左右された。[*20]

RANDU

一九六〇年代になると、IBMの汎用コンピューターが大学や企業で広く使用されるようになった。それらには多くのユーティリティプログラムが含まれており、その一例が「RANDU」と呼ばれる乱数発生機である。これは、最初の「シード」値 v_0 から始まる逐次計算の概念に基づいており、現在の値 v_i から順に次の番号 v_{i+1} を計算する単純な方程式で、真の乱数のすべての属性が備わっている。RANDUは、コンピューターの二進算術演算で簡単かつ速く計算できる方程式を使用した。これは［1, $2^{31}-1$］の範囲内に均一に分布される整数を生成するものとされていた。実際、これらの数字を 2^{31} で割ると、［0, 1］の間隔で乱数が得られる。

アルゴリズム計算は疑似乱数を生成することしかできないが、なかには、たとえば何回もサイコロを振ることから得られる数のような、真にランダムな数量としてふるまうことで、他よりも乱数に近づける手法もある。RANDUは統計的なものからグラフィックなものまでさまざまな種類のテストを受けた。たとえば、連続する数字のペアをプロットしても（図9・13を参照）、単位正方形における点の分布に体系的なものが示されてはならない。乱数は完全に無特徴であるべきなのだ。

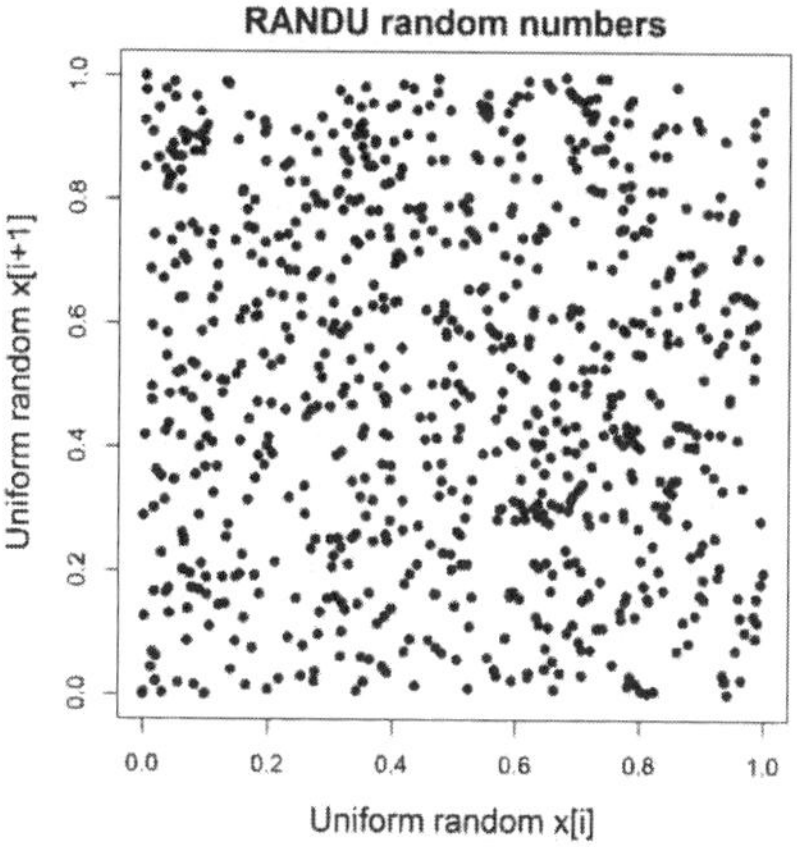

図 9.13：RANDU：RANDU アルゴリズムで生成された 800 の乱数の連続するペアをプロットしたもの。異常な点が際立っておらず、点は単位正方形のなかにランダムかつ一様に分布されているように見える。出典：© The Authors。

しかしRANDUは現在、これまで設計されたなかで最も準備不足の乱数生成器とみなされている。ジョージ・マルサグリアは一九六八年、今となっては有名な「乱数は主に平面に落ちる」というタイトルの論文のなかで、純粋に数学的な考察からこのことを発見した。[*21] ところがそれにはは三次元プロットが必要で、これらRANDUの数字の三次元構造を見るには、相互作用的にアニメーション化または回転させることができるプロットが必要だった。

図9・14の左のパネルは、RANDUから連続する三つの点をプロットしたものを示している。ここでも、異常なものは何も見当たらない。しかしこのプロットを三次元空間で回転させると、マルサグリアが予想したとおり、突如として何か完全に体型的なものが現れる。つまり、すべての点が一五の平面上にきちんと整列するのだ——これが非ランダムな結果であるということは極めて明確だ。この結果はどこか、車でトウモロコシ畑を通り過ぎるときに見えるものと似ている。

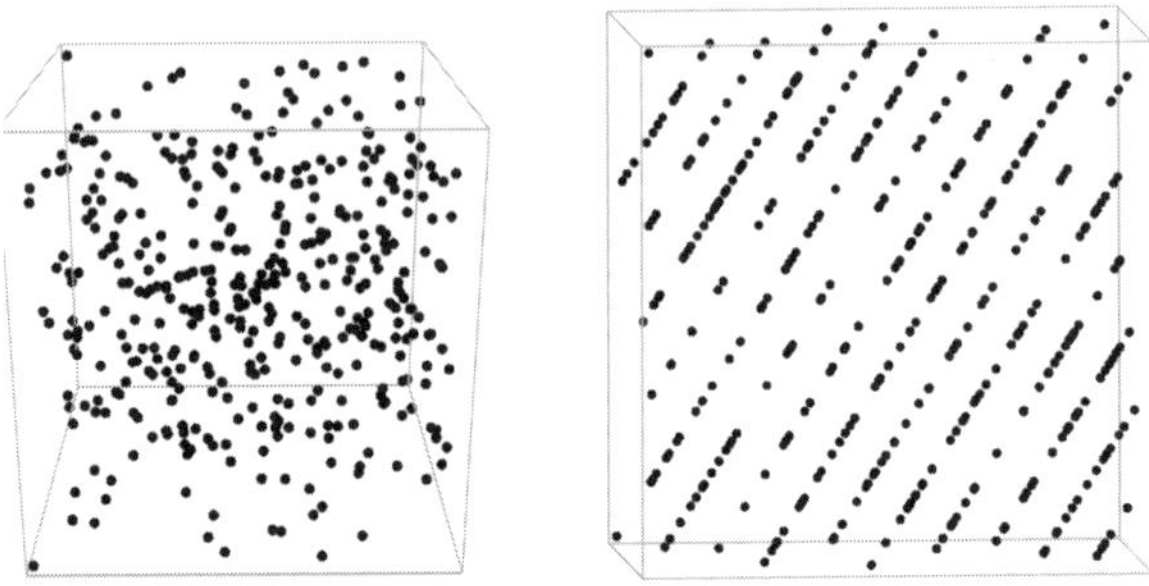

図 9.14：3 次元における RANDU：RANDU によって生成された 400 組の乱数の連続した 3 組をプロットした 3 次元プロット。左のパネルは x[i], x[i+1], x[i+2] の軸をもつ標準的な単位立方体における点の位置を示している。右のパネルは同プロットをわずかに回転させた図である。点がこんどは 3 次元空間の 15 の平行する平面上に現れ、それらの体系的（非ランダム）なパターンを示している。出典：© The Authors。

ほとんどの時間は、そこにトウモウロコシの茎が明らかにランダムに並んでいるのが見えるのだが、ときおり瞬間的に、それらがいくつかの体系的な列にきちんと整列しているように見えることがある。

RANDUのシンプルなアルゴリズムは、IBM製SSL（数値計算ライブラリ）から、デジタル・イクイップメント・コーポレーションVAXのような市販のコンピューターシステムへ移植された。一九七〇年代初頭に幅広くRANDUを使用した結果、シミュレーションベースの研究から得られた多くの科学的結果は、数多くの論文執筆者にとってあまりに疑わしいものに見えたため、彼らは自分たちの計算が有効であるかどうかを確かめるために、よりすぐれた乱数生成器で計算をやりなおすほどだった。

RANDUの欠陥の視覚的な実証がなかなか進まなかったのは、単純に、三次元ディスプレイのコンピューター技術と、動的グラフィックスやインタラクティブグラフィックス用のソフトウェアが、一九八〇年代初頭から中頃になるまで存在しなかったからにすぎない。次のステップは、これを三次元からより高度な次元へ引き上げることだった。

高次元空間における移動

三次元内のデータ表示を二次元画像上に投影する際の最も重要な考え方は、一八八〇年代のペロッツォ以降になって、じゅうぶんな理解が得られるようになった（第8章参照）。三次元空間でシーンを回転するか、さもなければ変形するという数学についても、世に知れわたるまでには長い年月がかかった。それ以上に、カール・ピアソンとハロルド・ホテリング（一八八五—一九七三年）をはじめとする統計学者は、例えば三次元シーン上に光を照らして二次元表面上にできたその影を見るといったように、高次元データをより小さな二次元または三次元の空間で概算する数学的手法の完全な開発に成功した。統計学者はn次元におけるデータは難なく考えることができたが、頭のなかではなく実際に、それを見たり操作したりすることはできなかった。

こうしたすべてに変化が訪れたのは一九七三年、ＰＲＩＭ‐９という、メアリ・アン・フィッシャーケラー、ジェローム・フリードマン、ジョン・テューキーがスタンフォード線形加速器センターでおこなったプロジェクトの開発がきっかけだった。ＰＲＩＭ‐９は「最大九次元までのピクチャリング（Ｐ）、ローテーション（Ｒ）、アイソレーション（Ｉ）、マスキング（Ｍ）」の頭文字をとったものである。これは同種の製品のなかでも最高級のものだった。このグラフィックスハードウェアは四〇万ドルのグラフィック表示システムと、カスタマイズされたキーパッドコントローラーで構成されていた。これを駆動するための計算には、一時間あたり五〇〇ドルもかかるＩＢＭ３６０／９１汎用コンピューターの動力が利用されていた。

こんにちでさえ、高額なハードウェアと斬新なソフトウェアを使って九次元のデータ空間を探索し、これと相互作用する方法を活字で表現することは難しい。[*22] これはライブで実演されなければならないような類のものだ。TEDトークがまだない頃、テューキーはこれを、現在ASA（アメリカ社会学会）ビデオアーカイブ内に保存されている、ある動画でおこなった。[*23]

所定の時間にどの変数を表示するかはキーボードで制御する。たとえば基本的な散布図内にふたつの主な変数を表示し、軸の周りをデータがリアルタイムで回転する第三の変数を追加する。投影と回転を通じて、九次元データのなんらかの任意のサブスペースを動的に見ることができる。その他の制御としては、データのサブセットを選択したり見たりするための分離とマスキングがある。これらの特徴のさらなる効果について、テューキーは控えめに次のように述べている。「二次元ビューが選択できることと自由に回転できることから、二次元の理解以上のものが得られる。回転の動的効果により、われわれは、静的画面では実現できない三次元構造を見ることができる」（Tukey, PRIM 9 動画）。

こうした考え方は当時としては画期的で、テューキーが「探索的データ解析」（EDA）と名付けたものにおける視覚的理解の主な役割を強調するものだった。当時、統計学の研究はほとんどの場合、数学の言語で表現されていた。つまり、重要な結果が一般定理で述べられ、数値的結果は小数点以下何桁も計算されたのである。テューキーはこの見方を変えて、次のように提案した。「正確な問題に対するおおよその解答は、しばしば曖昧ではあるが、間違った問題に対する正確な解答よりもはるかによい。後者はつねに、故意に正確にすることができるからだ。」[*24]

PRIM-9の出現により、データ解析の新しい研究手法を、人間とコンピューター間の相互作用における諸問題としての枠組みに入れることができるようになった。複雑な問題の分析結果を動画内で説明したり、そこに記録したりすることが可能になったのだ。何よりもこれは、生産的な研究領域としての動的かつインタラクティブな統計グラフィックスを確立した。それはコンピューターサイエンティストを魅了し、データと対話するための新しい技術を要求した。同様の大規模なシステムが一九七〇年代後半、ハーバード大学(PRIM-H)とスイス連邦工科大学(PRIM-ETH)で開発された。その科学的効果の一例としては、高次元視覚化の支援による糖尿病分類の発見を挙げるだけでじゅうぶんだろう。

糖尿病分類

糖尿病は、長期にわたって血糖値レベルの高い状態が続く代謝性疾患群の病気である。これは確認された人類最初の病気のひとつだった。紀元前一五〇〇年頃に遡る、あるエジプトの文献には、この病気の主な症状である「尿の排出が多すぎる」という記載があった。糖尿病における膵臓の役割は一八八九年、ジョセフ・フォン・メリングとオスカル・ミンコフスキー(時空図を考案した有名な数学者ヘルマン・ミンコフスキーの兄)によって発見された。しかし、糖尿病のメカニズムと形態は未だ不明瞭だった。

一九二三年のノーベル賞[*25]につながったフレデリック・バンティングとチャールズ・ベストの研究は、膵臓が分泌するインスリンに血糖を抑制するはたらきがあることを確認した、今では有名なストーリーである。外科手術により犬から膵臓を取り除くと、まもなくして犬に糖尿病の症状が現れ、次第に衰弱していった。彼らはこの犬に、失った膵臓からの抽出物を投与して命を救った。

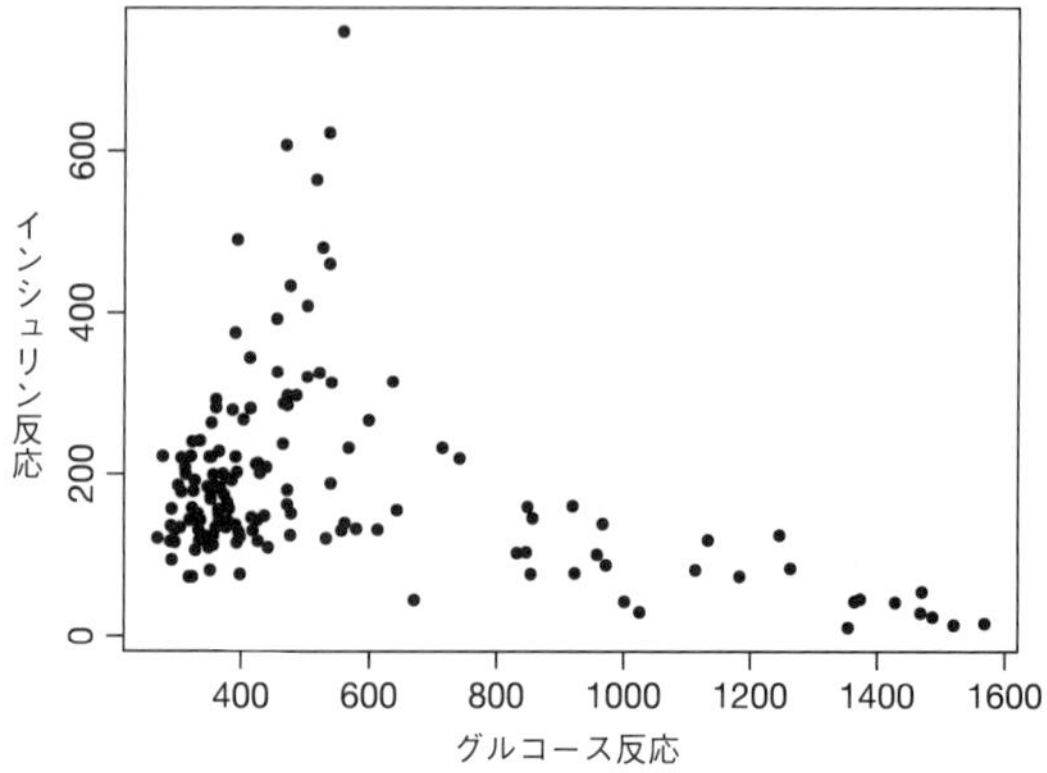

図 9.15：糖尿病データ：ブドウ糖の経口投与によるグルコースとインスリン反応の間の関係性に関する、Reaven & Miller (1968) のものと類似したグラフの再現。出典：© The Authors。

一九六八年、内分泌学者ジェラルド・M・リーヴン（一九二八—二〇一八年）とスタンフォード大学の統計学者ルパート・G・ミラー（一九三六—六八年）は、正常な被験者とさまざまなレベルの高血糖症（血糖値の上昇）をもつ患者の、血中のブドウ糖レベルとインスリンの生成との関係性について論文を発表した。そして、この関係性に奇妙な「蹄鉄」形があることがわかったが（図9・15）、これについて彼らは次のように推測することしかできなかった。おそらく最も望ましい耐糖能をもつ人も、ブドウ糖の経口投与への反応として、そのインスリンレベルが最低値に下がる。また、低血糖反応をもつ人は高レベルのインスリンを分泌することができる。そして、ブドウ糖とインスリン反応の両方が低い人は、それ以外のメカニズムにしたがう、と。二次元プロットでは、これらの問題は謎のままだった。

こうした問題への回答が得られたのはその一〇年後のことで、彼らは、似たような新しいデータを、PRIM-9システムを使用して三次元で視覚化することに成功した。注意深く制御された研究で、彼らは体内のインスリン使用効率を測

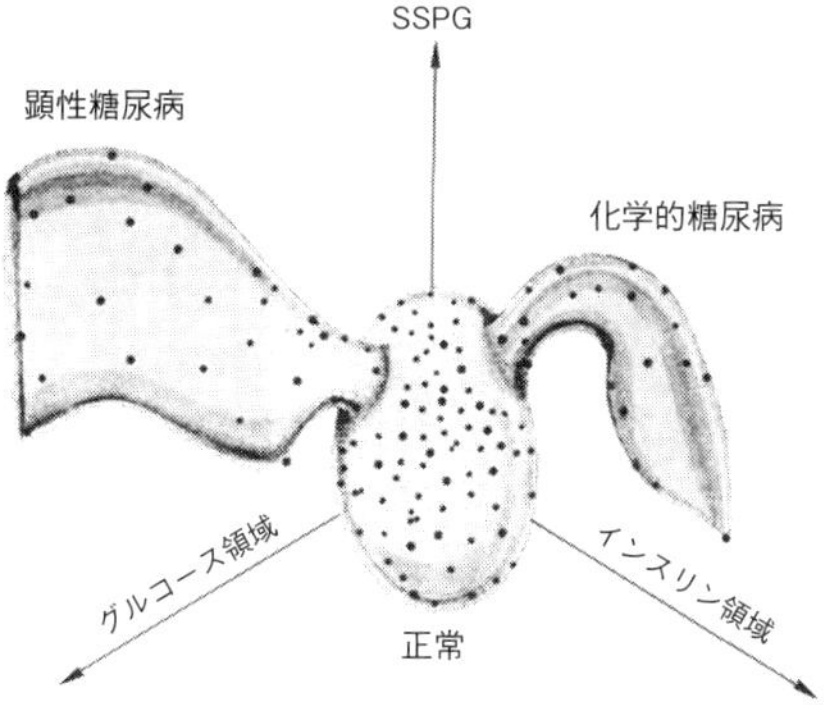

図 9.16：PRIM-9 の概略図：PRIM-9 システムを使用して 3 次元で見たときの Reaven and Miller (1979) のデータをアーティストがレンダリングしたもの。ラベルは、3 つの患者群を識別するために著者が付けたもの。出典：G. M. Reaven and R. G.Miller, "An attempt to define the nature of chemical diabetes using a multidimensional analysis," *Diabetologia*, 16 (1979), pp. 17–24, fig. 1. Springer Nature の許可を得て転載。

る「安定状態血漿血糖値」（ＳＳＰＧ）も測定した。ここで、高い値はインスリン抵抗性とその他の変数を意味する。ＰＲＩＭ－９により、三つのさまざまな変数について探究することができ、何よりも、あるプロットを三次元内で回転し、興味深い特徴を探し出すこともできた。図９・16の非常に人の目を引くプロットは、血漿グルコース反応、血漿インスリン反応、およびＳＳＰＧ反応間の関係性を示している。この発見の重要性を、彼らは昔ながらの控えめな表現で次のように述べている。

> 三次元の一四五の点の……画像は、だらりと垂れ下がった翼と太い胴体をもつブーメランの形をしていた。実験用に選ばれたさまざまな代謝変数間の三次元関係の、この視覚的理解を考慮すると、一四五人の被験者が単一の母集団に属することはありそうもないように思われる。

このグラフィックによる洞察から、彼らはグルコースとインスリンの臨床レベルに基づいて、参加者を三つのグループに分けた。図9・16の左側の翼に属する人々は空腹時血糖値のレベルが高く、顕性糖尿病と考えられた。右側の翼に属する人々は化学的糖尿病に分類され、中央の塊に属する人々は正常として分類された。

この研究の視覚的理解は、2型糖尿病の進行におけるステージとクラスを明確にする上で有力だった。顕性糖尿病は最も進行したステージで、空腹時血糖値濃度の上昇と典型的症状が特徴である。顕性糖尿病は潜在的または化学的糖尿病のステージに先立つもので、糖尿病の症状は見られないものの、経口ブドウ糖負荷または静注ブドウ糖負荷の異常を示した。

ところが図9・16を見ると、右側の化学的糖尿病患者から左側の顕性糖尿病患者へのデータポイント構成の唯一の「経路」が、正常として分類された人々が占める領域を貫通していることは明らかである。このパターンは、この病気の「自然な歴史」の通常の概念——化学的糖尿病から顕性糖尿病へのスムーズな移行——が誤りであることを示唆していた。実際、長期的研究では、化学的糖尿病をもつ患者が顕性糖尿病を進行させることはめったにないことがわかっている。その代わり、この研究や他の研究からのエビデンスが示唆していたのは、少なくともふたつの一般的な分類、すなわち「かなりの量のインスリンを分泌する力を保持する人々と、インスリン欠乏の人々」が存在するということだった。[*26]

その後もジェラルド・リーヴンは糖尿病研究の最前線で活躍しつづけた。一九八八年のバンティング・レクチャーと呼ばれる講演で、彼は糖尿病、高血圧症、および男性の「リンゴ型」肥満には、インスリン抵抗性と耐糖能異常に共通の原因があることを提唱した。彼はこれを「シンドロームX」(現在では「メタボリックシンドローム」と呼ばれている)と名付け、これらの症状の組み合わせは、今では心臓血管病の強力な予測因子として関連付けられている。これこそが、インタラクティブな三次元グラフィックスがもつ力だった。

ハードウェアとソフトウェア

PRIM‐9はデモンストレーションプロジェクトとして、それまで達成されたもの以上のことを提案した。動的に回転する三次元グラフィックスは、より大きなデータセットの場合、最もパワフルな専用コンピューター上で操作した場合を除き、あまりにも動作が遅かった。時空間におけるデータの視覚化というアイデアを発展させる次のステップには、インタラクティブな展開を容易にする、専門の三次元グラフィックスハードウェアとコンピューターソフトウェアが必要だった。

一九七〇年代初頭には、コンピューターアニメーションとビデオゲームにおける発展が電気技師を鼓舞し、専用のハードウェアチップを開発してグラフィック表示のスピードアップを図らせた。これらの「大規模集積化」チップは、二次元空間で物体を表現し、それらがよりスムーズにコンピューター画面上で動くようにするのに必要なコンピューター処理のすべてを実行した。動画作成機能はシリコン回路に埋め込まれていた。

一九七二年、ノーラン・ブッシュネルとテッド・ダブニーがアタリ社を設立し、後に「アタリビデオ・コンピューターシステム」と呼ばれるようになるものの開発を始めた。ジョイスティックなどの入力装置が付いたビデオゲーム専用コンピューターである。「ポン」をはじめとするアーケードゲームが、ROM（「リードオンリーメモリ」）チップ上でプログラミングしたり保存したりすることができるようになった。このマシンがゲームとなり、新しいチップにプラグインすることで、また新たなゲームへと変身した。

その後の一〇年で、コンピューターエンジニアは、これをより高次のレベルへ引き上げ、三次元における高速グラフィックレンダリングを可能にするGPU（グラフィックスプロセッシングユニット／画像処理装置）を開発した。GPUは、ハードウェアがバックアップする「フレームバッファ」を使用して、アニメーション画像の複数のシーンのコンピューター処理をサポートし、よりリアルなビジュアルディスプレイを生成する。

一九八二年、スタンフォード大学の電気技師であり、コンピューターサイエンティストでもあったジェームズ・クラークがシリコングラフィックス社を設立し、ハードウェアとソフトウェアを組み合わせてアニメーションを加速させ、リアルな三次元画像のレンダリングを可能にする「ジオメトリパイプライン」という概念を発展させた。一九八〇年代半ばには、高性能三次元グラフィックスを統合したシリコングラフィックスのワークステーションをデータ視覚化の研究者が入手できるようになり、PRIM-9の当初の考え方をより幅広く発展させることが可能となった。娯楽産業におけるこの発展の原点も見逃されることはなかった。一九九一年には、シリコングラフィックス社はハリウッド映画の視覚効果や三次元イメージングの製作において世界的リーダーとなっていた。

ソフトウェア

テューキーらは、PRIM-9におけるコンピューターインタラクションの四つの主要な側面を特定した。ピクチャリング（P）とローテーション（R）は、回転軸として選択された第三の変数をもつ、経時的にアニメーション化された二次元表示上で高次元データを見る能力を提供する。アイソレーション（I）は、リーヴンとミラーが後に顕性糖尿病や化学的糖尿病として特定したクラスターなど、関心のある点のサブセット（部分集合）を選択する機能のことである。マスキング（M）は、現在ではコンディショニングと呼ばれているものの初期形態で、それぞれ異なる色またはプロット記号のいずれかを用いて、または経時的にアニメーション化して、もしくは空間内でいくつかの小さなビューに分割して、データの連続したサブセットを示す。

一九七〇年代初頭、アラン・ケイをはじめとするパロアルト研究所（ゼロックスPARC）などの研究者は、コンピューターソフトウェアで、近代の人間と機械の相互作用（ウィンドウ、アイコン、ドロップダウンメニュー、ドラッグ&ドロップ）に関するグラフィカルユーザーインターフェイス（GUI）[*27]の概念を実行しはじめた。短期間のうちに、これらの考え方は初期のパーソナルコンピューター（Xerox Star, Apple Lisa, Macintosh など）で利用できるようになり、ビジュアルデータ解析の新しい可能性が切り開かれた。

この一〇年と次の一〇年にわたり、複雑なデータを探究・視覚化するための新しい解析手法をサポートするカスタムソフトウェアシステムの発展により、インタラクティブかつ動的なデータ視覚化の研究が数多くの場所で加速化した。キャロル・ニュートンと、それに続くジョン・マクドナルド、アンドレア・ブーヤらが、今では「複数の画面表示にリンクされたブラッシング」と呼ばれているものをベースに、これらのシステムのための新しいパラダイムを開発した。[*28]

ＰＲＩＭ‐９が単一のプロットウィンドウしかもたなかったのに対し、後のグラフィックソフトウェアは主に、グラフィック表示の各パネルに複数のプロットを表示することができるという特徴があった。ブラッシングはポインティングデバイス（現在のマウス）でいずれかのプロット内の領域を選択し、その領域内のデータを次のアクション（色を変える、隠すなど）のために強調する機能である。リンクすることは、ここでは主要な新しいアイデアだった。つまり、ビューアーがひとつのプロットまたはデータウィンドウに何を選択しようとも、それが他のすべてのウィンドウで自動的に選択されるという機能だ。

初期の研究開発のほとんどは、コストが最大一〇万ドルもする小さな冷蔵庫ほどの大きさの、ハイエンドなグラフィックスワークステーションを使用していた。これに変化が訪れたのは、デスクトップパソコンが導入された一九七八年のことだった。最も注目すべきは、オペレーティングシステム全体の基盤である洗練されたＧＵＩでゼロから設計されたアップル社のマッキントッシュだった。マルチウインドウ、マウスを使った選択、ドラッグ＆ドロップなどの機能が内蔵され、それらをすべてのアプリケーションで利用することができた。

一九八四年から一九八五年にかけて、スタンフォード大学のアンドリュー・ドノホとデヴィッド・ドノホは、ＰＲＩＭ‐９などのアイデアをデスクトップコンピューターに取り入れた、多変数データを動的に表示するプログラム、MacSpin を開発した。[*29] デヴィッド・ドノホは一九八六年、米国統計協会会議でこのデモンストレーションをおこない、動的グラフィックスは約一一キログラムのマッキントッシュと同じくらいポータブルになったことを示した。ほぼ同じ頃、テューキーの教え子で現在コーネル大学の教授であるポール・ヴェルマンは、同様の目的で DataDesk（図９・17）[*30] を開発したが、これは、リ

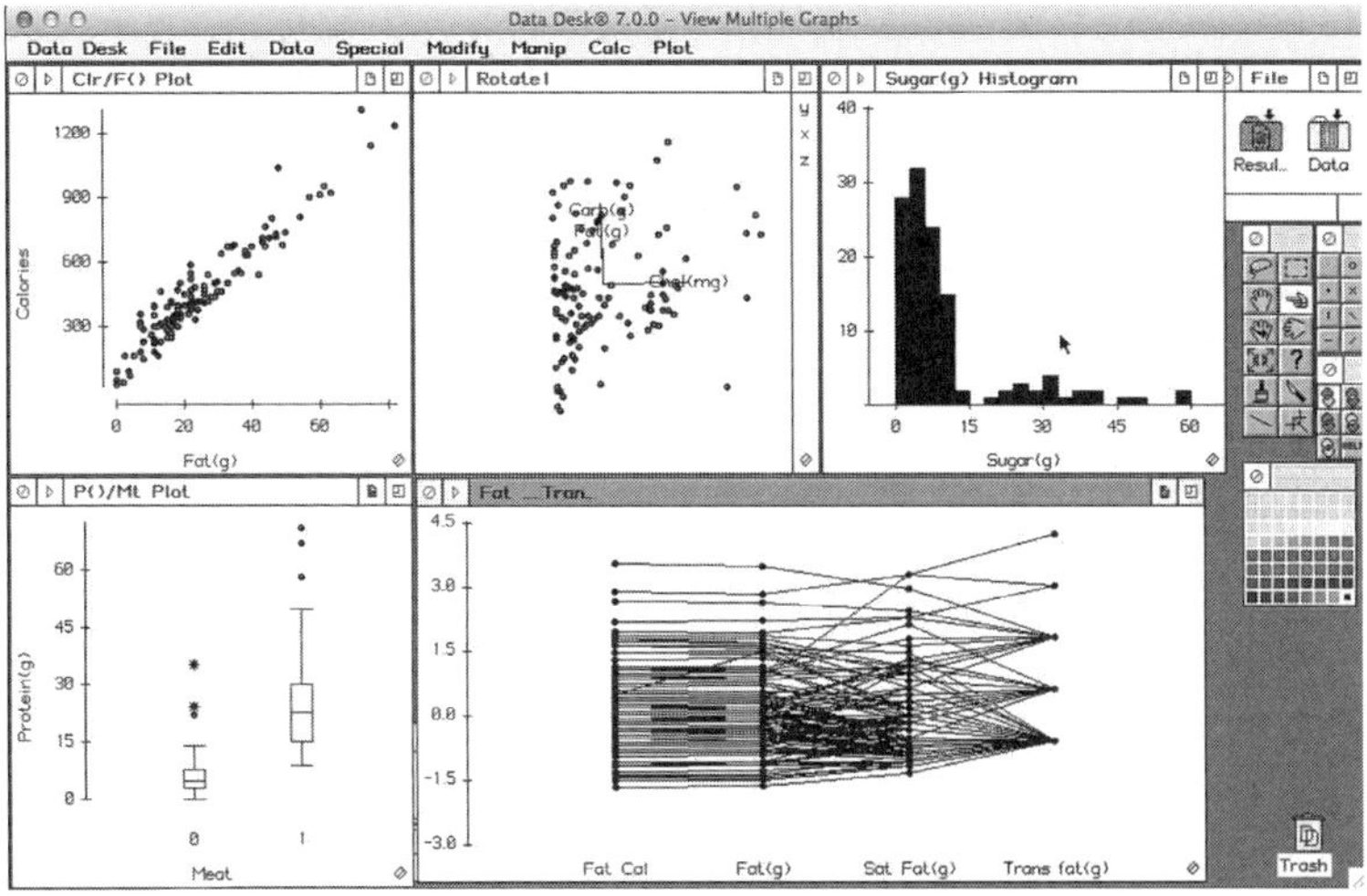

図 9.17：DataDesk：アップル社製マッキントッシュのマルチウィンドウグラフィックスシステム。動的グラフィックス、リンクされたプロットおよびブラッシング機能を提供する。プロットウィンドウは散布図をはじめ、どの軸でも回転可能な 3 次元プロット、ヒストグラム、ボックスプロット、平行座標プロットを示している。一連のプロット制御ボタンは右側に示されている。出典：DataDesk / YouTube。

ンクされた複数の画面表示との相互作用に適した、より洗練されたGUIを提供した。

もうひとつの影響力のあるアイデアもこの頃に導入された。あなたが高次元世界の探究者で、立方体やピラミッド、あるいは太陽系の理解を求めるフラットランドの住人のように、何か興味深い機能を見つけ出そうとしているとしよう。一九七四年、ジェローム・フリードマンとジョン・テューキーは、[*31]高解像度データの二次元射影を明らかにする「射影追跡」というアルゴリズムで、PRIM－9からの視覚的洞察を得ようとした。一九八五年には、ダニエル・アシモフが「グランドツアー」[*32]とみずから称するものを開発した。これは、「興味深さ」の基準にしたがってデータポイントが射影された平面を移動させることにより、二次元画面表示のアニメーションに多変量データセットを示すことを意図していた。点群（ポイントクラウド）は、これが「塊」（クラスター）を示したり、「糸のようなもの」になったり、顕著な外れ値を示したりした場合に興味深いとされた。こうした特徴は（「スカグノスティクス」[*33]と呼ばれる手段で）定量化することができ、これらの映像は糖尿病のデータと同様、研究者が求めようとも思わなかった可能性について彼らに考えさせることとなった。

アニメーショングラフィックスでストーリーを語る

アニメーショングラフィックス向けのソフトウェアパッケージとライブラリの開発は、加速度を増しながら、一九九〇年代からこんにちに至るまで続いている。なかでも魅力的で、広く一般的な関心がもたれていたのは、ストックホルムのカロリンスカ研究所ギャップマインダー財団の代表、ハンス・ロスリング（一九四八―二〇一七年）が設計した動くバブルチャートだ。その目的は、幅広いオーディエンスが理解しやすい方法で、アニメーショングラフィックスを用いてパブリックデータを表示することにより、経済（収入、貧困、不平等）、健康（平均寿命、乳児死亡率、HIV／AIDS）、教育（識字率、ジェンダー平等）、環境（汚染、水）などの社会問題に関する議論に寄与することだった。

データは当初、これらを利用できる世界中のすべての国々のさまざまな情報源（世界銀行、OECD、世界保健機構など）から引き出した、二〇〇を超えるインジケーターの時系列で構成されていた。なかには、一八〇〇年代初頭まで遡って記録されたものもある。多くはワールドマッパーでカルトグラムとして視覚化することのできる変数と類似しているが、これらは時間内の任意の点のみ、また一度にひとつの変数のみに限られている。

動くバブルチャートは本質的に、二つの変数xとyの散布図で、第三の変数（z）をバブル記号の大きさとして、第四のカテゴリー変数（k）にしたがって色分けし、その後、経時的変化（t）を示すアニメーション動画として提示したものである。プルダウンメニューを使用して、データセットのあらゆる変数をx、y、z、kとして選択することができる。さらに、複数の国をリストから選択して、その経時的変化を強調することもできる。

時間に対してプロットしたふたつ以上の時系列y_1, y_2……の観点からしか考えることのできなかったプレイフェアとは対照的に、動くバブルチャートは「x軸を時間の負荷から解放」した。[*34] 何よりも、これはロスリングに、五つの変数を示すアニメーショングラフィックスで図解した、広範囲の重要な社会問題に関する信頼できるストーリーを語る手段を提供したのだ。

図9・18は「二〇〇年の世界の変遷」と呼ばれるものを含む、いくつかのビデオプレゼンテーションのなかでロスリングが使用したものの一例である。[*35] これは一〇〇年の間隔で、一人あたりの収入に対する出生時平均寿命の関係を示したアニメーション内の三つのフレームを表している。一八一五年、ナポレオンのロシア遠征時、ほぼすべての国の平均寿命は四〇歳以下で、一人あたりの収入は二〇〇〇ドル以下だった。一九一五年になると、平均寿命が五〇歳台になる国も見られるようになった。そのほとんどが収入も上がったが、他の大半の国ではやはり平均寿命が四〇歳以下で、収入も低かった。二〇一五年には、ほとんどの国で収入が増えたことと関連して、平均寿命も七〇歳台に上昇したが、平均寿命と深い関係のある収入においては、かなりの乖離が存在するままだった。

ハンス・ロスリングは二〇一七年二月にこの世を去ったが、公衆衛生問題に関するグローバルデータ

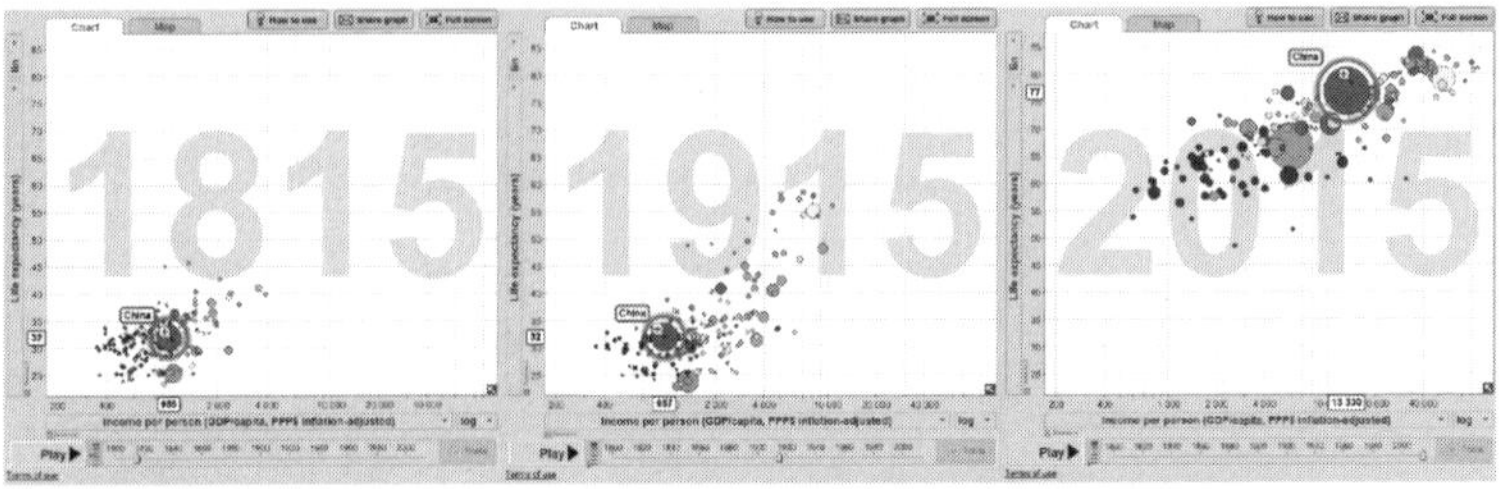

図 9.18：動くバブルチャート：アニメーションシーケンスの 3 つのフレーム。1809 年から 2015 年までの 142 ヶ国の 1 人当たりの収入に対する平均寿命をプロットしたもの。収入はログスケール上にプロットされている。バブル領域は全人口に比例し、地理的地域ごとに色分けされている。中国が経時的な位置を追跡する国として選ばれている。出典：Gapminder.

を利用した大きな遺産となるビデオを遺し、目に直接訴えかける方法で、これらのトピックの多くに関する議論を伝えた。ロスリングは視覚的説明の完璧なショーマンで、ときに、自身の言いたいことをライブプレゼンテーションで伝えるために大がかりな装置を使用するなど、少し行きすぎのところもあった。それでも、これらは健康と収入の不平等に関する視覚的物語《ビジュアルストーリー》として、力強く、説得力があり、しかも記憶に残るものだった。

ロスリングのデモンストレーションが暗に伝えようとしていたのは、影響力と説得力があり、記憶に残るようなグラフィックプレゼンテーションの重要な要素は、ある現象をつくり出すデータと、それらのデータが最終的にそこで表現されるリアルな人間ドラマに与える影響との間に生まれる即時的なつながりなのだ、ということだった。次の最終章で、データグラフィックスが重要なデータと結びつくことによって達成できることの幅広い認識を示す、真に刺激的な三つの啓示とともに、このストーリーをしめくくりたい。

第10章　詩としてのグラフ

多くの場合、経験的情報の視覚的表示は、せいぜい混乱した状況をクリアにするコンパクトな要約としか考えられていない。これは現状において、部分的には真実だが、グラフがもつ魔力を無視している。これまでの章で私たちは、データ視覚化がいかにすぐれた科学者を偉大にし、偉大な科学者を偉人に変える錬金術師であるかを示してきた。

この最終章では、重要なデータが処理し、刺激的な表示が浮き彫りにする決定的な問題が組み合わさることで、非常に稀ではあるが、超越的な、しばしばまったく予期していなかった結果をもたらすことがあるということを論じる。視覚化が最高の状態に達すれば、冷たく厳しい事実のみならず、感動や感情をも伝達することができるのだ。

アメリカの詩人ロバート・リー・フロスト（一八七四―一九六三年）の有名な言葉で次のようなものがある。

詩は、感情がその思考を発見し、思考がその言葉を発見したときに生まれる。（Frost, 1979, p. 283）

私たちはこの考え方を逆にして、こう言い換えることができる。詩人が目指すひとつのゴールは、感情を生じさせる言葉を提示することだ、と。

感情の伝達は、コミュニケーションの他の多くの手段が目標とする難しい作業である。言うまでもなく、音楽はその最も顕著な例だ。ベートーヴェンは『歓喜の歌』で、自身の考えを通じて感情を音楽に変換した。聴き手は音楽で始まり高揚で終わる。視覚芸術家《ビジュアルアーティスト》は長い歴史のなかで、これと同じ経路を辿ってきた。ピカソはスペイン戦争中の一九三七年四月、ゲルニカのバスク地方への爆撃で命を落とした数百人の犠牲者への悲しみを、自身の壁画『ゲルニカ』に転送し、爆撃後わずか二ヶ月でこれを完成させた。感受性の鋭い鑑賞者には、「あまりにも心が引き裂かれるようなこの感情の先に待っているのは、狂気か自殺のいずれかだろう」と思わせた。*1

すべての音楽が『歓喜の歌』のように変換されるとは限らず、すべての絵画が『ゲルニカ』のように想像力を刺激するとも限らない。そして、言葉の連なりのほとんどは詩的なものではない。しかし幸運にも、フロストの定義によれば、これまで多くのメディアに詩人が存在したし、私たちは彼らの成し得たことに歓喜することができる。「建築は凍った音楽である」(Goethe, 2018, p. 864) というゲーテの私見は、多くの建築物に詩人の魂を見出すことができることを暗に示している。その申し分のない一例がマヤ・リンである。光沢のある黒色御影石のブロックに五万七六六一名の戦没者の名前を彫った、そのシンプルな年代順の彫刻デザインは、ワシントンD.C.において胸が張り裂けるようなベトナム戦争戦没者慰霊碑となった。

この選ばれたものたちの一群に、データをベースにしたいくつかのグラフを含めることができる。つまり、見る者に与える印象が、「詩的」という形容詞を冠するにじゅうぶん足るほど、感情に訴えるようなグラフである。このレベルに到達するには、インパクトがあり、コンパクトでわかりやすいデザインのデータを組み合わせる必要がある。フロストの定義に戻ると、それは、ある感情がデータを発見し、データがそのデザインを発見したときに生まれるのだ。

ではゆっくりと始めることにしよう。まずは、その平坦な外観のために、ともすると見過ごされてしまいそうな、ふたつのグラフィックポエムを紹介する。その後、ふたりの巨匠がそれぞれの分野でおこなった思考のコラボレーションの確かな結果について説明する。ひとりはシャルル・ジョゼフ・ミナールで、彼がフローマップを使用して戦争の恐怖を伝達したことは、ペンとインクで伝えられることの限界を凌駕する。もうひとりはW・E・B・デュボイスで、彼はその長いキャリアを、アフリカ系アメリカ人の生活と境遇を改善するための難しい仕事に捧げた。デュボイスはこれを、貧困と人種差別によるほとんど普遍的とも言える苦悩にもかかわらず、一世紀以上にわたるアフリカ系アメリカ人の功績を幅広く伝達することによって成し遂げた。

ふたつの平素なグラフィカルポエム

指揮者イグナット・ソルジェニーツィンは、あるオール・モーツァルトのコンサートの冒頭で「モーツァルトの音楽は美しすぎるがゆえに、しばしば過小評価されている」という驚くべき見解を示した。[*2] 同様に、グラフィックデザインにおける詩についても、デザインがあまりにありふれているために、その良さが認められていないことが多い。ミナールのようなスキルと芸術家の眼をもつグラフィックアーティストは少ないが、それほど洗練されたスキルをもたない人々の詩に対しても盲目であるべきではないだろう。

若者と火炎

シカゴ大学でロマン派の詩を教えていたノーマン・マクリーン（一九〇二―一九〇年）は、定年後、マンガルチ森林火災に関する本を著した。モンタナ州のヘレナ国有林で一九四九年八月五日に起きた森林火災だ。八月は乾燥した季節のなかでも最もひどい月であり、メリウェザー・ガード・ステーション付近の木に雷が落ちて火災が発生したのも自然な成り行きだった。

この火災はすぐさま北へ、ミズーリ川に隣接するマンガルチ一帯へと広がった。火災現場が特定されると、消火活動にあたるため、森林局の一六人の消防降下隊員がパラシュートで降り立った。マンガルチの付近一帯は非常に荒れた土地で、火災か否かを判断するために消防降下隊員が近づいてみると、もはや手に負えない状態となっていた。生きて帰れるかどうかは素早い行動にかかっていると彼らは悟った。

火災は北ガルチ（北東）まで急速に移動しつつあったため、消防降下隊員は火の動きに対して直角の上り坂を進んだ。彼らは猛烈な勢いで走り、後方に迫る炎の先にあるマンガルチの境界を定める畝を越えようとした。しかしこの一帯の土地は勾配が非常に急であったため、消防降下隊は安全の境界を示す標高一・四キロメートルの畝まで登る必要があった。後になって、これら一三人の若者の黒焦げの遺体がこの険しい層崖で発見された――マンガルチの最上部にある避難所まであと二キロメートルというところだった。

ノーマン・マクリーンは、安全を求めて最後の力を振り絞って山をよじ登ったようすを描写するため、データを集め、それをグラフに要約した。その簡潔さは、伝えられている悲劇とは対照的だ（図10・1）。

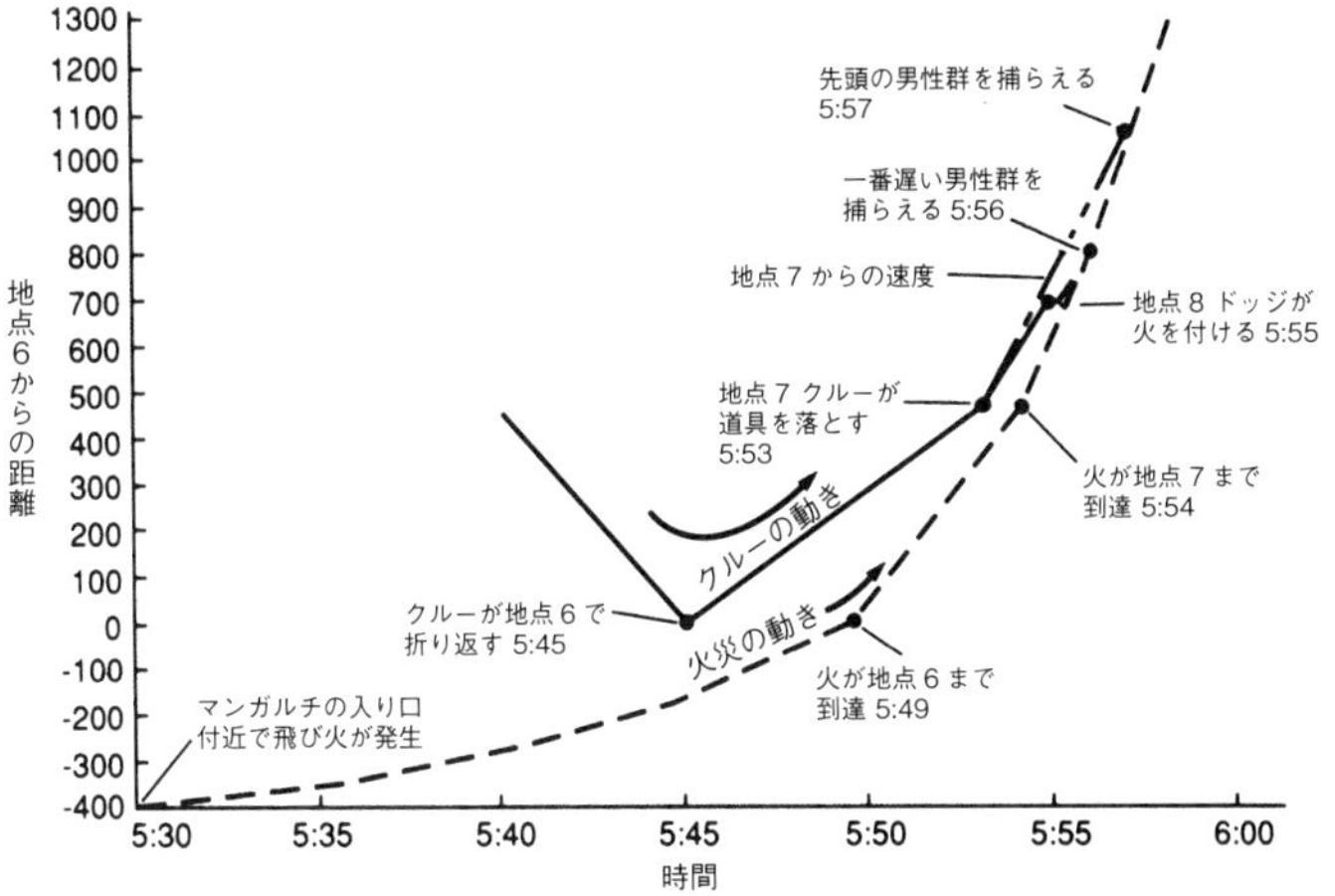

図 10.1：マンガルチ森林火災：クルーと火災の概算位置を示した距離と時間のグラフ。距離は地点（pt.）6 におけるクルーの折り返し地点からの概算である。線の傾斜は運動速度を示す。傾斜が険しくなるほど運動速度は速くなる。この悲劇全体の尺は 30 分足らずである。出典：Norman Maclean, *Young Men and Fire*. Chicago: University of Chicago Press, 1992, page 269.

> マンガルチの火災と若者たちの収束は、グラフという、近代の科学者ができる限り明確に提示したいと思うものを表現する常套手段を使った悲劇的なモデルとなっている。時間と距離の軸に沿って描かれるのは、火災の経路を示す一本の線と、若者たちが進んだコースを示す線であり、このふたつが収束したところが、グラフ的に言えば、マンガルチのストーリーの悲劇的結末となる。つまり、この結末へと収束する二本の線がプロットを構成しているのである。（Maclean, 1992, p. 269）

破線の急激な上昇は火災の特徴である急速な拡大速度と一致しており、その地形の傾斜の二乗に比例して増えている。人間が山を登る速さに対して急勾配が与える影響とは著しく対照的である。若者たちが命を落としたのは、まさに険しい傾斜面だった。

グラフをよく吟味すると、隊員と火災とのレースの特徴がさらに鮮明になってくる。

それぞれの線に沿って、隊員と火災とのレースの転換点となる数字が書かれており、これらの線をひとつのレースとして見た場合、この数字はレースでたどり着いた地点を記したものであり、そこに宗教的意義を見るなら、それらは十字架の場所であり、文学的意義を見るなら、劇の一コマであろう……しかし幕はそう長くは続かない。というのも、現代の山火事はモノローグに無駄な時間を割くことはできないからである。(Maclean: 1992, p. 294)

コヴノゲットー

リトアニアを占領中、ナチスドイツは一連の行動を開始し、結果的に一三万六〇〇〇人のユダヤ人の命を奪った。当初、ドイツ人は凝った図解入りの報告書に、細心の注意を払ってこれらの殺戮を記録したが、その記録の数も戦争が長引くにつれて減少していった。実際、一九四三年一〇月には親衛隊(SS)のトップ、ハインリヒ・ヒムラーが部下に宛てた演説のなかで、記録を最小限にとどめることを論理立てて説明し、次のように述べた。「これは、これまで書かれたことのない、そして今後も書かれることのない、われわれの歴史の栄光の一ページである」(Braun and Wainer, 2004, p. 46)と。にもかかわらず、ナチスドイツは実際には、みずからの勝利を表にした文書を作成し、また別の人々はその残虐性についての記録を続けていた。

ユダヤ人のリーダーらは、多くのゲットー（ユダヤ人隔離居住区）で委員会を組織し、日常生活の公式年代記を付けていた。実際、コヴノゲットーの設立当初からユダヤ人評議会の議長だったエルクハナン・エルクスは、コヴノのユダヤ人らに、みずからの歴史を未来の世代への遺産として書き残すよう要請した。芸術家は絵を描き、作家は物語を書き、音楽家は音楽を作曲し、詩人は詩を書いた。彼らはみな、直接会うことさえ叶わないかもしれないと危惧していた後世の人々や聴衆のために、事実と感情の両方を記録するのに必要なスキルと才能を駆使した。そうした芸術的才能のないゲットーの住人は、自分がもっているスキルならどんなものでも利用した。科学の訓練を受けていた人々はデータを記録し、それらを表やグラフなどさまざまな形式で提示した。

図10・2はそうしたグラフの一例で、伝統的な人口ピラミッド型をしており、見慣れたシンプルさと明らかな陳腐さが、その恐ろしい内容を包み隠している。棒グラフは、下から若い順に年齢ごとに、ゲットーで暮らすユダヤ人の数を示している。左側は男性、右側は女性だ。それぞれの棒の全長は、一九四一年一〇月初旬の、その年齢および性別のゲットーの住民数である。影をつけた部分は、それから二ヶ月足らずの、一一月に入ってからも生存していた人々である。

シャルル・ジョゼフ・ミナールのグラフィックポエトリー

シャルル・ジョゼフ・ミナール（一七八一―一八七〇年）は、長く実りの多い人生を送った。規程に

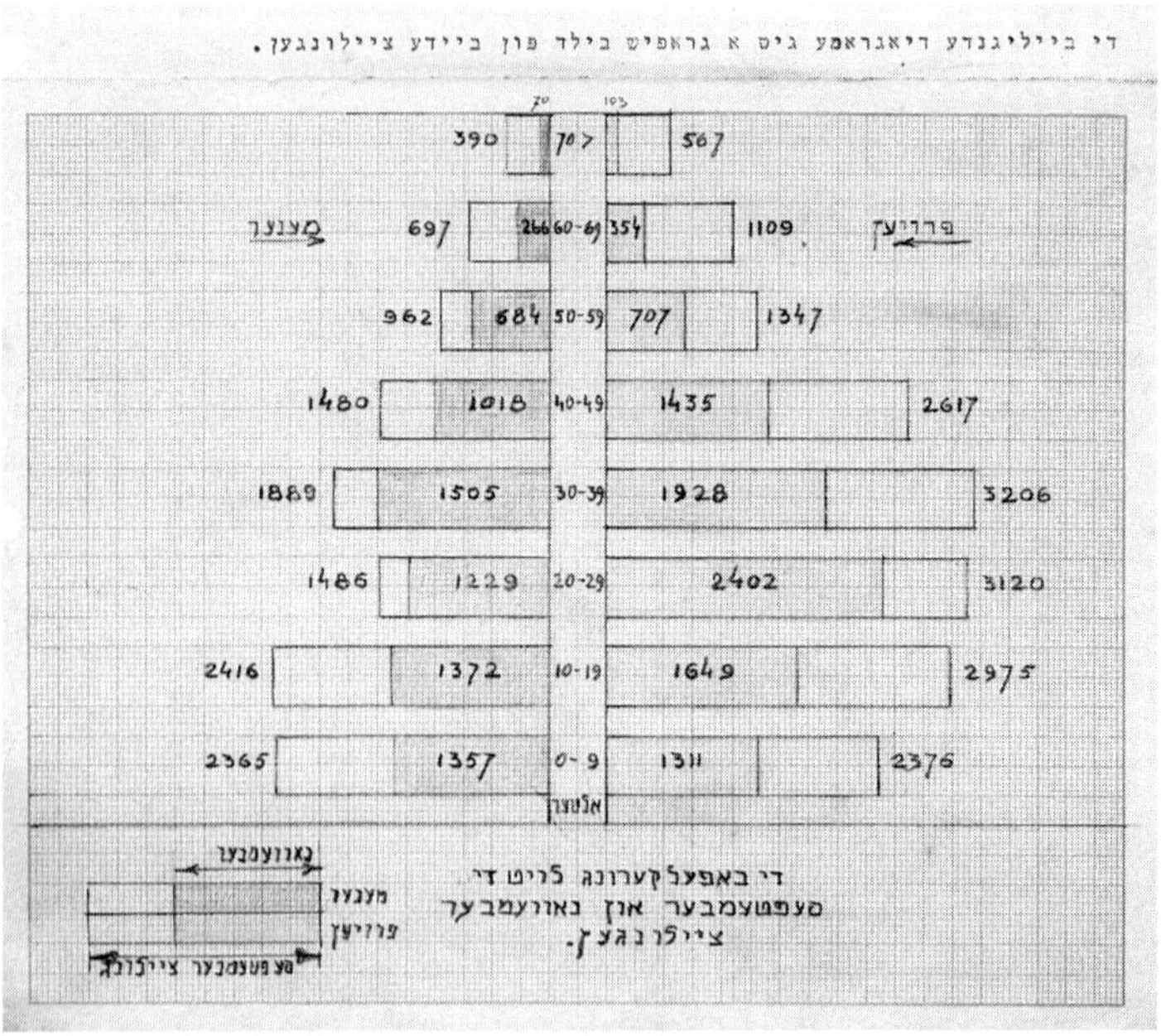

図 10.2：コヴノゲットー：主に 1941 年 10 月 28 日の「グレートアクション」によるコヴノゲットーの人口減少。男性は左側、女性は右側に記されている。影のつけられた部分は 11 月になっても生存していた人々を表す。中央の柱には、最下部の 0~9 歳のグループから最上部の 70 歳以上のグループまでが記載されている。出典：米国ホロコースト記念博物館。

より、七〇歳の誕生日を迎える一八五一年三月二七日、国立土木学校の長期にわたる職位を退いた。にもかかわらず、彼は残りの人生を研究と教育に費やした。退職とともに自由を手に入れた彼は、以前からすでに始めてはいたものの職務で妨げられていたプロジェクトに精を出すことができた。他の責務から解放された彼がおこなった新しいグラフ形式とテーマの開発の速度は、二〇年間でほぼ倍増し、八九歳で死を迎えるまで続けられた。[*3]

　第7章では、有名になるべくしてなったナポレオンのロシア遠征を描いた、ミナールの地図について論じた（図10・3）。この地図

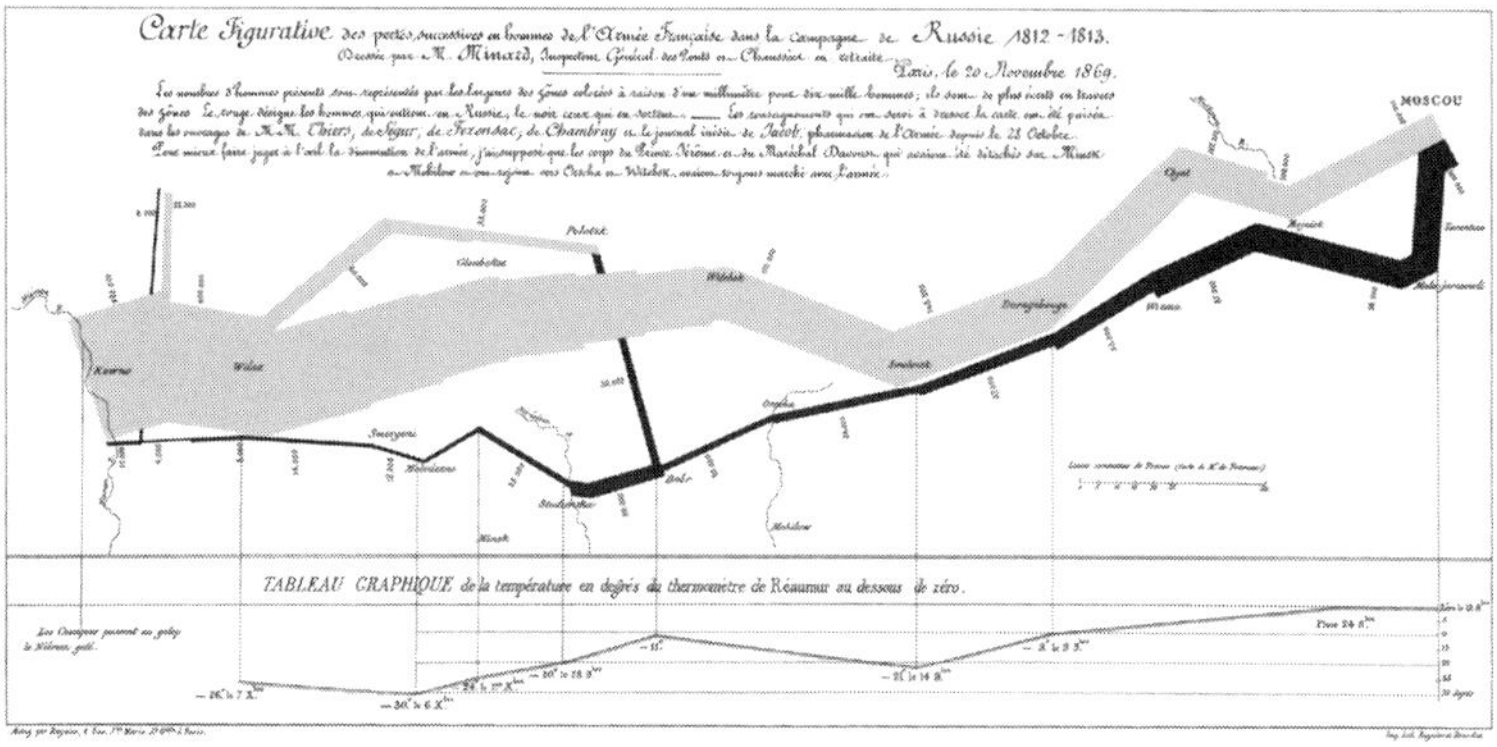

図 10.3：ナポレオン進軍のグラフィック：ナポレオンの 1812 年の破滅的なロシア遠征を表現したシャルル・ジョゼフ・ミナールによるナラティブマップ。オレンジの「川」の幅はナポレオンの侵略軍の規模と比例する。黒の延長部分は帰還兵の規模を示している。出典：国立土木学校アーカイブの承諾を得て転載。

では、ネマン川をわたってロシアへ侵入しようとするフランス大陸軍の四二万二〇〇〇人の兵士たちの、最初は巨大だった大河が次第に小さくなり、最終的に生き残って帰ってきた一万人の細流と並置されている。一八一二年一〇月、わずか一〇万人のフランス軍がモスクワに到着すると、彼らはその地がすっかり破壊され、ひとっ子ひとりいないことに気づいた。そこで彼らは引き返し、草原を超えて進軍し、ロシアの過酷な冬に逆らって進みつづけた。地図の下部に添付されたパネルが示すように、ミナールはこの帰りの行進を、下降していく気温と結びつけている。次第に低くなっていく気温をもっともらしい原因変数として使用し、軍の勢力の減少をロシアの兵士らの狙撃以外のものと結びつけたのだ。このグラフィックが最初に発表されたとき、フランスの生理学者でクロノフォトグラファーのE・J・マレー（一八三〇―一九〇四年）[*4]は畏敬の念を抱き、これは「その残酷なまでの雄弁さにおいては、歴史家のペンをものともしない」(Marey, 1885, p. 136) と語った。

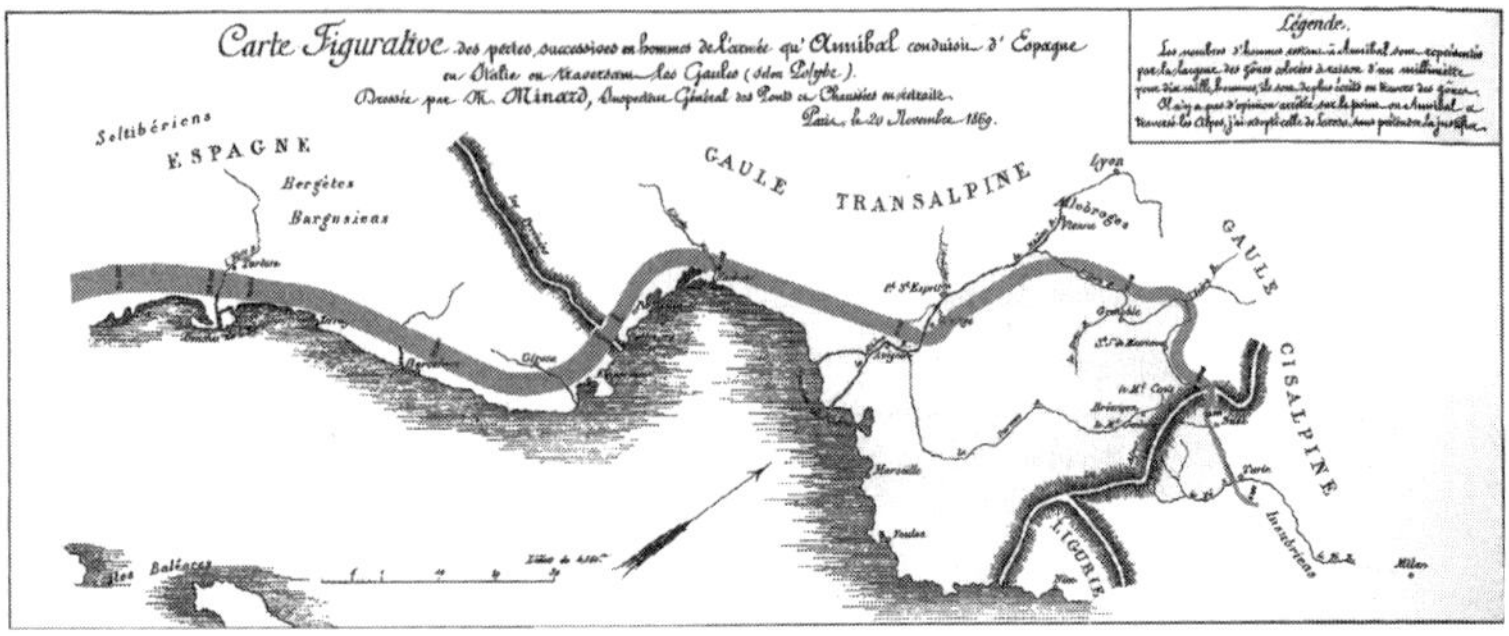

図 10.4：ハンニバルのグラフィック：ミナールによるハンニバル軍の描写。見事な軍事作戦でスペインとフランスを横断するようすが映し出されているが、その後、アルプスを越える際に膨大な命が奪われた。出典：国立土木学校アーカイブの承諾を得て転載。

ミナールのグラフィックポエトリーのインスピレーションはどこから来たのだろうか？　ナポレオンのロシア遠征を表すこの視覚的物語が注目に値するのは、それが市民のひとりによる国家的敗北を描いた、これまでに知られている唯一のグラフィック描写だからである。これは、その二〇〇〇年も前の、もうひとつの悲劇的な軍事的損失を描いたグラフィックストーリーと併せて印刷されたことが明らかとなった（図10・4）。

古代カルタゴの将軍ハンニバル・バルカは、紀元前二一八年から二〇一年頃、第二次ポエニ戦争で古代ローマ人を相手に戦った。彼の紀元前二一八年頃のアルプス越えは、古代の戦争における軍事力の最も賞賛すべき偉業のひとつと考えられている。というのも、これによって彼は古代ローマの駐屯軍と海軍の支配の橋渡しをし、共和政ローマの心臓部まで直接戦争に引き込むことができたからである。

図10・4はミナールの視覚的物語である。[*5] ハンニバルの軍事作戦はスペイン南部のイベリアで始まっている。一〇万人を超える兵士と数多くの戦象からなる軍が、スペインを、その後南フランスを横断したことが示されている。ところが紀元前二一

八年一〇月頃から一二月頃にかけて、アルプスの雪とイタリア側の急な下り坂が極めて危険な状態であることがわかった。このとき、戦争に駆り出されたすべての象と大多数の荷役動物、そして多くの人間が非業の死を遂げたのである。イタリアのポー平原に辿り着いたハンニバルの軍は、わずか二万六〇〇〇人の部隊だった。

ここでの生命の喪失は、ナポレオンの部隊がロシアで被ったものほど劇的ではなかったものの、この地図が示す、ハンニバルがアルプスを越えようとしたときに被った比較的大規模な生命の喪失は、実際に視覚的注意を引く。それに加え、これらふたつの軍事作戦の地図は、歴史家や一般の人々にも視覚的教訓を与えた。これらに「軍事作戦の計画に際して避けるべきいくつかのこと」というタイトルを付けることもできたかもしれないが、ミナールのタイトルはもっと直接的なものだった。すなわち「……軍における人命の連続的損失のフィギュラティブマップ〔比喩的地図〕」だ。

ミナールの個人史を見れば、彼のインスピレーションの起源が明らかになる。一八一三年、アントワープの若きエンジニアだった彼は、プロイセン軍に包囲された戦争の恐怖を目の当たりにした。一八六九年、八九歳のとき、彼はプロイセンとの避けられない新たな戦争と、それが第二帝政を解体させるような大混乱を与えることを予測し、深く悩まされていた。ナポレオンとハンニバルのふたつの「フィギュラティブマップ」は、一八六九年一一月二〇日に発表された。

ミナールの恐れていたことは正しかったことがわかった。一八七〇年七月一九日に普仏戦争が始まった。フランスが最終的に敗北を喫し、長期にわたる包囲の末、一八七一年一月二八日、パリが陥落した。ミナールはこれも予測しており、もはや高齢で体が弱り、松葉杖が必要な状態ではあったが、一八七〇年九月一一日、ほぼすべての書籍や書類を置いてパリを去り、ボルドーへ向かった。もっていったものは、いくつかのやりかけの仕事だけだったが、これらも最終的には行方がわからなくなってしまった。残念ながら、その六週間後、彼は熱に冒され、一八七〇年一〇月二四日にこの世を去った。

ミナールのプライベートな人生はほとんど知られていない。[*6] 主な歴史的資料は彼の娘婿、ヴィクトル・シュヴァリエが一八七一年に書いた死亡記事だけだ。[*7] そこには次のように記されている。「ついに……彼はまるで、この国を崩壊させようとしている恐ろしい災難を感知したかのように……ハンニバルとナポレオン……によってもたらされた生命の損失を図解した。……そのグラフィック表現は人の心を掴み……、軍事的栄光の渇望と引き換えに人的損失を被ったことへの苦い反省を促す」(Chevallier, 1871, p. 18)。伝記が残っていないのはおそらく、ミナールの最も有名なグラフィックは歴史家のペンをしのぎ、これらふたつのグラフィックで描かれたストーリーが、グラフィック詩人としてのミナールを象徴するという理由によることはじゅうぶん考えられる。

物語《ナラティブ》論におけるグラフの使用

一連のグラフィック表示を使用して経験的な物語《ナラティブ》を構築することは、ミナールの時代には一般的なことではなかった。それよりもむしろ、単一の表示で単一の概念を伝達することのほうが多かった。ナポレオンの進軍(図10・3)は、極めて驚嘆に値するものではあったが、それでもやはり短いストーリーで、こうした形式にはつきものの限界があった。一連の表示を経験的な物語に埋め込むという手法が使用されることはめったになかった。しかしこのアプローチは、効果的に使えば、驚くほどインパクトのある、記憶に残るイメージを生み出す。

ミナール自身、ときどき比較グラフを使ってストーリーを語ることがあった。その一例として、彼は、アメリカ南北戦争中の北軍による海上封鎖が、イギリスの製粉場に送られる綿の供給にどれほど影響を与えるかを示す一連のプロットを準備した。カラー図版17（図7・5ですでに紹介したもの）は、彼の三部からなるプロット（一八五八年、一八六四年、一八六五年）を再現したものである。これにより、戦前はアメリカ南部の州がイギリスの製粉場の主要な供給元であったことが明らかになった。しかし供給が封鎖によって事実上中断されると、製粉場の所有者らはその代わりにインドやエジプトの綿を輸入し、レベルこそわずかに下がってはいるが、戦争が終わった後もこの状態は続いた。

おそらく、口頭での説明と融合した最も有名な（そしておそらくは世界初の）一連の表示の使用は、人間の胎児がどのように子宮に運び込まれるかを示したレオナルド・ダ・ヴィンチの壮大な物語（図10・5）だろう。これは、人間の子宮は多胎出産をおこなうため二分構造（ふたつの部屋をもつ）になっていると表現したガレノス〔古代ローマの医師〕の一四〇〇年来の説明への挑戦となった。

W・E・B・デュボイス

ウィリアム・エドワード・バーグハード（W・E・B）・デュボイスは、米国の奴隷制廃止直後の一八六八年二月二三日、マサチューセッツ州グレート・バリントンで生まれ、一九六三年八月二七日、ガーナの首都アクラで逝去した。九五年の生涯にわたり、彼は並外れた偉業を成し遂げた。ハーバード大学では、アフリカ系アメリカ人初の博士号を取得した。その後、社会学者、歴史家、市民権運動家、作家

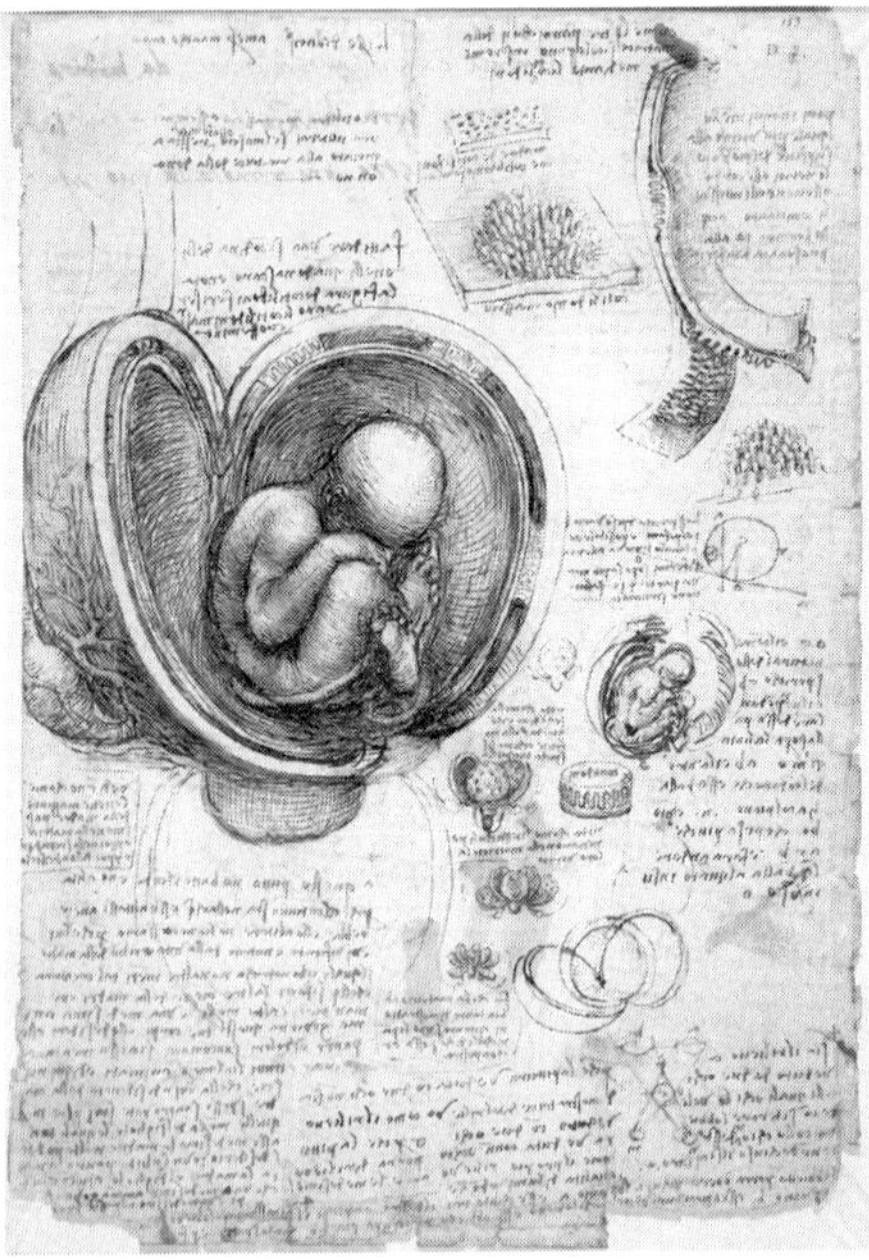

図 10.5：ダ・ヴィンチのノート：女性の子宮は２つに分かれているというペルガモンのガレノスに反証をあげた、言葉と類い稀な図解で語られる胎児のグラフィックストーリー。ガレノスの主張は 1400 年もの間、反論を受けることなく続いていた。出典：Wikimedia Commons.

の順に転身した。その数多くの著作には、『黒人のたましい』、『黒人奴隷貿易の制圧』、『夜明けの薄闇』、『才能ある一割の黒人』などがある。彼はまた、物語におけるデータの力に鋭い審美眼をもっていた。

大成功を収めたＩＴＴコーポレーションのＣＥＯであるハロルド・ジェニーンは、経験的情報の使用に身を捧げた人物である。彼はこう指摘している。「数をマスターすれば、実際、数を読むということはもはやなくなるだろう。本を読むときに言葉を読んでいないのと同じように。人が読んでいるのは、その意味なのだ」。[*8]

一九八五年にジェニーンが、その一世紀前にデュボイスが、どのよう

図 10.6：奴隷解放宣言の効果：1790 年から 1870 年までのアメリカ黒人における自由黒人と奴隷の割合。出典：米国議会図書館、印刷・写真部門、LC-DIG-ppmsca-33913。

に数字というものを見て、そこからいかに意味を引き出すことができたのかと尋ねるのは自然なことだろう。間違いなく、当時のコンセンサスは今と同じく、膨大な数値表からその意味を引き出すことは、目にも悪いし脳にも辛いということだった。一八九八年、アメリカの経済学者ファーカー兄弟が非常に記憶に残る指摘をしたように、これはキュウリから太陽光を抽出するのと似た作業だ。デュボイスは、数字を視覚的表示に変換してからこれらの数字の意味を読み取ることにかけては、最も優秀な人物だったというのが妥当な結論だろう。この点で驚くべき成功を収めた彼は、一連のグラフ表示を使用したエビデンスに基づき、物語論の構築に対する近代的アプローチの発展に貢献した。このように、彼はダ・ヴィンチとミナールの直属の、直系の子孫な

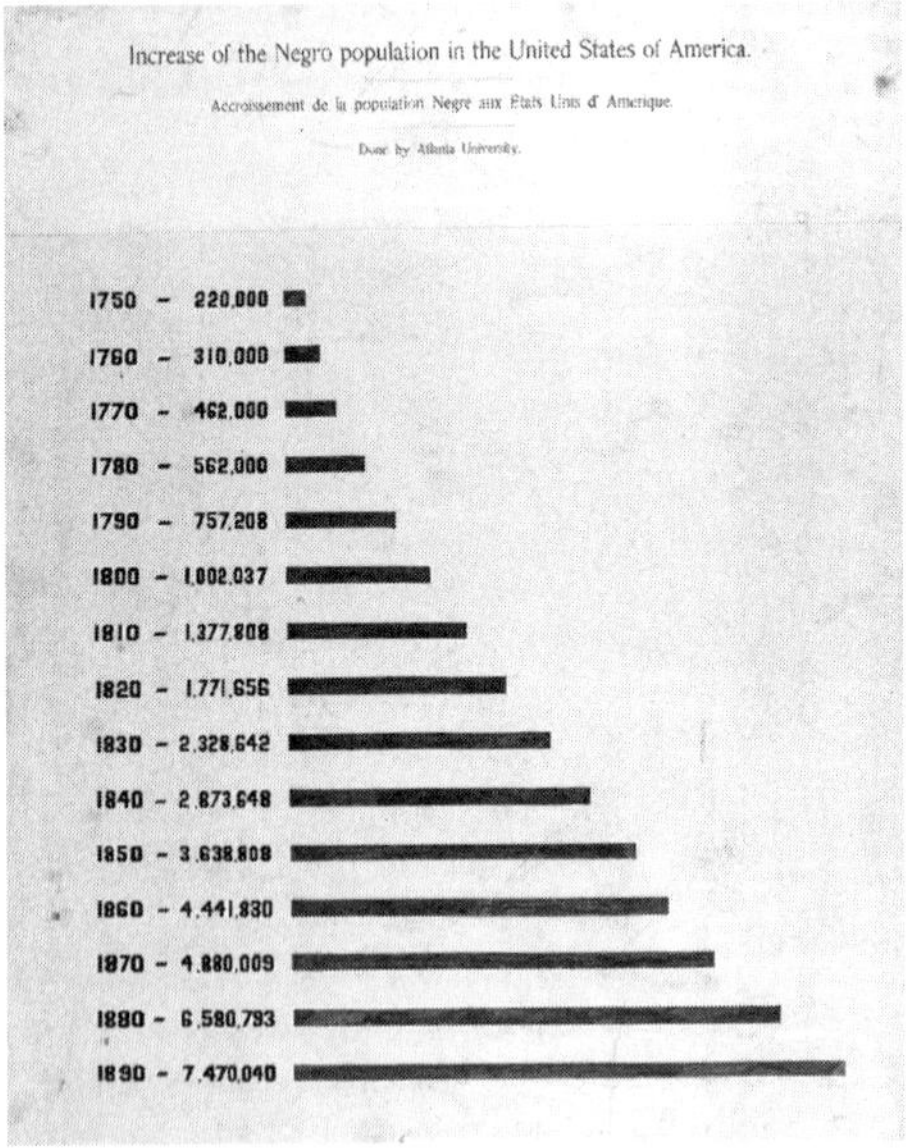

図 10.7：デュボイスの棒グラフ：1750 年から 1890 年までのアメリカ合衆国の黒人人口の増加。
出典：米国議会図書館、印刷・写真部門、LC-DIG-ppmsca-33901。

のである。

一九〇〇年、デュボイスはブッカー・T・ワシントンと協力して、パリ万国博覧会で「アメリカ黒人の展示」をおこなった。ここでアフリカ系アメリカ人による四〇〇の特許と、アフリカ系アメリカ人作家による二〇〇の著作が紹介された。さらにこの展示は、アフリカ系アメリカ人に関する数多くの事実をデータグラフィックスに変え、それらを記憶に残る物語にまとめ上げた。[*9]

およそ六〇のグラフと主題図が、アフリカ系アメリカ人とその生活の幅広い特徴を描き出していた。この展示セクションには、「元アフリカ人奴隷の子孫、現在アメリカ合衆国在住の人々の状況を描いた一連の統計チャート」というタイトルが付けられていた。

デュボイスはみずからのストーリーを、

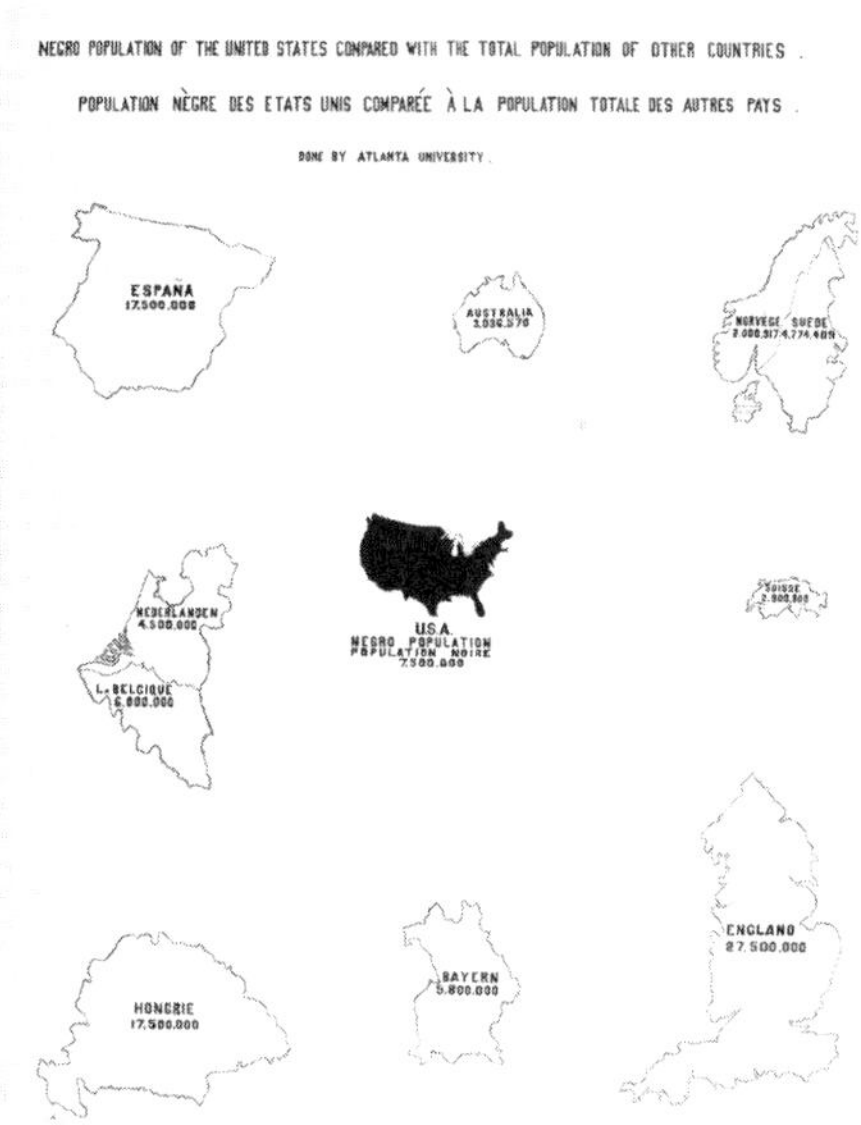

図 10.8：カルトグラム地図：他国の全人口と比較した米国の黒人人口。出典：米国議会図書館、印刷・写真部門、LC-DIG-ppmsca.33903。

リンカーン大統領の奴隷解放宣言の計り知れない影響をドラマチックに示すグラフから始めた（図10・6）。これは一七九〇年から一八七〇年までのアフリカ系アメリカ人の奴隷対自由黒人のバランスを表にしたものだ。この表から、奴隷制度下の自由黒人の比率が、一八六三年一月までアフリカ系アメリカ人全体の人口の約一二％前後であったことがわかる。この年のリンカーン大統領の奴隷解放宣言[10]が、ここに示される劇的変化の鍵となった。

米国でアフリカ系アメリカ人の地位を確立した彼は、その後、シンプルな棒グラフ（図10・7）を使って、一八九〇年には七五〇万人のアフリカ系アメリカ人がいて、それ以前の一五〇年間で急速に増加したことを示した。プレイフェアのスタイルのシンプルな時系列の線グラフを使用すること

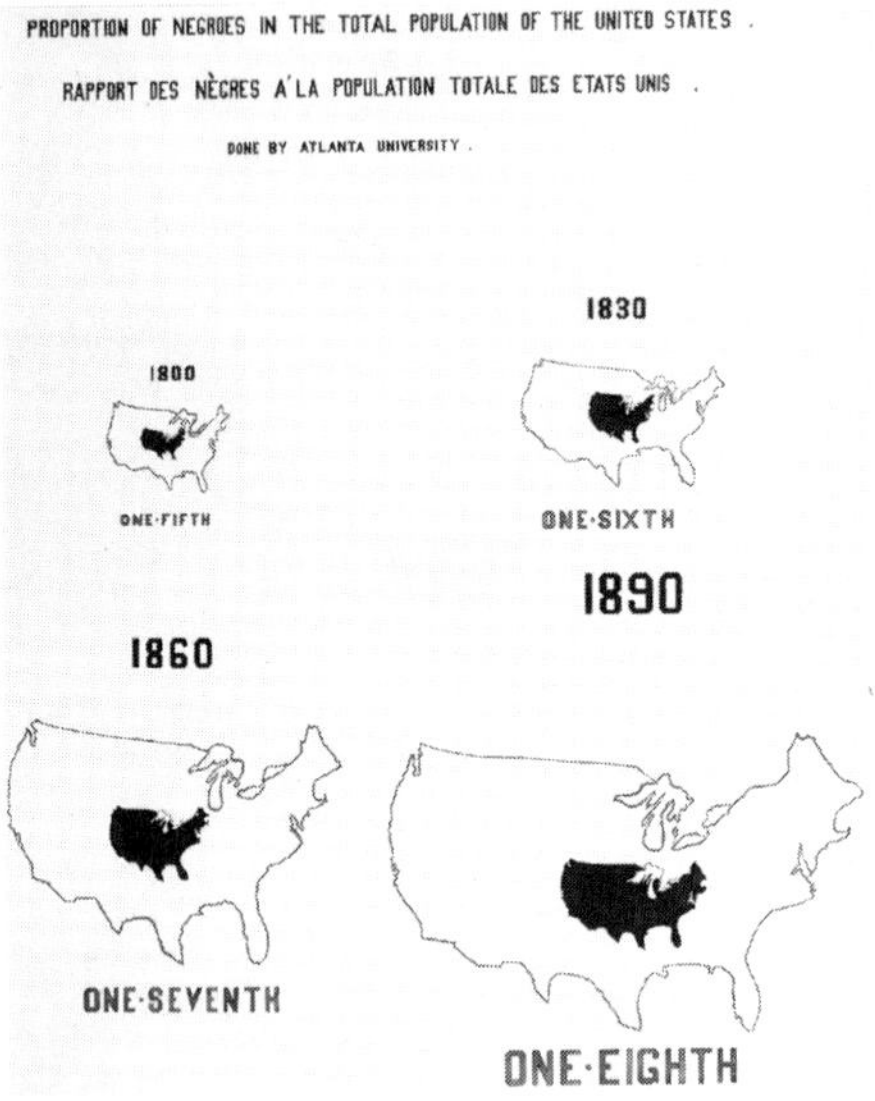

図 10.9：「米国の全人口における黒人の割合」。出典：米国議会図書館、印刷・写真部門、LC-DIG-ppmsca.33904。

もできただろうが、デュボイスはミナールの水平棒グラフ形式を採用し、同じく正確な数字を示した。

当時の米国のアフリカ系アメリカ人の人口の規模をグローバルな文脈で捉えるため、デュボイスはその面積が全人口に比例する他の一〇ヶ国の概略を示すプロットを提示した。中央に米国の地図があり、その面積はアフリカ系アメリカ人の人口に比例する（図10・8）。このプロットにざっと目を通すと、アフリカ系アメリカ人の数は、オーストラリア、ノルウェー、スウェーデン、オランダ、ベルギー、スイス、バイエルン各国の全人口よりも多いことがわかる。

デュボイスはこれと同じグラフ形式を使用して、アフリカ系アメリカ人の人口と米国の白人人口を比較し（図10・9）、比例図でプロットを補充することにより、米国の人口に

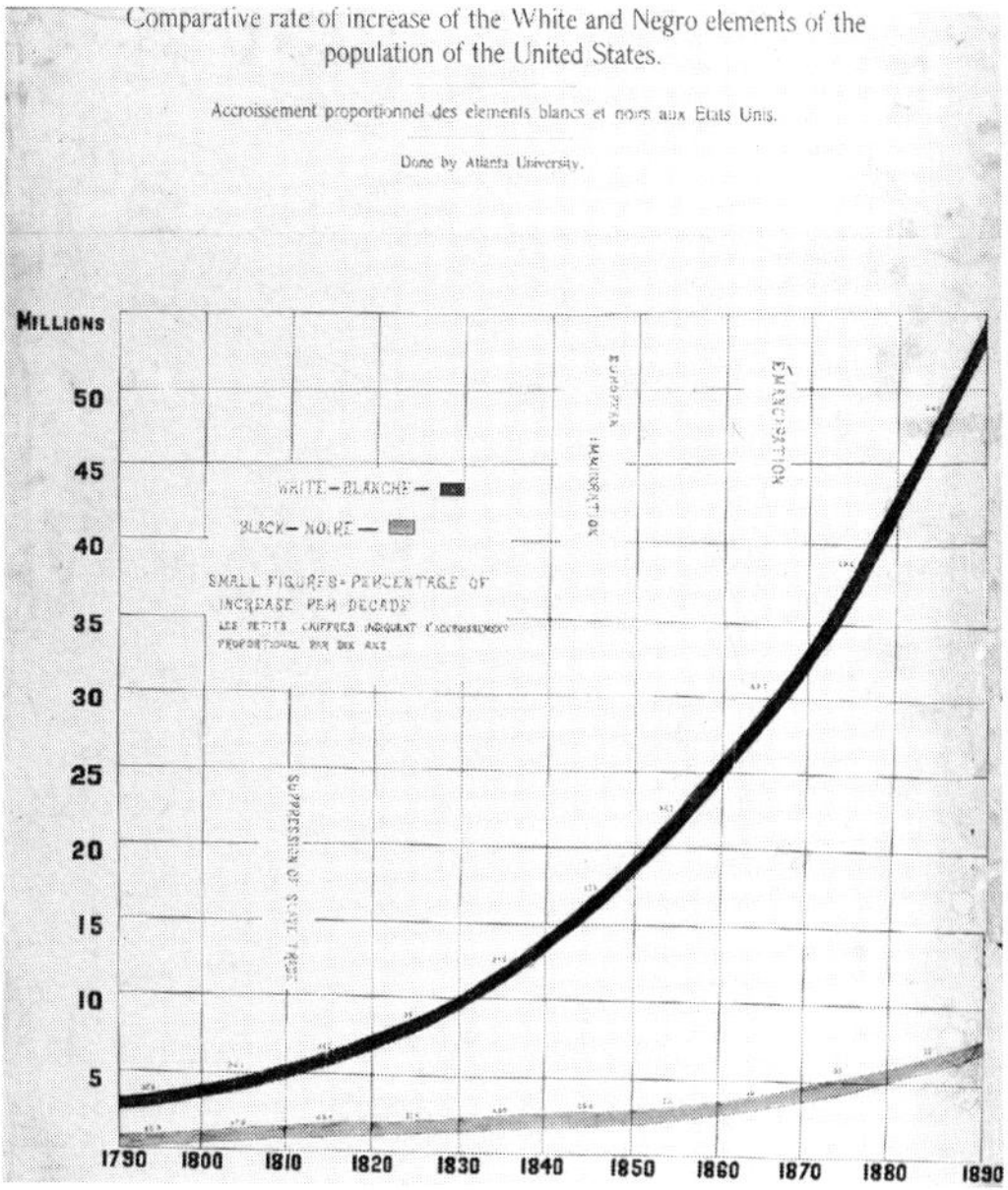

図 10.10：成長率の線グラフ 。米国の人口における白人と黒人の増加率の比較。出典：米国議会図書館、印刷・写真部門、LC-DIG-ppmsca-33902.

おけるアフリカ系アメリカ人の割合は経時的に減少している一方で、全体の人口は増加していることを示した。

彼はじゅうぶんに練られた線グラフで成長率の差を明確にし（図10・10）、アフリカ系アメリカ人の人口は指数関数的に増えてはいるが、米国の残りの人々の人口も同じく増加しており、後者の成長率のほうが大きいことを示した。さらにプレイフェアのスタイルで、テキストラベルを使用して、一八一〇年の奴隷貿易制圧や一八六五年の奴隷解放宣言など、重要な歴史的出来事を表現した。そしてミナールのスタイルも採用し、各曲線に関する一〇年ごとの増加率の数値を示した。

デュボイスはこれらの表示により、存在の根本的疑問に答えた。すなわち、私たちのうちの何人がそこにいるのか？

私たちの数は増えているのか、減っているのか？　それはどれくらいの速さ（絶対的な速度と白人とを比較した速度）で変化しているのか?といった疑問である。そしてそれに続くのは明らかに、「われわれはどこで生きているのか?」という疑問だ。この疑問に取り組んだものがカラー図版18である。この図はかつて南部連合の州であったところにアフリカ系アメリカ人が過度に集中していることをドラマチックに物語っているが、そこには、ディープサウス（米国最南部）から北東へ移動する兆候も見られる。[*11]

彼は続けて五二のプロットを作成し、物語を拡大して豊かにした。この事実に基づく説明は、一八七〇年にアメリカの国勢調査が拡張されたことによって可能となった。このとき初めて、アフリカ系アメリカ人市民が国民経済計算に含まれたのである。

ただし、ここに欠けていたのは、南部から逃れたアフリカ系アメリカ人の大規模な移住の動的表現といった類のものだった。これはリコンストラクション〔「再建」の意味で、南北戦争により連合国と奴隷制が崩壊した後の問題を解決しようとする一八六三年から一八七七年までの過程〕後に起こり、二〇世紀前半まで続いた。この現象は、デュボイスとミナールの共同作業と見事に連携していたと言えるだろう。

大移動

図10・7と図10・10で見たように、一八九〇年には七五〇万人のアフリカ系アメリカ人がいて、その大多数が米国南部の田舎に住んでいた。一九一六年から一九七〇年の間に、六〇〇万人以上の黒人が、産業の発達した北部や西部へ移動した。ニコラス・レマンをはじめとする歴史家はこれを大移動と名づけ、歴史上最大の、ある国における人々の平時の移動として偲び、後世に伝えた。[*12]

このような類の移動は記述と説明を大いに必要とする。そもそもの最大の疑問はもちろん、「なぜ?」である。しかしそうした解釈的な疑問に取り組む前に、記述的な疑問に直面する。すなわち「どこからどこまで?」「いつ?」「何人?」等々。こうした疑問には実際、米国の一〇年ごとの国勢調査で日常的かつ厳密に収集されるような類のデータによって完全に回答できる。しかし、これを説明する複雑な数値表から地理的構造を引き出すことは、ファーカー兄弟のキュウリを彷彿とさせるようなものだ。そして専門家の目を超えた、こうした国勢調査の表に含まれるメッセージを伝達することは、視覚的におこなうほうがはるかに良い。とはいえ、どのようにこれらの表をグラフィックスに変換すればよいのだろうか?

この疑問に答えるために、本章の中核を成す作品を生んだふたりの巨匠のライフワークを付け加えたい。アフリカ系アメリカ人の生活改善と、その偉業の幅広い伝達に対するデュボイスの情熱、そして複雑なデータを知性にも感情にも訴えるような、見る者を引き込む図解に変換するミナールの天賦の才である。

彼らの長い人生はほんの二年しか重なっていないが(その短い二年でさえ、彼らは言語も文化も異なる、海で隔てられた国に住んでいた)、ミナールとデュボイスの研究と目標は互いに補完し合っていた。本章の残りの部分では、彼らの研究の融合が、まさしく詩的であると描写できるような覚醒力のある刺激的な物語をいかに生み出すかを説明する。

国勢調査にはつねに、米国の全居住者を数えるという任務が課せられる。一八六三年には、奴隷から解放されたアフリカ系アメリカ人を含むようにその範囲が拡張された。こうして南北戦争直後の一八七〇年の国勢調査で初めて、アフリカ系アメリカ人の数が含まれるようになったのである。[*13] この国勢調査のデータでは、人種ごと、出生地ごと、居住地ごとの人数が提供されたため、人々の移住パターンをわかりやすく研究することができた。

新たに自由の身となったアフリカ系アメリカ人は、極端に困難な時代に直面していた。彼らは極度に貧しく、ほとんどの人が読み書きもできず、プランテーション経済では改善の余地がほとんどないような地域に暮らしていた。大多数の人が小作人、借地農家、または農場労働者として働いていた。経済的困難に加え、リコンストラクション後の南部は人種差別が激しく、暴力が横行していた。ジムクロウ法は法律上の人種隔離政策を制度化し、クー・クラックス・クラン、ホワイト・リーグ、レッドシャツといった人種差別組織は、南北戦争後の南部連合に住むアフリカ系アメリカ人の日常生活を恐怖に陥れた。こうして、多くのアフリカ系アメリカ人がより大きなチャンスを求めて北部へ移住することを選択したのである。第一次世界大戦は北部の工場で働く労働者の巨大な需要を形成した。北部の鉄道会社は労働者が欲しいあまり、何千人もの南部の黒人に無料の乗車券を提供していたという。

思考のコラボレーション

私たちが焦点を当てているトピックを選んだデュボイスと、データを提供した国勢調査、そして、一九一五年から一九七〇までの五五年という長きにわたり、六〇〇万人以上のアフリカ系アメリカ人が南部を離れた大移動の特徴を示す、グラフィックによる手法を発明し、それを完全なものにしたミナール、この三者のコラボレーションを想像してみたい。[*14] ミナールは、このグラフィックによる挑戦の価値を正しく評価していたのではないだろうか。というのもこれは、一枚のフローマップに世界規模の移動パターンを示した、彼の一八六二年の力強いグラフィックストーリーに匹敵するからである。[*15]

カラー図版19はC・J・ミナールのスタイルで描かれた四つのフローマップの複合プロットである。四つのパネルはそれぞれ二〇年の開きがあり、非白人（国勢調査の呼称、主にアフリカ系アメリカ人で構成されている）の動きを示している。矢印は総移動（流出マイナス流入）を示し、矢印の幅は移民の数と比例している。下部のパネルはアフリカ系アメリカ人の年間のリンチ殺人数を示している。これらの九四%が元南部連合にいた人々である。ここではこの変数を、ミナールがナポレオン進軍の地図で気温を使用したのと同じ方法で——ひとつの可能な原因変数として——使用している。

カラー図版19のいちばん左のパネル（一八八〇年のもの）は、リコンストラクション後の集団移動の始まりを示している。移民のほとんどが南部を離れ、北部や北東部（シカゴ、デトロイト、ピッツバーグ、ワシントンD・Cなど）の工業都市へ向かった。リンチ殺人数は増加の一途を辿り、一八九〇年にピークを迎え、一九〇〇年には移民数が倍になった。労働力への需要が第一次世界大戦中に拡大し、その後ますます増加していったことは、一九一〇年から一九二〇年の一〇年間で四五万四〇〇〇人が南部を離れたことを示す一九二〇年のパネル、そしてさらに一五〇万人が、大恐慌の期間および第二次世界大戦までの発展期間中に南部を去ったことを示す一九四〇年のパネルから証明される。その他の要因は、一九二七年のミシシッピ川の大洪水だった。このとき、二〇万人を超えるアフリカ系アメリカ人がミシシッピ川下流の家を追われた。

大恐慌は白人黒人含め、膨大な数の人々に影響を与え、その多くが、住んでいた家を失い（特にダストボウル〔一九三一年から一九三三年にかけて米国中西部の大平原地帯で断続的に発生した砂嵐〕の影響を受けた州)、他の地域のより良い生活を求めて故郷を離れた。このようすはカラー図版20の上のパネル(図版19の一九四〇年のパネルを拡大したもの)のアフリカ系アメリカ人に示されている。下部のパネル(一九四〇年の白人のデータ)は劇的なコントラストを示している。アフリカ系アメリカ人はその前後の一〇年間とほとんど同じパターンで、大恐慌の数十年の間に南部を逃れたが、白人たちの多くは農夫であり、その経済生活はダストボウルの被害によって崩壊した(スタインベックの『怒りの葡萄』のジョード一家を思い出してほしい。彼らはすべての所持品を一家のトラックに乗せ、西のカリフォルニアを目指した)。

結論

そして私たちは過去へ絶え間なく戻されながらも、流れに逆らってボートを進める。

——ニック・キャラウェイの心に残る最終行、『グレート・ギャツビー』より

この最終章は、極めて現実的な意味で、本書全体でいえば楽曲のコーダ〔結尾部〕となる。私たちは新たな問題に直面するたびに、まずは過去に立ち返ることが賢明だということがわかった。そうすれば、私たちより先に生きていた人々の考え方を理解するという恩恵に預かることができるからだ。自分たちは先祖よりも賢いと人々に信じさせる傲慢さが、幸福な結果を生み出すことはめったにない。本書全体は、過去をより良く知ることによってこそ、未知の未来へと進む最善の準備ができるという信念に突き動かされている。過去を照らし出すことに加え、私たちは定量的現象を視覚的に描写することの驚くべ

きパワーに注意を向け、事実と感情の両方を効率的に伝達したいと考えた——すなわち、グラフはいかにして詩になり得るか、ということだ。

これらの点を明確にするため、奴隷状態から解放された後の世紀における、米国南部からのアフリカ系アメリカ人の大移動のようすを提示した。明らかにスペースが足りなかったため、シンプルにする必要があった。これにあたり、私たちは「少ないことはよいことだ」というミース・ファン・デル・ローエの格言が驚くほど真実であることを発見し、デュボイスとミナールがその研究のなかで遭遇した、詳しさか正確さかという問題と同レベルの選択に迫られた。

一〇年ごとのプロットにしたところで、二〇年周期に折り畳むとはっきりしなかったものが見えたかと言えば、そんなことはなかった。つまり、私たちが構成した四つの広域地方ではなく、九つの国勢調査地域への移住先を示したとしても、構造を強化するどころかノイズを加えることにしかならなかったということである。たとえば、およそ三五〇万人が南部を離れて北部や西部へ向かった集団移動の最終段階を含む一九六〇年のプロットを含めても、すでに示してきたものに量が付加されるだけで、全体的なメッセージは変わらない。このように私たちは、この要約が正確であると同時に完全でもあり、またW・E・B・デュボイスが一世紀以上も前に始めた仕事の適切な継続であると信じている。

デュボイスのグラフィカルな物語は、アフリカ系アメリカ人の現実、すなわち、それらがどのように始まり、どうなったかを示した。私たちは、それらがどのようにそこへ辿り着き、どこに由来するのかということの詳細も付け加えた。このため、過去からそのツールを選び、偉大なC・J・ミナールのアイデアを掘り起こした。そして、地理的背景全体のモノと人の流れを示した彼のメタファーを臆することなく借用した。下降する気温のデリケートな曲線を、ミナールが一八一二年冬のロシアの平原を超えて死の行進をするナポレオン軍の急速な縮小に結びつけたことは、フランス全体を覆っていた深い悲しみを見る者に経験させる。私たちがリンチ殺人の補助変数を使用したのも、同じような感情を生み出すためだった。南部のアフリカ系アメリカ人が家を離れ、他の地域で生活を立て直そうと決意したときに、必ずや感じたはずの恐怖に人が共感するのと同じように。

この同じ方法論を、ナチスドイツからのユダヤ人離散、ファラオのエジプトから逃れたヘブライ人、東ヨーロッパのユダヤ人大虐殺下の小作農、チェロキー族の涙の道、バターン死の行進などに結びつけるのに、それほどの想像力は必要としないだろう。一八世紀、イギリスが東カナダからアルカディア人を追放したことを、その長い物語詩『エヴァンジェリン』に著すことにより、米国の詩人ヘンリー・ワーズワース・ロングフェローは人々の心を捉え、アルカディア人へのじゅうぶんな共感を得たことで、一七六四年七月一一日、イギリス政府に対し、追放されたアルカディア人を帰国させるよう仕向けることができた。これぞまさに詩の力である。

こうした悲劇的な出来事の事実と感情をより良く理解し、記憶に残すことができるようにするための、臨場感あふれる生々しい記述は他の者に任せたい。詩的なデータ視覚化において、学ぶことのできる事実の伝達と、心のなかに永遠に存在しうる感情を結びつけることは、未来の惨事に対する防波堤となるだろう。なぜなら、「グラフには魔力が宿る。曲線の形状は一瞬にして全体の状況――伝染病、パニック、または繁栄の時代のライフヒストリー――を明らかにする。曲線は心を伝え、想像力を目覚めさせ、確信させる」のだから。*16

さらに詳しく学ぶために

このセクションでは、さらに詳しい文献や、読者の皆さんがもっと知りたいと思うようなトピックへのリンクやリファレンスを紹介する。これらは各章の物語《ナラティブ》には直接当てはまらなかったが、有益であることに変わりはない。

第2章

- この章はFriendly et al. (2010) から素材を得ている。この論文の補足となるウェブサイト（https://datavis.ca/gallery/langren/）では、さまざまな書面に含まれる図2・1の初期のバージョンや、『海と陸の真の経路』の翻訳、ファン・ラングレンの暗号文のテキストなどの、歴史的資料が入手できる。
- ファン・ラングレンの暗号文は、今も暗号解読法において最も難解とされる未解決の問題のひとつである。このトピックの歴史に興味があるのなら、クレイグ・バウアーの二〇一七年の著書をお勧めしたい（Bauer, C. P. (2017)）。
- Dava Sobel (1996) による経度問題の一般的な歴史は、時計職人ジョン・ハリソンの業績に焦点を当てている。ハリソンは相当な困難を経て、ついにこの問題をじゅうぶん正確に解決したとみなされ、経度委員会から表彰された。

・月の特徴のマッピングとネーミングに関するストーリーは、ファン・ラングレンなしには始まりも終わりもしなかった。Whitaker (2003) はその全史を紹介したもので、一章分をファン・ラングレンと一六四五年の月面図の他のバージョンに割いている。
・ファン・ラングレン以降の時代、グラフと呼ぶことのできる他の初期のものの多くは、動く紙や円筒上にペンで、気温や大気圧などの現象を記録する装置によって作成されていた。ロバート・プロットの大気圧の図表（図1・4）がその一例である。Hoff and Geddes (1962) に、多くのすぐれた図解とともに、この初期の歴史の詳細が紹介されている。

第3章

・一八世紀と一九世紀の科学の知的発展における経験的観測とデータの役割についてのより幅広いストーリーについては、Hacking (1990) で詳述している。
・ゲリーの『フランスの道徳統計』のストーリーは Friendly (2007) でより詳細に語られている。この論文はさらに、彼の後期の作品についても説明し、彼のデータと疑問を統計とグラフィックスの近代的手法に関連付けている。捕捉的ウェブサイト (https://datavis.ca/gallery/guerry) にリソースとなる資料が掲載されており、ゲリーのデータは R パッケージ **Guerry** (https://CRAN.R-project.org/package=Guerry) で入手できる。
・ゲリーのプライベートな生活と家族史については、最近になるまでほとんど知られていなかった。簡単な経歴が Friendly (2008c) に（フランス語で）掲載されており、英語版は上述の datavis.ca のウェブサイトにリンクが貼られている。

- ゲリーはそれまでに非常に多くのデータを表にしたため、機械式計算機「統計電算機」を発明してこの作業に役立てた。特殊用途の統計計算機としてはおそらく初となるこの装置の歴史は、Friendly and de Saint Agathe (2012) で詳述されている。
- イングランドでは、ジョゼフ・フレッチャーが、道徳変数間の関係性への追求と、主題図を使用してそれらのデータを表示している点で、ゲリーに最も近い。Cook and Wainer (2012) に、これらの功績に関する説明がある。
- 主題図の初期の発展を最も包括的に扱っているのは、やはりRobinson (1982) だろう。Palsky (1996) には一九世紀の定量的地図作成の詳細な歴史が（フランス語で）説明されており、Friendly and Palsky (2007) は、グラフ画像と科学的問題とのつながりを追究することを意図した主題地図および図表の歴史を解説している。Delaney (2012) は、この分野でのランドマークとなる発展の概要を、豊富な図解とともに説明している。

第４章

- Johnson (2006) は、ロンドンのコレラ発生の背景と、スノウらがこのポンプに隣接するブロードストリート40番地に住む生後五ヶ月の乳児、フランセス・ルイスという「インデックスケース」の証拠を見出し、その最初の発生を追跡する上で果たした役割を見事に解説している。
- Koch (2011) は、病気の発生と伝染を理解するための地図作成の医学的利用の歴史を辿っている。

•プロパブリカ〔アメリカの非営利の独立系報道機関〕のデータジャーナリスト、スコット・クラインは、『ニューヨーク・トリビューン』のジャーナリストらが、コレラによる死者の時系列線グラフを第一面に使用して、一八四九年九月にニューヨーク市で起こったコレラの発生をどのように報道したかについて、興味深い見解を示している。以下を参照。https://www.propublica.org/nerds/item/infographics-in-the-time-of-cholera.

•リン・マクドナルドが開始したプロジェクト、『フローレンス・ナイチンゲール全集』は、手に入れることのできる彼女のすべての書き物（手紙、記事、小冊子など）を一六巻にまとめたものである。オンラインカタログはhttps://cwfn.uoguelph.ca/で入手可能。

•「ワールドマッパー」（https://www.worldmapper.org/）は、ダニー・ドーリングその他により、主にイギリスのシェフィールド大学で開発されたプロジェクト。現在、食物、物品、収入、貧困、住居、教育、病気、暴力、死因などをカバーする三〇の一般的なカテゴリーの約七〇〇の地図が含まれている。「ワールドマッパー」のスローガンは「これまで見たこともない方法で世界をマッピングする」である。旅行ではないとしても、訪れてみる価値はある。

第5章

•データ視覚化の歴史における他のほとんどの古典的作品と異なり、プレイフェアの主な作品──『アトラス』および『統計簡要』──は、現代の復刻版にて入手可能。編集と序文はハワード・ウェイナーおよびイアン・スペンスによるもので、二〇〇五年、ケンブリッジ大学出版局より刊行された。現代の読者はプレイフェアの文章を読んで、彼が一八〇〇年頃、自身の最新の図表について聴衆に説明するという困難にどのように立ち向かったかを知って、興味を抱くかもしれない。同じく、復刻版の品質の高さと、プレイフェアの図版の提示方法にも感銘を受けることだろう。そのうちのいくつかは折り込みページとなっている。

- イアン・スペンスによるプレイフェアの研究論文と伝記研究のコレクションは、https://psych.utoronto.ca/users/spence/Research_WP.html で見つけることができる。

第6章

- この章の一部は、Friendly and Denis (2005) にある資料に基づいている。
- 楕円形とその高次元の同種族（楕円体）の驚くべき可能性については、Friendly et al. (2013) で説明されている。関連する講義のスライドは https://datavis.ca/papers/EllipticalInsights-2x2.pdf で閲覧可能。
- 疑似相関のさらなる例は、タイラー・ヴィゲンのウェブページ（https://www.tylervigen.com/spurious-correlations）およびその付属冊子にある。y 座標のそれぞれについて異なるスケールを使用して、ふたつの異なる時系列をプロットすることから得られるこれらの結果のほとんどは、今では通常、犯罪とは言わないまでも、「グラフの罪」とみなされている。

第7章

- この章は主にFriendly (2008b) によるところが大きい。この論文には、ここで議論されているいくつかのトピックに関するさらなる図や深い洞察が含まれている。
- Friendly (2002) には、ミナールのグラフィック作品に関するレビューが掲載されている。多くの図表が入った完全な文献目録は、https://datavis.ca/gallery/minbib.html で入手できる。最近になって、Rendgen (2018) が、それまであまり知られていなかった作品を含むミナールの統計グラフィックスのすべてを美しく再現している。
- レイモンド・アンドリュースは、ミナール作品のビジュアルカタログと、サムネイル、コンテンツトピックごとの時系列と分類により、これをさらに一歩進めている。以下を参照。https://infowetrust.com/seeking-minard/.
- 数年前、著者のひとりが、ミナールのデータを使ってナポレオンの大陸軍の運命に関する彼のグラフを再現するか、もしくはこのグラフィックストーリーをさらに推し進めるかという課題を、現代のソフトウェアデザイナーへのチャレンジとして提示した。これら数多くの作品のコレクションが、https://www.datavis.ca/gallery/re-minard.php にある。最近加わったものとして、ノーバート・ランドスタイナーによるインタラクティブチャート (https://www.masswerk.at/minard/) があり、これは、私たちがこれまで見てきたなかで最もすぐれたインタラクティブな再現である。
- データをベースにしたこの時代のグラフィックスにおける発展の多くは、主題図作成に端を発している。つまり、地理的枠組みで定量的情報を提示する地図の使用ということだ。この文脈で、最も完全な一九世紀フランスにおけるグラフ手法の勃興に関する議論は、やはりPalsky (1996) だろう。Friendly and Palsky (2007) は、自然と社会を視覚化する地図と統計図表の使用の発展に関する、より広範な概要を述べている。

第8章

・主題図作成の発展に関する最も包括的な情報源はRobinson (1982) である。
・科学的発展、視覚的説明、および主題地図と統計図表間の歴史的つながりについては、Friendly and Palsky (2007) に解説されている。
・Slocum et al. (2008) による現代のテキストは、主題図作成と地理的視覚化を網羅している。
・三次元表面は長い間、数学的対象として研究され、方程式または (x, y, z) データによって説明され、ライティングとシャドウイングによってレンダリング可能とされてきた。このトピックに関するわかりやすい説明は以下を参照。https://www.scratchapixel.com/lessons/3d-basic-rendering/rendering-3d-scene-overview.

第9章

・Braun (1992) は、E・J・マレーの作品を最も包括的に取り扱っている。ここには彼の機械的装置、クロノフォトグラフ、映画作品など三〇〇を超える画像が含まれている。

・米国統計学会の統計グラフィックス部門のグラフィックスビデオライブラリー（https://stat-graphics.org/movies/）は、過去五〇年間にわたるデータ解析に関する動的グラフィックスの歴史の大部分を網羅している。これにはクラスカルのＭＤＳビデオ、テューキーのＰＲＩＭ－９ビデオなど、近代のデータ視覚化手法における重要な初期の発展のいくつかを図解および説明する多くのものが含まれている。

・Friedman and Stuetzle (2002) は、ＰＲＩＭ－９とインタラクティブグラフィックスの開発において、ジョン・Ｗ・テューキーの作品の歴史的理解を与えている。Cook and Swayne (2007) は **R** and **GGobi** ソフトウェアを使用した、インタラクティブかつ動的なグラフィックスの近代的な例を紹介している。

・ハンス・ロスリングのビデオプレゼンテーションのコレクションは、https://www.gapminder.org/videos-2/ で見つけることができる。動くバブルチャートを紹介した最初の動画のひとつが、「これまでに見た最高の統計」（"The best stats you've ever seen"）（https://www.youtube.com/watch?v=hVimVzgtD6w）というタイトルのＴＥＤトークである。

第10章

・ミナールの一八一二年の軍事作戦のグラフィックは、この歴史のグラフィック描写を拡張しようとする多くの人々に影響を与えてきた。これらのいくつかのコレクションとさらなる背景については、https://www.datavis.ca/gallery/re-minard.php で見ることができる。

・最近になって、多くの図解とともに表現したロシア軍事作戦の印象的なインタラクティブマップと歴史的物語が、ロシアのタス通信〔現在はイタルタス通信〕で開発され（https://1812.tass.ru/）、「カンター情報は美しい」賞の最終選抜候補にリストされた。

- C・J・ミナールのグラフィック作品の全コレクションは現在、サンドラ・レンドゲン（2018）がキュレートしたすばらしい書物で見ることができる。
- 一九〇〇年のパリ万国博覧会におけるW・E・B・デュボイスの図表に関する議論と、これらのさらに幅広いセレクションは、https://hyperallergic.com/306559/w-e-b-du-boiss-modernist-data-visualizations-of-black-life/で見ることができる。
- カラー図版19とカラー図版20の草案作成には、標準的なグラフィックソフトウェア以上のものが必要だった。これらの図の発展の背景となる全貌を学ぶには、以下のサイトを参照。https://infowetrust.com/picturing-the-great-migration/.
- 関連記事としてAndrews & Wainer (2017) がある。

謝辞

本書のように長くあたためられたプロジェクトであればどんなものも、指導者、協力者、インスピレーションを与えた人々、学生、友人など、私たちの考えや研究に貢献してくれた人々に対して、必然的に莫大な借りをつくることになる。その最も重要な存在が、デイヴィッド・ホーグリンとスティーヴン・スティグラーだ。

デイヴは本書の初稿の「法定助言者」の役割を引き受け、細心の注意を払って私たちのテキストを精査し、そこに記されていることがらとその提示の明確さの両方を改善してくれた。言葉にできないほど感謝している。

世界有数の統計学史家であるスティーヴン・スティグラーは、いつもやりとりをするEメールの向こう側にいる、極めて有益なリソース的存在だった。事実、方向性を示し、間違いを正してくれただけでなく、こちらが困惑するほど、歴史的文書に関するみずからのすばらしい個人コレクションから高品質の図を次から次へとスキャンし、それをシェアし、私たちが必要とするときはいつでもベストな引用を付け加えてくれた。

このふたりの学者の手助けがなかったら、本書はもっと価値の低いものになっていたと言っても過言ではない。

公式、非公式にかかわらず、私たちは幸いにも、知恵と思いやりの両方を兼ね備えた人々から教えを受けてきた。ジャック・ベルタン、アルバート・ビダーマン、ハロルド・グリクセン、ジョージ・ミラー、フレデリック・モステラー、ピーター・オーンスタイン、エドワード・タフテ、そしてジョン・ワイルダー・テューキーといった人々だ。

本書はまた、「統計グラフィックアルバムの騎士団」と総称される学者（および友人）集団にも大きな恩義がある。この集団は当初、フランスの公共事業省が一八七九年から一八九九年にかけて作成した、おそらくそれまで製作されたなかで最も美しく精巧なグラフ手法の見本集とも言える歴史書のコレクションをまとめて購入し、それらを世に知らせるために結成された。この集団の創立メンバーには、アントワーヌ・ド・ファルゲロル、ジル・パルスキー、イアン・スペンス、アントニー・アンウィン、フォレスト・ヤング、そしてマイケル・グリーンエイカーなどがいる。以来、何人かの科学史家（スティーヴン・スティグラー、テッド・ポーター、トム・コックなど）をはじめ、データ視覚化の歴史に関心のある人々が仲間に加わっている。たとえばレイモンド・J・アンドリュース、デヴィッド・ラムゼイ、サンドラ・レンドゲンなどだ。本書を執筆するにあたり、「騎士団」はその専門知識と洞察を惜しみなく捧げてくれた。

計り知れない価値のある助力、支援、そして助言を、仲間や友人、学生たちから得た。なかでも傑出しているのが、ウィリアム・バーグ、ヘンリー・ブラウン、ロブ・クック、キャシー・ドゥルソ、リチャード・フェインバーグ、ピーター・リー、アーネスト・クァン、サム・パルマー、ジム・ラムゼイ、マシュー・シーガル、リンダ・スタインバーグ、デヴィッド・ティッセン、ポール・ヴェルマン、リーランド・ウィルキンソンなどの人々である。

「マイルストーンプロジェクト」と、長きにわたるデータ視覚化の歴史に関する研究は、トゥーラジ・アミリ、ダニエル・J・デニス、マシュー・デュバン、デレク・ハーマン・シン、ジョー・アンリー、ペレ・ミラン、キャロライナ・パトリラック、グスタヴォ・ヴィエラ、ジャスティーナ・ザキ＝アザットらの支援を受けた。

過去そして現在の編集者たちからの特別な支援と励ましに感謝の気持ちを伝えられることを嬉しく思う。なかでも特に、ケンブリッジ大学のローレン・カウルズとプリンストン大学のヴィッキー・カーンズは、前作で私たちが言ったことを実際に行動に移してくれた。

本書に最も関係が深いのは、ハーバード大学のトーマス・エンブリー・ルビアンとジャニス・オーデットだ。執筆中、そして出版に至るまでのプロセス全体で彼らが与えてくれた指南が、私たちの粗雑な原稿を、今、読者の皆さんが手にしているこの完成版に変えた。さらに、自分たちが伝えようとしていることをより正確に引き出し、それを目に訴えるような方法で示すことを私たちに実現させてくれたハーバード大学の編集・製作スタッフの特殊なスキルにも感謝したい。なかでも特に、エメラルド・ジャンセン＝ロバーツとステファニー・ヴァイスは、製作と知的財産権の問題について進んで私たちの手助けをしてくれた。この場を借りて感謝の気持ちを伝えたい。

註

はじめに

＊1　GBD 2016 Alcohol Collaborator (2018)、二〇一八年八月二三日オンラインにて発行。https://doi.org/10.1016/S0140-6736(18)31310-2.

＊2　ここで引用しているバージョンは、アメリカの実業家、ジョン・ネイスビッツのものとされる。

＊3　この引用元となる出典を見つけることはできないが、確かにこれはテューキーが支持した見方である。統計学者としての名声を誇る彼は、統計学を含む幅広い学問分野としてデータ解析を認識し、この分野に革命を起こした。それは「データサイエンス」という言葉が今、現行の慣習や考え方を再編成するために使用されているのと同じである。この考えには、他の文脈において、目的を洞察に結びつける別の言い回しがある。有名なコンピューターサイエンティストであるリチャード・ハミングは、「コンピューティングの目的は洞察であり、数ではない」と述べている（Hamming, 1962, 序文）。データ視覚化の第一人者ベン・シュナイダーマンはしばしば、「視覚化の目的は洞察であり、図像ではない」と述べている。この意見を私たちは心から支持している。

＊4　Beniger and Robyn (1978).

＊5　Bertin (1973, 1977, 1983).

＊6　Tufte (1983, 1990, 1997, 2006).

＊7　初版は今も以下のサイトで見ることができる。https://euclid.psych.yorku.ca/SCS/Gallery/milestone/.

＊8　当時、データに基づくグラフィックスの歴史を包括的にまとめた書籍は、ハワード・グレイ・ファンクハウザー（一八九八―一九八四年）が、一九三七年に刊行された雑誌『オシリス』に著した一三五ページに及ぶ論文しかなかった。コミュニケーション学を専門とする社会学者のジェームズ・R・ベニガーは一九七五年頃、一連の会議のプレゼンテーションのなかで、この歴史についての研究を蘇らせた。一九七八年、ベニガーとロビンは統計学における量的グラフィックスに関する影響力のある略史を発表し、このトピックに対する現代の関心を呼び覚ました。グラフィックの歴史に関するその他の首尾一貫した説明は、より焦点を絞ったものとなっている。その一例が、アーサー・ロビンソンが一九八二年に発表した、主題図作成の歴史に関する権威ある報告書だ。これは当然のことながら、地図作成者の間では有名である。もうひとつが、ジル・パルスキーが一九九六年に発表した、一九世紀における主題図作成の発展に関する、同じく権威ある記事だ。これは現在、フランスでしか手に入らない。

＊9　このアプローチはFriendly (2005, 2008a) に記載されているが、その要となる考えは一九四三年、アーンスト・ルビンが初めて提示している。歴史家のなかには「数量史」いう言葉を好む者もおり、現在数多くの歴史雑誌がこのトピックに焦点を当てている。より幅広い用語としては歴史動力学や計量歴史学（歴史の女神クレイオー（Clio）からとった言葉）などがあり、これらもまた、ものごとが時間とともにどのように、そしてなぜ変化したかを問う、定量的に研究することのできるトピックとして歴史を取り扱っている。

第1章

＊1　言語学者は表意文字（グラフィック記号が概念や思想を表す）、絵文字（記号が象徴的な絵や図を表す）、表語文字（象形文字が音や形態素を表す）の三つをより注意深く区別している。エジプトの象形文字は当初、表意文字と考えられていたが、実際は表語文字であり、視覚的記号を使って音や話し言葉のシラブルを表現したものである。

＊2　Bachi (1968).

＊3　Tukey (1977, p. 17).

＊4　アンリ・ブルイユはフランスのイエズス会神父、考古学者、人類学者、民俗学者、そして地質学者だった。スペイン、ポルトガル、イタリア、アイルランド、中国、その他の地域のほか、フランスのソンムおよびドルドーニュ地方の渓谷の洞窟画に関する研究で知られている。

＊5　Harari (2015).

＊6　https://news.bbc.co.uk/2/hi/science/nature/871930.stm を参照。

＊7　ローマ神話ではユリシーズとして知られている。

＊8　地図作成の歴史には多くの情報源があるが、なかでもウィスコンシン大学の同名のプロジェクト（https://geography.wisc.edu/histcart/）が有名である。現在は六巻あり、そのうちの数巻がシカゴ大学出版局でオンライン公開または書籍販売されている（https://www.press.uchicago.edu/books.HOC/index.html）。

＊9　グラフィック記録の歴史についてはHoff and Geddes (1962) を参照。

＊10　とはいえ、這い回る経験主義［経験を重視するあまり、本来手段であるべきものが目的になってしまうこと］や、単に数を図像に書き写すことが、世界的な承認を得ることはなかった。一八八四年になってようやく、ときに「気象学の父」と呼ばれるルーク・ハワード（一七七二―一八六四年）は、みずからの方法論について弁解し、これを「むしろ普通の学生と変わらない、明らかに自然哲学の愛好家が使用するのに適している程度の……曲線の自動記録」とした（Howard, *Barometrographia*, 1847）。

＊11　不特定多数の人に依頼して天気データを収集するというプロットが提案した手法と、その潜在的価値に対する評価は、後にフランシス・ゴルトンによる一八六三年の北半球の天候パターンの目のさめるような発見において大きく実を結ぶことになる。これについては第7章で解説する。

＊12　この実用的な利用はエドモンド・ハレー (1693) やアブラーム・ド・モアブル (1725) をはじめとする数学者を駆り立て、こうしたデータから平均寿命を計算する方法の開発へと導いた。

＊13　Biderman (1978).

＊14　興味深いことに、プレイフェアの最初の模倣者のひとりは、銀行家のサミュエル・テルテュウス・ゴルトン（フランシス・ゴルトンの父で、近代統計学の生物学的祖父となる）で、彼は一八一三年、通貨、外国為替レート、および金塊と小麦の価格に関する多重時系列チャートを発表した（S.T.Galton, 1813）。皮肉なことに、彼が自身のグラフにじゅうぶんな注意を払っていれば、みずからの銀行の経営を破綻に導いた一八三一年の財政危機を予測することができたかもしれない。https://www.danielebesomi.ch/research/diagrams を参照。

＊15　ウィリアム・プレイフェアの驚くべき人生と功績に関する詳細（未遂に終わったアーチボルト・ダグラス卿への恐喝容疑

に関する興味深いストーリーなど）について関心のある読者は、Spence and Wainer (1997, 2005)、Wainer (1996)、および Wainer and Spence (1997) を参照されたい。

＊16　Hacking (1990).

＊17　この熱狂は、一般的と言うには程遠いものだった。イギリスでは、影響力のある統計学者はみずからを誇らしげに「スティティスト」〔国家の政治的事実の研究者という意味〕と呼んでいた。つまり彼らは自分たちの役割を、主にグラフではなく表で示される「事実」の編纂者として見ていたのである。

第2章

＊1　発見や発明に原案者ではない人物の名前が付けられているケースがあまりにも多いため、科学史におけるこの現象は、今ではスティーブン・スティグラー（1980）にちなんで「スティグラーの法則」と呼ばれている。スティグラーは、この法則は自分にも当てはまると説明し、多大な影響力をもつ社会科学者ロバート・マートンがこの法則の原案者であるとしている。

＊2　Funkhouser (1937, p. 277).

＊3　ダカットは約三・五四五グラムの金を含む金貨である。当時六〇〇〇ダカットは二一・二七キログラム（四七・六ポンド）の金に相当した。これは当時としては相当な金額であり、現在に換算するとおよそ二〇〇万ドル（約二億二〇〇〇万円）になる。

＊4　Stigler (2016, ch. 1).

＊5　Stigler (1986).

＊6　Tufte (1997).

＊7　これについて、また科学的発見の暗号化された説明文のその他の使用例については、https://www.mathpages.com/home/kmath151/kmath151.htm を参照。

＊8　これらの発見の信憑性はグスタヴォ・ヴィエラの綿密なアーカイブ作業による。

第3章

＊1　アーバスノットの説明によると、おそらく危険を冒してまで食糧を探さなければならない男性は事故死となる可能性が高い。だからこそ賢い創造主は、女性より男性を多くこの世にもたらしたのだ。

＊2　Campbell (2011) は、アーバスノットのデータと論理の限界について説明している。

＊3　Hacking (1990, p. 64-66) を参照。

＊4　Hacking (1990, Ch. 9).

＊5　完全な歴史については Friendly and Palsky (2007) および Robinson (1982) を参照。Delaney (2012) はさまざまな学問分野におけるランドマークとなる主題図のすばらしいコレクションを提供している。

＊6　Robinson (1982, p. 55).

＊7　高解像度の拡大縮小表示可能な画像は以下で見ることができる。https://digital.library.cornell.edu/catalog/ss:19343162.

＊8　Tufte (1983, 1990).

＊9　Tufte (1990, p. 67).

＊10　病気に関する地図の歴史については Koch (2000) を、主題図作成の発展については Palsky (1996) を参照。

＊11　一八三一年初頭、ゲリーはケトレーに手紙を書き、みずからの最初の発見とその結論について説明している。ケトレーは後にゲリーの手紙の一部を引用したが、それらは単に彼自身の主張をサポートするにすぎないと主張した。ところが、アンド

レ＝ミシェル・ゲリーは生まれも性格も控えめな人間だった。その栄誉にあずかるのは自分だと主張していた、親戚関係にあったケトレーに対して、犯罪統計学における規則性の発見の権利を公的に主張することもできただろう。だが傑出した天文学者であり数学者であったケトレーは、もっと大規模で大胆なビジョンをもっており、たゆまず自己宣伝をする人だった。引退した若き弁護士でアマチュア統計学者だったゲリーは、ただ単に努力しつづけることに満足していたのだ。サー・レオン・ラジノヴィクスは次のように述べている。「ケトレーは隣人を小さく見せてしまう巨木のような存在だった。ふたりの性質は、実際に補完しあうような関係で、現に彼らの功績は似通っていた。したがって、犯罪の社会学の発端は、ケトレーに負うところが大きいのと同じくらい確実に、ゲリーにも負っていると言うのが公平だろう」(Radzinowicz, 1965, p. 1048)。

＊12　エミール・デュルケーム（1897）はこのアプローチを自殺研究に取り入れたが、ゲリーやその他の道徳統計学者についてはそれほど高く評価していなかった。

＊13　Diard (1866).

第4章

＊1　出生死亡登録法、一八三六年。https://tinyurl.com/jykzwgt。

＊2　J. R. McCulloch, ed., *A statistical account of the British Empire* (London,1937) 2 vols., p. 567-601 内に発表。

＊3　ファーの戸籍本署長官宛の手紙。*First Annual Report of the Registrar General* (London: HMSO, 1839) 内に所蔵。以下も参照：M. Whitehead (2000)、https://www.who.int/bulletin.archives/78 (1) 86.pdf. このページに該当箇所の説明が描かれている。

＊4　Hayes, J. N. (2005), pp. 214-219 を参照。

＊5　レビュー、*Lancet*, 1852, 1, 268。John Eyler (1973) も参照。ここでの議論はこの研究に基づいている。

＊6　Tufte (1983, ch. 8).

＊7　初出とされているのは、ほぼ無名の論文、*Annales d'hygiène publiques et de médecine légale* (Guerry, 1829)。気候と生理学的現象の似たような図が示されている。

＊8　General Registrer Office (1852, pp. clii-clvii)。このデータは**R**パッケージ **HistData** に **Cholera**（コレラ）のデータセットとして含まれている。

＊9　現代の統計ソフトウェア（R）の言語で言えば、これは **cholera~water* elevation** と表記される。ここで **water** は分類係数である。

＊10　これらのデータの近代的分析では、人口一万人あたりのコレラ死亡率について、線形単回帰分析〔線形回帰分析は、ひとつ以上の既知の変数から連続した変数の値を予測しようとするもので、この既知の変数がひとつの場合を単回帰分析という〕または古典的な線形モデルは使用しない。より適切なのは、一般化線形モデル〔残差を任意の分布とした線形モデルで、目的変数が正規分布にしたがわなくても適用できる〕、たとえば人口に対する死者数に関するこのようなロジスティック回帰〔ベルヌーイ分布にしたがう変数の統計回帰モデル〕、またはポワソン回帰分析〔稀にしか起こらない現象に関するカウントデータを分析するための方法〕などである。

＊11　Snow (1849b), “On the pathology and mode of transmission of cholera.”

＊12　Snow (1849a) 内に詳述および転載。Snow (1855).

*13 General Register Office (1852, p. lxxvi – lxxvii).

*14 Jameson, J. *Report on Cholera in Bengal*. Farr (1852), p. lxxvi より引用。

*15 ロンドン統計学会（ＳＳＬ）の初期の歴史に関する記述については https://www.hetwebsite.net/het/schools/rss.htm を参照。ウィリアム・ファーは一八三九年、ＳＳＬのフェローに選出され、その後一八七一年から一八七三年の期間、会長を務めている。彼はふたつの会長演説をおこなっており、そのなかで、この歴史における重要な出来事のいくつかを詳しく述べている。

*16 スノウの本はオンラインで閲覧できる。https://www.ph.ucla.edu/epi/snow/snowbook.html.

*17 ファーとスノウの役割に関する完全な議論については、Eyler (2001) を参照。

*18 Koch (2000, 2004, 2011).

*19 Tufte (1997, p. 27-37).

*20 この栄誉は通常、物理学者ヴァレンタイン・シーマンに与えられる。彼は一七八九年、ニューヨークで起こった黄熱病の発生をマッピングした人物である。主題図作成の文脈における初期の議論については Wallis and Robinson (1987) を、より長期の治療については Koch (2011) を参照。

*21 Tufte (1997, p. 30).

*22 *Report on the Cholera Outbreak in the Parish of St. James, Westminster: During the Autumn of 1854*, London: J. Churchill.

*23 Snow (1855, p. 109).

*24 Snow (1855, p. 109).

*25 これらの拡張の試みに関する調査については、Koch (2004) を参照。

*26 Gilbert (1958).

*27 これらは**R**パッケージ **HistData** 内に収められている。もともとはＵＣサンタバーバラ校の国立地理情報分析センターで、ラスティ・ドッドソンにより一九九二年にデジタル化され、ウォルター・トブラーが公にしたもの。パッケージ内の例で、スノウの地図をさまざまな方法で再現できる。

*28 ボロノイ多角形の意図は、人々が飲料水を引いていたと考えられる（最も近くの）ポンプを定義することである。これらはユークリッド距離を使用しているため、計算が簡単にできる。主な欠点は、道路と実際の歩行距離が、ポンプの選択において何の役割も果たさない点である。この方法は、人々が壁を通り抜けて好みのポンプに到達することができることを想定している。

*29 これについてはピーター・リーに感謝したい。彼の**R**パッケージ **cholera** は、スノウのデータセットの他のバージョンを提供し、スノウが図４・８で例示しようとしたポンプ近郊のより詳細な分析を容易にしている。

*30 スノウの地図は、現代の地理情報システム（ＧＩＳ）や統計グラフィックスソフトウェアを使用した他の複製が数多く存在する。ＧＩＳのいくつかの例については Shiode et al. (2015) を参照。インタラクティブバージョンのなかで、われわれが好むもののひとつが ArcGIS によって開発された。https://www.arcgis.com/apps/PublicInformation/index.html?appid=d7deb67f810d46dfacb80ff80ac224e9.

*31 Koch (2013).

*32 世に認められた医療界の権威エドマンド・パークス (1855) は、その第二版刊行の年に、スノウの『コレラの伝達モードについて』を批判している。その他の酷評のなかでも特に、近隣

の生存者の井戸と比較し、犠牲者が水を引いていたと思われる井戸に関する不確かな説明をスノウがしている点を咎め、そのような証言は価値がないと主張した。

*33 このフレーズはエドワード・T・クックの一九一三年の伝記、『ナイチンゲール――その生涯と思想』〔一九九三年、時空出版、中村妙子訳〕から引用したもの。以下から入手できる。https://archive.org/details/lifeflorencenigh01cook. 統計学者としての彼女の伝記は Kopf (1916) で語られている。

*34 Kopf (1916).

*35 この結果のひとつが後に、戦禍においてひとりでも多くの命を助けることに専念する「陸軍移動外科病院」と呼ばれるようになる。頭文字のMASHはここから取ったもので、朝鮮戦争中の衛生兵を題材にした映画やテレビシリーズのタイトルとなった。

*36 Nightingale (1858).

*37 Nightingale (1858, Diagram K, p. 47).

*38 Nightingale (1858, p. 298).

*39 Stigler (2016, ch. 7).

*40 このグラフは、「情報可視化 (Infovis)」と統計グラフィックスのちがいに関する思想豊かな議論のなかで、Gelman and Unwin (2013) によって提案されたもの。

第5章

*1 この章はイアン・スペンスの業績に負うところが大きい。一部は共著者のスペンスとウェイナーの書物から引いているが、原典はスペンスである。彼の研究をここで使わせていただいたことに感謝したい。

*2 こんにち、この慣習はしばしば非難の対象となっている。その背後にあるのはタフテが一九八三年に、図表における「ノン・データインク」〔棒グラフの棒をデータインク、影の効果をノン・データインクという〕を最小限にすることを求めたことにあるが、図表において参照インジケーターを示すという一般的な考え方は依然として有効である。

*3 Venn (1880).

*4 Cleveland and McGill (1984a).

*5 トロントの心理学者イアン・スペンスの一九九八年の調査によると、一般的な報道におけるすべての図表の一〇%が円グラフだった。科学やビジネス関係の出版物では、円グラフはもっと少ない。

*6 フランスは主題図での使用に適した見事な設計がなされている。行政地区がすべて、同等のサイズになっているのだ。これは偶然ではない。ナポレオンは、あらゆる市民が一日で行政の中心地に馬に乗って行かれるように、それらの境界を設定するよう命じた。

*7 Tukey (1977, p. vi).

*8 彼はトルコに関する章で、完全に侮辱した表現でこう語っている。「ヨーロッパで最もすばらしく、最も公平で、芸術、科学、文学がかつて高度に発展した場所のひとつは、現在、最も無知で、怠惰で、地球上にひしめく品位を落とした人類によって所有されている」(p. 53)。

*9 Stamp (1929, pp. 258-259). この部分の実際の引用元は、イギリスの判事であり下院議員であるハロルド・コックスである。

*10 このプロットは、ウィリアム・クリーヴランド (1994, p. 228) が作成したものの再現である。データはRパッケージGDAdata内のデータセットEastIndiesTradeに記録されてい

る。

＊11 ダニエル・ローゼンバーグとアンソニー・グラフトン(2010) は、著書『時間の地図作成』のなかで、歴史を視覚化するためのツールとして注目すべき年表発展史を提供している。

＊12 https://en.wikipedia.org/wiki/A_New_Chart_of_History を参照。

＊13 プレイフェアがこれに関する実際のデータを所持していたとは考えにくい。このテキストでは、それぞれのミニチャートの垂直軸が何を表しているかについて、彼は何も語っていない。彼は自身の印象を、エドワード・ギボンの『ローマ帝国衰亡史』［一九九五―九六年、ちくま学芸文庫、中野好夫他訳］およびアダム・スミスの『国富論』［二〇二〇年、講談社、高哲男訳］の熟読と想像力を駆使した読解から報告している可能性が最も高い。

＊14 このデータは https://voteview.com から引いたもの。このウェブサイトから、政治的イデオロギーの空間地図上で、アメリカ史における米国議会の点呼投票のすべてを見ることができる。**DW-NOMINATE** スコアは、政治科学者のケニス・プール (2005) その他が、議員の投票記録の類似性をベースに、「政治的空間」に点を配置するというスケール手法として、一九八〇年代に発展させたもの。カラー図版9に要約した分析は、一万二〇〇〇件の議員／年記録と、一〇万件を超える点呼投票をベースにしている。

＊15 ジョン・スチュアート・ミルはこの点を最も強く主張している。「真理は、単に真理というだけで、間違った意見にはない固有の力をもち、地下牢や処刑台に打ち勝つというのは、根拠のない感傷にすぎない。……真理に備わるほんとうの強みはこの点ある。すなわち、ある意見が真であるとき、それは一回、二回、または何回でも消滅させられる可能性はあるが、いくつか時代を経るうちに、たいていはそれを再発見する人が現れ、ついにはその再現のいくつかが、好意的な状況に恵まれて迫害を逃れ、大きな勢力となる。そしてしまいには、いかなる抑圧の試みにも耐え得るものとなる」。ジョン・スチュアート・ミル『自由論』［二〇一二年、光文社、斉藤悦則訳］第2章、一八五九年より。

＊16 Playfair, W (1822-3)、未刊。ジョン・ローレンス・プレイフェア所蔵。カナダ、トロント。イアン・スペンスによる転載および注釈。

＊17 Hankins and Silverman (1999, p. 120).

＊18 実際、『アトラス』で「線形算術」について論じるなかで、プレイフェアは六ページを割いて、グラフで表されるものについて説明している。彼は、金銭を表す棒や線の高さをコインの山の高さに喩えている。これらを数ヶ月分または数年分、横に並べると、その高さは実際の金額に比例する。

＊19 統計学者としてのジェヴォンズの議論と、彼の統計グラフィックスの開発については Stigler (1999, 66-79) を参照。

＊20 Marshall (1885).

＊21 Levasseur (1885).

＊22 Spence et al. (2017).

第6章

＊1 タフテ (1983) は、近代の科学関連の出版物で使用されているグラフの七〇～八〇％が散布図であると概算している。近代における散布図の増加については Cleveland and McGill (1984b) も参照。

＊2　コーツの研究と散布図の歴史とのつながりについて指摘したスティーブン・スティグラーに感謝する。彼の一九八六年の著書『統計学史』は、統計学の歴史において不確かさの測定がどう進化したかがわかる権威ある資料である。

＊3　コーツが仮に、重心を視覚的に説明することを望んでいたとすれば、点p、q、r、sの大きさがそれらの重さと比例するようにしただろう。そうすれば、解Zがそれらの重心になるように見えるからである。私たちが知る限り、この考え方をデータグラフィックで最初に使用したのはC・J・ミナールである。彼はこれを、新しい郵便局をどこに建設するかという質問に答えるために設計したパリの地図で使用した。ミナールのビジュアルソリューションは、パリの郡（行政区画）の人口の重心だった。これを彼は比例正方形で示している。Friendly (2008b) の図6を参照。

＊4　ランベルトの研究とそのグラフ手法の哲学についてはBullynck (2008) を参照。

＊5　Lambert (1765, pp. 430-431).

＊6　Playfair (1821, p. 31).

＊7　これには正当な理由がある。というのも、ある時系列を別の時系列に比率（または、現在「恒常ドル」ベースで経済データを示すために使用されているような指数）によって関連付けるという考え方は、その半世紀後にJavons (1863) が登場するまで、思い浮かぶことはなかったからである。

＊8　Stigler (1986).

＊9　Herschel (1833b, p. 199).

＊10　Herschel (1833b, p. 171).

＊11　Herschel (1833b, para. 14, p. 178).

＊12　Herschel (1833b, sect. 2, pp. 188-196).

＊13　Herschel (1833a, p. 35).

＊14　ハーシェルの観測データはHerschel (1833a) の三五頁の表から転写したもの。その平滑化曲線から計算したデータは、Herschel (1833b) の一九〇頁の表1から転写したもの。これらのデータセットは**R**パッケージ**HistData**内の**Virginis**として入手可能。

＊15　この議論はHankins (2006) によって報告されたものである。彼はハーシェルの手法と結果に関する、より詳細かつ微妙なニュアンスを与える議論を提示している。

＊16　Hilts (1975, fig. 5, p. 26).

＊17　ゴルトン (1886, p. 254) は自身のプロセスについて非常に明確な説明をしている。「データ表（表1）が描かれた形式に注目していただきたい。……これは、両親の平均身長に対するすべての子の身長を記入した大きな用紙から割り出したもので、あらゆるケースにおいて、それぞれを一インチの一〇分の一の精度で記入した。その後、それぞれの平方インチで記入数をカウントし、それらを表に書き写した」。

＊18　最初期の研究のなかで、ゴルトンがx値のそれぞれの階級に対して中央値yを使用したのは（Stigler, 1986）、おそらくそのほうが計算が簡単だったからだろう。この考え方は後に、さまざまな見せかけ（抵抗線、ロバスト推定など）で再び現れることになる。

＊19　ゴルトンがこの実験にスイートピーを選んだのは、後に『自然遺伝』で述べているように、「これらは交配せず、……丈夫で、多産で、扱いやすいサイズで、ほぼ球形だからである。また、湿気のある空気から乾燥した空気に変わっても、有意なほどには重さが変わらないためである」。(Galton, 1889, p.80)

＊20　この実験も注目に値する。というのも、どうすれば最もう

まく親種と子種の「サイズ」を測れるかについて、彼は注意深く考えていたからである。平均重量なのか、それとも平均直径なのか？『自然遺伝』のなかで、彼はある穀物の袋に入っている一個の種の重さと、これに対応する一〇〇個の種を一列に並べた長さ、そしてその後、ひとつの種の平均直径を一〇〇分の一インチ単位に変換した値を示した表を発表している。

*21 ここで使用されているデータセットは、Stanton (2001) の解説記事で報告され、データセット **peas** として **R psych** に統合された。

*22 これはもうひとつのクラウドソーシングによる研究である。ゴルトンは新聞社に通知し、両親に対して、自分と子供たちの情報を記録してそれを返送するよう頼んだ。妻は平均して夫よりわずかに背が低いということを、彼は注意深く言及している。したがって、彼がおこなった両親の平均身長の測定は、母親の身長に一・〇八を掛けてからこれらを平均したものとなる。

*23 Friendly et al. (2013).

*24 Pearson (1901).

*25 相関関係の概念をゴルトンが発明したというストーリーは、スティーブン・スティグラーの『統計学史』(Stigler, 1986, chs. 8-9) のなかでもっともよく語られている。ある短い論説のなかで（Stigler, 1989）、彼はこの発明の背後にある全ストーリーを関連付けている。

*26 オンライン：https://galton.org/essays/1890-1899/galton-1890-nareview-kinship-and-correlation.html.

*27 Spence and Garrison (1993).

*28 このデータセットは**R**パッケージ **robustbase** の **starsCYG** として入手できる。

*29 フィリップス曲線には三つのパラメーターからなる指数形式、$y + a = bx^c$ または（ほぼ）線形形式の $\log(y + a) = \log b + c \log x$ がある。ここでyは賃金率の変化で、xは失業を表す。フィリップスはこの関数を、曲線当てはめで利用できるメソッドを使ったすべてのデータに対して当てはめることもできた。しかしその代わりに、彼がある程度の手―目―脳による平滑化を（ハーシェルと同様に）適用したことは明らかである。というのも、彼は図6・19に＋（プラス）記号で示される六つの代表点を選び、最小二乗を使用してbとcを概算し、試行錯誤を繰り返しながらオフセットaを予測することで、曲線をそれらに当てはめたからである。

*30 一七ページ中、全部で六ページ、すなわち雑誌のスペースのおよそ三五％が散布図で占められている。

*31 私たちがこれまで見てきた最初期の、作者の名前を付した計量経済学曲線は、エンゲル (1857) の業績による。これらの曲線は、ある一定の商品（食品や住宅など）に関する個々の支出のパーセンテージ分布について、全収入との関連から説明している。

*32 この部分は、アルベルト・カイロの *The Functional Art* (2012) からインスピレーションを得た。

*33 このトピックに関する残りの議論と同様、おそらく皮肉が込められている。

*34 https://tinyurl.com/8bbweav.

*35 Hartigan (1975) から引用した散布図マトリクス。これはその後、カテゴリカル変数を組み合わせた「モザイク」プロット（Friendly, 1999）、一般化されたペアプロット〔散布図行列〕(Emerson et al., 2013) など多くの方法で拡張し、さまざまな形式における量的変数とカテゴリカル変数の混合を示してい

る。

第７章

＊1　Friendly (2005), Friendly et al. (2015).

＊2　これらの歴史的時代についての説明はFriendly (2008a) を参照。

＊3　Funkhouser (1937), Palsky (1996).

＊4　アーサー・ロビンソン（1982, p.57）は当時のリトグラフィーの影響を、現代のゼロックスマシンに始まる急速なコピー技術のそれと同程度に重要だとしている。

＊5　私たちが知るこうした装置の最も広範なコレクションは、パリの国立工芸院にある。これらのなかには、次の上位桁に増分を繰り上げるメカニズムをもつ、スポーク付の金属ダイヤルでできたブレーズ・パスカルの「パスカリーヌ」（機械式計算機）などがある。この工芸院は訪れる価値がある。

＊6　この装置の喪失のストーリーと、フランス国立工芸院のアーカイブでのある種の再発見については、Friendly and de Saint Agathe (2012) を参照。

＊7　この画像は以下から入手できる：https://datavis.ca/gallery/images/Lalanne.jpg.

＊8　これらはサンドラ・レンドゲンによるすばらしい著作、『ミナール・システム』(2018) 内で再現されている。

＊9　Tufte (1983, p. 40).

＊10　ミナールのグラフのほぼ中間に示されているボロジノの戦いは、フランス侵攻の主なターニングポイントだった。チャイコフスキーの楽譜では、この戦いの旋律で、フランス国歌『ラ・マルセイエーズ』の一節に対抗してロシアの砲弾を五回発射させている［この砲弾音は管楽器によって再現されている］。

＊11　スティーブン・スティグラー、個人書簡、Wainer (2005) により引用。

＊12　『気象学』から個人的にコピーしたものからゴルトンの図を高解像度でスキャンし、提供してくれたスティーブン・M・スティグラーに感謝する。

＊13　Galton (1866).

＊14　風がどの方向から吹いているかを示すためには、必ず天気予報士が必要だということをゴルトンが示したという主張に反対することは難しい。天気図の歴史に関する地図作成上の観点についてはMonmonier (1999) を参照。

＊15　各国の統計アルバムは別個の作品ではあったが、フランス（エミール・ルヴァッスール、エミール・シェイソン）、ドイツ（ゲオルク・フォン・マイヤー、ヘルマン・シュワーベ）、イングランド（ウィリアム・ファー、ジョゼフ・フレッチャー）、アメリカ（フランシス・ウォーカー、ヘンリー・ガネット）その他の中心的な人々は、万国博覧会や会議、非公式の意見交換などから、互いの作品についてよく知っていたということは注目に値する。これらのなかには、一八五七年にケトレーその他によって組織され、まもなくしてグラフ手法の使用について討論したり、国際基準の開発を試みたりするための国際フォーラムへと発展した国際統計協会がある。たとえば、International Statistical Congress (1858), Schwabe (1872), Palsky (1999) などを参照。

＊16　Chvallier (1871, p. 17). フランス、リオンのマンデット美術館にあるウジェーヌ・ルエル大臣の肖像画のアニメーショングラフィックを含むレイモンド・J・アンドリュースによる説明（https://infowetrust.com/seeking-minard/）も参照。

＊17　Faure (1918, p. 294). Palsky (1996, p. 141-142) の議論も参

照。

＊18 『統計グラフィックのアルバム』の全コレクションは当初、一九九八年頃に著者と友人らで入手した。最近になってデヴィッド・ラムゼイが別のセットを入手し、そのデジタル版のコピーがオンラインに掲載されている。完全コレクションについては https://www.davidrumsey.com/luna/servlet/s/nl72bu を参照。

＊19 この名称は Becker et al. (1996) から引いたもので、プロットのグリッド状の配置を彷彿とさせる。その他のソフトウェアでは、「ラティスプロット」、「ファセット表示」などと呼ばれている。

＊20 たとえば一六五〇年当時、パリからトゥールーズまでの移動時間は、馬に乗ると三三〇時間かかった。鉄道の開発が進んだことにより、一八一四年には一〇四時間、一八八七年には一五・一時間まで短縮された。こんにち、同じ距離をボルドー経由のTGV〔フランス国鉄の高速鉄道〕を使えば五時間足らずである。パリからの地理的距離がほぼ同じであるモンペリエとマルセイユ間は、移動時間が大幅に短縮した。現在、TGVを使えばマルセイユまでおよそ三時間一五分で行ける。

＊21 ワールドマッパープロジェクト（http://worldmapper.org）には、健康や社会経済に関するトピックの統計地図の膨大なコレクションがある。政治報告書や選挙報告書では現在、地域の視覚的印象によって歪められることのない方法で投票の分布を示すことから、カルトグラムが好まれている。

＊22 高解像度、拡大縮小表示可能な画像を含むこれらの国勢調査アトラスのCD版コピーは、Historic Print and Map Co., https://www.ushistoricalarchive.com から入手できる。

＊23 第四二回米国議会の Ex. Doc. No. 9, 1871-1873 を参照（Walker, 1874, p. 1）。

＊24 近代的観点から見たこの図表の詳細な再解析については Hofmann (2007) を参照。

＊25 Dahmann (2001).

＊26 Statistischen Bureau (1897, 1914). これらは説明文と図版を統合したかたちで、スイス連邦統計局よりCD版を入手することができる。注文番号：760-0600-01。

＊27 Dahmann (2001).

＊28 この用語は Friendly and Denis (2000) で紹介された。

＊29 もちろん、ゴルトン、ピアソン、そしてフィッシャーでさえ、グラフに情熱を傾けてはいたが、彼らの考え方を拡散した多くの人々（F・Y・エッジワース、G・U・ユール、そしてピアソン自身）は、相関関係、回帰、および統計分布の一般理論の数学的・解析的側面に注意を向けはじめていた。尤度ベースの推論、決定理論、および測定理論のその後の発展によって、より正式な数学的統計の勢力が増した。「実際、学術的な統計学者やその学生らの間で扱われていたグラフィックスのように、一般的ではない、あいまいで初歩的なトピックを嫌う紳士気取りが何年にもわたって存在した」。（Kruskal, 1978, p. 144、強調は原文のまま）

＊30 科学歴史家は、「近代の暗黒時代」という言葉遣いを避け、その代わりに、トーマス・クーン（1970）がなんらかの科学革命に続く通常の科学の時代と呼んだ時期における単なる進歩として言及するかもしれない。それでも今のところは問題ないが、ここでの主要な論点（理論を一般的な慣習や理解に置き換える）からは外れている。

第8章

＊1　同様に、Delaney (2012) も『最初はX、次はY、こんどはZ』と題された論文に、主題図の発展について説明している。彼は、最もシンプルな考え方は、場所の名前（*X*でその場所をマークする）の後に緯度と経度の（*X*, *Y*）座標が来て、最後に主題となる*Z*層として色付け、影付け、シンボルを利用することだと記している。

＊2　セザール＝フランソワ・カッシーニ（カッシーニ三世とも呼ばれる）は、土星の人工衛星の軌道の動きを最初に表にした有名な天文学者、ジャック・カッシーニの息子である。一方のジャックは一七一八年、ダンケルクとペルピニャン間の子午線（経度線）の弧の測定を完了し、地球のかたちを決定した天文学者、ジャン・ドメニコ・カッシーニの息子である。この三人のカッシーニはパリ天文台の所長を務めた。

＊3　地磁気線を示した地図の初期の例は、フランスの天文学者であり、地理学者であったカステルフランのギョーム・ド・ノートニエ（一五五七―一六二〇年）によって、経度決定への貢献を目的に一六〇二年に発表された。しかしこれは、ハードデータから引き出したものではなかった。タイトルには「巧みに編纂された資料から説明された全世界……」と記されている。Mandea and Mayaud (2004) は歴史的評価をおこなっている。ノートニエはヨーロッパで最初の天文台のひとつを建設し、これは今も、フランスのタルン県にあるモントルドン＝ラブソニエという町の近くにある彼の所有地だった場所に建っている。

＊4　これはハレーの科学的名声であり、このプロジェクトの重要性は、それまで乗客としての海上経験しかなかったにもかかわらず、英国海軍が彼に「パラモア号」の船長の称号を与えたことでわかる。ハレーの航海に関する完全な説明は Thrower (1981) を参照。

＊5　Murray and Bellhouse (2017).

＊6　キャプションにはこう書かれている。「最短ルートで、また不当な費用を払わずに利用できるさらなる輸送手段を利用して、ロンドンからの旅の最短日数を示した旅行者の等時間隔的移動図表。各地域で準備が整っており、その他の状況が良好であることが前提である」。

＊7　私たちはこの技術を、ジョン・スノウのコレラ地図の拡張版で使用した（カラー図版3参照）。

＊8　Lalanne (1879).

＊9　この手法は一八四五年二月一七日に、フランス科学アカデミーに報告された。ここに示されるバージョンは、L・F・カーミッツが編集した気象学講座の付録に掲載されていた。

＊10　リアルな三次元マップと三次元サーフェスを扱う現行のソフトウェアの目覚ましい例には、**R** パッケージ **rayshader** (https://www.rayshader.com/) を使用したものがある。

＊11　一七五一年以前に関しては、詳細な人口データが存在しなかった。スウェーデンの人口統計は一八六〇年頃に中央集権化され、これが一八六一年以降の重要な改善へとつながった。一八六〇年以前には、国勢調査の年齢分布に問題があったが、その後一九〇八年になって、グスタフ・サンドバーグによって訂正された。ペロッツォが自身のグラフを描いたときは、この訂正されたデータは利用できなかった。Dana Glei 他の報告書を参照。https://bit.ly/3c7yq0y.

＊12　これは人口統計学者、ティム・リッフェとセバスチャン・クルースナーによる「最良の」推測である。二〇一七年九月の個人書簡より。

＊13　Perozzo (1881).

＊14　一九世紀後半の科学的文化、確率論、およびシュルレアリスムの関係性についての議論は、Brian (2001) を参照。
＊15　Lexis, 1875.

第9章

＊1　主成分分析、因子分析、多次元尺度法、コレスポンデンス分析は、こうした手法のほんの数例である。
＊2　重力の正確な強さは、実際、定数値からの偏差の主な原因である地球上の地点、南北緯度および標高によって変わるが、それぞれの地域の地形や地質でさえ変則性の原因になり得る。重力の変化と変則性の正確なマッピングは、NASAのGRACE（重力回復と気候実験）人工衛星のミッションにより、二〇〇二年に開始された。ここでこのことに言及するのは、NASAがごつごつした地球の美しいアニメーション視覚化を製作し、色と形状で標準重力からの偏差を示したことが、本章に即していると思われるからである。以下のサイトの画像を参照。https://en.wikipedia.org/wiki/File:GRACE_globe_animation.gif.
＊3　アメリカン・バレエ・シアターのアントニー・テューダー（一九〇九―八七年）はこの考え方を発展させ、「動作にストーリーを語らせる」というフレーズを使用した。彼は心理学に基づいた振付師として知られている。
＊4　Braun (1992, p. 45).
＊5　『人間と動物の運動』の図版626は、「アニーG」という名のギャロップする馬にまたがる騎手を示している(Muybridge (1887))。これは、この馬の脚の動作も追っている近代のアニメーションで見ることができる。以下を参照。https://bit.ly/3sYovQV.
＊6　こんにち、これに匹敵する画面は、アニメーション化されたGIF画像で、連続的、反復的に示されたこれらのフレームから構成されている（以下を参照：https://tinyurl.com/horse-in-motion-gif）。
＊7　Marey, *La machine animale*, 1873（『動物のメカニズム』より翻訳、一八八四年、六―七頁）。
＊8　Anonymous (1869).
＊9　『落下する猫』https://www.imdb.com/title/tt2049440/。
＊10　Marey (1894).
＊11　Anonymous (1894).
＊12　Kane and Scher (1969).
＊13　マイク・ウィリアムスのウェブページ「リアリスティックシェイプス」より。現在このサイトは機能していない。
＊14　一九八九年、筆者（MF）のひとりが四色のカルコンプ社のペンプロッターで作成した数百のグラフ入りの統計グラフィックスに関する本（Friendly, 1991）の執筆を始めた。最終的な図のそれぞれは、かなりの数のバージョンを経て正しい理解に到達したが、この作業によっていくつかのプロッターが摩滅した。そのメンテナンスを担当していたコンピューターオペレーターがどれほどの忍耐を強いられたかは言うまでもない。
＊15　http:/bit.ly/3a6Oahv を参照。
＊16　https://www.youtube.com/watch?v=p_0WXK8wupU で入手可能。
＊17　Ekman (1954). このデータは正常な色覚をもつ三一人の被験者の平均レートに基づいたもので、九一のそれぞれのカラーペアは五ポイントのスケールでレーティングされた（0＝類似性なし、から、4＝同様、まで）。

＊18　このカラースペクトルの端と端の間に大きな隔たりがあるのはなぜかと思うかもしれない。通常、紫がこの位置にくるのだが、青の端と赤の端にははっきりと区別できる波長があるのに対して、紫は赤と青の光が結合してできる合成色である。

＊19　初期の歴史については、以下にロジャー・エックハルトによる説明がある。"Stan Ulam, John von Neumann, and the Monte Carlo Method," *Los Alamos Science* (1987), 特別号、https://bit.ly/3ooLnFv.

＊20　ある種の電子ノイズを使用して、乱数のシーケンスを生成することはできるが、それらを正確に複製することはできない。デジタルコンピューターはアルゴリズムから決定論的シーケンスを生成できるが、それらは真にランダムにはなり得ない。難しいのは、じゅうぶんランダムに近い決定論的シーケンスを構成することである。

＊21　Marsaglia (1968).

＊22　Fisherkeller et al. (1974).

＊23　これは以下で見ることができる。https://www.youtube.com/watch?v=B7XoW2qiFUA.

＊24　Tukey (1962).

＊25　このノーベル賞のストーリーは以下に詳しく説明されている。https://www.nobelprize.org/educational/medicine/insulin/discovery-insulin.html.

＊26　Reaven and Miller (1979, p. 22).

＊27　グラフィカルユーザーインターフェイス（ＧＵＩ）の最初の概念は、アイバン・サザランドが一九六三年に著したＭＩＴの博士論文で提示した（Sutherland, 1963）。ＧＵＩの広範な歴史については以下を参照。https://en.wikipedia.org/wiki/History_of_the_graphical_user_interface. ジェレミー・ライマー（https://arstechnica.com/features/2005/05/gui/）は、アイデアとテクニックの発展に焦点を当てた、より多方面にわたる歴史を紹介している。

＊28　Newton (1978), McDonald (1982), Buja et al. (1988).

＊29　Donoho et al. (1988).

＊30　Velleman and Velleman (1985).

＊31　Friedman and Tukey (1974).

＊32　Asimov (1985).

＊33　この用語はTukey and Tukey (1985) 内の造語で、散布図の診断法を指している。

＊34　Rosling and Johansson (2009).

＊35　https://www.gapminder.org/videos/200-years-that-changed-the-world/ を参照。

第10章

＊1　Mumford (2000, p. 12).

＊2　イグナット・ソルジェニーツィンが二〇〇四年四月一〇日、ペンシルベニア州フィラデルフィアのヴェライゾンホールで指揮したオール・モーツァルト・コンサートの序奏より。

＊3　ミナールの作品年表についてはFriendly (2002) を参照。

＊4　第9章では、エティエンヌ＝ジュール・マレーの落下する猫の見事な映像について考察した。マレーは図1・7に示す、パリとリヨン間のすべての列車のスケジュールを使いやすくグラフ化したことでもよく知られている。

＊5　ここでの詳細はギリシャの歴史家ポリュビオス（紀元前二〇〇年頃―紀元前一一八年頃）の『歴史』からのものである。ミナールやのちの学者らはこの書物を頼りにしていた。

＊6　ミナールの遺産と個人史は、データ視覚化の歴史家の間で

よく話題にのぼるトピックである。ミナールのグラフィック作品の完全コレクションは、Rendgen (2018) によって最近出版された。われわれの同僚グループが最近、彼の最後のパリの住所と、モンパルナス墓地にある墓を発見した。このトピックはフォローアップ記事のテーマとなる予定である。

＊7　Chevallier (1871). 英語翻訳はドーン・フィンリーによる。https://www.edwardtufte.com/tufte/minard-obit. ミナールの人生に関するさらなる詳細は、Friendly (2002) および以下の伝記を参照。https://datavis.ca/gallery/minard/biography.pdf.

＊8　Geneen (1985, ch. 9, p. 151).

＊9　この展示に関するデュボイスの説明は Du Bois (1900) にある。二〇〇点を超える写真と数々のチャートや地図で構成されるコレクションのほぼすべてが、米国議会図書館でデジタル化されている。以下を参照。http://bit.ly/369Oxa7.

＊10　南部連合の州のすべての奴隷がリンカーンの一八六三年の宣言によって解放されたが、すべての奴隷制度が米国内で完全に撤廃されたのは、一八六五年一二月六日の一三回目の修正案の批准まで待たなければならなかった。

＊11　この主題図におけるデュボイスの色の選択に対する批評に抵抗するのは難しい。彼はさまざまな州で、凡例に記載されているように「平方マイルあたりの黒人」として表現される黒人の相対数を示そうとしている。彼は黄、青、赤、茶、黒を使って、それぞれ一人未満、一~四人、四~八人、八~一五人、一五~二五人を表現した。しかし、一人以上のカテゴリーの視覚的印象は混乱を生む。青で示される一~四人のカテゴリーがこの表示の大半を占める。赤で示される四~八人のカテゴリーはこれとは対照的で、最も数の多いカテゴリーである黒で示される一五~二五人は、青および茶（八~一五人）のなかに埋もれてしまっている。デュボイスに公平を期すために言えば、色は当時、個々の、順序付けられていないカテゴリーを示すとき以外、データグラフィックスには幅広く使用されていなかった。順序付けられた量のカテゴリーに関するカラースケールが理解されるまでには、さらなる年月を要した。

＊12　Lemann (1991).

＊13　以前は国勢調査に、所有者の家庭用品の一部として、さまざまなカテゴリー（年齢や性別など）内の単なる項目のなかに奴隷が含まれていた。

＊14　このセクションは Andrews and Wainer (2017) から借用している。

＊15　Minard (1862a). これは以下で閲覧できる。http://bit.ly/3caPS47.

＊16　Brinton (1939) の序文にあるヘンリー・D・ハバードの言葉。

参考文献

本参考文献リストのいくつかの項目は、下記の図書館の書架記号または図書整理番号で識別される：

BeNL：ブリュッセル王室図書館
BL：大英図書館、ロンドン
BNF：フランス国立図書館、パリ（トルビアック）
ENPC：国立土木学校、パリ
LC：アメリカ議会図書館
UCL：ユニバーシティ・カレッジ・ロンドン

Achenwall, G. (1749). *Staatsverfassung der heutigen vornehmsten europäischen Reiche und Völker im Grundrisse*. N.p.

Andrews, R. J., and Wainer, H. (2017). The Great Migration: A graphics novel fea- turing the contributions of W. E. B. Du Bois and C. J. Minard. *Significance*, 14(3), 14–19.

Anonymous. (1869). The velocity of insects' wings during flight. *Scientific American*, n.v. (16), 241–256.

Anonymous. (1894). Photographs of a tumbling cat. *Nature*, 51, 80–81.

Arbuthnot, J. (1710–1712). An argument for divine providence, taken from the constant regularity observ'd in the births of both sexes. *Philosophical Transactions*, 27, 186–190.

Asimov, D. (1985). Grand tour. *SIAM Journal of Scientific and Statistical Computing*, 6(1), 128–143.

Bachi, R. (1968). *Graphical Rational Patterns: A New Approach to Graphical Presen- tation of Statistics*. Jerusalem: Israel Universities Press.

Bauer, C. P. (2017). *Unsolved!: The History and Mystery of the World's Greatest Ciphers from Ancient Egypt to Online Secret Societies*. Princeton, NJ: Princeton University Press.

Becker, R. A., Cleveland, W. S., and Shyu, M.-J. (1996). The visual design and con- trol of trellis display. *Journal of Computational and Graphical Statistics*, 5(2), 123–155.

Beniger, J. R., and Robyn, D. L. (1978). Quantitative graphics in statistics: A brief history. *American Statistician*, 32, 1–11.

Bertin, J. (1973). *Sémiologie graphique*. 2nd ed. The Hague: Mouton-Gautier. Trans. William Berg and Howard Wainer, published as *Semiology of Graphics*. Madison: University of Wisconsin Press, 1983.

Bertin, J. (1977). *La Graphique et le traitement graphique de l'information*. Paris: Flammarion. Trans. William Berg, Paul Scott, and Howard Wainer, published as *Graphics and the Graphical Analysis of Data*. Berlin: De Gruyter, 1980.

Bertin, J. (1983). *Semiology of Graphics*. Trans. W. Berg. Madison: University of Wisconsin Press.（『図の記号学――視覚言語による情報処理と伝達』一九八二年、平凡社、森田喬訳）

Biderman, A. D. (1978). Intellectual impediments to the development and dif- fusion of statistical graphics, 1637–1980. In *Proceedings of the First General Conference on Social Graphics*. Leesburg, VA.

Braun, H., and Wainer, H. (2004). Numbers and the remembrance of things past. *Chance*, 17(1), 44–48.

Braun, M. (1992). *Picturing Time: The Work of Etienne-Jules Marey (1830–1904)*. Chicago: University of Chicago Press.

Brian, E. (2001). Les objets de la chose. Théorie du hasard et surréalisme au xx siècle. *Revue de Synthèse*, 122, 473–502.

Brinton, W. C. (1939). *Graphic Presentation*. New York: Brinton Associates.

Buja, A., Asimov, D., Hurley, C., and McDonald, J. A. (1988). Elements of a viewing pipeline for data analysis. In W. S. Cleveland and M. E. McGill, eds., *Dynamic Graphics for Statistics*. Pacific Grove, CA: Brooks / Cole.

Bullynck, M. (2008). Presentation of J. H. Lambert's text, "Vorstellung der gröÿen durch figuren." *Electronic Journal for History of Probability and Statistics*, 4(2), 1–18.

Cairo, A. (2012). *The Functional Art: An Introduction to Information Graphics and Visualization*. 1st ed. Thousand Oaks, CA: New Riders Publishing.

Campbell, R. B. (2001). John Graunt, John Arbuthnott, and the human sex ratio. *Human Biology*, 73(4), 605–610.

Chevalier, L. (1958). *Classes laborieuses et classes dangereuses à Paris pendant la pre- mière moitié du XIXe siècle*. Paris: Plon. Translated by F. Jellinek. New York: H. Fertig, 1973.

Chevallier, V. (1871). Notice nécrologique sur M. Minard, inspecteur génèral des ponts et chaussées, en retraite. *Annales des ponts et chaussées*, 5(2), 1–22. Trans. Dawn Finley. https://www.edwardtufte.com/tufte/minard-obit.

Cleveland, W. S. (1994). *The Elements of Graphing Data*. Summit, NJ: Hobart Press.

Cleveland, W. S., and McGill, R. (1984a). Graphical perception: Theory, experimen- tation and application to the development of graphical methods. *Journal of the American Statistical Association*, 79, 531–554.

Cleveland, W. S., and McGill, R. (1984b). The many faces of a scatterplot. *Journal of the American Statistical Association*, 79, 807–822.

Cook, D., and Swayne, D. F. (2007). *Interactive and Dynamic Graphics for Data Analysis: With R and GGobi*. New York: Springer.

Cook, R., and Wainer, H. (2012). A century and a half of moral statistics in the United Kingdom: Variations on Joseph Fletcher's thematic maps. *Significance*, 9(3), 31–36.

Cotes, R. (1722). *Aestimatio Errorum in Mixta Mathesis, per Variationes Planitum Trianguli Plani et Spherici*. (n.p.). Published in *Harmonia mensurarum*, Robert Smith, ed. Cambridge.

Dahmann, D. C. (2001). Presenting the nation's cultural geography [in census atlases]. Online at American Memory: Historical Collections for the Natio- nal Digital Library Internet. http://memory.loc.gov/ammem/gmdhtml/census.html.

Delaney, J. (2012). *First X, Then Y, Now Z: An Introduction to Landmark Thematic Maps*. Darby, PA: Diane Publishing Co.

de Moivre, A. (1725). *Annuities upon Lives*. London: W. P. and Francis Fayram.

Descartes, R. (1637). La géométrie. In *Discours de la méthode*. Paris: Essellier. Appendix.

Diard, H. (1866). *Statistique morale de l'Angleterre et de la France par M. A-M. Guerry: Études sur cet ouvrage*. Paris: Baillière et fils.

Diard, H. (1867). *Discours de M. A. Maury et notices de MM. H. Diard et E. Vinet [On André-Michel Guerry]*. Baillière et fils.

BNF: 8- LN27- 23721. I. Discours de M. Alfred Maury. II. Notice de M. H. Diard (*Journal d'Indre-et-Loire,* 13 Apr. 1866). III. Notice de M. Ernest Vinet (*Journal des débats,* 27 Apr. 1866).

Donoho, A. W., Donoho, D. L., and Gasko, M. (1988). Macspin: Dynamic graph- ics on a desktop computer. *IEEE Computer Graphics and Applications*, 8(4), 51–58.

Du Bois, W. E. B. (1900). The American Negro at Paris. *American Monthly Review of Reviews*, 22(5), 576.

Durkheim, E. (1897). *Le suicide*. Paris: Alcan. Trans. J. A. Spalding. Toronto: Collier- MacMillan, 1951.

Ekman, G. (1954). Dimensions of color vision. *Journal of Psychology*, 38, 467–474.

Emerson, J. W., Green, W. A., Schloerke, B., Crowley, J., Cook, D., Hofmann, H., and Wickham, H. (2013). The generalized pairs plot. *Journal of Computational and Graphical Statistics*, 22(1), 79–91.

Engel, E. (1857). Die productions- und consumtionsverhaltnisse des konigreichs sachsen. In *Die lebenkosten Belgischer arbeiter-familien*. Dresden: C. Heinrich, 1895.

Eyler, J. M. (1973). William Farr on the cholera: The sanitarian's disease theory and the statistician's method. *Journal of the History of Medicine and Allied Sciences*, 28(2), 79–100.

Eyler, J. M. (2001). The changing assessment of John Snow's and William Farr's cholera studies. *Soz Praventivmed*, 46(4), 225–232.

Farr, W. (1839). Letter to the registrar general. In *First Annual Report of the Registrar General*. London: HMSO.

Farr, W. (1852). *Report on the Mortality from Cholera in England, 1848–49*. London: HMSO.

Faure, F. (1918). The development and progress of statistics in France. In J. Koren, ed., *The History of Statistics: Their Development and Progress in Many Countries* (pp. 218–329). New York: Macmillan.

Fisherkeller, M. A., Friedman, J. H., and Tukey, J. W. (1974). PRIM-9: An interactive multidimensional data display and analysis system. Tech. Rep. SLAC-PUB- 1408. Stanford Linear Accelerator Center, Stanford, CA.

Frère de Montizon, A. J. (1830). *Carte philosophique figurant la population de la France*. Paris, n.p.

Friedman, J. H., and Stuetzle, W. (2002). John W. Tukey's work on interactive graphics. *Annals of Statistics*, 30(6), 1629–1639.

Friedman, J. H., and Tukey, J. W. (1974). A projection pursuit algorithm for exploratory data analysis. *IEEE Transactions on Computers*, C-23(9), 881– 890.

Friendly, M. (1991). *SAS System for Statistical Graphics*. 1st ed. Cary, NC: SAS Institute.

Friendly, M. (1999). Extending mosaic displays: Marginal, conditional, and partial views of categorical data. *Journal of Computational and Graphical Statistics*, 8(3), 373–395.

Friendly, M. (2002). Visions and re-visions of Charles Joseph Minard. *Journal of Educational and Behavioral Statistics*, 27(1), 31–51.

Friendly, M. (2005). Milestones in the history of data visualization: A case study in statistical historiography. In C. Weihs and W. Gaul, eds., *Classification: The Ubiquitous*

Challenge (pp. 34–52). New York: Springer.

Friendly, M. (2007). A.-M. Guerry's *Moral Statistics of France:* Challenges for multivariable spatial analysis. *Statistical Science*, 22(3), 368–399.

Friendly, M. (2008a). A brief history of data visualization. In C. Chen, W. Härdle, and A. Unwin, eds., *Handbook of Computational Statistics: Data Visualization* (3:15–56). Heidelberg: Springer-Verlag.

Friendly, M. (2008b). The Golden Age of statistical graphics. *Statistical Science*, 23(4), 502–535.

Friendly, M. (2008c). La vie et l'oeuvre d'André-Michael Guerry (1802–1866). *Mémoires de l'Académie de Touraine*, 20. Read Feb. 8, 2008, Académie de Touraine.

Friendly, M., and Denis, D. (2000). The roots and branches of statistical graph- ics. *Journal de la Société Française de Statistique*, 141(4), 51–60. (Published in 2001).

Friendly, M., and Denis, D. (2005). The early origins and development of the scatterplot. *Journal of the History of the Behavioral Sciences*, 41(2), 103–130.

Friendly, M., and de Saint Agathe. (2012). André-Michel Guerry's *Ordonna- teur Statistique*: The first statistical calculator? *American Statistician*, 66(3), 195–200.

Friendly, M., and Kwan, E. (2003). Effect ordering for data displays. *Computational Statistics and Data Analysis*, 43(4), 509–539.

Friendly, M., and Les Chevaliers des Albums de Statistique Graphique. (2020). Raiders of the Lost Tombs: The Search for Some Heroes of the History of Data Visualization, https://tinyurl.com/friendly-tombs.

Friendly, M., Monette, G., and Fox, J. (2013). Elliptical insights: Understanding statistical methods through elliptical geometry. *Statistical Science*, 28(1), 1–39.

Friendly, M., and Palsky, G. (2007). Visualizing nature and society. In J. R. Ackerman and R. W. Karrow, eds., *Maps: Finding Our Place in the World* (pp. 205–251). Chicago: University of Chicago Press.

Friendly, M., Sigal, M., and Harnanansingh, D. (2015). The Milestones Project: A database for the history of data visualization. In M. Kimball and C. Kostelnick, eds., *Visible Numbers: The History of Data Visualization*, chap. 10. London: Ashgate Press.

Friendly, M., Valero-Mora, P., and Ulargui, J. I. (2010). The first (known) statistical graph: Michael Florent van Langren and the "secret" of longitude. *American Statistician*, 64(2), 185–191.

Frost, R. (1979). *The Poetry of Robert Frost: The Collected Poems, Complete and Unabridged.* Ed. E. C. Latham. New York: Henry Holt& Co.（『ロバート・フロスト詩集：愛と問い』一九九二年、近代文芸社、安藤千代子訳）

Funkhouser, H. G. (1936). A note on a tenth century graph. *Osiris*, 1, 260–262.

Funkhouser, H. G. (1937). Historical development of the graphical representation of statistical data. *Osiris*, 3(1), 269–405. Reprint. Bruges, Belgium: St. Catherine Press, 1937.

Galton, F. (1863a). A development of the theory of cyclones. *Proceedings of the Royal Society*, 12, 385–386.

Galton, F. (1863b). *Meteorographica, or Methods of Mapping the*

Weather. London: Macmillan. BL: Maps.53.b.32.

Galton, F. (1866). On the conversion of wind-charts into passage-charts. *Philosoph- ical Magazine*, 32, 345–349.

Galton, F. (1886). Regression towards mediocrity in hereditary stature. *Journal of the Anthropological Institute of Great Britain and Ireland*, 15, 246–263.

Galton, F. (1889). *Natural Inheritance*. London: Macmillan.

Galton, F. (1890). Kinship and correlation. *North American Review*, 150, 419–431. Galton, S. T. (1813). *A Chart, Exhibiting the Relation between the Amount of Bank of England Notes in Circulation, the Rate of Foreign Exchanges, and the Prices of Gold and Silver Bullion and of Wheat.* London: Johnson & Co.

Gelman, A., and Unwin, A. (2013). Infovis and statistical graphics: Different goals, different looks. *Journal of Computational and Graphical Statistics*, 22(1), 2–28.

Geneen, H. (1985). *Managing*. New York: Avon Books.

General Register Office. (1852). *Report on the Mortality of Cholera in England, 1848–49*. London: W. Clowes and Sons, for Her Majesty's Stationery Office. Written by William Farr.

Gilbert, E. W. (1958). Pioneer maps of health and disease in England. *Geographical Journal*, 124, 172–183.

Goethe, J. W. (2018). *The Essential Goethe.* Ed. M. Bell. Princeton, NJ: Princeton University Press.

Guerry, A.-M. (1829). Tableau des variations météorologique comparées aux phénomènes physiologiques, d'aprés les observations faites à l'obervatoire royal, et les recherches statistique les plus récentes. *Annales d'hygiène publique et de médecine légale*, 1, 228–237.

Guerry, A.-M. (1833). *Essai sur la statistique morale de la France*. Paris: Crochard.

Hacking, I. (1990). *The Taming of Chance*. Cambridge: Cambridge University Press.（『偶然を飼いならす』——統計学と第二次科学革命』一九九九年、木鐸社、石原英樹・重田園江訳）

Halley, E. (1686). On the height of the mercury in the barometer at different elevations above the surface of the earth, and on the rising and falling of the mercury on the change of weather. *Philosophical Transactions*, 16, 104–115.

Halley, E. (1693). An estimate of the degrees of mortality of mankind, drawn from curious tables of the births and funerals at the city of Breslaw, with an attempt to ascertain the price of annuities on lives. *Philosophical Transactions*, 17, 596–610.

Halley, E. (1701). *The description and uses of a new, and correct sea-chart of the whole world, shewing variations of the compass.* London: published by author.

Hamming, R. W. (1962). *Numerical Methods for Scientists and Engineers*. New York: McGraw-Hill.

Hankins, T., and Silverman, R. (1999). *Instruments and the Imagination*. Princeton, NJ: Princeton University Press.

Hankins, T. L. (1999). Blood, dirt, and nomograms: A particular history of graphs. *Isis*, 90, 50–80.

Hankins, T. L. (2006). A "large and graceful sinuosity": John Herschel's graphical method. *Isis*, 97, 605–633.

Harari, Y. N. (2015). *Sapiens: A Brief History of Humankind*. New York: Harper.（『サピエンス全史：文明の構造と人類の幸福（上・下）』二〇一六年、河出書房新社、柴田裕之訳）

Hartigan, J. A. (1975). Printer graphics for clustering. *Journal of*

Statistical Computing and Simulation, 4, 187–213.

Hayes, J. N. (2005). *Epidemics and Pandemics: Their Impacts on Human History*. Santa Barbara, CA: ABC-CLIO.

Herschel, J. F. W. (1833a). III. Micrometrical measures of 364 double stars with a 7-feet equatorial acromatic telescope, taken at Slough, in the years 1828, 1829, and 1830. *Memoirs of the Royal Astronomical Society*, 5, 13–91. Communicated Feb. 8, 1831. Read May 13 and June 10, 1831.

Herschel, J. F. W. (1833b). On the investigation of the orbits of revolving double stars: Being a supplement to a paper entitled "micrometrical measures of 364 double stars." *Memoirs of the Royal Astronomical Society*, 5, 171–222.

Herschel, J. F. W. (1860). *Outlines of Astronomy*. Philadelphia, PA: Blanchard & Lea.

Hilts, V. L. (1975). *A Guide to Francis Galton's English Men of Science*, Vol. 65, Part 5. Philadelphia, PA: Transactions of the American Philosophical Society.

Hoff, H. E., and Geddes, L. A. (1962). The beginnings of graphic recording. *Isis*, 53, pt. 3, 287–324.

Hofmann, H. (2007). Interview with a centennial chart. *Chance*, 20(2), 26–35. Howard, L. and Geological Society of London. (1847). *Barometrographia: Twenty Years' Variation of the Barometer in the Climate of Britain, Exhibited in Auto- graphic Curves, with the Attendant Winds and Weather, and Copious Notes Illustrative of the Subject*. Richard and John E. Taylor. https://books.google.ca/books?id=NfYKQgAACAAJ.

International Statistical Congress. (1858). Emploi de la cartographic et de la méthode graphique en général pour les besoins spéciaux de la statistique. In *Proceedings* (pp. 192–197). Vienna. 3rd Session, August 31–September 5, 1857.

Jevons, W. S. (1863). *A Serious Fall in the Value of Gold Ascertained, and Its Social Effects Set Forth.* London: Edward Stanford.

Johnson, S. (2006). *The Ghost Map: The Story of London's Most Terrifying Epidemic— And How It Changed Science, Cities, and the Modern World*. New York: Riverhead Books.

Kane, T., and Scher, M. (1969). A dynamical explanation of the falling cat phe- nomenon. *International Journal of Solids and Structures*, 5(7), 663–670.

Koch, T. (2000). *Cartographies of Disease: Maps, Mapping, and Medicine*. Redlands, CA: ESRI Press.

Koch, T. (2004). The map as intent: Variations on the theme of John Snow. *Carto- graphica*, 39(4), 1–14.

Koch, T. (2011). *Disease Maps: Epidemics on the Ground*. Chicago: University of Chicago Press.

Koch, T. (2013). Commentary: Nobody loves a critic: Edmund A Parkes and John Snow's cholera. *International Journal of Epidemiology*, 42(6), 1553.

Kopf, E. W. (1916). Florence Nightingale as statistician. *Publications of the American Statistical Association*, 15(116), 388–404.

Kruskal, W. (1978). Taking data seriously. In Y. Elkana, J. Lederberg, R. Morton, A. Thackery, and H. Zuckerman, eds., *Toward a Metric of Science: The Advent of Science Indicators* (pp. 139–169). New York: Wiley.

Kuhn, T. S. (1970). *The Structure of Scientific Revolutions*.

Chicago: University of Chicago Press.

Lalanne, L. (1844). *Abaque, ou compteur univsersel, donnant á vue á moins de 1/200 près les résultats de tous les calculs d'arithmétique, de geometrie et de mécanique practique*. Paris: Carilan-Goery et Dalmont.

Lalanne, L. (1845). Appendice sur la representation graphique des tableaux météorologiques et des lois naturelles en général. In L. F. Kaemtz, ed., *Cours complet de météorologie* (pp. 1–35). Paulin. Trans. and annotated C. Martins.

Lalanne, L. (1879). *Methodes graphiques pour l'expression des lois empiriques ou mathematiques à trois variables*. Paris: Imprimerie Nationale.

Lallemand, C. (1885). *Les abaques hexagonaux: Nouvelle méthode générale de cal- cul graphique, avec de nombreux exemples d'application*. Paris: Ministère des travaux publics, Comité du nivellement général de la France.

Lambert, J. H. (1765). Theorie der zuverlässigkeit. In *Beyträge zum gebrauche der mathematik and deren anwendungen* (1:424–488). Berlin: Verlage des Buchladens der Realschule.

Lambert, J. H. (1779). *Pyrometrie; oder, vom maasse des feuers und der wärme mit acht kupfertafeln*. Berlin: Haude & Spener.

Lemann, N. (1991). *The Promised Land: The Great Black Migration and How It Changed America*. New York: Knopf.

Levasseur, É. (1885). La statistique graphique. *Journal of the Statistical Society of London*, 50, 218–250.

Lexis, W. (1875). Einleitung in der theorie der bevölkerungsstatistik.

Maclean, N. (1992). *Young Men and Fire*. Chicago: University of Chicago Press.

Mandea, M., and Mayaud, P.-N. (2004). Guillaume Le Nautonier, un precurseur dans l'histoire du géomagnétisme magnetism. *Revue d'histoire des sciences*, 57(1), 161–174.

Marey, É. J. (1873). *La machine animale, locomotion terestre et aérienne*. Paris: Baillière.

Marey, E. J. (1878). *La méthode graphique dans les sciences expérimentales et princi- palement en physiologie et en médecine*. Paris: G. Masson.

Marey, E. J. (1885). *La méthode graphique*. Paris: Boulevard Saint Germain et rue de l'Eperon.

Marey, E. J. (1894). Des mouvements que certains animaux exécutent pour retomber sur leurs pieds, lorsqu'ils sont précipités d'un lieu élevé. *Comptes rendus de l'Academie des Sciences*, 119, 714–717.

Marsaglia, G. (1968). Random numbers fall mainly in the planes. *Proceedings of the National Academy of Sciences*, 61(1), 25–28.

Marshall, A. (1885). On the graphic method of statistics. *Journal of the Royal Statis- tical Society*, 50 (Jubilee volume), 251–260. Read at the International Statistical Congress, held at the Jubilee of the Statistical Society of London, June 23, 1885.

Maurage, P., Heeren, A., and Pesenti, M. (2013). Does chocolate consumption really boost Nobel Award chances? The peril of over-interpreting correlations in health studies. *Journal of Nutrition*, 143(6), 931–933.

McDonald, J. A. (1982). Interactive graphics for data analysis. Ph.D. thesis, Stanford University.

Messerli, F. H. (2012). Chocolate consumption, cognitive

function, and Nobel laureates. *New England Journal of Medicine*, 367(16), 1562.

Minard, C. J. (1856). *De la chute des ponts dans les grandes crues*. Paris: E. Thunot et Cie. ENPC: 4-4921/C282.

Minard, C. J. (1862a). *Carte figurative et approximative représentant pour l'année 1858 les émigrants du globe*. Regnier et Dourdet. ENPC: Fol 10975.

Minard, C. J. (1862b). *Des tableaux graphiques et des cartes figuratives*. Paris: E. Thunot et Cie. ENPC: 3386/C161, BNF: Tolbiac, V-16168.

Monmonier, M. (1991). *How to Lie with Maps*. Chicago: The University of Chicago Press.（『地図は嘘つきである』一九九五年、晶文社、渡辺潤訳）

Monmonier, M. (1999). *Air Apparent: How Meteorologists Learned to Map, Predict and Dramatize Weather*. Chicago: University of Chicago Press.

Mumford, L. (2000). *Art and Technics (The Bampton Lectures in America)*. New York: Columbia University Press.

Murray, L. L., and Bellhouse, D. R. (2017). How was Edmond Halley's map of magnetic declination (1701) constructed? *Imago Mundi*, 69(1), 72–84.

Musée National d'Art Moderne. (1991). *André Breton. La beautéconvulsive*. Paris: Editions du Centre Pompidou. Exhibition Catalog.

Muybridge, E. (1878). The Horse in motion. "Sallie Gardner," owned by Leland Stan- ford; running at a 1:40 gait over the Palo Alto track, 19th June 1878. Cabinet cards, Morses' Gallery, San Francisco.

Newton, C. M. (1978). Graphics: From alpha to omega in data analysis. In P. C. C. Wang, ed., *Graphical Representation of Multivariate Data*. New York: Aca- demic Press. Proceedings of the Symposium on Graphical Representation of Multivariate Data, Naval Postgraduate School, Monterey CA, Feb. 24, 1978.

Nightingale, F. (1858). *Notes on Matters Affecting the Health, Efficiency, and Hospital Administration of the British Army*. London: Harrison and Sons. Presented by request to the Secretary of State for War.

Nightingale, F. (1859). *A Contribution to the Sanitary History of the British Army dur- ing the Late War with Russia*. London: John W. Parker and Son. UCL: UH258 1853.C73.

O'Connor, J. J., and Robertson, E. F. (1997). Longitude and the académie royale. MacTutor History of Mathematics. http://www-groups.dcs.st-and.ac.uk/ history/PrintHT/Longitude1.html.

Oresme, N. (1482). *Tractatus de latitudinibus formarum*. Padova.

Palsky, G. (1996). *Des chiffres et des cartes: Naissance et développement de la car- tographie quantitative française au XIXe siècle*. Paris: Comité des Travaux Historiques et Scientifiques (CTHS).

Palsky, G. (1999). The debate on the standardization of statistical maps and dia- grams (1857–1901). *Cybergeo*, n.v.(65). Retrieved from http://cybergeo.revues.org/148.

Parent-Duchâtelet, A. J. B. (1836). *De la prostitution dans la ville de Paris*. Bruxelles: Dumont.

Parkes, E. A. (1855). Review: *Mode of communication of cholera* by John Snow. *British and Foreign Medico-Churgical Review*, 15,

449–456. Reprinted in *Int. J. Epidemiol*, 42(6), 1543–1552.

Pearson, K. (1901). On lines and planes of closest fit to systems of points in space. *Philosophical Magazine*, 6(2), 559–572.

Pearson, K. (1914–1930). *The Life, Letters and Labours of Francis Galton*. 4 vols. Cambridge: Cambridge University Press.

Pearson, K. (1920). Notes on the history of correlation. *Biometrika*, 13, 25–45.

Perozzo, L. (1881). Stereogrammi demografici—Seconda memoria dell'ingegnere luigi perozzo. *Annali di Statistica*, 22, 1–20.

Petty, W. (1690). *Political Arithmetick*. 3rd ed. London: Robert Clavel.

Phillips, A. W. H. (1958). The relation between unemployment and the rate of change of money wage rates in the United Kingdom, 1861–1957. *Economica*, n.s. 25(2), 283–299.

Playfair, W. (1786). *Commercial and Political Atlas: Representing, by Copper-Plate Charts, the Progress of the Commerce, Revenues, Expenditure, and Debts of Eng- land, during the Whole of the Eighteenth Century*. London: Debrett, Robinson, and Sewell. Reprinted 2005 in H. Wainer and I. Spence, eds., *The Commercial and Political Atlas and Statistical Breviary*. Cambridge: Cambridge University Press.

Playfair, W. (1801). *Statistical Breviary; Shewing, on a Principle Entirely New, the Resources of Every State and Kingdom in Europe*. London: Wallis. Reprinted 2005 in H. Wainer and I. Spence, eds., *The Commercial and Political Atlas and Statistical Breviary*. Cambridge: Cambridge University Press.

Playfair, W. (1805). *An Inquiry into the Permanent Causes of the Decline and Fall of Powerful and Wealthy Nations ... Designed to Shew How the Prosperity of the British Empire May Be Prolonged*. London: Greenland and Norris.

Playfair, W. (1821). *Letter on Our Agricultural Distresses, Their Causes and Remedies; Accompanied with Tables and Copperplate Charts Shewing and Comparing the Prices of Wheat, Bread and Labour, from 1565 to 1821*. London: W. Sams. BL: 8275.c.64.

Plot, R. (1685). A letter from Dr. Robert Plot of Oxford to Dr. Martin Lister of the Royal Society concerning the use which may be made of the following history of the weather made by him at Oxford throughout the year 1864. *Philosophical Transactions*, 169, 930–931.

Poole, K. T. (2005). *Spatial Models of Parliamentary Voting (Analytical Methods for Social Research)*. Cambridge: Cambridge University Press.

Popper, W. (1951). *The Cairo Nilometer: Studies in Ibn Taghrî Birdî's Chronicles of Egypt: I*. Publications in Semitic Philology, vol. 12. Berkeley: University of California Press.

Priestley, J. (1765). *A Chart of Biography*. London: n.p. BL: 611. I.19.

Priestley, J. (1769). *A New Chart of History*. London: Thomas Jeffreys. BL: Cup.1250.e.18 (1753).

Radzinowicz, L. (1965). Ideology and crime: The deterministic position. *Columbia Law Review*, 65(6), 1047–1060.

Reaven, G., and Miller, R. (1968). Study of the relationship between glucose and insulin responses to an oral glucose load in man. *Diabetes*, 17(9), 560–569. American Diabetes Association. http://diabetes.diabetesjournals.org/content/ 17/9/560.full.pdf.

Reaven, G. M., and Miller, R. G. (1979). An attempt to define the nature of chemical diabetes using a multidimensional analysis. *Diabetologia*, 16, 17–24.

Rendgen, S. (2018). *The Minard System: The Complete Statistical Graphics of Charles- Joseph Minard*. New York: Princeton Architectural Press.

Robinson, A. H. (1982). *Early Thematic Mapping in the History of Cartography*. Chicago: University of Chicago Press.

Rosenberg, D., and Grafton, A. (2010). *Cartographies of Time: A History of the Timeline*. New York: Princeton Architectural Press.

Rosling, H., and Johansson, C. (2009). Gapminder: Liberating the x-axis from the burden of time. *Statistical Computing and Statistical Graphics Newsletter*, 20(1), 4–7.

Rubin, E. (1943). The place of statistical methods in modern historiography. *Amer- ican Journal of Economics and Sociology*, 2(2), 193–210.

Schwabe, H. (1872). Theorie der graphischen darstellungen. In P. Séménov, ed., *Pro- ceedings of the International Statistical Congress*, 8th Session, Pt. 1 (pp. 61–73). St. Petersburg: Trenké & Fusnot.

Shiode, N., Shiode, S., Rod-Thatcher, E., Rana, S., and Vinten-Johansen, P. (2015). The mortality rates and the space-time patterns of John Snow's cholera epidemic map. *International Journal of Health Geographics*, 14(1), 21.

Slocum, T. A., McMaster, R. B., Kessler, F. C., and Howard, H. H. (2008). *Thematic Cartography and Geographic Visualization*. New York: Pearson / Prentice Hall.

Snow, J. (1849a). *On the Mode of Communication of Cholera*. 1st ed. London: J. Churchill.

Snow, J. (1849b). On the pathology and mode of transmission of cholera. *Medical Gazette and Times*, 44, 745–752, 923–929.

Snow, J. (1855). *On the Mode of Communication of Cholera*. 2nd ed. London: J. Churchill.

Sobel, D. (1996). *Longitude: The True Story of a Lone Genius Who Solved the Greatest Scientific Problem of His Time*. New York: Penguin.

Somerhausen, H. (1829). Carte figurative de l'instruction populaire de pay bas.

Bruxelles. n.p.

Spence, I. (2006). William Playfair and the psychology of graphs. In *Proceedings of the American Statistical Association, Section on Statistical Graphics* (pp. 2426– 2436). Alexandria, VA: American Statistical Association.

Spence, I., Fenn, C. R., and Klein, S. (2017). Who is buried in Playfair's grave? *Significance*, 14(5), 20–23.

Spence, I., and Garrison, R. F. (1993). A remarkable scatterplot. *American Statisti- cian*, 47(1), 12–19.

Spence, I., and Wainer, H. (1997). William Playfair: A daring worthless fellow. *Chance*, 10(1), 31–34.

Spence, I., and Wainer, H. (2005). William Playfair and his graphical inventions: An excerpt from the introduction to the republication of his *Atlas* and *Statistical Breviary*. *American Statistician*, 59(3), 224–229.

Stamp, J. (1929). *Some Economic Factors in Modern Life*. London: P. S. King & Son.

Stanton, J. M. (2001). Galton, Pearson, and the peas: A brief history of linear regression for statistics instructors. *Journal of Statistics Education*, 9(3).

Statistischen Bureau. (1897). *Graphisch-statistischer Atlas der Schweiz (Atlas Graphique et Statistique de la Suisse)*. Departments des Innern, Bern: Buch- druckeri Stämpfli & Cie.

Statistischen Bureau. (1914). *Graphisch-statistischer Atlas der Schweiz (Atlas Graphique et Statistique de la Suisse)*. Bern: LIPS & Cie.

Stigler, S. M. (1980). Stigler's law of eponomy. *Transactions of the New York Academy of Sciences*, 39, 147–157.

Stigler, S. M. (1986). *The History of Statistics: The Measurement of Uncertainty before 1900*. Cambridge, MA: Harvard University Press.

Stigler, S. M. (1989). Francis Galton's account of the invention of correlation. *Statistical Science*, 4(2), 73–79.

Stigler, S. M. (1999). *Statistics on the Table: The History of Statistical Concepts and Methods*. Cambridge, MA: Harvard University Press.

Stigler, S. M. (2016). *The Seven Pillars of Statistical Wisdom*. Cambridge, MA: Harvard University Press. (『統計学の7原則——人びとが築いた知恵の支柱』二〇一六年、パンローリング、森谷博之・熊谷善彰・山田隆志訳)

Süssmilch, J. P. (1741). *Die göttliche Ordnung in den Veränderungen des menschlichen Geschlechts, aus der Geburt, Tod, und Fortpflantzung*. Germany: n.p. Published in French translation as *L'ordre divin. dans les changements de l'espèce humaine, démontré par la naissance, la mort et la propagation de celle-ci*. Trans. Jean-Marc Rohrbasser. Paris: INED.

Sutherland, I. E. (1963). Sketchpad: A man-machine graphical communication sys- tem. Ph.D. thesis, MIT. Available as Computer Laboratory Technical Report, University of Cambridge UCAM-CL-TR-574, September 2003.

Thrower, N. J. W., ed. (1981). *The Three Voyages of Edmond Halley in the* Paramore *1698–1701*. London: Hakluyt Society. 2nd series, vol. 156–157 (2 vols.).

Tufte, E. R. (1983). *The Visual Display of Quantitative Information*. Cheshire, CT: Graphics Press.

Tufte, E. R. (1990). *Envisioning Information*. Cheshire, CT: Graphics Press.

Tufte, E. R. (1997). *Visual Explanations: Images and Quantities, Evidence and Nar- rative*. Cheshire, CT: Graphics Press.

Tufte, E. R. (2006). *Beautiful Evidence*. Cheshire, CT: Graphics Press.

Tukey, J. W. (1962). The future of data analysis. *Annals of Mathematical Statistics*, 33(1), 1–67.

Tukey, J. W. (1972). Some graphic and semigraphic displays. In T. A. Bancroft, ed., *Statistical Papers in Honor of George W. Snedecor* (pp. 292–316). Ames: Iowa State University Press.

Tukey, J. W. (1977). *Exploratory Data Analysis*. Reading, MA: Addison Wesley.

Tukey, J. W., and Tukey, P. A. (1985). Computer graphics and exploratory data analysis: An introduction. In *Proceedings of the Sixth Annual Conference and Exposition: Computer Graphics85*. Fairfax, VA: National Computer Graphics Association.

van Langren, M. F. (1644). *La Verdadera Longitud por Mar y Tierra*. Antwerp: n.p. BL: 716.i.6.(2.); BeNL: VB 5.275 C LP.

Vauthier, L.-L. (1874). Note sur une carte statistique figurant la répartition de la population de Paris. *Comptes rendus des séances de L'Académie des Sciences*, 78, 264–267. ENPC: 11176 C612.

Velleman, P. F., and Velleman, A. Y. (1985). *Data Desk Handbook*. Ithaca, NY: Data Description.

Venn, J. (1880). On the diagrammatic and mechanical representation of proposi- tions and reasonings. *London, Edinburgh, and Dublin Philosophical Magazine and Journal of Science*, 9, 1–18.

Wainer, H. (1996). Why Playfair? *Chance*, 9(2), 43–52.

Wainer, H. (2005). *Graphic Discovery: A Trout in the Milk and Other Visual Adven- tures*. Princeton, NJ: Princeton University Press.

Wainer, H., and Spence, I. (1997). Who was Playfair? *Chance*, 10(1), 35–37.

Walker, F. A. (1874). *Statistical Atlas of the United States, Based on the Results of Ninth Census, 1870, with Contributions from Many Eminent Men of Science and Several Departments of the [Federal] Government*. New York: Julius Bien.

Wallis, H. M., and Robinson, A. H. (1987). *Cartographical Innovations: An Inter- national Handbook of Mapping Terms to 1900*. Tring, UK: Map Collector Publications.

Watt, J. (1822). Notice of his important discoveries in powers and properties of steam. *Quarterly Journal of Science, Literature and the Arts*, 11, 343–345.

Wauters, A. (1891). LANGREN (Michel-Florent VAN). *Biographie Nationale*, E. Brulant. Academie Royal de Belgique, 11.

Wauters, A. (1892). Michel-Florent van Langren. *Ciel et Terre*, 12, 297–304.

Whitaker, E. A. (2003). *Mapping and Naming the Moon: A History of Lunar Cartography and Nomenclature*. Cambridge: Cambridge University Press.

Whitehead, M. (2000). William Farr's legacy to the study of inequalities in health. *Bulletin of the World Health Organization*, 78(1), 86–87. https://www.who.int/bulletin/archives/78(1)86.pdf.

Zeuner, G. (1869). *Abhandlungen aus der mathematischen statistik*. Leipzig: Verlag von Arthur Felix. BL: 8529.f.12.

訳者あとがき

本書はマイケル・フレンドリーとハワード・ウェイナーによる*A History of Data Visualization and Graphic Communication*（Harvard University Press, 2021）の全訳である。学生時代、プリンストン大学でジョン・テューキーの統計学と出会ったふたりは、それぞれ異なるアプローチ法でデータ視覚化の研究に携わり、独自のプロジェクトを展開してきた。グラフやグラフィックはなぜ、何の目的でつくられたのか、グラフ手法はどのように進化し、発展していったか、そしてデータ視覚化の英雄たちはいかにして、無味乾燥な数字を、見てすぐにわかる図やグラフに変身させたのか。こうした根本的な疑問を解明したいという互いの熱意のもとに生まれた本書は、その六〇年におよぶ友情が紡ぎ出した、いわばふたりのコラボレーションである。

グラフ手法というこの視覚的枠組みが、いかに社会や科学を変えたかを知るには、歴史を学ぶことが重要だと著者らは考える。彼らはまず、古代のラスコー洞窟の壁画に現代人の精神の萌芽を認め、トレド―ローマ間の経度距離を測定した一七世紀のラングレンのグラフを「最初の統計グラフ」と規定し、以後四〇〇年にわたるデータ視覚化の歴史をさまざまな具体例を交えながら解説する。一九世紀初頭、犯罪データを初めて統計地図に載せたゲリー、人口統計やコレラ感染を明瞭な図で表現したファーやスノウなどの功績により、データ視覚化は社会問題の理解や病原菌の追跡にも役立てられるようになった。

そしてそれは、棒グラフ、円グラフ、線グラフという近代のグラフ形式のすべてを発明したプレイフェアの登場とともに黄金時代を迎える。本書ではさらに、限定されたデータ表示空間において、どのように多次元的現象を示せばよいかという今なお残る課題や、ナポレオンのロシア進軍、アフリカ系アメリカ人の大移動など、数値データの変遷のみならず、壮大な詩や物語までをも語り、伝達するというグラフの可能性についても触れられている。

「ビッグデータ」の時代と呼ばれて久しい現代社会において、データを扱うのは専門家だけの仕事ではない。世の中に溢れる膨大なデータをどのように収集・解析し、それを有効に活用することができるかということが、受け手側の課題となっている。そして、そうしたデータに踊らされないようにするには、それなりのデータリテラシーを備えていることが要求される。

二〇二〇年初頭、世の中は新型コロナウィルスという目に見えない恐怖と闘うことを余儀なくされた。WHOやジョンズ・ホプキンス大学が作成するデータは日々更新され、それらが視覚化されたグラフやチャートのかたちとなって人々の目に飛び込んでくる。テレビやインターネットには毎日のように、新規感染者数や重傷者数、死者数、そしてワクチン接種者数の推移を示したグラフが表示される。世界中の専門家のみならず市井の人々までもが、一斉に、これほど日常的にデータに触れるのは、人類史上初めてのことだろう。「ステイホーム」(Stay at Home)と「曲線を平坦化する」(Flatten the Curve)が、世界中のコロナ対策のキーワードとなった。つまり、感染の流行を完全に抑えることは難しいという前提のもと、すべての人が医療を受けられる状態を保つために上昇率を低下させ、医療崩壊を防ごうというものだ。この「曲線」とはいったい何なのか? 人々はそれをどのように「平坦化」しようとしているのか？　著者のひとり、フレンドリーは新たな疑問を投げかける。そして、こうしたことを何か新しい方法で示すことができるのではないかと、彼は考える。「この先の未来のために、私たちに何ができるのか、それを教えてくれるのが過去なのかもしれない」と。[*]

過去を知ることで未来への最善の準備ができるという、本書に一貫して流れるこの信念は、これまで先人たちが築き上げてきたデータ視覚化の驚くべきパワーと魔力を明るみに出した。それは、経度問題や天体の軌道、貿易収支などの経済的課題、病原菌の発生源、戦禍における兵士たちの死因究明など、歴史を通してさまざまな問題の解決に役立ってきた。そしてまさに、新たな問題に直面している今、私たちはそうした先人たちがグラフのなかに遺した詩や物語を、視覚的思考でもって理解することが必要となっている。

本文中では data visualization を「データ視覚化」と訳したが、この visualization の捉え方は一様ではないように思われる。それは見る者の視覚に訴えるものであるばかりか、聴覚や嗅覚、ひいては味覚までをも刺激し、受け手の想像力と創造力を膨らませる。人はそこから、事実のみならず感情をも読み取ることができる。データ視覚化により、作り手と受け手の双方向の視覚的コミュニケーションが実現すれば、それは人々の行動様式や考え方をも変える力をもつのだ。今後テレビやインターネットでなんらかのグラフを目にするときは、その背景にある長い歴史と、その歴史に貢献した英雄たちを思い出してほしい。本書をきっかけに新たな認知革命が起こり、人々の試練の闇に一筋の光明が射すことを願う。

著者マイケル・フレンドリーはヨーク大学心理学教授、同大学院定量法講座の創設者代表、統計コンサルティングサービスのコーディネーター、アメリカ統計学会の研究員である。主にカテゴリーデータや多変量データのグラフ手法、およびデータ視覚化の歴史を研究する。ハワード・ウェイナーはアメリカ統計学会および教育研究協会の研究員で、数多くの受賞歴がある。統計学、計量心理学、統計グラフィックスを専門とし、これらのテーマで二〇を超える書物を世に送り出している。

なお、本書に掲載されている図はすべて、補足として製作された以下のウェブサイトでカラー版を閲覧することができる：https://friendly.github.io/HistDataVis/（英語版）。ここには、本書の構成やあらすじ、書評や参考文献、対談なども掲載されているので、ぜひ参考にしてほしい。

最後に、本書の刊行にあたっては、青土社書籍編集部の篠原一平氏をはじめ、校了にいたるまで数多くの方々にお世話になった。この場を借りて心より御礼申し上げたい。

二〇二一年一〇月

飯嶋貴子

＊ "A conversation on historical data visualization: Manuel Lima, Michael Friendly and Sandra Rendgen" (https://www.youtube.com/watch?v=58tQNzWsuUA&t=3319s).

索　引

か行

さ行

な行

は行

わ行

データ視覚化の人類史
グラフの発明から時間と空間の可視化まで

2021 年 10 月 30 日　第一刷印刷
2021 年 11 月 10 日　第一刷発行

著者　マイケル・フレンドリー、ハワード・ウェイナー
訳者　飯嶋 貴子

発行者　清水一人
発行所　青土社

〒 101-0051　東京都千代田区神田神保町 1-29　市瀬ビル
［電話］ 03-3291-9831（編集）　03-3294-7829（営業）
［振替］ 00190-7-192955

印刷・製本　ディグ
装丁　大倉 真一郎

ISBN978-4-7917-7419-7　Printed in Japan